企业高技能人才职业培训系列教材

HAIYANGKANTANZHENYUANGONG

海洋勘探震源工

（三级 二级）

U0230061

—— 编审委员会 ——

主　　任	仇朝东　张　旭
副 主 任	毛永建　张异彪
委　　员	顾卫东　葛恒双　葛　玮　孙兴旺　刘汉成　王　辉　陆兴达
执行委员	孙兴旺　瞿伟洁　李　晔　夏　莹　罗　鹰　施正杨　朱　瑶
主　　编	刘东武
副 主 编	申有军
编　　者	从　军　陶　伟　崔灏伟　李玉剑　郭　辉
主　　审	杨文达
审　　稿	张国成　吴建忠

中国劳动社会保障出版社

图书在版编目（CIP）数据

海洋勘探震源工：三级、二级/人力资源和社会保障部教材办公室等组织编写. —北京：中国劳动社会保障出版社，2015

企业高技能人才职业培训系列教材

ISBN 978 - 7 - 5167 - 2151 - 3

Ⅰ. ①海…　Ⅱ. ①人…　Ⅲ. ①海洋-震源-地震勘探-职业培训-教材　Ⅳ. ①P315. 63

中国版本图书馆 CIP 数据核字（2015）第 218886 号

中国劳动社会保障出版社出版发行

（北京市惠新东街 1 号　邮政编码：100029）

*

北京北苑印刷有限责任公司印刷装订　新华书店经销

787 毫米×1092 毫米　16 开本　29.5 印张　478 千字

2015 年 11 月第 1 版　2015 年 11 月第 1 次印刷

定价：68.00 元

读者服务部电话：(010) 64929211/64921644/84643933

发行部电话：(010) 64961894

出版社网址：http://www.class.com.cn

内容简介

本教材由人力资源和社会保障部教材办公室、中国就业培训技术指导中心上海分中心、上海市职业技能鉴定中心、中石化海洋石油工程有限公司上海教育培训中心依据海洋勘探震源工（三级 二级）职业技能鉴定细目组织编写。教材从强化培养操作技能，掌握实用技术的角度出发，较好地体现了当前最新的实用知识与操作技术，对于提高从业人员基本素质，掌握海洋勘探震源工（三级 二级）的核心知识与技能有直接的帮助和指导作用。

本教材以既注重理论知识的掌握，又突出操作技能的培养，实现了培训教育与职业技能鉴定考核的有效对接，形成一套完整的海洋勘探震源工培训体系。本教材内容共分为 12 章，主要包括机械基础知识、电工基础知识、机械制图基础知识、计量知识、金属材料与热处理、钳工基础知识、气枪震源理论、海洋气枪震源、气枪阵列及相关设备、高压空气压缩机、液压辅助设备与日常管理、安全生产管理知识。

本教材可作为海洋勘探震源工（三级 二级）职业技能培训与鉴定考核教材，也可供本职业从业人员培训使用，全国中、高等职业技术院校相关专业师生也可以参考使用。

序

《海洋勘探震源工》的出版，我感到由衷的高兴。近几十年来，海洋地震勘探行业的技术、装备得到了极大的革新和升级，这些因素直接导致了企业对海工人才的渴求。这本教材，从机械、电工基础知识、机械制图、计量学、海洋气枪震源理论和安全生产管理知识等十二个部分对震源工进行了培训，具有较强的针对性，内容上由浅入深，紧扣实际，涵盖全面，对震源工的培养和鉴定工作的开展具有指导意义。

随着科技日趋进步，人类社会对于石油的需求不断增大，21 世纪，海洋将成为能源探索和开发的重要场所，世界各国都在积极寻求开发，我国拥有广阔的"蓝色国土"，海洋油气资源蕴藏丰富。在开发海洋的过程中，地震勘探技术势必将得到更加广泛的应用，也将迎来更大的发展。海洋勘探震源工作为在地震勘探船舶上从事震源操作、维护的人员，是海洋勘探行业亟需的专业人才。此前，由于工种的特殊性，并没有一套统一的、完整的，用于海洋勘探震源工培训的教材，导致了各培训机构教学标准的差异化，不利于知识的掌握和技能水平的提升。针对上述情况，中石化海洋石油工程有限公司上海教育培训中心组织相关领域专家共同努力、精心编写了这本培训教材。

中石化海洋石油工程有限公司是中国石化集团唯一一家从事中深海海洋油气勘探、开发和生产经营活动的企业，在多年来的生产经营中积累了大量的海工人才，在技能人才培养、培训体系创新方面进行了一系列的研究与实践。在此基础上，公司教育培训中心组织编写了一套系统、完整的海工技能专业培训教材，旨在提高海工人才专业素质，加快海洋工程建设步伐，本次出版的《海洋勘探震源工》就是其中一本。海工类教材的编写是一项繁重而复杂的工作，鉴于时间和人力方面的因素，难免有疏漏之处，敬请同行专家不吝指正。

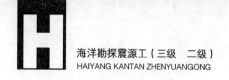

　　教材在编写和出版的过程中得到了上海市职业技能鉴定中心的大力支持，在此表示由衷的感谢。我希望，这本教材的出版，能对规范海洋勘探震源工培训、考试和评估工作起到积极作用，能为同行进行相关专业研究提供有益的借鉴。

2015 年 9 月

前言

企业技能人才是我国人才队伍的重要组成部分，是推动经济社会发展的重要力量。加强企业技能人才队伍建设，是增强企业核心竞争力、推动产业转型升级和提升企业创新能力的内在要求，是加快经济发展方式转变、促进产业结构调整的有效手段，是劳动者实现素质就业、稳定就业、体面就业的重要途径，也是深入实施人才强国战略和科教兴国战略、建设人力资源强国的重要内容。

国务院办公厅在《关于加强企业技能人才队伍建设的意见》中指出，当前和今后一个时期，企业技能人才队伍建设的主要任务是：充分发挥企业主体作用，健全企业职工培训制度，完善企业技能人才培养、评价和激励的政策措施，建设技能精湛、素质优良、结构合理的企业技能人才队伍，在企业中初步形成初级、中级、高级技能劳动者队伍梯次发展和比例结构基本合理的格局，使技能人才规模、结构、素质更好地满足产业结构优化升级和企业发展需求。

高技能人才是企业技术工人队伍的核心骨干和优秀代表，在加快产业优化升级、推动技术创新和科技成果转化等方面具有不可替代的重要作用。为促进高技能人才培训、评价、使用、激励等各项工作的开展，上海市人力资源和社会保障局在推进企业高技能人才培训资源优化配置、完善高技能人才考核评价体系等方面做了积极的探索和尝试，积累了丰富而宝贵的经验。企业高技能人才培养的主要目标是三级（高级）、二级（技师）、一级（高级技师）等，考虑到企业高技能人才培养的实际情况，除一部分在岗培养并已达到高技能人才水平外，还有较大一批人员需要从基础技能水平培养起。为此，上海市将企业特有职业的五级（初级）、四级（中级）作为高技能人才培养的基础阶段一并列入企业高技能人才培养评价工作的总体框架内，以此进一步加大企业高技能人才培养工作力度，提高企业高技能人才培养效果，更好地实现高技能人才

培养的总体目标。

为配合上海市企业高技能人才培养评价工作的开展，人力资源和社会保障部教材办公室、中国就业培训技术指导中心上海分中心、上海市职业技能鉴定中心联合组织有关行业和企业的专家、技术人员，共同编写了企业高技能人才职业培训系列教材。本教材是系列教材中的一种，由中石化海洋石油工程有限公司上海教育培训中心负责具体编写工作。

企业高技能人才职业培训系列教材聘请上海市相关行业和企业的专家参与教材编审工作，以"能力本位"为指导思想，以先进性、实用性、适用性为编写原则，内容涵盖该职业的职业功能、工作内容的技能要求和专业知识要求，并结合企业生产和技能人才培养的实际需求，充分反映了当前从事职业活动所需要的核心知识与技能。教材可为全国其他省、市、自治区开展企业高技能人才培养工作，以及相关职业培训和鉴定考核提供借鉴或参考。

新教材的编写是一项探索性工作，由于时间紧迫，不足之处在所难免，欢迎各使用单位及个人对教材提出宝贵意见和建议，以便教材修订时补充更正。

企业高技能人才职业培训系列教材

编审委员会

第 1 章

机械基础知识

完成本章的学习后，您能够：

- ☑ 了解螺纹及机械传动基础知识
- ☑ 了解不同类型螺纹的用途
- ☑ 掌握震源阵列常用螺纹连接与机械传动相关知识

知识要求

1.1 螺纹与螺纹连接

1.1.1 基本概念

螺纹是指在圆柱或圆锥母体表面制出的螺旋线形的、具有特定截面的连续凸起或凹槽部分。螺纹按其母体形状分为圆柱螺纹和圆锥螺纹；按其在母体所处位置分为外螺纹、内螺纹；按其截面形状（牙型）分为三角形螺纹、矩形螺纹、梯形螺纹、锯齿形螺纹及其他特殊形状螺纹，三角形螺纹主要用于连接，矩形、梯形和锯齿形螺纹主要用于传动；按螺旋线方向分为左旋螺纹和右旋螺纹，一般用右旋螺纹；按螺旋线的数量分为单线螺纹、双线螺纹及多线螺纹，连接用的多为单线，传动用的采用双线或多线；按牙的大小分为粗牙螺纹和细牙螺纹等；按使用场合和功能不同，可分为紧固螺纹、管螺纹、传动螺纹、专用螺纹等。

1. 螺纹的主要参数

现以图1—1所示的圆柱普通螺纹为例说明螺纹的主要几何参数。

（1）大径 d。是指与外螺纹牙顶或内螺

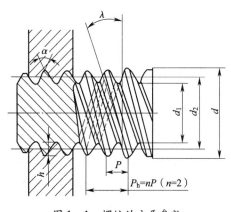

图1—1 螺纹的主要参数

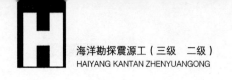
纹牙底相重合的假想圆柱体的直径，在有关螺纹的标准中称为公称直径。

（2）小径 d_1。是指与外螺纹牙底或内螺纹牙顶相重合的假想圆柱体的直径，是螺纹的最小直径，常作为强度计算直径。

（3）中径 d_2。是指在螺纹的轴向剖面内，牙厚和牙槽宽相等处的假想圆柱体的直径。

（4）螺距 P。是指螺纹相邻两牙在中径线上对应两点间的轴向距离。

（5）导程 P_h。是指同一条螺旋线上相邻两牙在中径线上对应两点间的轴向距离。设螺纹线数为 n，则对于单线螺纹有 $P_h = P$，对于多线螺纹则有 $P_h = nP$，如图1—1所示。

（6）螺纹升角 λ。在中径 d_2 的圆柱面上，螺旋线的切线与垂直于螺纹轴线的平面间的夹角，由图1—1可得

$$\tan\lambda = \frac{P_h}{\pi d_2} = \frac{nP}{\pi d_2}$$

（7）牙型角 α、牙型斜角 β。在螺纹的轴向剖面内，螺纹牙型相邻两侧边的夹角称为牙型角 α。牙型侧边与螺纹轴线的垂线间的夹角称为牙型斜角 β，对称牙型的 $\beta = \alpha/2$，如图1—2所示。

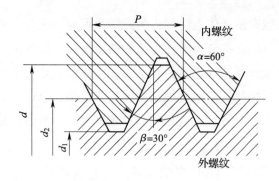

图1—2　螺纹牙型角和牙型斜角

螺纹的公称直径除管螺纹外，其余都以外径为公称直径。螺纹已标准化，有米制（公制）和英制两种。国际标准采用米制，我国也采用米制。

2. 常用螺纹的特点及应用

（1）普通螺纹。即米制三角形螺纹，其牙型角 $\alpha = 60°$，螺纹大径为公称直径，以mm为单位。同一公称直径下有多种螺距，其中螺距最大的称为粗牙螺纹，其余的称为细牙螺纹，如图1—3所示。

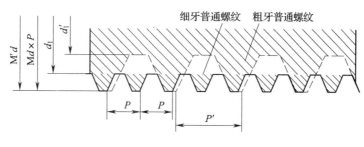

图1—3　普通螺纹

普通螺纹的当量摩擦因数较大，自锁性能好，螺纹牙根的强度高，广泛应用于各种紧固连接。一般连接多用粗牙螺纹。细牙螺纹螺距小、螺纹升角小、自锁性能好，但螺纹牙根强度低、耐磨性较差、易滑脱，常用于细小零件、薄壁零件或受冲击、振动和变载荷的连接，还可用于微调机构的调整。

（2）管螺纹。管螺纹是英制螺纹，牙型角 $\alpha = 55°$，公称直径为管子的内径。按螺纹是制作在柱面上还是锥面上，可将管螺纹分为圆柱管螺纹和圆锥管螺纹。前者适用于低压场合，后者适用于高温、高压或密封性要求较高的管连接。

（3）矩形螺纹。牙型为正方形，牙型角 $\alpha = 0°$。其传动效率最高，但精加工较困难，牙根强度低，且螺旋副磨损后的间隙难以补偿，使传动精度降低。常用于传力或传导螺旋。矩形螺纹未标准化，已逐渐被梯形螺纹所替代。

（4）梯形螺纹。牙型为等腰梯形，牙型角 $\alpha = 30°$。其传动效率略低于矩形螺纹，但工艺性好，牙根强度高，螺旋副对中性好，可以调整间隙。广泛用于传力或传导螺旋，如机床的丝杠、螺旋举重器等。

（5）锯齿形螺纹。工作面的牙型斜角为3°，非工作面的牙型斜角为30°。它综合了矩形螺纹效率高和梯形螺纹牙根强度高的特点，但仅能用于单向受力的传力螺旋。

3.螺纹连接的基本类型

螺纹连接是一种广泛使用的可拆卸的固定连接，具有结构简单、连接可靠、装拆方便等优点。合理选择螺纹连接需要了解螺纹连接类型的特点及应用场合。正确选用连接类型，熟悉常用连接件的有关国家标准是设计螺纹连接所必须掌握的基本知识。

螺纹连接由带螺纹的零件，即螺纹紧固件和被连接件组成。常用螺纹连接的基本类型有螺栓连接、双头螺柱连接、螺钉连接、紧定螺钉连接，其特点和应用见表1—1。

表 1—1 螺纹连接基本类型的特点和应用

类型	特点和应用
螺栓连接	普通螺栓连接（受拉螺栓）：被连接件 $D_{孔} > D_{栓}$（查手册可得：M20 以下 $D_{孔} = D_{栓} + 1$ mm，例如，M10 的 $D_{孔} = 11$ mm） 铰制孔螺栓连接（受剪螺栓）：$D_{孔} = D_{栓}$（名义相等，用公差控制）。孔壁间无间隙，适用于承受横向载荷（垂直螺栓轴线方向） 特点：被连接件均较薄，在其上制通孔（不切削螺纹）。用螺栓、螺母连接，结构简单，装拆方便（可以两边装配） 应用：被连接件厚度均小，不受被连接件材料限制，允许经常拆卸，应用广泛
双头螺柱连接	特点：被连接件之一较厚，在其上制盲孔，且在盲孔上切削螺纹。薄件制通孔，无螺纹。用双头螺柱加螺母连接。允许多次装拆而不损坏被连接件 应用：通常用于被连接件之一太厚，不便穿孔，结构要求紧凑，必须采用盲孔的连接或须经常装拆处
螺钉连接	特点：不需要用螺母，将螺钉穿过一被连接件的孔，旋入另一被连接件的螺孔中（结构上比双头螺柱简单） 应用：被连接件之一太厚，且不经常装拆的场合
紧定螺钉连接	特点：利用紧定螺钉旋入一零件的螺孔中，并以末端顶住另一零件的表面或顶入该零件的凹坑中 应用：固定两零件的相对位置，并可传递不大的力或转矩

1.1.2 螺纹连接的预紧与防松

1. 螺纹连接的预紧

螺纹连接在承受工作载荷之前预先受到的一个拧紧作用力叫作预紧力。预紧的目的在于增强连接的可靠性和紧密性。

一般规定，拧紧后螺纹连接件的预紧力应不超过其材料屈服强度 R_m 的 80%。对于一般连接用的钢制螺栓连接的预紧力 F_0，推荐按下列关系确定：

$$碳素钢螺栓：F_0 \leqslant (0.6 \sim 0.7) R_m A_1$$

$$合金钢螺栓：F_0 \leqslant (0.5 \sim 0.6) R_m A_1$$

式中 R_m——螺栓材料的屈服强度，MPa；

A_1——螺栓小径处的截面积，mm^2。

通常借助测力矩扳手或定力矩扳手,利用控制预紧力矩的方法来控制预紧力的大小。

对于一定公称直径 d 的螺栓,当所要求的预紧力 F_0 已知时,可按公式 $T \approx 0.2F_0d$ 估计扳手的拧紧力矩 T。一般普通的标准扳手的长度 $L \approx 15d$,若拧紧力为 F,则 $T = FL$,因此有 $F_0 \approx 75F$。若假设 $F = 200 \text{ N}$,则 $F_0 \approx 15\,000 \text{ N}$。如果用这个预紧力拧紧 M12 以下的钢制螺栓,就有可能使其被过载拧断。因此,对于重要的连接,应尽量不采用直径过小(如小于 M12)的螺栓。必须使用时,应严格控制其拧紧力矩。

对于预紧力控制精度要求高,或大型螺栓连接,也采用测定螺栓伸长量的方法来控制预紧力。

2. 螺纹连接的防松

螺纹连接一般都能满足自锁条件,拧紧后螺母和螺栓头部等支承面上也有防松作用,所以在静载荷和工作温度变化不大时,螺纹连接不会自动松脱。但在冲击、振动或变载荷作用下,或在高温或温度变化较大的情况下,螺纹连接中的预紧力和摩擦力会逐渐减小或可能瞬时消失,导致连接失效。

螺纹连接一旦失效,将严重影响机器的正常工作,甚至造成事故。因此,为保证连接安全、可靠,设计时必须采取有效的防松措施。

(1)防松目的。实际工作中,外载荷有振动和变化、材料高温蠕变等会造成摩擦力减小,螺纹副中正压力在某一瞬间消失,摩擦力为零,从而使螺纹连接松动,如经反复作用,螺纹连接就会松弛而失效。因此,必须进行防松;否则会影响正常工作,造成事故。对于重要的连接,特别是在机器内部不易检查的连接,应采用比较可靠的机械防松。

(2)防松原理。消除(或限制)螺纹副之间的相对运动,或增大相对运动的难度。

(3)防松方法。按其工作原理可分为摩擦防松、机械防松、永久防松和化学防松四大类。常用的防松方法见表1—2。

表1—2 螺纹连接防松形式

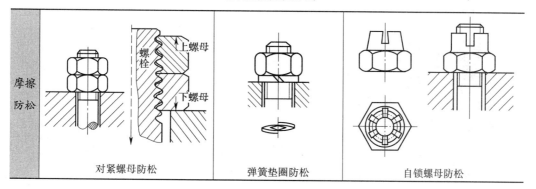

| 摩擦防松 | 对紧螺母防松 | 弹簧垫圈防松 | 自锁螺母防松 |

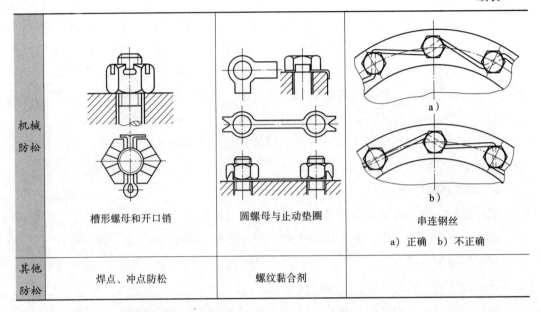

机械防松	槽形螺母和开口销	圆螺母与止动垫圈	串连钢丝 a）正确　b）不正确
其他防松	焊点、冲点防松	螺纹黏合剂	

1.1.3 螺栓连接的强度计算

单个螺栓连接的强度计算是螺纹连接设计的基础。根据连接的工作情况，可将螺栓按受力形式分为受拉螺栓和受剪螺栓。

针对不同零件的不同失效形式，分别拟定其设计计算方法，因此失效形式是设计计算的依据和出发点。

1. 螺栓连接的失效形式和原因

（1）失效形式。工程中螺栓连接多数为疲劳失效。

受拉螺栓——螺栓杆和螺纹可能发生塑性变形或断裂。

受剪螺栓——螺栓杆和孔壁间可能发生压溃或被剪断。

（2）失效原因。应力集中促使疲劳裂纹的形成与扩展。

（3）设计计算准则与思路

受拉螺栓：设计准则为保证螺栓的疲劳拉伸强度和静强度。

受剪螺栓：设计准则为保证螺栓的挤压强度和剪切强度。

2. 受拉螺栓连接

（1）松螺栓连接。这种连接在承受工作载荷以前螺栓不拧紧，即不受力，如图1—4所示的起重吊钩尾部为松螺栓连接。

螺栓工作时受轴向力 F 作用，其强度条件为：

$$\sigma = \frac{F}{A} = \frac{F_0}{\frac{\pi d_1^2}{4}} \leqslant [\sigma]$$

式中　d_1——螺栓危险截面的直径（即螺纹的小径），mm；

　　　$[\sigma]$——松连接的螺栓的许用拉应力，MPa。

由上式可得设计公式为：

$$d_1 \geqslant \sqrt{\frac{4F_0}{\pi [\sigma]}}$$

计算得出 d_1 值后再从有关设计手册中查得螺纹的公称直径 d。

【例1—1】如图1—4所示，已知载荷 $F_0 = 25\ \text{kN}$，吊钩材料为35钢，许用拉应力 $[\sigma] = 60\ \text{MPa}$，试求吊钩尾部螺纹直径。

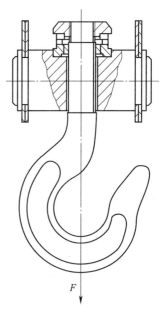

图1—4　松螺栓连接

解： $d_1 = \sqrt{\frac{4F_0}{\pi [\sigma]}} = \sqrt{\frac{4 \times 25 \times 10^3}{60\pi}} = 23.033\ \text{mm}$

根据国家标准《普通螺纹基本尺寸》（GB/T 196—2003），查表得，$d = 27\ \text{mm}$，$d_1 = 23.752\ \text{mm}$，比根据强度计算的 d_1 略大，合适。因此吊钩尾部可采用 M27 的螺纹。

（2）紧螺栓连接

1）只受预紧力的紧螺栓连接。工作前将螺栓拧紧，在拧紧力矩 T 作用下：

复合应力状态：预紧力 F_0→产生拉伸应力 σ

　　　　　　　　螺纹摩擦力矩 T_1→产生剪应力 τ

按第四强度理论：$\sigma_e = \sqrt{\sigma^2 + 3\tau^2} = \sqrt{\sigma^2 + 3 \times (0.5\sigma)^2} \approx 1.3\sigma$

强度条件为：$\sigma_e = \frac{1.3F_0}{\frac{\pi}{4}d_1^2} \leqslant [\sigma]$

设计公式为：$d_1 \geqslant \sqrt{\frac{4 \times 1.3F_0}{\pi [\sigma]}}$

由此可见，紧连接螺栓的强度也可按纯拉伸计算，但考虑螺纹摩擦力矩 T 的影响，需将预紧力增大30%。

2）承受横向外载荷的紧螺栓连接——主要防止被连接件错动，如图1—5所示。

特点：杆、孔间有间隙，靠拧紧的正压力（F_0）产生摩擦力来传递外载荷，保证连接可靠（不产生相对滑移）的条件为：

$$F_0 f \geq F_R$$

若考虑连接的可靠性及接合面的数目，上式可改成：

$$F_0 fm = K_f F_R$$

$$F_0 = \frac{K_f F_R}{fm}$$

式中 K_f——可靠性系数，取 $K_f = 1.1 \sim 1.3$；

F_R——横向外载荷，N；

f——接合面间的摩擦因数；

m——接合面的数目。

强度校核公式为：$\sigma_e = \dfrac{1.3F_0}{\dfrac{\pi}{4}d_1^2} \leq [\sigma]$

设计公式为：$d_1 \geq \sqrt{\dfrac{4 \times 1.3F_0}{\pi[\sigma]}}$

3）承受轴向静载荷的紧螺栓连接。这种受力形式的紧螺栓连接应用最广泛，也是最重要的一种螺栓连接形式。图1—6所示为气缸端盖螺栓组，其每个螺栓承受的平均轴向工作载荷为：

$$F = \frac{p\pi D^2}{4z}$$

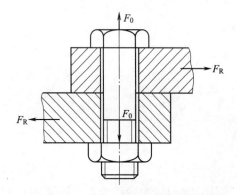

图1—5 受横向外载荷的普通螺栓连接

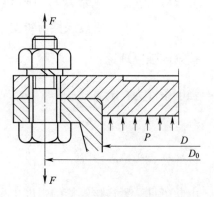

图1—6 气缸端盖螺栓组

式中　p——缸内气压，MPa；

　　　D——缸径，mm；

　　　z——螺栓数。

图1—7所示为气缸端盖螺栓组中一个螺栓连接的受力与变形情况。

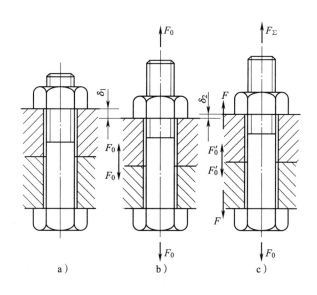

图1—7　螺栓的受力与变形情况

假定所有零件材料都服从胡克定律，零件中的应力没有超过比例极限。图1—7a所示为螺栓未被拧紧，螺栓与被连接件均不受力时的情况。图1—7b所示为螺栓被拧紧后，螺栓受预紧力 F_0，被连接件受预紧压力 F_0 的作用而产生压缩变形 δ_1 的情况。图1—7c所示为螺栓受到轴向外载荷（由气缸内压力而引起的）F 作用时的情况，螺栓被拉伸，变形增量为 δ_2，根据变形协调条件，δ_2 即等于被连接件压缩变形的减少量。此时被连接件受到的压缩力将减小为 F_0'，称为残余预紧力。显然，为了保证被连接件间密封可靠，应使 $F_0' > 0$，即 $\delta_1 > \delta_2$。此时螺栓所受的轴向总拉力 F_Σ 应为其所受的工作载荷 F 与残余预紧力 F_0' 之和，即：

$$F_\Sigma = F + F_0'$$

不同的应用场合，对残余预紧力 F_0' 有着不同的要求，一般可参考以下经验数据来确定：对于一般的连接，若工作载荷稳定，取 $F_0' = (0.2 \sim 0.6) F$，若工作载荷不稳定，取 $F_0' = (0.6 \sim 1.0) F$；对于气缸、压力容器等有紧密性要求的螺栓连接，取 $F_0' = (1.5 \sim 1.8) F$。

当选定残余预紧力 F_0' 后，即可按上式求出螺栓所受的总拉力 F_Σ，同时考虑到可能需要补充拧紧及扭转剪应力的作用，将 F_Σ 增加 30%，则螺栓危险截面的拉伸强度条件为：

$$\sigma = \frac{1.3F_\Sigma}{\pi d_1^2/4} \leqslant [\sigma]$$

设计公式为：

$$d_1 \geqslant \sqrt{\frac{4 \times 1.3F_\Sigma}{\pi [\sigma]}}$$

3. 受剪切螺栓连接

受横向外载荷的铰制孔用螺栓连接如图 1—8 所示。

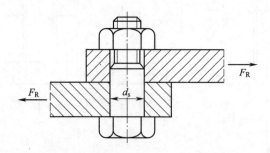

图 1—8　受横向外载荷的铰制孔用螺栓连接

特点：螺杆与孔间紧密配合，无间隙，由光杆直接承受挤压和剪切来传递外载荷 F_R 进行工作。

螺栓的剪切强度条件为：$\tau = \dfrac{F_R}{m\pi d_s^2/4} \leqslant [\tau]$

螺栓与孔壁接触表面的挤压强度条件为：$\sigma_p = \dfrac{F_R}{d_s \delta} \leqslant [\sigma_p]$

1.1.4　公制螺纹与英制螺纹的区别

公制螺纹用螺距来表示，美、英制螺纹用每英寸内的螺纹牙数来表示。公制螺纹是 60° 等边牙型，英制螺纹是等腰 55° 牙型，美制螺纹为等腰 60° 牙型。公制螺纹用公制单位（如 mm），美、英制螺纹用英制单位（如 in）。

日常生活中，人们通常用"分"来表示螺纹尺寸，in 等于 8 分，1/4in 就是 2 分，以此类推。

另外还规定：ISO——公制螺纹标准60°；UN——统一螺纹标准60°；API——美国石油管螺纹标准60°；W——英国惠氏螺纹标准55°。

1. NPT、PT、G 螺纹的区别

NPT、PT、G 螺纹都是管螺纹。NPT 是 National（American）Pipe Thread 的缩写，属于美国标准的60°圆锥管螺纹，用于北美地区。国家标准可查阅《60°密封管螺纹》（GB/T 12716—2011）。

PT 是 Pipe Thread 的缩写，是55°密封圆锥管螺纹，属惠氏螺纹家族，多用于欧洲及英联邦国家。常用于水及煤气管行业，锥度规定为1∶16。国家标准可查阅《55°密封管螺纹》（GB/T 7306—2000）。

G 是55°非螺纹密封管螺纹，属惠氏螺纹家族。标记为 G，代表圆柱螺纹。国家标准可查阅《55°非密封管螺纹》（GB/T 7307—2001）。

ZG 俗称管锥，即螺纹由一圆锥面加工而成，一般的水管接头都是这样的，国标标注为 Rc。

管螺纹主要用来进行管道的连接，其内、外螺纹的配合紧密，有直管与锥管两种。公称直径是指所连接的管道直径，显然螺纹直径比公称直径大。比如1/4、1/2、1/8是英制螺纹的公称直径，单位是 in。

英制管螺纹来源于英制惠氏螺纹，惠氏螺纹的管路系列与惠氏螺纹牙型组合建立起了英制管螺纹的基本尺寸。按1∶16的锥度关系，惠氏螺纹的径向直径公差转化为英制密封管螺纹的轴向牙数公差（存在一定量的修约和调整）。再参照英制密封管螺纹的公差值提出英制非密封管螺纹的公差。三种螺纹提出的时间如下：

1841年，提出英国惠氏螺纹，1905年，颁布惠氏螺纹新标准（BS 84）。

1905年，颁布英制密封管螺纹标准（BS 21）。

1905—1940年，由惠氏螺纹履行英制非密封管螺纹职责。1940年，提出惠氏螺纹的非密封管螺纹系列（BSP 系列）；1956年，单独颁布英制非密封管螺纹标准（BS 2779）。

欧洲国家和英联邦国家首先接受了英制管螺纹标准。ISO、TC5、SC5 管螺纹标准化技术委员会及其秘书处受欧洲国家控制，英制管螺纹标准被 ISO 标准采用。1955年，ISO 提出英制密封管螺纹标准（ISO R7）；1961年，ISO 提出英制非密封管螺纹标准（ISO R228）。1978年，ISO 颁布了两种英制管螺纹的正式标准（ISO 7—1 和 ISO 228—1）。目前，英制管螺纹已被北美洲以外的国家所普遍接受，广泛地应用于国际贸易中。

ISO 标准内的英制管螺纹已转化为米制单位制。英制管螺纹的米制化方法非常简

单，将原来管螺纹的英寸尺寸乘以25.4就转化为毫米尺寸。

英制密封管螺纹为一般用途的密封管螺纹，使用中要在螺纹副内加入密封填料。其特点是比较经济，加工精度要求适中。不加密封填料就可以保证密封连接的螺纹为干密封管螺纹。英制管螺纹体系内没有干密封管螺纹。

密封管螺纹具有机械连接和密封两大功能，而非密封管螺纹仅有机械连接一种功能。所以，密封管螺纹的精度要严于非密封管螺纹的精度。密封管螺纹对牙型精度有要求。其大径、中径和小径的公差是相同的，其牙侧角和螺距误差对密封性能有较大影响。而非密封管螺纹对牙型精度基本没有要求，其顶径公差大于中径公差，底径没有公差要求。

由于密封管螺纹的使用场合、加工精度、装配和检测等技术的不同，目前的管螺纹标准无法保证所有的符合标准规定的螺纹件都能实现密封。在英制密封管螺纹标准内无法提出统一的螺纹单项参数的精度要求。这些单项螺纹参数对密封性能有直接影响。目前，解决问题的根本出路是针对自己特定的产品，各个行业或公司制定自己的内控措施。这些参数的内控指标一般对外是保密的，对其他行业的公司也是不通用的。

2. 密封管螺纹（R）

（1）配合方式。英制密封管螺纹有两种配合方式，即圆柱内螺纹与圆锥外螺纹组成"柱/锥"配合；圆锥内螺纹与圆锥外螺纹组成"锥/锥"配合。

欧洲国家主要采用"柱/锥"配合螺纹；而欧洲以外国家则主要采用"锥/锥"配合螺纹。两种螺纹的检验量规存在一定不同，目前的ISO英制密封管螺纹量规标准（ISO 7—2：2000）是按"柱/锥"配合体系设计的。

（2）标记。英制密封管螺纹的完整标记由螺纹特征代号、螺纹尺寸代号和旋向代号组成。

英制密封圆柱内螺纹的特征代号为R_p；英制密封圆锥内螺纹的特征代号为R_c；英制密封圆锥外螺纹的特征代号为R_1（与英制密封圆柱内螺纹配合使用）、R_2（与英制密封圆锥内螺纹配合使用）。

左旋螺纹的旋向代号为LH；右旋螺纹的旋向代号省略不标。

对密封管螺纹，利用R_p/R_1、R_c/R_2分别表示"柱/锥"和"锥/锥"螺纹副。

3. 非密封管螺纹

英制非密封管螺纹的完整标记由螺纹特征代号、螺纹尺寸代号、中径公差等级代号和旋向代号组成。

英制非密封圆柱螺纹的特征代号为 G。

对英制非密封圆柱内螺纹，其中径公差等级代号省略不标；而英制非密封圆柱外螺纹的中径公差等级代号分别为 A 和 B。

左旋螺纹的旋向代号为 LH；右旋螺纹的旋向代号省略不标。

当表示英制非密封管螺纹的螺纹副时，仅标注外螺纹的标记代号。

示例：

尺寸代号为 2 的右旋、非密封圆柱内螺纹：G2

尺寸代号为 3 的 A 级、右旋、非密封圆柱外螺纹：G3A

尺寸代号为 4 的 B 级、左旋、非密封圆柱外螺纹：G4 B—LH

加工内螺纹的是管螺纹丝锥，加工外螺纹的是板牙。

55°圆锥管螺纹是指螺纹的牙型角为 55°、螺纹具有 1:16 的锥度。该系列螺纹在世界上应用广泛，它的代号各国规定不同。

60°圆锥管螺纹是指牙型角为 60°、螺纹锥度为 1:16 的管螺纹，此系列螺纹在我国机床行业和美国、苏联应用。它的代号，我国过去规定为 K，后来规定为 Z，现在改为 NPT。

1.1.5 螺纹连接的技术要求

1. 紧固螺钉、螺栓和螺母时严禁打击或使用不合适的旋具与扳手。紧固后螺钉槽、螺母和螺钉、螺栓头部不得损伤。

2. 有规定拧紧力矩要求的紧固件应采用力矩扳手紧固，未规定拧紧力矩的螺栓，其拧紧力可根据螺栓强度、材料及相关资料的规定确定。

3. 同一零件用多个螺钉或螺栓紧固时，各螺钉或螺栓需按一定顺序逐步拧紧，如有定位销，应从靠近定位销的螺钉或螺栓开始拧紧。

4. 用双螺母时，应先装薄螺母，后装厚螺母。两个螺母对顶拧紧，使螺栓在旋合段内受拉而螺母受压，构成螺纹连接副纵向压紧。正确的安装方法如下：先用规定拧紧力矩的80%拧紧里面的螺母，再用100%的拧紧力矩拧紧外面的螺母；里面的螺母螺纹牙只受对顶力，其高度可以减小，一般用薄螺母；而外面的螺母用标准螺母；有的为防止装错和保证里面的螺母有足够的强度，则采用两个等高的螺母。该结构简单，防松效果好，成本低，质量大，多用于低速重载或载荷平稳的场合。

5. 螺钉、螺栓和螺母拧紧后，一般螺钉、螺栓应露出螺母 1~2 个螺距。

6. 螺钉、螺栓和螺母拧紧后，其支承面应与被紧固零件贴合。

7. 沉头螺钉拧紧后，螺钉头不得高出沉孔端面。

此外，根据具体的工作状况，还可能要求达到规定的配合，螺栓、螺母不发生偏斜或弯曲，防松装置可靠等。

1.2 机械传动

人类为了适应生活和生产上的需要，创造出各种各样的机器来代替或减轻人的劳动，如汽车、洗衣机及各种机床等。在机器中，通常工作部分的转速（或速度）不等于动力部分的转速（或速度），运动形式往往也不同。传动是指将机器中动力部分的动力和运动按预定的要求传递到工作部分的中间环节。

传动可以通过机、电、液等形式来实现。在现代工业中，根据传动的原理不同，主要应用机械传动、液压传动、气压传动和电传动四种传动方式。每种传动方式都是通过一定的介质来传递能量和运动的，而由于传递介质的不同，形成了不同的传动特点以及不同的适用范围。

机械传动是利用带轮、齿轮、链轮、轴、蜗杆与蜗轮、螺母与螺杆等机械零件作为介质来进行功率和运动的传递，即采用带传动、链传动、齿轮传动、蜗杆传动和螺旋传动等装置来进行功率和运动的传递。机械传动是最常见的传动方式，它具有传动准确、可靠，操纵简单，容易掌握，受环境影响小等优点，但也存在传动装置笨重、效率低、远距离布置和操纵困难、安装位置自由度小等缺点。

下面以图1—9所示牛头刨床传动简图为例来说明机械传动在机器中的作用。由图可知，牛头刨床由床身、滑枕、刨刀、工作台、齿轮、带轮、带、导杆、滑块等组成。电动机是刨床的动力来源，安装在床身上。刨刀和工作台是直接完成切削任务的工作部分。要将动力部分的动力和运动传到工作部分，就离不开这两者之间的传动部分。刨床的动力和运动的传递由以下方式实现：在偏心销上套有一个可以绕其轴线回转的滑块，而滑块嵌入导杆中间的槽内，它与导杆中间的槽可做相对滑移。导杆上端与滑枕用铰链相连，当电动机经带传动装置、齿轮传动装置带动大齿轮转动时，通过偏心销和滑块便可带动导杆做往复摆动，从而通过铰链使滑枕沿床身的导轨做往复移动。因此，在动力部分和工作部分之间有带传动、齿轮传动、平面连杆机构等传动装置。

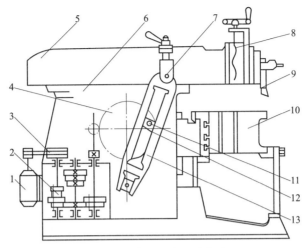

图1—9　牛头刨床传动简图

1—电动机　2—齿轮传动装置　3—带传动装置　4—大齿轮　5—滑枕　6—床身　7—销钉

8—螺旋传动装置　9—刨刀　10—工作台　11—偏心销　12—滑块　13—导杆

通过分析牛头刨床的传动系统，可以看出机械传动在其中有以下作用：

第一，改变运动速度。电动机的转速是比较高的，经带传动装置到齿轮箱输入轴上的大带轮时，转速已降低。再通过改变滑移齿轮啮合位置能获得几种不同的转速。可见带传动和齿轮传动可将某一输入转速变为几种不同的输出转速，从而使滑枕能够获得多种不同的移动速度。

第二，改变运动形式。牛头刨床的动力部分是电动机，输入的运动形式是回转运动，经过带传动和齿轮传动后仍为回转运动，但经过曲柄滑块机构（由偏心销、滑块、导杆组成）后，牛头刨床的滑枕却变成了直线往复运动。

第三，传递动力。电动机的输出功率通过带传动和齿轮传动及曲柄滑块机构把动力传给滑枕，然后使装在刀架上的刨刀9有足够的切削力完成刨削工作。

1.2.1　带传动

1. 带传动的工作原理和传动形式

（1）带传动的工作原理。带传动是一种应用很广泛的机械传动装置，它是利用传动带作为中间的挠性件，依靠传动带与带轮之间的摩擦力来传递运动和动力的。

带传动装置由主动轮1、从动轮2和挠性传动带3组成，如图1—10所示。当主动轮回转时，在摩擦力的作用下带动传动带运动，而传动带又带动从动轮回转，这样就把主动轴的运动和动力传递给了从动轴。

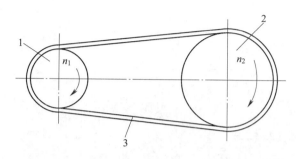

图 1—10　带传动的工作原理

1—主动轮　2—从动轮　3—传动带

（2）带传动的形式。在实际使用中，由于使用场合和转动方向不同，带传动有不同的传动形式。根据两轴在空间的相互位置和转动方向的不同，带传动主要有开口传动、交叉传动和半交叉传动三种传动形式，见表 1—3。

表 1—3　　　　　　　　　　　　常用带传动的形式

	开口传动	交叉传动	半交叉传动
传动简图			

1）开口传动。开口传动用于两轴平行并且旋转方向相同的场合。两轴保持平行，两带轮的中间平面应重合。开口传动的性能较好，可以传递较大的功率。

2）交叉传动。交叉传动用于两轴平行但旋转方向相反的场合。由于交叉处传动带有摩擦和扭转，因此，传动带的使用寿命较短，载荷容量较低，允许的工作速度也较小，线速度一般在 11 m/s 以下。

交叉传动不宜用于传递大功率，载荷容量应不超过开口传动的 80%，传动比可到 6。为了减少磨损，轴间距离应不小于 20 倍的带轮宽度。

3）半交叉传动。半交叉传动用于空间的两交叉轴之间的传动，交角通常为 90°。传动带在进入主动轮和从动轮时，方向必须对准该轮的中间平面；否则，传动带会从带轮上掉下来。

半交叉传动的线速度一般不宜超过 11 m/s，传动比一般不超过 3，载荷容量为开口传动的 70% ~ 80%，并且只能单向传动，不能逆转。

2. 带传动的主要类型、特点和应用

（1）带传动的主要类型。根据传动原理，带传动可分为摩擦型带传动和啮合型带传动两类。

1）摩擦型带传动。带传动的主要类型是摩擦型带传动。在这种带传动中，由于传动带紧套在两个带轮上，带与带轮接触面间产生压力，当主动轮回转时，依靠传动带与带轮接触面间的摩擦力，带动从动轮一起回转而传递一定的运动和动力。根据带的截面形状，常用的摩擦型带传动可分为平带传动、V带传动、多楔带传动和圆带传动，如图1—11所示。

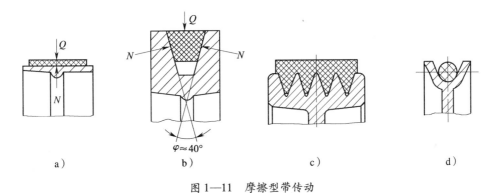

图1—11　摩擦型带传动

a）平带传动　b）V带传动　c）多楔带传动　d）圆带传动

平带的横截面为扁平矩形，质轻且挠曲性好。传动结构简单，带轮制造容易，在传动中心距较大的情况下应用较多。一般用的平带是有接头的橡胶帆布带，运转不平稳，不适用于高速运转。在某些高速机械（如磨床、离心机等）中常用无接头的高速环形胶带、丝织带和锦纶编织带等。

V带的横截面为等腰梯形，其工作面为与带轮上制出的环形沟槽相接触的两侧面，带与轮槽底不接触。在带对带轮的压紧力Q相同时，V带传动产生的最大摩擦力约为平带传动的3倍，因此V带能传递较大的功率。此外，允许的传动比较大，中心距较小，外廓尺寸小，且V带无接头，传动较平稳，故应用最广泛。

多楔带是在平胶带基体上做出若干纵向楔的环形传动带，其工作面为楔的侧面，带轮也有相应的环形轮槽。多楔带有平带挠曲性好和V带摩擦力较大的优点，并能克服多根V带传动各带受力不均匀的特点，常用于传递功率较大而结构要求紧凑及速度较高的场合。

圆带的横截面为圆形，一般用皮革或棉绳制成，结构简单，但传递功率很小。常

用于低速轻载的机械，如缝纫机、仪表机械、真空吸尘器和磁带盘等的机械传动。

2）啮合型带传动。啮合型带传动是依靠带上的齿与带轮轮齿的相互啮合传递运动和动力的，比较典型的是图1—12所示的同步带传动，它除保持了摩擦型带传动的优点外，还具有传递功率大、传动比准确等优点，故多用于要求传动平稳、传动精度较高的场合。

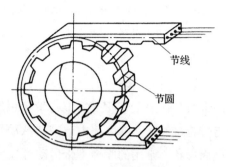

图1—12 同步带传动

（2）带传动的特点

1）主要优点

①适用于两轴中心距较大的传动，中心距最大可达10 m。

②带传动是弹性体，可缓冲、吸振，传动平稳，噪声小。

③结构简单，制造、安装和维护方便，成本低廉。

④过载时，带在带轮上打滑，可防止其他零件损坏，起安全保护作用。

2）主要缺点

①带传动的结构不够紧凑，传动装置的外廓尺寸较大。

②带在带轮上有弹性滑动，瞬时传动比不恒定，且传动效率低，带的使用寿命较短。

③因带需要张紧，对轴的压力大。

④带传动中的摩擦会产生电火花，不适宜用在高温、易燃、易爆或经常与油、水接触的场合。

（3）带传动的应用。由于带传动的上述特点，带传动多用于机械中要求传动平稳、传动比要求不严格、中心距较大、传递功率不大的高速级传动中。通常，带传动的传动效率为0.94～0.97，工作速度一般为1～21 m/s。为使传动结构紧凑，带传动传递的功率最大不超过10 kW。为防止传动时带打滑，带传动的常用传动比不超过7，一般平带$i \leqslant 3$，V带$i \leqslant 7$。带传动一般多用于动力部分（电动机）到工作部分的高速传动，如牛头刨床中的带传动等。

1.2.2 链传动

1. 链传动的工作原理

链传动是以链条作为中间挠性传动件，通过链节与链轮轮齿的不断啮合和脱开而传递运动和动力的，它属于啮合传动。如图1—13所示，链传动由主动链轮1、链条2

和从动链轮 3 组成。当主动链轮转动时，通过链条与链轮之间的啮合力带动从动链轮跟着旋转，同时将主动轴的运动和动力传递给从动轴。

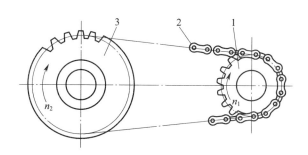

图 1—13　链传动

1—主动链轮　2—链条　3—从动链轮

2. 链传动的类型、特点和应用

（1）链传动的类型。根据用途的不同，链传动分为传动链、起重链和牵引链。传动链用于传递动力和运动，起重链用于起重机械中提升重物，牵引链用于链式输送机中移动重物。一般机械传动中常用的是传动链。传动链分为齿形链和短节距精密滚子链（简称滚子链）两种。齿形链又称无声链，由成组齿形链板左右交错排列，并用铰链连接而成，如图 1—14 所示。它运转平稳，噪声小，承受冲击载荷的能力高，但结构复杂，质量大，价格高，常用于高速或运动精度和可靠性较高的传动装置中。

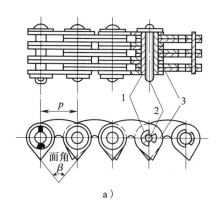

a）　　　　　　　　　　　　　　　　　　b）

图 1—14　齿形链

a）链结构　b）啮合传动

1—轴瓦　2—轴销　3—链板

滚子链结构简单，成本较低，生产量大，从低速到较高速、从轻载到重载都适用，在传动链中占有主要地位。如图1—15所示，滚子链由滚子1、套筒2、销轴3、内链板4和外链板5所组成。

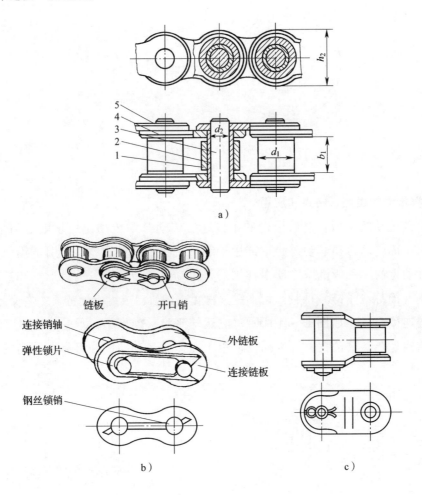

图1—15　滚子链的结构
a）滚子链的主要几何尺寸　b）8字形链板　c）过渡链板
1—滚子　2—套筒　3—销轴　4—内链板　5—外链板

链板一般制成8字形，以使它的各个横截面具有接近的抗拉强度，同时减小了链的质量和运动时的惯性力。链条中相邻两销轴中心的距离称为节距，用p表示，它是链传动的主要参数。节距越大，链的各元件尺寸也越大，链传递的功率也越大，但平稳性变差。故在设计时如果要求传动平稳，则应尽量选取较小的节距。当传递功率较大时，可采用双排链（见图1—16）或多排链。多排链由几排普通单排链用销轴连成，多排链的承载能力与排数成正比，但由于精度的影响，各排链所受载荷不易均匀，故排数不宜过多，常用双排链或三排链，四排以上的少用。滚子链已标准化，国家标准是《传动用短节距精密滚子链、套筒链、附件和链轮》（GB/T 1243—2006）。

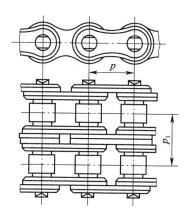

图1—16 双排链

（2）链传动的特点

1）主要优点

①链传动是具有中间挠性件的啮合传动，与带传动相比，无弹性滑动和打滑现象，故能保证准确的平均传动比，传动效率较高，结构紧凑，传递功率大，张紧力比带传动小，作用在传动轴与轴承上的力较小，但无过载保护作用。

②在相同功率条件下，链传动比带传动结构紧凑，并适用于低速、重载下工作。

③与齿轮传动相比，链传动结构简单，加工成本低，安装精度要求低，适用于较大中心距的传动，能在高温、多尘、油污等恶劣的环境中工作。

2）主要缺点

①链条与链轮工作时磨损较快，使用寿命较短，磨损后链条的节距增大，链轮齿形变瘦，链条在啮合时会发出"咯咯"的响声，甚至造成脱链现象。

②只能传递平行轴间的同向回转运动，安装时对两链轮轴线的平行度要求较高。链条不适宜装在两个位于水平位置的链轮上传动，这样容易发生脱链或顶齿现象。

③由于链条进入链轮后形成多边形折线，从而使链条速度忽大忽小地周期性变化，并伴有链条的上下抖动。因此，链传动的瞬时传动比不恒定，传动平稳性较差，有冲击和噪声，不宜用于高速和急速反向的场合。

④制造费用较高。

（3）链传动的应用。链传动主要用于两轴相距较远、传递功率较大且平均传动比又要求保持不变、工作条件恶劣（如多粉尘、油污、泥沙、潮湿、高温及有腐蚀性气体等）的场合。目前多用于化工机械、矿山机械、农业机械、自行车、摩托车和装配流水线传动机构中，例如，日常生活中使用的自行车就是利用链传动的工作原理，通过链条将脚踏部分的运动和动力传递给后轮，然后驱动自行车后轮转动的。

1.2.3　齿轮传动

1. 齿轮传动的工作原理和传动形式

（1）齿轮传动的工作原理。如图1—17所示。齿轮传动由主动齿轮1、从动齿轮2和机架所组成。当一对齿轮相互啮合工作时，主动齿轮 O_1 的轮齿（1、2、3…）通过啮合点法向力 F_n 的作用逐个地推动从动齿轮 O_2 的轮齿（1′、2′、3′…），使从动齿轮转动，从而将主动轴的动力和运动传递给从动轴。齿轮传动时，两齿轮轴线相对位置不变，并各绕其自身的轴线而转动。

（2）齿轮传动的传动形式。按照齿轮工作条件不同，齿轮传动可分为开式传动、半开式传动和闭式传动三种形式。

1）开式齿轮传动。这种传动齿轮是外露的，由于灰尘容易落入齿面，润滑不完善，故轮齿易磨损。其优点是结构简单，适用于圆周速度较低和精度要求不高的场合。

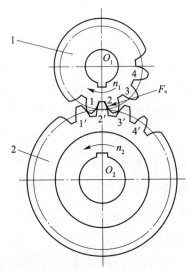

图1—17　齿轮传动
1—主动齿轮　2—从动齿轮

2）半开式齿轮传动。这种传动齿轮的下部浸入润滑油池内，有简单的防护罩，但仍然没有完全克服开式传动的缺点，一般用于较低速度的传动。

3）闭式齿轮传动。齿轮和轴承等均装在刚度很高的箱体内（如各种减速器中的齿轮传动），润滑良好，封闭严密，安装精确，可保证良好的工作条件，因此用得较多。

2. 齿轮传动的类型和特点

（1）齿轮传动的类型。齿轮传动的类型很多，按照一对齿轮轴线间的相互位置不同，可分为三种情况：两轴平行的齿轮传动，如圆柱齿轮传动等；两轴相交的齿轮传动，如锥齿轮传动等；两轴交错的齿轮传动，如螺旋圆柱齿轮传动等。按照轮齿的方向不同，可分为直齿、斜齿、人字齿、圆弧齿等齿轮传动。按啮合情况不同，又可分为外啮合齿轮传动、内啮合齿轮传动、齿轮与齿条啮合传动。齿轮传动类型可参见表1—4。

表1—4 齿轮传动类型

	类 型	轴测图	运动简图
轴线互相平行	外啮合直齿圆柱齿轮传动		
	内啮合传动		内齿轮
	齿轮齿条传动		齿条
	外啮合斜齿圆柱齿轮传动		
轴线相交 （特例：轴线 交角为 $\Sigma = 90°$）	直齿锥齿轮		
	曲线齿锥齿轮		

续表

	类型	轴测图	运动简图
轴线相错	交错轴斜齿轮 （Σ ≠ 90°）		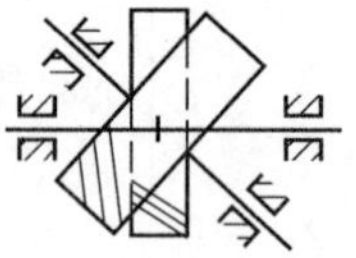
	蜗杆传动（Σ = 90°）	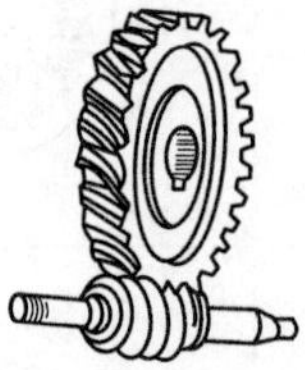	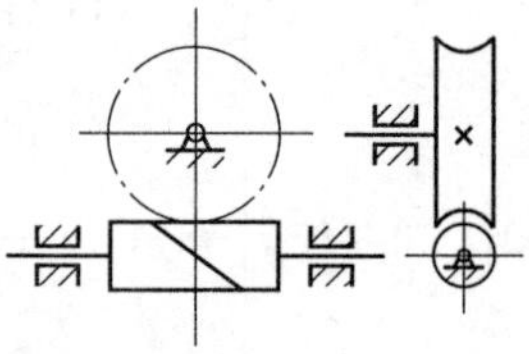

（2）齿轮传动的特点

1）优点

①由于采用合理的齿形曲线，所以齿轮传动能保证两轮瞬时传动比恒定，平稳性较高，传递运动准确、可靠。

②适用的传动功率和圆周速度范围较大。

③传动效率高（一般为 0.94~0.99，一般圆柱齿轮的传动效率可达 98%），使用寿命长。

④结构紧凑，体积小。

2）缺点

①齿轮的制造、安装精度要求较高，制造成本大。

②承受过载和冲击的能力差，低精度齿轮传动时噪声和振动较大。

③当两传动轴之间的距离较大时，若采用齿轮传动结构就会复杂，所以齿轮传动不适宜距离较大两轴间的运动传递。

④没有过载保护作用。

⑤在传递直线运动时，不如液压传动和螺旋传动平稳。

3．齿轮传动的基本要求

齿轮传动类型很多，用途各异，但从传递运动和动力的要求出发，各种齿轮传动都应满足下列两项基本要求：

（1）传动平稳。要求齿轮在传动过程中，应始终严格保持瞬时传动比恒定不变；否则，主动齿轮匀速转动而从动齿轮转速时快时慢，会引起冲击、振动和噪声，影响传动的质量。由于齿轮采用了合理的齿形曲线（通常采用渐开线、摆线和圆弧，其中最常用的是渐开线），于是就保证了瞬时传动比保持不变。这样可保持传动平稳，提高齿轮的工作精度，以适用于高精度及高速传动。

（2）承载能力强。要求齿轮有足够的抵抗破坏的能力以传递较大的动力，并且还要有较长的使用寿命及较小的结构尺寸。

要满足以上两个基本要求，就必须对轮齿形状、齿轮的材料、齿轮加工、热处理方法、装配质量等诸多方面提出相应的要求。

4．齿轮系的分类与功用

由一对齿轮组成的机构是齿轮传动的最简单形式，但在机械中，为了将输入轴的一种转速变换为输出轴的多种转速，或为了获得大的传动比等，常采用一系列互相啮合的齿轮来达到此要求。这种由一系列齿轮组成的传动系统称为齿轮系，简称轮系。

（1）轮系的分类。通常根据轮系运动时齿轮轴线位置是否固定，将轮系分为定轴轮系和周转轮系两种。

传动时，所有齿轮轴线的位置都是固定不变的轮系称为定轴轮系。图 1—18 所示为两级圆柱齿轮减速器中的定轴轮系，图 1—19 所示为汽车变速箱中的定轴轮系。

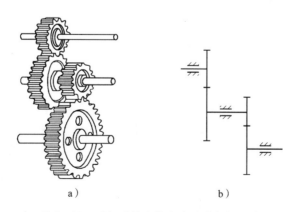

a)　　　　　　　　　b)

图 1—18　两级圆柱齿轮减速器的定轴轮系

a）轴测图　b）运动简图

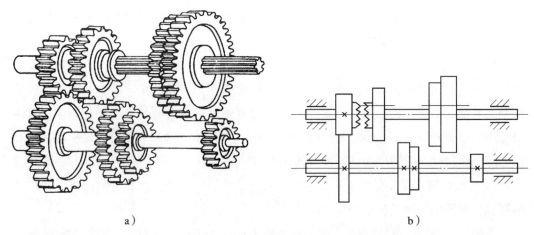

图 1—19　汽车变速箱的定轴轮系

a）轴测图　b）传动示意图

至少有一个齿轮的轴线可绕另一齿轮的固定轴线转动的轮系称为周转轮系。如图 1—20 所示，齿轮 2 的轴线围绕齿轮 1 的固定轴线转动。

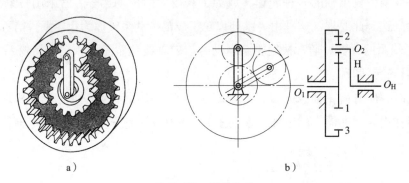

图 1—20　周转轮系

a）轴测图　b）运动简图

（2）轮系的功用。在实际机械传动中轮系得到广泛应用，其功用归纳如下：

1）实现相距较远两轴之间的传动。当两轴间的距离 a 较大时，若仅用一对齿轮来传动则齿轮尺寸过大，既占空间，又浪费材料，且制造和安装都不方便。若用轮系传动，就可克服上述缺点，如图 1—21 所示。

2）获得大的传动比。一对齿轮传动受到结构尺寸的限制，传动比不能太大，而利用轮系可以由若干个齿轮传动来获得较大的传动比。

3）实现变速、换向的传动。当主动轴转速或转向不变时，利用轮系可使从动轴获得多种转速或改换转向。

4）实现多路传动。实际机械中，有时需要由一个主动轴带动几个从动轴一起转动，这时可采用轮系实现这一要求。

1.2.4 螺旋传动

1．螺旋传动的工作原理

螺旋传动是利用由带螺纹的零件构成的螺旋副将回转运动转变为直线运动的一种机械传动方式。

螺旋传动主要由螺杆、螺母和机架组成。如图1—22所示为车床床鞍的螺旋传动结构简图，在丝杠外表面和开合螺母内表面均制有螺纹，相互组成螺旋副，当车床的丝杠转动时，借助开合螺母就带动了床鞍做直线移动。

在普通的螺旋传动中，螺杆转一圈，螺母移动一个螺距，如果螺杆头数为K，螺距为h（mm），传动时，螺杆转一圈，螺母移动的距离$S = Kh$。

2．螺旋传动的类型和特点

（1）螺旋传动的类型

1）螺旋机构按螺旋副中的摩擦性质，可分为滑动螺旋、滚动螺旋两种类型。

滑动螺旋的螺杆与螺母直接接触，处于滑动摩擦状态，如图1—22所示。滑动螺旋具有以下特点：螺杆与螺母之间的摩擦大，易磨损，且传动效率低；可设计成自锁特性的传动；结构简单，制造方便。

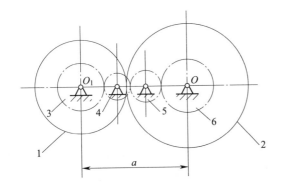

图1—21　相距较远的两轴间的传动

1～6—齿轮

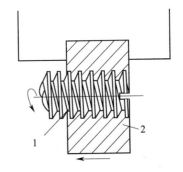

图1—22　车床床鞍的螺旋传动结构简图

1—丝杠　2—开合螺母

若将螺旋副的内、外螺纹改成内、外螺旋状的滚道，并在其间放入滚动体，便是滚动螺旋，如图1—23所示。

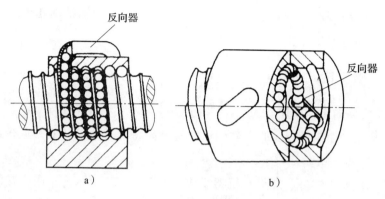

图1—23　滚动螺旋

a）内循环　b）外循环

　　滚动体多用滚珠，当螺杆或螺母转动时，滚珠不仅可以沿螺旋槽滚道滚动，将螺杆与螺母分开，形成滚动摩擦，而且在螺母和螺杆之间传递动力和运动。滚珠经中间导向装置可返回滚道中的初始位置，形成封闭式的反复循环。循环方式分为内循环和外循环两类，分别如图1—23a、b所示。内循环中螺母的每一圈螺纹装一个反向器，滚珠在同一圈滚道内形成封闭循环回路。内循环滚珠流动性好，摩擦损失较少，传动效率高，径向尺寸小，但反向装置加工精度高。外循环是滚珠在回程时脱离螺杆的滚道，而在螺旋滚道外进行循环。外循环加工方便，但径向尺寸较大。

　　滚动螺旋由于用滚动摩擦代替了滑动摩擦，所以大大减小了摩擦阻力，改善了螺旋传动条件，启动转矩小，传动平稳、轻便，效率高；不具有自锁特性，可以变直线运动为旋转运动，结构复杂，制造困难。

　　2）按使用要求不同，螺旋机构又可分为传动螺旋机构、传力螺旋机构和调整螺旋机构三种。

　　传动螺旋机构主要用于传递运动，常要求其具有较高的传动精度和传动效率。例如，机床工作台的传动机构就是利用螺杆的转动，使螺母带动工作台沿机架上的导轨而产生移动。

　　传力螺旋机构主要用来传递动力，常见的有螺旋千斤顶和螺旋压力机，当以较小的力转动螺杆（或螺母）时，就能使其产生轴向运动和大的轴向力，完成举起重物或加压于工件的工作。

调整螺旋机构主要用来调整和固定零件的相对位置。这种螺旋机构的螺杆上有两段螺距或旋向不同的螺纹，分别与固定螺母、可动螺母组成双螺旋机构。差动螺旋机构是最常见的调整螺旋机构。

（2）螺旋传动的特点。螺旋机构与其他将回转运动转变为直线运动的传动装置（如曲柄滑块机构）相比，具有结构简单，工作连续、平稳，承载能力大，传动精度高，易于自锁等优点，在机械制造中获得了广泛的应用。其缺点是螺纹之间产生较大的相对滑动，因而磨损快，使用寿命短，效率低，近年来由于滚动螺旋机构的应用，使磨损和效率问题得到了很大的改善。

测 试 题

一、判断题（将判断结果填入括号中，正确的填"√"，错误的填"×"）

1. 螺钉、螺栓和螺母拧紧后，一般螺钉、螺栓应露出螺母 1~2 个螺距。（　　）

2. 每种不同的传动形式都是通过一定的介质来传递能量和运动的。（　　）

3. 机械传动不具备改变运动速度的性质。（　　）

4. 牛头刨床的动力部分是电动机，输入的运动形式是回转运动，经过带传动和齿轮传动后仍为回转运动，但经过曲柄滑块机构（由偏心销、滑块、导杆组成）后，牛头刨床的滑枕却变成了直线往复运动。（　　）

5. 带传动是一种应用很广泛的机械传动装置，它是利用传动带作为中间的挠性件，依靠传动带与带轮之间的摩擦力来传递运动和动力。（　　）

6. 链传动是以链条作为中间挠性传动件，通过链节与链轮齿的不断啮合和脱开而传递运动和动力的，它属于啮合传动。（　　）

7. 链传动由主动链轮、链条和从动链轮组成。（　　）

8. 当主动链轮转动时，通过链条与链轮之间的张紧力带动从动链轮跟着旋转，同时将主动轴的运动和动力传递给从动轴。（　　）

二、单项选择题（选择一个正确的答案，将相应的字母填入题内的括号中）

1. 通常，将机器中动力部分的动力和运动按预定的要求传递到工作部分的中间环节称为（　　）。

A. 传播　　　　　　　　　　B. 传动

C. 传递　　　　　　　　　　D. 传染

2. 下列选项属于传动方式的是（　　）。

A. 机械传动　　　　　　　　　　　　B. 液压传动

C. 气压传动　　　　　　　　　　　　D. 以上选项都正确

3. 机械传动是最常见的传动方式，它不具有（　　）的性质。

A. 准确可靠　　　　　　　　　　　　B. 操纵简单

C. 传动装置轻便　　　　　　　　　　D. 容易掌握

4. 液压传动是以具有一定（　　）的油液作为工作介质来传递运动和动力的。

A. 重量　　　　　　　　　　　　　　B. 质量

C. 压力　　　　　　　　　　　　　　D. 压强

5. 下列不是电传动的是（　　）。

A. 收录机中的磁带　　　　　　　　　B. 传动轴

C. 直流电动机　　　　　　　　　　　D. 变频电动机

6. 由于交叉处传动带有摩擦和扭转，因此传动带的使用寿命较短，载荷容量都较低，线速度一般在（　　）m/s 以下。

A. 8　　　　　　B. 9　　　　　　C. 10　　　　　　D. 11

7. 带传动的交叉传动不宜用于传递大功率，载荷容量应不超过开口传动的 80%，传动比可到（　　）。

A. 6　　　　　　B. 5　　　　　　C. 4　　　　　　D. 3

8. 带传动的半交叉传动用于空间的两交叉轴之间的传动，交角通常为（　　）。

A. 30°　　　　　B. 45°　　　　　C. 60°　　　　　D. 90°

9. 带传动的交叉传动中，为了减少磨损，轴间距离应不小于（　　）倍的带轮宽度。

A. 2　　　　　　B. 5　　　　　　C. 10　　　　　　D. 20

10. 齿轮传动的优点不包括（　　）。

A. 传动比恒定　　　　　　　　　　　B. 适用范围大

C. 传动效率高　　　　　　　　　　　D. 有过载保护

11. 齿轮传动有多种类型，其中包括（　　）。

A. 外啮合直齿圆柱齿轮传动　　　　　B. 内啮合传动

C. 齿轮齿条传动　　　　　　　　　　D. 以上选项都正确

参 考 答 案

一、判断题

1. √   2. √   3. ×   4. √   5. √   6. √   7. √   8. √

二、单项选择题

1. B   2. D   3. C   4. C   5. B   6. D   7. A   8. D   9. D

10. D   11. D

第2章

电工基础知识

完成本章的学习后，您能够：

☑ 了解电工基础知识

☑ 熟悉一般电路原理

☑ 掌握震源电路维护知识及故障判断技巧

☑ 能够使用万用表测量震源用空气枪电磁阀、检波器、炮缆等设备的漏电、短路、断路情况，并判断这些设备的工作状态和性能

知识要求

2.1 直流电路

2.1.1 电路及基本物理量

电路就是电流的通过途径。最基本的电路由电源、负载、连接导线和开关等组成。电路分为外电路和内电路。从电源一端经负载回到另一端的电路称为外电路。电源内部的通路称为内电路。

1. 电流

导体中的自由电子在电场力的作用下做有规则的定向运动，就形成了电流。习惯上规定正电荷的移动方向为电流的方向。每秒钟内通过导体截面的电量多少称为电流强度，简称电流，用 I 表示，即：

$$I = \frac{Q}{t}$$

式中　I——电流，A；

　　　Q——电量，C；

　　　t——时间，s。

2. 电流密度

电流密度是指通过导线单位截面积的电流。

3. 电压、电位

电位在数值上等于单位正电荷沿任意路径从该点移至无限远处的过程中电场力所做的功，其单位为伏特，简称伏（V）。

电压就是电场中两点之间的电位差，其表达式为：

$$U = \frac{A}{Q}$$

式中　U——电压，V；

　　　A——电场力所做的功，J；

　　　Q——电荷量，C。

4. 电动势

在电场中，将单位正电荷由低电位移向高电位时外力所做的功称为电动势，其表达式为：

$$E = \frac{A}{Q}$$

式中　E——电动势，V；

　　　A——外力所做的功，J；

　　　Q——电荷量，C。

电动势的方向规定为由负极指向正极，由低电位指向高电位，且仅存于电源内部。

5. 电阻

电流在导体中流动时所受到的阻力称为电阻，用 R 或 r 表示，单位为欧姆或兆欧。导体电阻的大小与导体的长度 L 成正比，与导体的截面积成反比，并与其材料的电阻率成正比，即：

$$R = \rho \frac{L}{S}$$

式中　R——导体的电阻，Ω；

　　　ρ——导体的电阻率，$\Omega \cdot m$；

　　　L——导体长度，m；

　　　S——导体截面积，m^2。

6. 感抗、容抗、阻抗

当交流电通过电感线圈时，线圈会产生感应电动势阻止电流变化，有阻碍电流流过的作用，称为感抗。它等于电感 L 与频率 f 乘积的 2π 倍，即 $X_L = \omega L = 2\pi f L$。感抗在数值上就是电感线圈上电压和电流的有效数值之比,即 $X_L = U_L / I_L$。感抗的单位是欧姆。

当交流电通过电容时,与感抗类似,也有阻止交流电通过的作用,称为容抗。它等于电容 C 乘以频率的 2π 倍的倒数,即 $X_c = 1 / (2\pi fC) = 1 / (\omega C)$。容抗在数值上就是电容上电压和电流的有效值之比,即 $X_c = U_c / I_c$。容抗的单位是欧姆。

当交流电通过具有电阻(R)、电感(L)、电容(C)的电路时,所受到的阻碍称为阻抗(Z),它的数值等于:$Z^2 = R^2 + (X_L - X_c)^2$。阻抗在数值上就等于具有电阻、电感、电容元件的交流电路中,总电压 U 与通过该电路总电流 I 的有效值之比,即 $Z = U/I$。

2.1.2 欧姆定律

1. 部分电路欧姆定律

不含电源的电路称为无源电路。在电阻 R 两端加上电压 U 时,电阻中就有电流 I 流过,三者之间的关系为:

$$I = \frac{U}{R}$$

欧姆定律公式成立的条件是电压和电流的标定方向一致,否则公式中就应出现负号。

2. 全电路欧姆定律

含有电源的闭合电路称为全电路,如图 2—1 所示。

图中虚线框内代表一个电源。电源除了具有电动势 E 外,一般都是有电阻的,这个电阻称为内电阻,用 r_0 表示。当开关 S 闭合时,负载 R 中有电流流过。电动势 E、内电阻 r_0、负载电阻 R 和电流 I 之间的联系用公式表示即为:

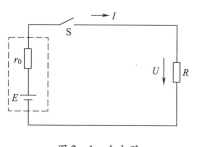

图 2—1　全电路

$$I = \frac{E}{R + r_0}$$

全电路欧姆定律还可以写为:

$$E = IR + Ir_0 = U + U_0$$

式中,$U = IR$ 称为电源的端电压;$U_0 = Ir_0$ 称为电源的内压降。

2.1.3　电功和电功率

电流所做的功叫作电功，用符号 A 表示。电功的数学式为：

$$A = IUt = I^2Rt = \frac{U^2}{R}t$$

式中　U——导体两端的电压，V；

　　　I——电路电流，A；

　　　R——导体的电阻，Ω；

　　　t——通电时间，s。

电功的大小与电路中的电流、电压及通电时间成正比，电功的单位为焦耳，另一个单位是千瓦·时（kW·h）。它们之间的关系是 1 千瓦·时 =3.6 兆焦 =3.6×10^6 焦耳（1 kW·h =3.6 MJ =3.6×10^6 J）。

单位时间内电流所做的功叫作电功率，用符号 P 表示，即：

$$P = \frac{A}{t} = UI = I^2R = \frac{U^2}{R}$$

式中　A——电功，J；

　　　t——做功的时间，s；

　　　U——导体两端的电压，V；

　　　I——电路电流，A；

　　　R——导体的电阻，Ω。

电功率的单位是瓦，功率较大时，电功率的单位是千瓦（kW）、兆瓦（MW），其中 1 MW =10^3 kW =10^6 W。

当电流通过电阻时，要消耗能量而产生热量，这种现象称为电流的热效应。根据能量守恒定律，电路中消耗的功率将全部转换成热功率，即 $P_R = 0.24I^2R$（卡/s）。式中 0.24 为电、热功率的转换系数（热功当量），即每瓦电功率为 0.24 卡/s 的热功率。

常用的电炉、白炽灯、电烙铁、电烘箱等都是利用电流的热效应而制成的电器。

2.1.4　电源外部特性与电路的三种状态

1．电源的外部特性

在电动势不变的情况下，电源的端电压与电路中的电流大小及电源的内电阻大小有关。一般情况下，电流越大，电源的端电压就越低。

2. 电路的三种状态

当电路接通，负载中有电流流过时，电路处于导通状态；若外电路与电阻值近似为零的导体接通时，电路处于短路状态；若电路中有断开处，电路中没有电流流过时，电路处于开路状态。电路处于开路状态时，电源的端电压与电动势相等。

2.1.5 电阻的串联、并联及混联

1. 电阻的串联

凡是将电阻首尾依次相连，使电流只有一条通路的接法，叫作电阻的串联。

电阻串联电路具有以下特点：

（1）串联电路中电流处处相等，即 $I = I_1 = I_2 = I_3$。

（2）串联电路中总电阻等于各分电阻的和，即 $R = R_1 + R_2 + R_3$。

（3）串联电路中总电压等于各分电压的和，即 $U = U_1 + U_2 + U_3$。

（4）各电阻上的电压降之比等于其电阻比，即 $\dfrac{U_1}{U_2} = \dfrac{R_1}{R_2}$。

2. 电阻的并联

将电阻两端分别连接在一起的方式叫作电阻的并联。

电阻并联电路具有以下特点：

（1）并联电路中各电阻两端的电压等于电源电压，即 $U = U_1 = U_2 = U_3$。

（2）并联电路中总电流等于各分电流的和，即 $I = I_1 + I_2 + I_3$。

（3）并联电路等效电阻的倒数等于各并联支路电阻的倒数之和，即：

$$\frac{1}{R} = \frac{1}{R_1} + \frac{1}{R_2} + \frac{1}{R_3}$$

（4）各并联电阻中的电流及电阻所消耗的功率均与各电阻的阻值成反比，即：

$$\frac{I_1}{I_2} = \frac{R_2}{R_1}$$

3. 电阻的混联

电路中既有电阻的串联又有电阻的并联，则称为混联电路。

2.1.6 基尔霍夫定律

基尔霍夫定律包括第一定律和第二定律，它们是分析及计算复杂电路不可缺少的基本定律。

1. 基尔霍夫第一定律（节点电流定律）

对任一节点来说，流入（或流出）该节点电流的代数和等于零，其数学表达式为：

$$\sum I = 0 \ 或 \sum I_{进} = \sum I_{出}$$

电流正负的规定：一般取流入节点的电流为正，流出节点的电流为负。

2. 基尔霍夫第二定律（回路电压定律）

在电路的任何闭合回路中，沿一定方向绕行一周，各段电压的代数和为零，即：

$$\sum U = 0 \ 或 \sum E = \sum IR$$

在应用回路电压定律时，往往把电动势写在等式左边，把电压写在等式右边。对表达式中各电动势和电压的正负确定方法如下：

（1）首先选定各支路电流的方向。

（2）任意选定沿回路的绕行方向（顺时针或逆时针）。

（3）若流过电阻的电流方向与绕行方向一致，则该电阻上的压降为正，反之取负。

（4）若电动势的方向与绕行方向一致，则该电动势取正，反之取负。

2.1.7　直流电路的分析和计算

1. 支路电流法

对任何复杂直流电路，都可以用基尔霍夫定律列出节点电流方程式和回路电压方程式联立求解。以电路中各支路电流为未知量，就可以用支路电流法求解。下面以图2—2为例说明求解方法。

（1）在电路图上标出各支路电流 I_1、I_2、I_3 的方向，列出独立的节点电流方程。

（2）选定适当回路并确定其绕行方向，列出回路电压方程。

$$I_1 + I_2 = I_3$$
$$I_1 R_1 + I_3 R_3 = E_1$$
$$I_2 R_2 + I_3 R_3 = E_2$$

（3）将已知的电动势 E_1 和 E_2 以及电阻 R_1、R_2、R_3 代入联立方程组。解出此方程组，就可以求得三个支路电流值。

2. 回路电流法

对支路数较多的电路求解，用回路电流法较方便。以图2—3为例，解题步骤如下：

（1）以网孔为基础，假设回路电流参考方向。

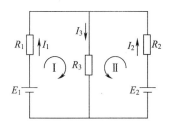

图2—2　支路电流法

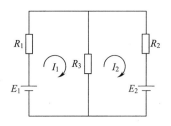

图2—3　回路电流法

（2）列出各网孔的回路电压方程。列方程时，电动势的方向若与回路电流方向一致，电动势取正；反之取负。本回路中所有电阻上的压降永远为正，相邻回路的公共电阻上的压降，当两个回路电流方向相同时取正，反之取负。本例列出的方程组是：

$$(R_1 + R_3) \times I_1 - R_3 I_2 = E_1$$
$$(R_2 + R_3) \times I_2 - R_3 I_1 = -E_2$$

（3）解出所列出的方程组后，再用节点电流法求出各支路电流。本图中：

$$I_1 - I_2 = I_3$$

3. 节点电压法

对只有两个节点的直流电路，用节点电压法求解最为简便。以图2—4为例，解题步骤如下：

（1）选定节点电压方向。

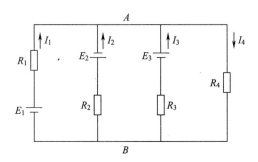

图2—4　节点电压法

（2）列出节点电压表达式，求出节点电压值。

（3）根据欧姆定律求出各支路电流。

$$U_{AB} = \frac{\dfrac{E_1}{R_1} - \dfrac{E_2}{R_2} + \dfrac{E_3}{R_3}}{\dfrac{1}{R_1} + \dfrac{1}{R_2} + \dfrac{1}{R_3} + \dfrac{1}{R_4}}$$

式中分子各项的符号为：当 E 的方向与所选电压方向相反时为正，反之为负。分母各项皆为正。则：

$$I_1 = \frac{E_1 - U_{AB}}{R_1}, I_2 = \frac{-E_2 - U_{AB}}{R_2}, I_3 = \frac{E_3 - U_{AB}}{R_3}, I_4 = \frac{U_{AB}}{R_4}$$

2.1.8 叠加原理

在线性电路中，任一支路的电流（或电压）都是电路中各个电源单独作用时该支路中产生的电流（或电压）的代数和，这个结论叫作叠加原理。叠加原理主要用来指导其他定理、结论及分析电路。运用叠加原理的过程中，当一个电源单独作用时，应将其余的恒压源做全部短路、恒流源做全部开路处理。

2.1.9 戴维南定理

任何只包含电阻和电源的线性有源二端网络对外都可用一个等效电源来代替。这个电源的电动势等于该网络的开路电压；这个电源的内电阻等于该网络的入端电阻（即网络中各电动势短接时两出线端间的等效电阻）。这个结论称为戴维南定理。

用戴维南定理解题步骤如下：

1. 把电路分为待求支路和含源二端网络两部分。

2. 把待求支路断开，求出含源二端网络的开路电压（即等效电动势 E_0）和入端电阻（即等效内阻 R_0）。

3. 画出含源二端网络的等效电路，再接入待求支路电阻，求出该支路电流及有关量。

2.2 磁与电磁的基本知识

2.2.1 电流的磁场

通电导体的周围有磁场存在。导体中通过电流时产生的磁场方向可用安培定则（又称右手螺旋定则）来判断。当通电导体为直导体时，右手握直导体，拇指的方向为电流方向，弯曲四指的指向即为磁场方向。当通电导体为螺旋管时，右手握螺旋管，弯曲四指表示电流方向，拇指所指的方向即为磁场方向。

2.2.2　磁场对电流的作用

1．磁场对通电直导体的作用

处在磁场中的直导体流过电流时，导体会发生运动，表明通电导体受到一个电磁力的作用。这个电磁力的大小与通电导体电流的大小成正比，与导体在磁场中的有效长度以及导体所处位置的磁感应强度成正比。写成数学表达式即为：$F = BIL\sin\alpha$。

通电导体在磁场中受到的电磁力方向可用左手定则判定：平伸左手，使拇指与其余四指垂直，让磁感线垂直穿过手心，四指指向电流方向，拇指所指的方向就是导线受到的电磁力方向。

2．通电平行导体之间的相互作用

两根平行且靠近的通电导体相互之间都要受到对方电磁力的作用。电磁力的方向可用以下方法来判定：先判定通电导线产生的磁场方向，再判定两根导体分别受到的电磁力方向。两根平行导体的电流方向相同时，相互吸引；电流方向相反时，相互排斥。

2.2.3　电磁感应

由于导体所在磁场的大小或方向发生变化或磁场与导体之间做相对运动而产生的电动势，叫作感应电动势，这种现象叫作电磁感应。

直导体中感应电动势的方向可用右手定则来判定：平伸右手，使拇指与其余四指垂直，让磁感线垂直穿过手心，拇指指向导线的运动方向，其余四指所指的方向就是感应电动势的方向。

2.2.4　自感与互感

1．自感

由于线圈本身电流的变化而引起线圈内产生电磁感应的现象叫作自感现象。由自感现象而产生的感应电动势叫作自感电动势。

2．互感

两个线圈之间的电磁感应叫作互感应，简称互感。

2.2.5　涡流及趋肤效应

1．涡流

涡流是感应电流的一种，带有铁芯的线圈相当于原线圈，铁芯相当于副线圈。当

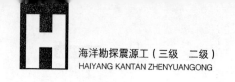
线圈通有变化的电流时，便在铁芯内产生变化的磁通，由于互感作用，在铁芯内产生自成回路的环流，称为涡流。

涡流会使铁芯发热，增加电能的损耗，叫作涡流损失。交流电器的铁芯由涂有绝缘漆的硅钢片叠成，就是为了减小涡流损失。

2．趋肤效应

导体通过交流电时，由于产生电磁感应，会使导体表面的电流密度较大，内部的电流密度较小，这种现象称为趋肤效应。趋肤效应使流过导体的电流比较集中地分布在导体表面，频率越高，此现象越明显。

2.3　交流电基本知识

2.3.1　交流电的基本概念

大小和方向都随时间做周期性变化的电压和电流分别叫作交流电压和交流电流，统称交流电。按正弦规律变化的交流电叫作正弦交流电。

大小和方向不随时间变化的电压和电流分别叫作直流电压和直流电流，统称为直流电，如直流发电机、蓄电池等。

2.3.2　正弦交流电的瞬时值、最大值、有效值和平均值

瞬时值：正弦交流电在某一瞬间的数值称为瞬时值。

最大值：正弦交流电在一个周期中所出现的最大瞬时值称为最大值。

有效值：交流电的有效值是指在热效应上同它相当的直流值。正弦交流电的有效值等于最大值的$\frac{1}{\sqrt{2}}$倍。

平均值：正弦交流电在正半周期内所有瞬时值的平均大小称为正弦交流电的平均值。

2.3.3　交流电的周期、频率及角频率

1．周期和频率

周期：是指交流电每交变一次所需的时间，通常用 T 表示，单位为秒。

频率：每秒内交流电交变的周期数或次数叫作频率，用 f 表示，单位为赫兹。周期和频率互为倒数，即：

$$T = \frac{1}{f}$$

我国工业上使用的正弦交流电的频率为 50 Hz，习惯上称为工频。

2．角频率

正弦交流电表达式中的 ω，通常称为角频率或角速度，它表示交流电每秒钟内变化的角度。

2.3.4　正弦交流电的三种表示方法

正弦交流电常用的表示方法有解析法、图形法和矢量法三种。

1．用一个函数式来表示交流电的方法称为解析法。

2．用波形图来表示交流电的方法叫作图形法，也叫曲线图法。

3．用矢量来表示交流电的方法叫作矢量法。这是一种能比较简便、直观地表示交流电的方法。

2.3.5　三相交流电源

1．基本知识

概括地说，三相交流电是由三相交流发电机产生，经三相输电线输送到各地的对称电源。三相电源对外输出的为 E_u、E_v、E_w 三个电动势，三者之间的关系是大小相等、频率相同、相位上互差 120°。

三相电动势达到最大值的先后次序叫作相序。正序为 U—V—W—U；反之为逆序。常用黄、绿、红三色分别表示 U、V、W 三相。

2．三相电源的连接

电力系统的负载分为两大类：一类是单相负载，如照明等；另一类是三相负载，如大多数电动机等动力负载。在三相负载中常用的绕组连接方式有星形接法（丫）和三角形接法（△）。

在星形（丫）和三角形（△）接法中，线电压是指两相之间的电压（用 $U_{线}$ 来表示），相电压是指每相绕组始末端的电压（用 $U_{相}$ 来表示）。线电流表示相线流过的电流（用 $I_{线}$ 来表示），相电流则表示每相绕组流过的电流（用 $I_{相}$ 来表示）。

在星形接法中，$U_{线} = \sqrt{3}U_{相}$，$I_{线} = I_{相}$。

在三角形接法中，$U_{线} = U_{相}$，$I_{相} = \sqrt{3} I_{相}$。

（1）三相电源绕组的星形连接。将三相电动势的末端连成一个公共点的连接方式称为星形（Y）连接。该公共点称为电源中点，用 N 表示。由三个电动势始端分别引出的三根导线称为相线或端线。从电源中点引出的导线称为中性线或零线。

有中性线的叫作三相四线制；无中性线的叫作三相三线制。三相四线制电源可以提供的电压有线电压和相电压两种，线电压超前相电压 30°。

（2）三相电源绕组的三角形连接。将三相电动势中每一相的末端和另一相的始端依次相接的连接方式称为三角形（△）连接。

3．三相四线制

如果电源和负载都是星形接线，那么就可以用中性线连接电源和负载的中性点。这种用四根导线把电源和负载连接起来的三相电路称为三相四线制。

由于三相四线制可以同时获得线电压和相电压，所以在低压网络中既可以接三相动力负载，又可以接单相照明负载，故三相四线制在低压供电中获得了广泛的应用。

中性线的作用就是当不对称的负载接成星形连接时，使其每相的电压保持对称。

在有中性线的电路中，偶然发生一相断线，也只影响本相的负载，而其他两相的电压依然不变，但如中性线因事故断开，则当各项负载不对称时，势必引起各相电压的畸变，破坏各相负载的正常运行，而实际中负载大多是不对称的，所以中性线不允许断路。

4．三相功率的计算

不论负载是星形连接还是三角形连接，只要三相电路对称，只要三相功率对称，就等于 3 倍的单相功率。用相电压和相电流表示可写成：

$$P = 3U_{相} I_{相} \cos\varphi$$

$$Q = 3U_{相} I_{相} \sin\varphi$$

$$S = 3U_{相} I_{相}$$

如用线电压和线电流表示，则三相功率可写成：

$$P = \sqrt{3} U_{线} I_{线} \cos\varphi$$

$$Q = \sqrt{3} U_{线} I_{线} \sin\varphi$$

$$S = \sqrt{3} U_{线} I_{线}$$

式中　　P——有功功率，kW；

　　　　Q——无功功率，kvar；

　　　　S——视在功率，kV·A。

如果三相负载不对称，则应分别计算各相功率，三相功率等于各相功率之和。

5. 功率因数 $\cos\varphi$、有功功率 P、无功功率 Q、视在功率 S

在交流电路中，电压与电流之间相位差（φ）的余弦叫作功率因数，用符号 $\cos\varphi$ 表示，在数值上，是有功功率和视在功率的比值，即：

$$\cos\varphi = \frac{P}{S}$$

有功功率是指交流电路中电阻所消耗的功率。

在交流电路中，电感（电容）是不消耗能量的，它只是与电源之间进行能量交换，并没有真正消耗能量，人们把与电源交换能量的功率称为无功功率。

视在功率是指交流电路中电压与电流的乘积。

有功功率、无功功率、视在功率三者的关系如下：

$$S = \sqrt{P^2 + Q^2}$$

技能要求

震源用空气枪电磁阀水密插头测试

操作步骤

步骤 1　正确选择及穿戴劳动防护用品，熟悉相关操作规程以及遵守现场区域安全规则。

步骤 2　关闭气枪控制器电源并确认。

步骤 3　将电磁阀插头从震源阵列、空气枪上拆下。

步骤 4　测量漏电，分别测量外漏和内漏，如果没有漏电现象，进行下一步操作。

步骤 5　测量单根线的通路，如果两根线都完好，执行下面的操作。

步骤 6　把水密插头固定在台虎钳上，并将两根线短接，手拉水密插头电线部分，同时用万用表电阻挡测量阻值是否稳定，观察表针有无晃动现象，据此判断电磁阀插头内部焊接点是否牢固。如果表针不稳定，说明该电磁阀插头有断路现象，不能继续使用。

注意事项

1. 确认万用表表棒非常稳定地插入电磁阀插头的插孔，无人为抖动。

2. 最好由两名操作员进行该操作。

3. 不要用力过猛，以防损坏设备。

4. 用台虎钳夹紧水密插头时，注意不要损坏水密插头。

5. 测量后，确认是不好的水密插头应做好相应标记，另行存放，集中报废处理。不要与好的混在一起。

测　试　题

一、判断题（将判断结果填入括号中，正确的填"√"，错误的填"×"）

1. 每秒钟内通过导体截面的电量多少称为电流。 （　　）

2. 欧姆定律公式成立的条件是电压和电流的标定方向一致，否则公式 $I = U/R$ 中就应出现负号。 （　　）

3. 电路处于开路状态时，电源的端电压与电动势相等。 （　　）

4. 基尔霍夫定律只适用于简单的串联、并联电路。 （　　）

5. 在线性电路中，任一支路的电流（或电压）都是电路中各个电源单独作用时该支路中产生的电流（或电压）的代数和，这个结论叫作叠加原理。 （　　）

6. 直导体中感应电动势的方向可用右手定则来判定。 （　　）

7. 流过导体的电流比较集中地分布在导体表面，频率越高，趋肤效应越明显。

（　　）

8. 交流电的有效值是指在热效应上同它相当的直流值。正弦交流电的有效值等于最大值的 2 倍。 （　　）

二、单项选择题（选择一个正确的答案，将相应的字母填入题内的括号中）

1. 相同长度、相同截面积的条件下，以下材料中电阻最小的是（　　）。

A. 银　　　　　B. 铜　　　　　C. 铁　　　　　D. 铝

2. 电源除了具有电动势外，一般都是有电阻的，这个电阻称为（　　）。

A. 外电阻　　　　　　　　B. 内电阻

C. 阻抗电阻　　　　　　　D. 电容

3. 在已知的手电筒闭合电路中，电池由三节 1.5 V 的干电池串联组成，每节干电池的内电阻为 0.5 Ω，串联一只 3 Ω 的白炽灯，电路中的电流为（　　）A。

A. 1　　　　　　B. 1.5　　　　　　C. 2　　　　　　D. 3

4. 下列选项中不属于电阻串联电路特点的是（　　）。

A. 电流处处相等　　　　　　B. 总电阻等于各分电阻的和

C. 总电压等于各分电压的积　　D. 电压降之比等于其电阻比

5. 在串联电路中，两电阻上的电压降之比为 2∶1，那么电阻之比为（　　）。

A. 1∶2　　　　B. 2∶1　　　　C. 4∶1　　　　D. 1∶4

6. 下列关于电阻并联电路叙述错误的是（　　）。

A. 电阻两端的电压等于电源电压

B. 总电流等于各分电流的和

C. 电阻的倒数等于各并联支路电阻之和

D. 等效电阻的倒数等于各并联支路电阻的倒数和

7. 在已知为 R 的电阻上并联另一个相同的电阻，其等效电阻为（　　）。

A. R　　　　　　B. $2R$　　　　　　C. $4R$　　　　　　D. $R/2$

8. 在只有两个节点的直流电路中，使用节点电压法必先选定（　　）方向。

A. 电流　　　　　　　　　　B. 磁场

C. 电压　　　　　　　　　　D. 电池

9. 电磁力的大小与通电导体电流的大小成（　　）。

A. 倒数　　　　　　　　　　B. 反比

C. 正比　　　　　　　　　　D. 倒数或反比

10. 交流电器的铁芯由涂有绝缘漆的硅钢片叠成，目的是（　　）。

A. 延长使用寿命　　　　　　B. 改善导电性能

C. 增大磁通量　　　　　　　D. 减小涡流损失

11. 正弦交流电在一个周期中所出现的最大瞬时值称为最大值，这个值一般是（　　）。

A. 波峰最高处数值　　　　　B. 波谷最低处数值

C. 波峰、波谷中心线数值　　D. 波峰、波谷处的绝对值

12. 交流电每交变一次所需的时间叫作周期，时间单位一般用（　　）。

A. 光年　　　　B. 小时　　　　C. 分钟　　　　D. 秒

参 考 答 案

一、判断题

1. √   2. √   3. √   4. ×   5. √   6. √   7. √   8. ×

二、单项选择题

1. A   2. B   3. A   4. C   5. B   6. C   7. D   8. C   9. C

10. D   11. D   12. D

第3章

机械制图基础知识

完成本章的学习后，您能够：

- ☑ 利用所学机械制图的知识识读设备图样

- ☑ 掌握基本的制图方法

- ☑ 在进行震源相关设计时，能够绘制正确的机械
  加工图样和震源阵列等设备装配图样

知识要求

机械制图是用图样确切表示机械的结构、形状、尺寸大小、工作原理和技术要求的学科。图样由图形、符号、文字和数字等组成，是表达设计意图和制造要求以及交流经验的技术文件，被称为工程界的语言。机械图样主要有零件图和装配图，此外还有布置图、示意图和轴测图等。常用的表达机械结构、形状的图形有视图、剖视图和剖面图等。机械制图标准对其中的螺纹、齿轮、花键和弹簧等结构或零件的画法有独立的标准。图样是依照机件的结构、形状和尺寸大小按适当比例绘制的，在利用图样制造机件时，必须按照图样中标注的尺寸进行加工，才可以加工出符合设计要求的机件。

3.1 机械制图技术标准

工程图样是现代工业制造过程中的重要技术文件之一，用来指导生产和进行技术交流且具有严格的规范性重要依据。掌握制图的基础知识，可为以后看图、绘图打好坚实的基础。为了正确地绘制和阅读机械图样，必须了解有关机械制图的规定。《技术制图》和《机械制图》是工程制图重要的技术基础标准，国家标准对有关内容做出了规定，如图纸规格、图样常用的比例、图线及其含义、图样中常用的数字和字母等。

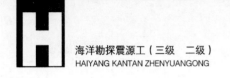
3.1.1　图幅、图框和标题栏

为了便于图样的技术交流以及后续工作的进行，在 UG NX 中绘制的图形一般要以图样的形式打印输出，并且在输出图形之前需要使用相应的线型绘制出图样的图框及标题栏等内容。

1. 图纸幅面

由图纸的宽度（B）和长度（L）组成的图面称为图纸幅面。按国家有关规定，绘制技术图样时应优先使用国家规定的 5 种基本图幅，见表 3—1。必要时也可以按规定加长幅面，但应按基本幅面的短边整数倍增加。

表 3—1　　　　　　　　　图纸基本幅面及图框尺寸　　　　　　　　　mm

幅面代号	A0	A1	A2	A3	A4
$B \times L$	$841 \times 1\,189$	594×841	420×594	297×420	210×297
e	20			10	
c	10			5	
a	25				

2. 图框格式

在绘制图形时，必须用粗实线画出图框，细实线画出图纸边界线。图框分为留有装订边和不留装订边两种格式，如图 3—1 所示，其中具体尺寸按表 3—1 的规定画出。需要注意的是，同一产品中所有图样均采用统一格式。

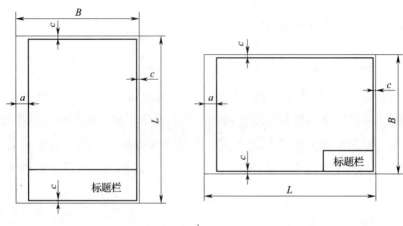

a）

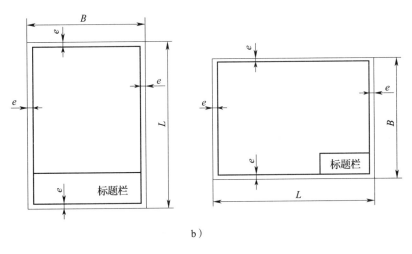

b）

图 3—1 图框的两种格式

a）有装订边图框 b）无装订边图框

3. 标题栏

为了使绘制出的图样便于管理及查阅，每张图都必须添加标题栏。通常标题栏应位于图框的右下角，并且看图方向应与标题栏的方向一致。规定了两种标题栏的格式，如图 3—2 所示。其中前一种为推荐使用的国家标准格式，但在实际的制图作业中常采用后一种格式。

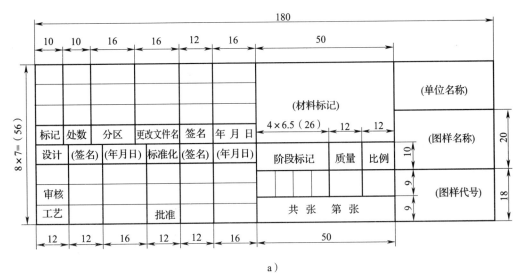

a）

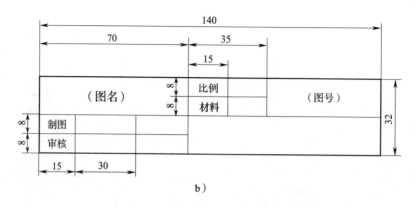

图 3—2　两种常用的标题栏格式

a）标准标题栏　b）常用标题栏

3.1.2　比例

比例是指图样中图形与其实物相应要素的线性尺寸之比。绘制图样时，应尽可能按机件实际大小采用1:1的比例画出。按比例绘制图样时，应由表3—2规定的系列中选取适当的比例，无论缩小或放大，在图样中标注的尺寸均为机件的实际大小，而与比例无关。绘制图样时，对于选用的比例应在标题栏比例一栏中注明。

表3—2　　　　　　　　　　　比 例 系 数

种类	比例
原值比例（比值为1）	1:1
放大比例（比值大于1）	5:1　2:1 $5 \times 10^n:1$　$2 \times 10^n:1$　$1 \times 10^n:1$
缩小比例（比值小于1）	1:2　1:5　1:10 $1:(2 \times 10^n)$　$1:(5 \times 10^n)$　$1:(1 \times 10^n)$
特殊放大比例	4:1　2.5:1 $4 \times 10^n:1$　$2.5 \times 10^n:1$
特殊缩小比例	1:1.5　1:2.5　1:3　1:4　1:6 $1:(1.5 \times 10^n)$　$1:(2.5 \times 10^n)$　$1:(3 \times 10^n)$　$1:(4 \times 10^n)$　$1:(6 \times 10^n)$

注：n 为整数。

3.1.3　字体

国家标准中规定了汉字、字母和数字的结构形式。书写字体的基本要求如下：

图样中书写的汉字、数字、字母必须做到字体端正、笔画清楚、排列整齐、间隔均匀。

字体的大小以号数表示，字体的号数就是字体的高度（单位为 mm），字体高度（用 h 表示）的公称尺寸系列为 1.8、2.5、3.5、5、7、10、14、20 mm。如需要书写更大的字，其字体高度应按比例递增。用作指数、分数、注脚和尺寸偏差的数值一般采用小一号字体。

汉字应写成长仿宋体字，并应采用中华人民共和国国务院正式推行的《汉字简化方案》中规定的简化字。长仿宋体字的书写要领是横平竖直、注意起落、结构均匀、填满方格。汉字的高度 h 应不小于 3.5 mm，其字宽一般为 $h/\sqrt{2}$，如图 3—3 所示。

字母和数字分为 A 型和 B 型，字体的笔画宽度用 d 表示。A 型字体的笔画宽度 $d = h/14$，B 型字体的笔画宽度 $d = h/10$。字母和数字可写成斜体和直体，如图 3—4 所示。斜体字字头向右倾斜，与水平基准线成 75°。绘图时一般用 B 型斜体字。在同一图样上，只允许选用一种字体。

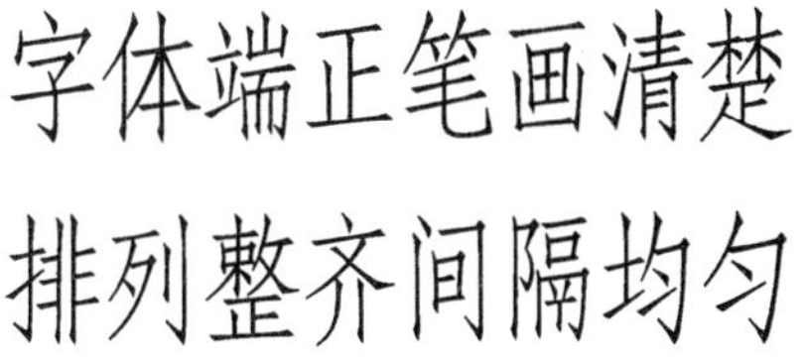

字体端正笔画清楚
排列整齐间隔均匀

图 3—3　长仿宋体

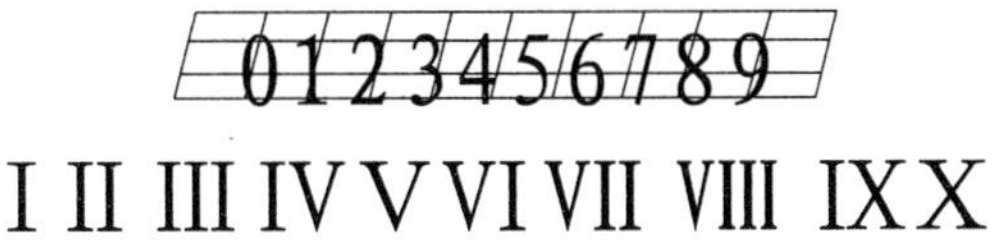

0123456789
I II III IV V VI VII VIII IX X

图 3—4　数字书写示例

3.1.4　图线

绘制视图时，为了使视图尽可能真实、直观地反映物体的大小及形状，国家除了规定制图标准外，又制定了一些图线绘制的原则，具体内容如下：

在同一图样中，同类图线的宽度应基本一致，虚线、点画线及双点画线的长度和间隔应大致相等。

两条平行线之间的距离应不小于粗实线宽度的 2 倍，其最小距离不得小于 0.7 mm，除非另有规定。

绘制圆的对称中心线时，圆心应为长画的交点，细点画线和细双点画线的首末两端应是长画而不是点，细点画线应超出图形轮廓 2～5 mm。当图形较小难以绘制细点画线时，可用细实线代替细点画线。

当不同图线互相重叠时，应按粗实线、细虚线、细点画线的先后顺序只绘制前面一种图线。细点画线和虚线与粗实线、虚线、细点画线相交时，都应在线段处相交，不应在空隙处相交。

虚线圆弧与实线相切时，虚线圆弧应留出空隙。虚线圆弧与虚线直线相切时，虚线圆弧的线段应绘制到切点，虚线直线留出空隙。当虚线是粗实线的延长线时，粗实线应绘制到分界点，而虚线应留有空隙。

在绘制图形时，不同部位的轮廓线应采用不同类型的图线表示。国家标准规定了15 种基本线型的变形，绘制图样时应采用标准中规定的图线。机械图样中常用图线的线型名称、形式、宽度及应用见表3—3。

表3—3　　　　　　　线型名称、形式、宽度及应用

线型名称	线型形式、线型宽度	一般应用
粗实线	宽度：$d≈0.5～2$ mm	可见轮廓线、相贯线等
细实线	宽度：$d/2$	尺寸线、尺寸界线、剖面线、重合断面的轮廓线、辅助线、指引线、螺纹牙底线及齿轮的齿根线等
细虚线	宽度：$d/2$	不可见轮廓线、不可见棱边线
细点画线	宽度：$d/2$	轴线、对称中心线、剖切线、分度圆（线）等
细双点画线	宽度：$d/2$	可动零件的极限位置的轮廓线、相邻辅助零件的轮廓线、中断线等

续表

线型名称	线型形式、线型宽度	一般应用
波浪线	宽度：$d/2$	断裂处边界线、视图与剖视图的分界线
双折线	宽度：$d/2$	断裂处边界线、视图与剖视图的分界线
粗点画线	宽度：d	限定范围表示线

3.1.5 尺寸标注

图形只能表示机件的形状，而机件上各部分的大小和相对位置则必须由图上所标注的尺寸来确定。图样中的尺寸是加工机件的依据。标注尺寸时，必须认真、细致，尽量避免遗漏或错误，否则将会给加工及生产带来困难和损失。

1. 尺寸标注

机械图样中的尺寸是由尺寸界线、尺寸线、箭头和尺寸数字组成的。为了将图样中的尺寸标注得清晰、正确，需要注意：机件的真实大小应以图样所标注的尺寸数字为依据，与图形的大小及绘图的准确度无关，如图 3—5 所示；图样中的尺寸以毫米（mm）为单位时，不需标注计量单位的代号或名称，如采用其他单位，则必须注明相应计量单位的代号或名称；图样中所标注的尺寸为该机件的最后完工尺寸，否则应另加说明；机件的每一尺寸一般只标注一次，并标注在反映该结构最清晰的图形上。

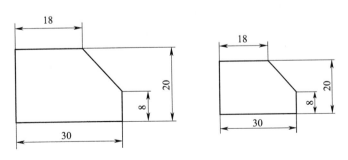

图 3—5　机件的尺寸与图形大小无关

2. 表面粗糙度的标注

零件经过机械加工后的表面会留有许多高低不平的凸峰和凹谷。零件加工表面上具有的较小间距和峰谷所组成的这种微观几何形状特性称为表面粗糙度。表面粗糙度在图样上的标注如图3—6所示。

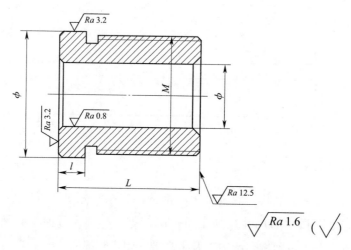

图3—6　表面粗糙度在图样上的标注

3. 尺寸公差和几何公差

零件图中除了视图和尺寸外，还应具备加工和检验零件的技术要求，这就需要在设计零件时确定零件中主要位置的尺寸公差范围和几何公差范围，从而保证所加工的零件这些尺寸在两公差之内，如图3—7所示。

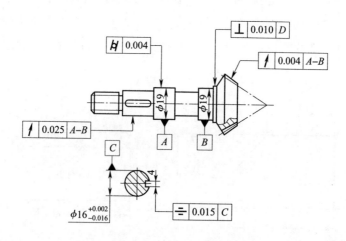

图3—7　几何公差和尺寸公差

3.2 零件的三视图

三视图是表达形体的标准和重要的依据。它作为工程界通用的技术语言，在表达产品设计思想、编制工艺流程与技术交流等方面发挥着重要作用。工程技术人员借助零件的三视图能很容易地读懂二维三视图所表达的空间形体信息和设计思想。因此，学好零件的三视图对于作图、看图有着至关重要的作用。

3.2.1 正投影和三视图的形成

正投影是投射线垂直于投影面时所形成的投影。它可以表达出零件的真实性，因此，在机械设计中一般情况下都采用正投影绘制图样。利用正投影将物体放在三投影面体系中，物体的三个表面分别与三个投影面平行，然后分别向三个投影面投射，得到该物体在三个投影面上的三个投影，这样就形成了物体的三视图。

1. 正投影法

假设投射中心移到无限远处时，所有投射线互相平行，且投射线与投影面垂直，这种投影法称为正投影法。根据正投影法所得到的图形称为正投影图或正投影。

如图 3—8 所示，将一块三角板放在平面 P 上，分别通过三角板的三个顶点 A、B、C 向平面 P 作垂直线，与平面 P 交于点 a、b、c，则三角形 abc 即为三角板在平面 P 上的投影。垂直线 Aa、Bb、Cc 称为投射线，平面 P 称为投影面。

2. 三视图的形成

如图 3—9 所示，把物体放在由三个互相垂直的平面所组成的三投影面体系中，这样可得到物体的三个投影，分别是正面投影、水平投影和侧面投影，称为三视图。在工程图样中，零件的多面投影图也可以称为视图。在投影面体系中，零件的三视图是国家标准中的三个基本视图。

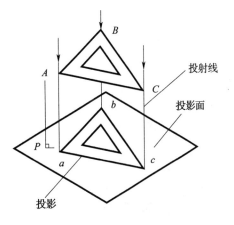

图 3—8 正投影原理图

3.2.2　三视图之间的关系

三视图是学好机械制图的基础。通过学习，读者可以初步认识物体的投影规律，从而为以后画图、看图打下良好的基础。在三视图形成的过程中，可以归纳出三视图的位置关系、投影关系和方位关系。

1. 位置关系

物体的三个视图展开放在同一平面上后，具有明确的位置关系，即主视图在上方，俯视图在主视图的正下方，左视图在主视图的正右方，如图3—10所示。

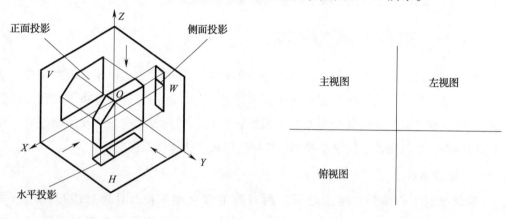

图3—9　三视图的形成　　　　　　　图3—10　三视图的位置关系

2. 投影关系

任何一个物体都有长、宽、高三个方向的尺寸。在物体的三视图中，主视图反映物体的长度和高度；俯视图反映物体的长度和宽度；左视图反映物体的高度和宽度。

三个视图反映的是同一个物体，其长、宽、高是一致的，所以每两个视图之间必有一个相同的尺寸。主、俯视图反映了物体的同样长度（等长）；主、左视图反映了物体的同样高度（等高）；俯、左视图反映了物体的同样宽度（等宽），如图3—11所示。三等关系反映了三个视图之间的投影规律，是查看视图、绘制图形和检查图形的依据。

3. 方位关系

三视图不仅反映了物体的长、宽、高，同时也反映了物体的上、下、左、右、前、后六个方位的位置关系，如图3—12所示。可以看出：主视图反映了物体的上、下、左、右方位；俯视图反映了物体的前、后、左、右方位；左视图反映了物体的上、下、前、后方位。

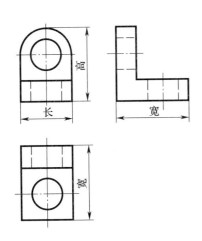

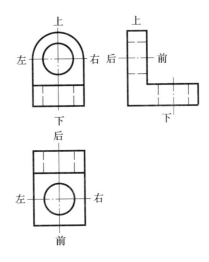

图 3—11　三视图长、宽、高尺寸关系　　　图 3—12　三视图的方位关系

3.3　零件的剖视图

　　剖视图主要用于表达机件内部的结构和形状。当机件的内部结构比较复杂时，视图上会出现较多虚线而使图形不够清晰，给看图、作图以及标注尺寸带来很大的困难。为了清晰地表达机件的内部结构特征，国家标准规定可用剖视图来表达机件的内部形状。

3.3.1　全剖视图

　　全剖视图是以一个假想平面为剖切面，对视图进行整体的剖切操作。当零件的内形比较复杂、外形比较简单或外形已在其他视图上表达清楚时，可以利用全剖视图表达零件内部结构和形状，图 3—13 所示为利用全剖视图创建的图形。

3.3.2　半剖视图

　　半剖视图是剖视图的一种。当零件的内部结构具有对称特征时，向垂直于对称平面的投影面上投射所得的图形以对

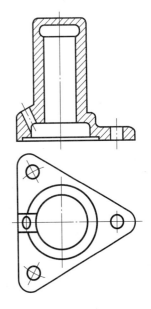

图 3—13　全剖视图

65

称中心线为界线，将其一半创建出的视图就是半剖视图，图3—14所示为利用半剖视图创建的图形。

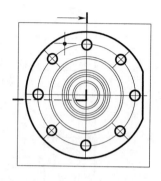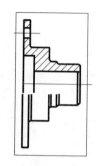

图3—14　半剖视图

3.3.3　局部剖视图

局部剖视图是指用剖切平面局部地剖开机件所得的视图。局部剖视图是一种灵活的表达方法，用剖视的部分表达机件的内部结构，不剖的部分表达机件的外部形状。对一个视图采用局部剖视图表达时，剖切的次数不宜过多，否则会使图形过于破碎，影响图形的整体性和清晰性。局部剖视图常用于轴、连杆、手柄等实心零件上有小孔、槽、凹坑等局部结构需要表达其内形的零件，图3—15所示为利用局部剖视图创建的图形。

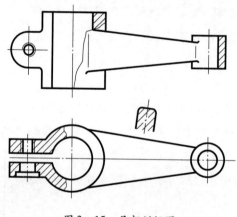

图3—15　局部剖视图

3.3.4　旋转剖视图

用两个成一定角度的剖切面（两平面的交线垂直于某一基本投影面）剖开机件，

以表达具有回转特征机件内部形状的视图称为旋转剖视图。图 3—16 所示为利用旋转剖视图创建的图形。

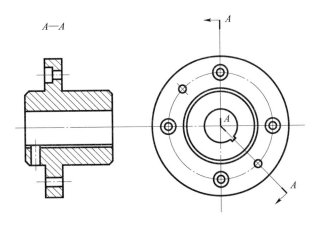

图 3—16　旋转剖视图

3.4　机械设备的装配图

装配图是生产过程中重要的技术文件，它最能反映出设计工程师的意图，且可表达出机械或部件的工作原理、性能要求、零件之间的装配关系、零件的主要结构和形状，以及在装配、检验时所需要的尺寸数据和技术要求。设计工程师在设计机器时，首先要绘制整个机器的装配图，然后再拆画零件图。此外，在设计、装配、调整、检验和维修时都需要用到装配图。

3.4.1　装配图基本知识

装配图是表达机器或部件的图样，主要表达其工作原理和装配关系。在机器设计过程中，装配图的绘制位于零件图之前，并且装配图与零件图的表达内容不同，它主要用于机器或部件的装配、调试、安装、维修等场合，也是生产中一种重要的技术文件。

1．装配图的作用

在产品设计过程中，一般要根据设计要求绘制装配图，用以表达机器或部件的主要结构和工作原理，然后再根据装配图设计零件，绘制各个零件图；在产品制造中，装配图是制定装配工艺规程、进行装配和检验的技术依据，即根据装配图把制成的零件装配成合格的部件或机器。

在使用或维修机械设备时，也需要通过装配图来了解机器的性能、结构、传动路线、工作原理、维护和使用方法。装配图直接反映设计者的技术思想，因此，装配图也是进行技术交流的重要技术文件。

2. 装配图的内容

装配图主要表达机器或零件各部分之间的相对位置、装配关系、连接方式及主要零件的结构和形状等内容，图3—17所示为球阀的装配图。

（1）一组图形。用一组图形（包括剖视图、断面图等）表达机器或部件的传动路线、工作原理、结构特点，以及零件之间的相对位置、装配关系、连接方式、主要零件的结构和形状等。

（2）几类尺寸。标注出表示机器或部件的性能、规格、外形以及装配、检验、安装时必需的几类尺寸。图3—17标注了部件的总体尺寸和重要装配尺寸。

（3）技术要求。用文字或符号说明机器或部件的性能、装配、检验、运输、安装、验收及使用等方面的技术要求，是装配图的重要组成部分。

（4）零件编号、明细栏和标题栏。在装配图上应对各种不同的零件编写序号，并在明细栏中依次填写零件的序号、名称、数量、材料及零件的国家标准代号等内容。标题栏内填写机器或部件的名称、比例、图号，以及设计、制图、校核人员的姓名等内容。

3. 绘制装配图的步骤

在绘制部件装配图前，首先要了解部件或机器的工作原理和基本结构特征等资料，然后经过拟订方案、绘制装配图和整体校核等一系列的工序，具体步骤如下：

（1）了解部件。弄清楚用途、工作原理、装配关系、传动路线及主要零件的基本结构。

（2）确定方案。选择主视图方向，确定图幅及绘图比例，合理运用各种表达方法。

（3）画出底稿。先画图框、标题栏及明细栏外框，再布置视图，画出基准线，然后画主要零件，最后根据装配关系依次画出其余零件。

（4）完成全图。绘制剖面线，标注尺寸，编排序号，并填写标题栏、明细栏，及技术要求，然后按标准加深图线。

（5）全面校核。对图中的所有内容进行仔细、全面的校核，将错、漏处改正后，在标题栏内签名。

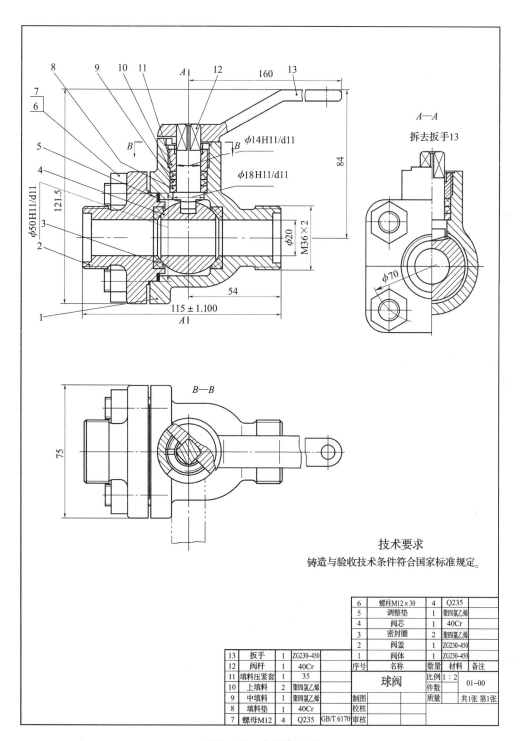

技术要求
铸造与验收技术条件符合国家标准规定。

6	螺柱M12×30	4	Q235	
5	调整垫	1	聚四氯乙烯	
4	阀芯	1	40Cr	
3	密封圈	2	聚四氯乙烯	
2	阀盖	1	ZG230-450	
1	阀体	1	ZG230-450	
13	扳手	1	ZG230-450		序号	名称	数量	材料	备注
12	阀杆	1	40Cr	
11	填料压紧套	1	35	
10	上填料	2	聚四氯乙烯	
9	中填料	1	聚四氯乙烯	
8	填料垫	1	40Cr	
7	螺母M12	4	Q235	GB/T 6170

球阀 比例 1:2
件数
01-00
共1张 第1张

制图 质量
校核
审核

图 3—17 球阀装配图

3.4.2 装配图中的尺寸标注、零件编号和明细栏

装配图不是制造零件的直接依据，因此，装配图中不需标注出零件的全部尺寸，而只需标注出用于表达机器的整体尺寸等其他重要尺寸。此外，针对装配图上的每个零件都必须标注序号和代号，并填写明细栏，以便于统计零件的数量，进行生产的准备工作。

1. 装配图中的尺寸标注

在装配图中，按尺寸作用的不同可以将其分为性能（规格）尺寸、装配尺寸、安装尺寸、外形尺寸及其他重要尺寸，具体标注效果如图3—18所示。这五类尺寸并不是完全孤立无关的，实际上有的尺寸往往同时具有多种作用。此外，一张装配图中有时也并不全部具备上述五类尺寸。因此，对装配图中的尺寸需要具体分析，然后进行标注。

（1）性能或规格尺寸。是指表示机器或部件性能（规格）的尺寸，这些尺寸也是设计时就已经确定的，可作为设计、了解和选用机器的依据。例如，图3—18中的阀体管螺纹代号为G3/4。

（2）装配尺寸。是指表示零件间的相对位置和配合关系的尺寸。其中，相对位置尺寸表示装配机器和拆画零件图时需要保证相对位置的尺寸；配合尺寸是指表示两个零件之间配合性质的尺寸。例如，图3—18中零件1和2的配合尺寸为$\phi 10H7/h6$，零件1和3的相对位置距离为116 mm。

（3）安装尺寸。安装尺寸是指机器或部件在地基上或与其他机器或部件相连接时所需要的尺寸，例如，图3—18中与安装有关的尺寸48 mm、56 mm等。

（4）外形尺寸。是指表示机器或部件的总长、总宽和总高的尺寸。单台机器或部件包装、运输时，以及设计厂房或安装机器时需要考虑装配体的外形尺寸。例如，图3—18中阀的总宽和总高尺寸为56 mm、84 mm。

（5）其他重要尺寸。除上述四种尺寸外，在设计或装配时还有需要保证的其他重要尺寸，这些尺寸在拆分绘制零件图时不能改变。如运动零件的极限尺寸、主要零件的重要尺寸等。

2. 零（部）件编号

为了便于读懂装配图和进行图样管理，在装配图中对所有零件（或部件）都必须编写序号，并在标题栏上方编制相应的明细栏。

（1）序号的一般规定。装配图中每种零件（或部件）都必须编注序号。同一装配图中相同的零件（或部件）只编注一个序号，且一般只标注一次。零件（或部件）的序号应与明细栏中的序号一致。

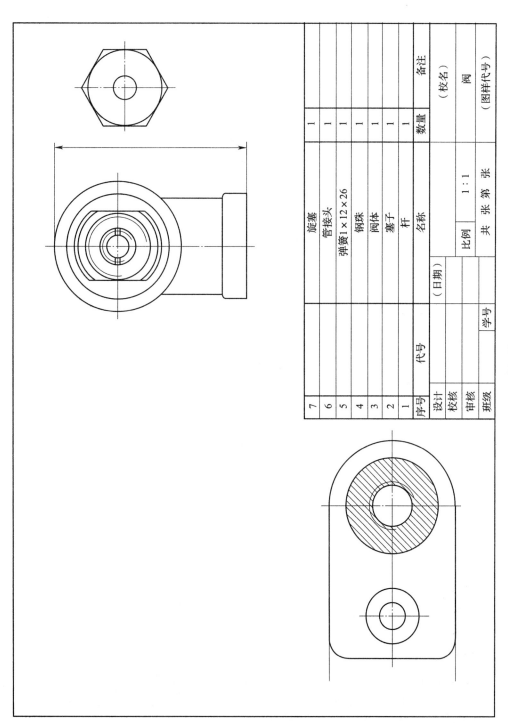

7		旋塞	1	
6		管接头	1	
5		弹簧1×12×26	1	
4		钢珠	1	
3		阀体	1	
2		塞子	1	
1		杆	1	
序号	代号	名称	数量	备注
设计		（日期）	比例	1：1	（校名）
校核			共　张	第　张	阀
审核					
班级		学号			（图样代号）

图 3—18　阀装配图

（2）序号的编排方式。序号注写在指引线（细实线）对应的水平线上或圆内，字高比图中的尺寸数字大一号或两号。序号在图上应按水平或垂直方向均匀排列整齐，并按照顺时针或逆时针方向顺序排列。同一个装配图中编注序号的形式应一致，如图 3—19 所示。指引线从零件的可见轮廓内引出，并在末端绘制一个小圆点。若所指部分很薄或为涂黑的断面而不便于绘制圆点时，可在指引线的末端绘制箭头指向该部分的轮廓。

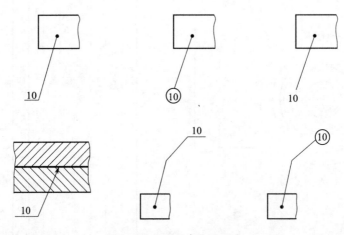

图 3—19　编注序号的形式

为使图形清晰，指引线不宜穿过太多的图形。指引线不能相互交叉，当通过剖面区域时，也不应与剖面线平行，必要时指引线可绘制为折线，但只能曲折一次。此外，对于一组紧固件及装配关系清楚的零件组，可采用公共指引线，如图 3—20 所示。

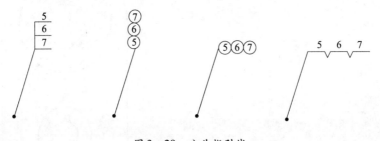

图 3—20　公共指引线

3. 明细栏

装配图的明细栏是机器或部件中全部零件的详细目录，它画在标题栏上方，当标题栏上方位置不够用时，可续接在标题栏的左方。明细栏竖线为粗实线，其余各线为细实线，其下边线与标题栏上边线（长度相同）或图框下边线重合。

明细栏中，零部件序号应按自下向上的顺序填写，以便在增加零件时可继续向上画格，如图 3—21 所示。在实际生产中，对于较复杂的机器或部件，为便于工作，也可用单独的明细栏装订成册，作为装配图的附件，按零件份数和一定格式填写。

8	油杯B12	1		GB/T 1154
7	螺母M12	4		GB/T 6170
6	螺栓M12×130	2		GB/T 8
5	轴承固定套	1	Q235A	
4	上轴承	1	QA19–4	
3	轴承盖	1	HT150	
2	下轴承	1	QA19–4	
1	轴承座	1	HT150	
序号	名称	件数	材料	备注
齿轮油泵		比例		04–00
		质量		
制图				
审核				

图 3—21　明细栏和标题栏

3.4.3　装配图中零部件的表达方法

装配图是以表达机器或部件的工作原理和装配关系为中心的，它采用适当的表达方法把机器或部件内部和外部结构和形状及零件的主要结构表示清楚，并不需要将每个零件的形状、大小都表达清楚。因此，除了前面所讨论的各种视图表达方法之外，还有一些装配图的规定画法及机器或部件的特殊表达方法。

1．规定画法

在装配图中为了区分不同的零件，正确理解零件间的装配关系，对常规零件绘制方法有以下几项规定：

（1）接触面和配合面的画法。两个零件的接触表面或有配合关系的工作表面分界线规定只绘制一条线。不接触或没有配合关系时，即使间隙很小，也必须绘制出两条线。

（2）零件剖面符号的画法。在剖视图中，相邻两零件的剖面线方向相反，或方向一致但间隔不同。但是，同一个零件在不同视图中的剖面线应当保证方向相同并且间隔一致，当断面的宽度小于 2 mm 时，允许以涂黑来代替剖面线。

（3）实心件和紧固件的绘制方法。对于紧固件（如螺钉、螺栓、螺母、垫片等）和实心件（如轴、连杆、手柄、键、销、球等），如果剖切平面通过其轴线或对称面时，则该零件按照不剖绘制，如图3—22所示。

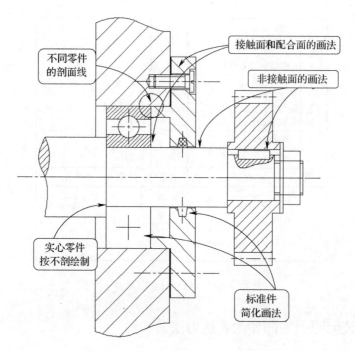

不同零件的剖面线

接触面和配合面的画法

非接触面的画法

实心零件按不剖绘制

标准件简化画法

图3—22 装配图的规定画法

但必须注意，当剖切平面垂直于这些零件的轴线进行剖切时，则这些零件的剖切面上应当绘制出剖面线，如俯视图中的螺栓截面应按照剖切方式绘制。

2．特殊表达方法

为了能够简单而清楚地表达一些部件的结构特点，在装配图的画法上规定了一些特殊的画法。

（1）拆卸画法。为了表示部件的内部结构，可以假想将某些零件拆去，然后进行投射，其他视图按不拆画出。采用拆卸画法时，应在对应的视图上标明拆卸零件的编号或名称，如图3—23所示。

（2）沿结合面剖切画法。为了表示部件内部的装配和工作情况，在装配图中可以假想沿零件的结合面切开部件，然后画出图形，结合面上不画剖面符号（剖面线）。但对轴和连接件，如果垂直于轴线剖切，则应当画出剖面线。图3—24的右视图所示为两个转子的位置、结构与运动情况以及进油孔、定位销的位置。

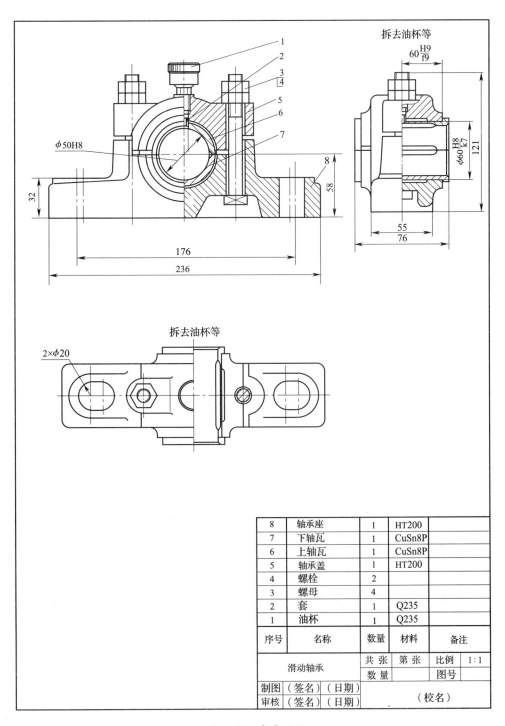

8	轴承座	1	HT200	
7	下轴瓦	1	CuSn8P	
6	上轴瓦	1	CuSn8P	
5	轴承盖	1	HT200	
4	螺栓	2		
3	螺母	4		
2	套	1	Q235	
1	油杯	1	Q235	
序号	名称	数量	材料	备注

滑动轴承	共 张	第 张	比例	1:1
	数 量		图号	

制图	（签名）（日期）	（校名）
审核	（签名）（日期）	

图 3—23　拆卸画法

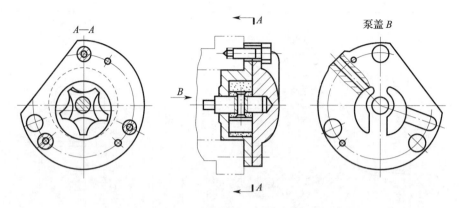

图 3—24　沿结合面剖切画法

（3）单独表达画法。在装配图中可以单独对某一个零件的特殊结构进行表达，但必须在所画视图的上方注出该零件的视图名称，在相应视图的附近用箭头指明投影方向，并注上同样的字母。

（4）夸大画法。在画装配图时，当遇到薄片零件、细丝弹簧、微小间隙等，无法按全图绘图比例画出，可采用夸大画法，图 3—25 所示主视图中的垫片（涂黑部分）就是用夸大画法画出的。

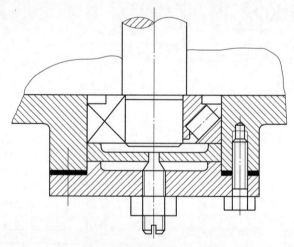

图 3—25　垫片的夸大画法

（5）假想画法。与本部件有装配关系但又不属于本部件的其他相邻零部件以及运动零件的极限位置，可用细双点画线画出其轮廓。例如，图 3—26 主视图中用细双点画线画出假想的铣刀盘，以表示铣刀盘与主轴的装配关系；图 3—27 用细双点画线表示手柄的另一个极限位置。

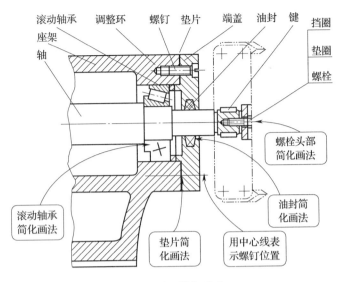

图 3—26 简化画法

（6）简化画法。装配图主要表达的是部件的装配关系、工作原理以及主要零部件的结构等，因此，在表达装配图的工程图样中应当尽量采用简化画法，如图 3—26 所示。其主要表现在以下几个方面：

零件上的工艺结构，如小圆角、退刀槽、螺纹连接件、轴上的倒角、倒圆等常常省略不画。

对均匀分布的螺纹连接件，允许只画一个或一组，其余的用中心线表明安装位置。

对于滚动轴承和密封圈，一般采用特征画法，也可以采用通用画法。

在装配图中，传动带可用粗实线表示，传动链可用细点画线表示，如图 3—28 所示。

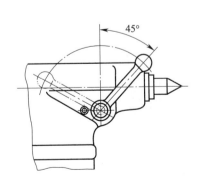

图 3—27 用细双点画线表示手柄
的另一个极限位置

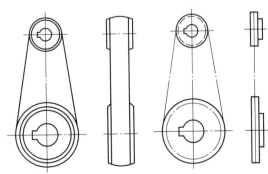

图 3—28 传动带和链条的简化画法

在能表达清楚部件特征（如电机等）的情况下，装配图可以仅画简化后轮廓的投影。

与零件图一样，对称的零部件可以只画一半或者四分之一，如图 3—29 所示。

在化工、锅炉设备的装配图中，可以用细点画线表示密集的管子。

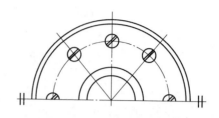

图 3—29 对称零部件的表达方法

（7）展开画法。为表达不在同一平面内而又相互平行的轴上的零件，以及轴与轴之间的传动关系，可假想将各轴按传动顺序沿它们的轴线剖开，并展开在同一平面上画出，并标注"×—×展开"，如图 3—30 所示。这种展开画法在表达机床的主轴箱、进给箱、汽车的变速箱等装置时经常运用，展开图必须进行标注。

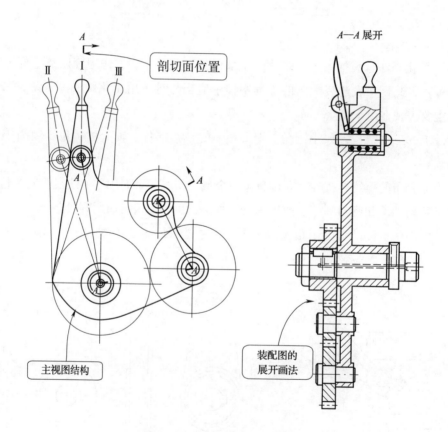

图 3—30 三星齿轮机构装配图

技能要求

气枪零件图绘制

操作步骤

步骤 1　首先对气枪零件的作用及结构原理进行分析和理解。

步骤 2　按照测量规范的要求对零件每个尺寸进行测量，并确定公差等级。

步骤 3　确定绘制零件图所需要的工具。

步骤 4　确定图纸比例，选择图纸幅面。

步骤 5　如果采用计算机制图，应熟悉相关软件的操作，并根据制图标准的要求进行绘制。

步骤 6　按照机械制图标准进行绘制。

步骤 7　按照尺寸标注的规范进行尺寸标注。

步骤 8　编写零件技术要求，写清楚零件的材质、工艺等要素。

步骤 9　至少由一名图样审核人员参与审核。

步骤 10　填写标题栏。写清楚制图人、审核人、零件名称与数量等基本要素。

步骤 11　按照规范出图，可以是电子版或纸质图样。

震源阵列总布置绘制

操作步骤

步骤 1　首先对震源性能要求、震源的模拟数据认真分析，并根据实际施工作业提出震源布置方案。

步骤 2　由相关部门对方案进行最终的审核和确定。

步骤 3　依据最终确定的方案绘制震源阵列总布置图。

步骤 4　确定绘制总布置图所需要的工具。

步骤 5　确定图纸比例，选择图纸幅面。

步骤 6　如果采用计算机制图，应熟悉相关软件的操作，并根据制图标准的要求进行绘制。

步骤 7　按照机械制图标准进行绘制。

步骤 8　将阵列所需标注的设备要素表达清楚。

步骤 9　按照尺寸标注的规范进行尺寸标注。

步骤 10　写清楚震源阵列组阵施工要求、施工工艺和方法等要素。

步骤 11　至少由一名图样审核人员参与审核。

步骤 12　填写标题栏。写清楚制图人、审核人、零件名称与数量等基本要素。

步骤 13　按照规范出图，可以是电子版图样。

测 试 题

一、判断题（将判断结果填入括号中，正确的填"√"，错误的填"×"）

1. 在绘制图形时，必须用粗实线画出图框，细实线画出图纸边界线。　　　（　　）

2. 图样比例2:1是将实物放大的比例。　　　（　　）

3. 国家标准《技术制图》中，图样上的汉字应写成长仿宋体字。　　　（　　）

4. 在绘制图形时，不同部位的轮廓线应采用相同类型的图线表示。　　　（　　）

5. 机件的尺寸与机械制图的图形大小无关。　　　（　　）

6. 正投影是投射线垂直于投影面时所形成的投影。　　　（　　）

7. 在三视图形成的过程中，可以归纳出三视图的位置关系、投影关系和方位关系。　　　（　　）

8. 国家标准中规定剖视图主要用于表达机件外部的结构和形状。　　　（　　）

9. 在机器设计过程中，装配图的绘制位于零件图之后，并且装配图与零件图的表达内容不同，它主要用于机器或部件的装配、调试、安装、维修等场合，也是生产中一种重要的技术文件。　　　（　　）

10. 装配图不是制造零件的直接依据，因此，装配图中不需标注出零件的全部尺寸，而只需标注出用于表达机器的整体尺寸等其他重要尺寸。　　　（　　）

二、单项选择题（选择一个正确的答案，将相应的字母填入题内的括号中）

1. 在机械制图中，A4 图纸的尺寸是（　　）。

A. 148 mm ×210 mm
B. 294 mm ×420 mm

C. 420 mm ×594 mm
D. 210 mm ×297 mm

2. 图纸幅面就是由图纸的宽度与（　　）组成的图面。

A. 长度　　　　B. 厚度　　　　C. 高度　　　　D. 任意尺寸

3. 图样的比例就是图中图形与实物相应要素的线性（　　）之比。

A. 长度   B. 宽度   C. 尺寸   D. 厚度

4. 已知图样比例为 2∶1，部件本身长度为 10 mm，在图样上标注这个长度时应标注（　　）mm。

A. 20   B. 10   C. 5   D. 15

5. 在机械制图中，字体的大小以号数表示，字体的号数就是字体的（　　）。

A. 长度   B. 宽度   C. 高度   D. 以上选项都正确

6. 机械制图中，字母和数字的书写分为 A 型和 B 型，斜体字一般用 B 型，字头向右倾斜，与水平基准线成（　　）。

A. 30°   B. 45°   C. 60°   D. 75°

7. 螺纹的牙底线及齿轮的齿根线在图样中应该是（　　）。

A. 粗实线   B. 细实线   C. 细点画线   D. 细虚线

8. 在产品制造中，（　　）是制定装配工艺规程、进行装配和检验的技术依据。

A. 全剖视图   B. 半剖视图   C. 局部剖视图   D. 装配图

9. 同一装配图中相同的零件（或部件）只编注（　　）个序号。

A. 1   B. 2   C. 3   D. 4

10. 俯视图应配置在主视图的正（　　）。

A. 上方   B. 下方   C. 左方   D. 右方

11. 两个零件不接触或没有配合关系时，即使间隙很小，也必须绘制出（　　）条线。

A. 1   B. 2   C. 3   D. 4

12. 与本部件有装配关系但又不属于本部件的其他相邻零部件以及运动零件的极限位置，可用细双点画线画出其轮廓，这是（　　）。

A. 夸大画法   B. 简化画法   C. 假想画法   D. 沿结合面剖切画法

三、多项选择题（选择一个以上正确的答案，将相应的字母填入题内的括号中）

1. 机械制图中标注尺寸的三要素包括（　　）。

A. 尺寸界线   B. 尺寸线   C. 尺寸大小   D. 尺寸数字

2. 在机械制图中，视图展开在同一平面后一般包括的视图有（　　）。

A. 主视图   B. 俯视图   C. 左视图   D. 轴测图

3. 在物体的三视图中，主视图反映物体的（　　）。

A. 长度和宽度   B. 长度和厚度   C. 长度   D. 高度

4. 剖视图主要包括（　　）。

A. 全剖视图　　　B. 半剖视图　　　C. 局部剖视图　　　D. 右视图

5. 绘制装配图的步骤包括（　　　）。

A. 了解部件，确定方案　　　　　B. 画出底稿

C. 完成全图　　　　　　　　　　D. 全面校核

6. 针对装配图上的每个零件都必须标注（　　　），并填写明细栏，以便于统计零件的数量，进行生产的准备工作。

A. 序号　　　　B. 代号　　　　C. 功能　　　　D. 生产商

7. 在装配图中，按尺寸作用的不同可以将其分为（　　　）、外形尺寸及其他重要尺寸。

A. 单位　　　　　　　　　　　　B. 性能（规格）尺寸

C. 装配尺寸　　　　　　　　　　D. 安装尺寸

参 考 答 案

一、判断题

1. √　　2. √　　3. √　　4. ×　　5. √　　6. √　　7. √　　8. ×

9. ×　　10. √

二、单项选择题

1. D　　2. A　　3. C　　4. B　　5. C　　6. D　　7. B　　8. D　　9. A

10. B　　11. B　　12. C

三、多项选择题

1. ABD　　2. ABC　　3. CD　　4. ABC　　5. ABCD　　6. AB　　7. BCD

第 **4** 章

计量知识

完成本章的学习后，您能够：

- ☑ 了解计量基础知识
- ☑ 掌握常用单位之间的换算关系

知识要求

4.1 计量学概念

按照国际计量局（BIPM）、国际标准化组织（ISO）与国际法制计量组织（OIML）以及国际临床化学联合会（IFCC）、国际理论与应用化学联合会（IUPAC）和国际理论与应用物理学联合会（IUPAP）等七个国际组织联合制定的《国际通用计量学基本术语》(1993 年版)，计量学被定义为"测量学科"，并在注解中说明："计量学包括涉及测量理论和实用的各个方面，不论其不确定度如何，也不论其用于什么测量技术领域。"计量学是研究计量知识领域的科学，它的基础是计量单位制，基准和标准的建立、保存与使用，计量方法和量具。

计量学这种广义的定义表明现代计量学所包括的内容丰富，它研究的主要方向如下：

- 计量单位及其基准、标准的建立、复现、保存和使用。
- 计量与测量器具的特性和测量方法。
- 测量不确定度和误差理论的实际应用。
- 计量、测量人员的测量能力和检定、核准能力。
- 基本物理常数、标准物质、材料特性等有关理论和测量。
- 一切测量理论和实践问题。
- 计量法制和计量管理问题。

国家计量检定规程《通用计量名词及定义》（JJG 1001—1998）中计量的定义是：实现单位统一、量值准确的活动。而我国的"计量"一词过去采用与"测量"一词相同的英文，即"measurement"，但定义却不相同。

我国从 1953 年起就使用"计量"一词，到目前已有六十多年，在我国"计量"的含义究竟是什么？下个什么确切的定义？以前一直存在一定的分歧。经过多次讨论，我国的专家学者们提出了许多见解，为进一步探索计量定义开阔了眼界，归纳起来大致有以下三种方案：

第一，"计量"是利用科学技术与监督管理手段实现测量统一和准确的一项事业。

第二，"计量"是保证测量实现统一和准确的一门科学。

第三，"计量"是利用技术的法制手段，实现单位统一，量值准确、一致的测量。

"测量有时也称计量"，以及"计量学有时简称计量"，说明了"计量"与"测量"的关系以及"计量"与"计量学"的关系。

计量学（metrology）是关于测量的科学，它涵盖有关测量理论与实践的各个方面，而不论测量的不确定度如何，也不论测量是在科学技术的哪个领域中进行的。计量学有时简称计量。

计量单位制又称计量制度，它是计量工作的基础，也是一个国家法制的重要内容。我国计量工作发展的历史是悠久的，计量单位制也在不断地完善。最近几十年来，米制（公制）得到广泛应用。虽然在我国长期使用的市制还暂时保留，但使用范围已缩小，并在逐步改革。国务院于 1959 年发布《关于统一计量制度的命令》和 1977 年颁布的《中华人民共和国计量管理条例（试行)》，都对统一我国计量单位制做出了明确规定。

4.2　国际单位制简介

国际单位制（international system of units）是国际计量大会（CGPM）采纳和推荐的一种一贯单位制。在国际单位制中，将单位分成基本单位、导出单位和辅助单位三类。七个严格定义的基本单位是长度（米）、质量（千克）、时间（秒）、电流（安培）、热力学温度（开尔文）、物质的量（摩尔）和发光强度（坎德拉）。基本单位在量纲上彼此独立。导出单位很多，都是由基本单位组合起来而构成的。辅助单位目前只有两个，纯系几何单位。当然，辅助单位也可以再构成导出单位。

　　各种物理量通过描述自然规律的方程及其定义而彼此相互联系。为了方便，选取一组相互独立的物理量作为基本量，其他量则根据基本量和有关方程来表示，称为导出量。

4.2.1　国际单位制基本单位

　　1948 年第九届国际计量大会根据决议，责成国际计量委员会（CIPM）"研究并制定一整套计量单位规则"，力图建立一种科学实用的计量单位制。1954 年第十届国际计量大会决议，决定采用长度、质量、时间、电流、热力学温度和发光强度六个量作为实用计量单位制的基本量。1960 年第十一届国际计量大会按决议，把这种实用计量单位制定名为国际单位制，以 SI 作为国际单位制通用的缩写符号；制定用于构成倍数和分数单位的词头（称为 SI 词头）、SI 导出单位和 SI 辅助单位的规则以及其他规定，形成一整套计量单位规则。1971 年第十四届国际计量大会决议，决定在前面六个量的基础上，增加"物质的量"作为国际单位制的第七个基本量，并通过了以它们的相应单位作为国际单位制的基本单位，见表4—1。

表4—1　　　　　　　　　　国际单位制的基本单位

物理量名称	符号	单位名称	单位符号	单位定义
长度	L	米	m	米是光在真空中在 1/299 792 458s 的时间间隔内的行程
质量	m	千克（公斤）	kg	$18 \times 14\ 074\ 481$ 个 C－12 原子的质量
时间	t	秒	s	秒是铯－133 原子基态两个超精细能级之间跃迁所对应的辐射的 9 192 631 770 个周期的持续时间
电流	I	安（安培）	A	在真空中相距 1 m 的两无限长而圆截面可忽略的平面直导线内通过一恒定电流，若这恒定电流使得两条导线之间每米长度上产生的力等于 2×10^{-7} N，则恒定电流的电流强度就是 1 A
热力学温度	T	开（开尔文）	K	开是水三相点热力学温度的 1/273.16
物质的量	$n\ (\nu)$	摩（摩尔）	mol	摩是一系统的物质的量，系统中所包含的基本单位与 0.012 kg C－12 的原子数目相等

物理量名称	符号	单位名称	单位符号	单位定义
发光强度	I (I_v)	坎（坎德拉）	cd	坎为一光源在给定方向的发光强度，光源发出频率为 540×10^{12} 赫的单色辐射，且在此方向上的辐射强度为 1/683 W 每球面度

注：1. 在人们生活和贸易中，质量可能被误认为是重量，实际上重量是由于重力而产生的，而质量是物质的性质。

2. 单位名称和单位符号两栏，前为中文符号，后为国际符号，例如，"安培"可简称"安"，也作为中文符号使用。圆括号内的字为前者的同义词语，例如，"千克"也可以称为"公斤"。

3. kg（kilogram）原名称：G（Grave）。

4.2.2 国际单位制辅助单位

国际单位制的辅助单位是国际单位制中一类特殊的单位，属于几何学中无量纲单位，其名称和符号见表4—2。

表4—2   国际单位制的辅助单位

量的名称	单位名称	单位符号
平面角	弧度	rad
立体角	球面度	sr

4.2.3 国际单位制导出单位

国际单位制导出单位是由国际单位制基本单位或辅助单位按定义式导出的，其数量很多，其中，具有专门名称的总共有19个，有17个是以杰出科学家的名字命名的，如牛顿、帕斯卡、焦耳等，以纪念他们在本学科领域里做出的贡献。它们本身已有专门名称和特有符号，这些专门名称和符号又可以用来组成其他导出单位，从而比用基本单位表示要更简单一些。同时，为了表示方便，这些导出单位还可以与其他单位组合表示另一些更为复杂的导出单位。

以下是具有专门名称的一些导出单位的定义：

赫兹（频率的单位）——周期为 1 s（秒）的周期现象的频率为 1 Hz（赫兹），即 1 Hz = 1 s^{-1}。

牛顿（力的单位）——使 1 kg（千克）质量的物体产生 1 m/s^2（米每二次方秒）

加速度的力，即 1 N = 1 kg·m/s^2。

帕斯卡（压强单位）——每 m^2（平方米）面积上 1 N（牛顿）力的压力，即 1 Pa = 1 N/m^2。

焦耳（能或功的单位）——1 N（牛顿）力的作用点在力的方向上移动 1 m（米）距离时所做的功，即 1 J = 1 N·m。

瓦特（功率单位）——1 s（秒）内产生 1 J（焦耳）能量的功率，即 1 W = 1 J/s。

库仑（电量单位）——1 A（安培）电流在 1 s（秒）内所运送的电量，即 1 C = 1 A·s。

伏特（电位差和电动势单位）——在流过 1 A（安培）恒定电流的导线内，两点之间所消耗的功率若为 1 W（瓦特），则这两点之间的电位差为 1 V（伏特），即 1 V = 1 W/A。

法拉（电容单位）——给电容器充 1 C（库仑）电量时，两极板之间出现 1 V（伏特）的电位差，则这个电容器的电容为 1 F（法拉），即 1 F = 1 C/V。

欧姆（电阻单位）——在导体两点间加上 1 V（伏特）的恒定电位差，若导体内产生 1 A（安培）的恒定电流，而且导体内不存在任何其他电动势，则这两点之间的电阻为 1 Ω（欧姆），即 1 Ω = 1 V/A。

西门子（电导单位）——Ω（欧姆）的负一次方，即 1 S = 1 Ω^{-1}。

亨利（电感单位）——让流过一个闭合回路的电流以 1 A/s（安培每秒）的速率均匀变化，如果回路中产生 1 V（伏特）的电动势，则这个回路的电感为 1 H（亨利），即 1 H = 1 V·s/A。

韦伯（磁通量单位）——让只有一匝的环路中的磁通量在 1 s（秒）内均匀地减小到零，如果因此在环路内产生 1 V（伏特）的电动势，则环路中的磁通量为 1（韦伯），即 1 Wb = 1 V·s。

特斯拉（磁感应强度或磁通密度单位）——每 m^2（平方米）内磁通量为 1 Wb（韦伯）的磁感应强度，即 1 T = 1 Wb/m^2。

流明（光通量单位）——发光强度为 1 cd（坎德拉）的均匀点光源向 1 sr（球面度内单位立体角）发射出去的光通量，即 1 lm = 1 cd·sr。

勒克斯（光照度单位）——每 m^2（平方米）为 1 lm（流明）光通量的光照度，即 1 lx = 1 lm/m^2。

贝可勒尔（放射性活度单位）——1 s（秒）内发生 1 次自发核转变或跃迁，为

1 Bq（贝可勒尔），即 1 Bq = 1 s^{-1}。

戈瑞（比授予能单位）——授予 1 kg（千克）受照物质以 1 J（焦耳）能量的吸收剂量，即 1 Gy = 1 J/kg。

希沃特（剂量当量）——每 kg（千克）产生 1 J（焦耳）的剂量当量，即 1 Sv = 1 J/kg。

弧度（rad）和球面度（sr）（纯系几何单位）已并入导出单位，其定义如下：

弧度（rad）——一个圆内两条半径之间的平面角。这两条半径在圆周上截取的弧长与半径相等。

球面度（sr）——一个立体角，其顶点位于球心，而它在球面上所截取的面积等于以球半径为边长的正方形的面积。

4.2.4 国际单位词头

国际单位词头主要用于构成十进制倍数和分数的单位，在 $10^{-18} \sim 10^{18}$ 范围内共有 16 个词头，其所表示的因数名称、符号见表 4—3。

表 4—3 用于构成十进制倍数和分数单位的词头

所表示的因数	词头名称	词头符号
10^{18}	艾（可萨）	E
10^{15}	拍（它）	P
10^{12}	太（拉）	T
10^{9}	吉（咖）	G
10^{6}	兆	M
10^{3}	千	k
10^{2}	百	h
10^{1}	十	da
10^{-1}	分	d
10^{-2}	厘	c
10^{-3}	毫	m
10^{-6}	微	μ
10^{-9}	纳（诺）	n
10^{-12}	皮（可）	p
10^{-15}	飞（母托）	f
10^{-18}	阿（托）	a

4.2.5 常用国际单位与英制单位换算

在学习及使用震源知识和震源设备管理的过程中经常会遇到国际单位制和英制单位制之间的换算，平时作为震源设备的管理人员和操作人员可以借助资料进行查阅，这里为了方便起见列举一些常用的单位换算，见表4—4。

表4—4 常用单位换算

单位	国际单位	英制单位	换算
排量	cm^3/rev	in^3/rev	$1\ in^3/rev = 16.387\ cm^3/rev$
流量	L/min	gpm	$1\ gpm = 3.78\ L/min$
功率	kW	hp	$1\ hp = 0.745\ 7\ kW$
力矩	N·m	lbf·ft	$1\ lbf·ft = 1.355\ 82\ N·m$
压力	Pa	psi	$1\ psi = 6\ 894.76\ Pa$
质量	kg	lb	$1\ lb = 0.453\ 6\ kg$
力	N	lbf	$1\ lbf = 4.448\ 22\ N$
容积	cm^3	in^3	$1\ in^3 = 16.387\ cm^3$
面积	cm^2	in^2	$1\ in^2 = 6.45\ cm^2$
长度	mm	in	$1\ in = 25.4\ mm$
温度	℃	°F	$°F = 32 + 9/5℃$
黏度	mm^2/s	SSU	$60\ SSU = 10\ mm^2/s$

4.3 计量管理

计量管理是指协调计量技术管理、经济管理、行政管理及法制管理之间关系的总称。计量管理是计量工作不可缺少的组成部分，甚至是更重要的因素。如果没有较好的计量管理，即使有高准确的计量基准、计量标准及计量检测设备和测量条件，全国的计量单位和单位量值也不可能确保统一和准确，全国的测量领域将会一片混乱。换句话说，计量管理是在充分了解及研究当前计量学技术发展特点和规律的前提下，应用科学技术和法制的手段，正确地决策和组织计量工作，使之得到发展和前进，以实现国家的计量工作方针、政策和目标。归纳起来，计量学大致有下列特性：

1. 统一性

统一性是计量学最本质的特性。古今中外都是如此，计量失去统一性，也就失去

了存在的意义。秦始皇统一中国度量衡，功绩已载入史册。现在统一性不仅限于在一个国家的单位量值的统一，而且要实现全世界各国单位量值的统一性。

2．准确性

有人说"准"字是计量工作的核心，这是完全正确的。一切计量科学技术研究的目的，最终是要达到所预期的某种准确度，无论其准确度是高还是低，都必须有一定程度的准确性。计量的统一性也必须建立在有一定程度准确性的基础上才有意义。

3．法制性

为了保证计量学的统一性和准确性，国家对统一使用的计量单位，复现单量量值的国家计量基准，以及进行量值传递的方法、手段等，用法律做出规定。对涉及贸易、安全、环保、卫生等公平性利益的计量设备、计量方法及手段等进行法律规定，作为各行各业遵循的准则。如果没有法制性，所谓计量学的统一性、准确性就是一句空话。国际上现已形成法制计量学。

4．社会性

社会性是指计量学涉及的广泛性。它与国民经济各部门、人民生活的各个方面有密切的联系，对维护社会经济起着重要的作用。从直接的关系来说，正是计量学的社会性决定了计量学的法制性。

上述计量学的四个特性应该说基本上概括了计量管理的特性，是人们研究计量管理特性的基础。但如果深入去探讨，计量管理还具有以下特性：

5．权威性

要使计量更好地为国民经济建设服务，必须建立具有高度权威的计量管理机构和计量测试中心，即在行政领导和科技水平方面具有权威的计量管理系统，因为这也是计量本身的性质及其在国民经济中的重要作用所决定的。政府计量管理部门的重要职责是代表国家对全国各行各业进行计量监督、检查、认证和鉴定等，这些基本的职能必须要求具有高度的权威性。

6．技术性

计量管理的技术性是特别明显的，因为计量本身就是一项科学技术性很强的工作。要做好计量管理工作，就必须拥有先进的技术手段和雄厚的技术力量。在许多场合，计量管理要起一种"公证""仲裁"或者说是一种"技术法庭"的作用。准还是不准，合格与不合格，测量结果正确不正确，可行不可行等，都得以技术数据作为依据，即通常所讲的靠数据说话。

7. 服务性

服务性是我国计量管理的一贯宗旨。计量要为国民经济、科学技术、国防和国家、企事业单位和消费者服务，因而要把管理与服务看成是对立统一、相辅相成的两个方面。要提倡加强计量法制管理与社会经济服务相结合，在管理中体现服务精神，在服务中贯穿管理的原则。

8. 群众性

群众性包含两层意思：其一，要时刻考虑人民群众的利益，保护消费者免受计量失准或不诚实的测量所造成的危害；其二，要注意发动群众参与计量监督，使专业计量管理与群众管理相结合。如商店设兼职计量员，集市上设义务计量员、公平秤等，就是计量管理群众性的体现。综上所述，可以看出计量是技术与管理的结合体，也可以说是具有两重性。它依靠计量技术作为物质基础，实现单位量值的统一和全国量值的准确、可靠。由此可见，计量技术与计量管理是支承计量大厦的两根支柱。

测 试 题

一、判断题（将判断结果填入括号中，正确的填"√"，错误的填"×"）

1. 计量单位制又称计量制度，它是计量工作的基础，也是一个国家法制的重要内容。 （　　）

2. 1960 年第十一届国际计量大会通过正式建立国际单位制的决议，并决定其国际符号为 SI。 （　　）

二、单项选择题（选择一个正确的答案，将相应的字母填入题内的括号中）

1. （　　）是计量工作的基础。

A. 计量单位制　　　　　　　　B. 计量工具

C. 计量学的发展史　　　　　　D. 计量人员的能力

2. 1971 年第 14 届国际计量大会决定在前面（　　）个量的基础上，增加"物质的量"作为国际单位制的第（　　）个基本量，并通过了以它们的相应单位作为国际单位制的基本单位。

A. 3 4　　　　　B. 5 6　　　　　C. 6 7　　　　　D. 7 8

3. SI 导出单位是由 SI 基本单位或辅助单位按定义式导出的，其数量很多。其中，具有专门名称的 SI 导出单位总共有（　　）个。

A. 13　　　　　B. 15　　　　　C. 17　　　　　D. 19

4. N·m 是（　　）的单位。

A. 流量　　　　　B. 功率　　　　　C. 力矩　　　　　D. 黏度

5. （　　）能正确表达计量工作的核心。

A. 稳　　　　　B. 准　　　　　C. 狠　　　　　D. 快

6. 千克是（　　）单位，等于国际千克原器的质量。

A. 重量　　　　　B. 质量　　　　　C. 量子　　　　　D. 数量

7. 计量学有一定的特性，计量学特性不包括（　　）。

A. 统一性　　　B. 准确性　　　C. 分散性　　　D. 技术性

8. 在国际单位制中，将单位分成三类，其中不包括（　　）。

A. 符号单位　　B. 基本单位　　C. 导出单位　　D. 辅助单位

9. 热力学温度（开尔文）属于国际单位制中的（　　）。

A. 符号单位　　B. 基本单位　　C. 导出单位　　D. 辅助单位

10. 库仑是（　　）单位。

A. 电流　　　　　B. 电压　　　　　C. 电量　　　　　D. 电阻

11. 国际单位词头主要用于构成（　　）倍数和分数的单位。

A. 十进制　　　B. 二进制　　　C. 十六进制　　　D. 递增

参 考 答 案

一、判断题

1. √　　2. √

二、单项选择题

1. A　2. C　3. D　4. C　5. B　6. B　7. A　8. A　9. B

10. C　11. A

第 **5** 章

金属材料与热处理

完成本章的学习后，您能够：

☑ 了解金属材料的基础知识

☑ 熟悉奥氏体不锈钢晶间腐蚀的原因以及稳定化处理的方法

☑ 了解热处理的基本知识

知识要求

金属材料是指纯金属或者合金经过熔炼和各种加工后而制成的材料。金属材料按性质特点，通常分为黑色金属和有色金属两大类。黑色金属包括铸铁和钢两大类。钢是指含碳量低于 2.11% 的碳铁合金。石油、化学等工业中的压力容器大多数由钢材制成。与其他材料相比，钢的强度高，韧性好，耐冲击，可焊性及切削加工性能也比较好，而且造价也比较低。本章主要介绍钢的组成、分类、应用与特性，有色金属的分类以及热处理基本知识等。

5.1 金属材料的分类

5.1.1 钢的分类

钢是以铁、碳为主要成分的合金，它的含碳量一般小于 2.11%。钢是经济建设中极为重要的金属材料。钢按化学成分不同分为碳素钢（简称碳钢）与合金钢两大类。碳钢是由生铁冶炼获得的合金，除铁、碳为其主要成分外，还含有少量的锰、硅、硫、磷等杂质。碳钢既具有一定的力学性能，又有良好的工艺性能，且价格低廉，因此碳钢获得了广泛的应用。但随着现代工业与科学技术的迅速发展，碳钢的性能已不能完全满足需要，于是人们研制了各种合金钢。合金钢是在碳钢基础上有目的地加入某些元素（称为合金元素）而得到的多元合金。与碳钢相比，合金钢的性能有显著的提高，故应用日益广泛。

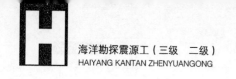

由于钢的品种繁多，为了便于生产、保管、选用与研究，必须对钢加以分类。钢可以按用途、化学成分、质量的不同进行分类。

1. 按用途分类

钢按用途不同可分为结构钢、工具钢、特殊性能钢三大类。

（1）结构钢

1）用于制造各种机器零件的钢。它包括渗碳钢、调质钢、弹簧钢及滚动轴承钢。

2）用于制作工程结构的钢。它包括碳素钢中的甲类钢、乙类钢、特类钢及普通低合金高强度结构钢。

（2）工具钢。是指用来制造各种工具的钢。根据工具用途不同可分为刃具钢、模具钢与量具钢。

（3）特殊性能钢。是指具有特殊物理、化学性能的钢。可分为不锈钢、耐热钢、耐磨钢、磁钢等。

2. 按化学成分分类

钢按化学成分不同可分为碳素钢和合金钢两大类。

（1）碳素钢。按含碳量不同又可分为低碳钢（含碳量≤0.25%）、中碳钢（0.25% < 含碳量 < 0.6%）、高碳钢（含碳量≥0.6%）。

（2）合金钢。按合金元素含量不同又可分为低合金钢（合金元素总含量≤5%）、中合金钢（5% < 合金元素总含量≤10%）、高合金钢（合金元素总含量 > 10%）。此外，根据钢中所含主要合金元素种类不同，还可分为锰钢、铬钢、铬镍钢、铬锰钛钢等。

3. 按质量分类

按钢中有害杂质磷、硫的含量可分为普通钢（含磷量≤0.045%、含硫量≤0.055%，或磷、硫含量均≤0.050%）；优质钢（磷、硫含量均≤0.040%）；高级优质钢（含磷量≤0.035%、含硫量≤0.030%）。

此外，还可按冶炼炉的种类，将钢分为平炉钢（酸性平炉钢、碱性平炉钢）、空气转炉钢（酸性转炉钢、碱性转炉钢、氧气顶吹转炉钢）与电炉钢；按冶炼时脱氧程度，将钢分为沸腾钢（脱氧不完全）、镇静钢（脱氧比较完全）及半镇静钢。钢厂在给钢的产品命名时，往往将用途、成分、质量这三种分类方法结合起来，例如，将钢称为普通碳素结构钢、优质碳素结构钢、碳素工具钢、高级优质碳素工具钢、合金结构钢、合金工具钢等。

5.1.2 生铁和铸铁的分类

1. 生铁

生铁是指含碳量高于 2% 的碳铁合金，还含有硅、锰、硫、磷等一些杂质。生铁按用途通常分为炼钢生铁和铸造生铁两大类。

(1) 炼钢生铁。是指用于炼钢的生铁，一般含硅量较低，含硫量较高。它是炼钢用的主要材料，在生铁产量中占 80% ~ 90%。由于其质硬而脆，断口呈白色，所以也叫白口铁。

(2) 铸造生铁。是指用于铸造各种生铁铸件的生铁，俗称翻砂铁。一般含硅量较高，含硫量稍低。因其断口呈灰色，所以也叫灰口铁。

2. 铸铁的分类

铸铁和生铁一样，也是一种含碳量高于 2% 的碳铁合金。它是用铸造生铁作原料，经冲天炉或者工频炉等熔炼设备重熔，重熔时严格控制其化学成分而制得的。铸铁由于具有各种使用性能，而且生产简便，成本低廉，得到了广泛应用，铸铁的分类方法较多，按颜色的不同可以分为灰口铸铁、白口铸铁和麻口铸铁三类；按化学成分不同，可分为普通铸铁和合金铸铁两类；按组织性能的不同，可分为普通灰铸铁、孕育铸铁、可锻铸铁、球墨铸铁和特殊性能铸铁。

5.1.3 有色金属材料的分类

除了钢铁材料以外，其余的金属材料统称为有色金属材料。

1. 按密度、在地壳中的储量和分布情况分类

(1) 轻有色金属材料。是指密度小于 4.5 g/cm^3 的有色金属材料，包括铝、镁、钠、钙、锶等纯金属及其合金。

(2) 重有色金属材料。是指密度大于 4.5 g/cm^3 的有色金属材料，包括铜、镍、铅、锡、锌、汞等纯金属及其合金。

(3) 稀有金属材料。是指自然界中含量很少的有色金属材料，如稀土和放射性金属材料。

2. 按生产方式和用途分类

(1) 有色冶炼产品。是指以冶炼方法得到的各种有色金属材料，如铜锭、铝锭、铅锭等。

（2）铸造有色合金。是指以铸造方法而获得的各种有色金属，如铸造青铜、铸造黄铜、铸造铝合金等。

（3）轴承合金。是指制作滑动轴承轴瓦的有色金属材料，如锡基轴承合金、铝基轴承合金等。

（4）硬质合金。是指以难熔硬质金属化合物作为基体，以镍、铁作为黏合剂，采用粉末冶金法制作而成的一种硬质工具材料。

（5）中间合金。是指熔炼过程中，为了使合金元素能够准确而均匀地加入合金中去而配制的一种过渡性合金。

（6）焊料。是指焊接金属制件时所用的有色合金，包括软焊料、硬焊料和银焊料。

5.1.4 钢的成分

钢是含铁合金，除了含有铁元素外，还含有其他各种元素。人们称钢中各主要化学元素在质量中的百分含量为钢的化学成分。化学成分的多少是影响钢性能的主要因素之一。

1. 碳（C）

碳含量的多少对钢的力学性能影响很大。当含碳量不超过 0.9% 时，含碳量越高，钢的硬度和抗拉强度就越高。如果含碳量超过了 0.9%，钢的硬度提高，脆性更大，强度就会降低。同时，钢的含碳量越高，其断后伸长率、断面收缩率和冲击韧度就越低，耐腐蚀性越差。

2. 锰（Mn）

锰能溶解在钢中，它能提高钢的硬度和强度，使钢耐磨。锰存在于钢中有脱氧作用，减少钢的气孔。锰容易同钢中的硫形成化合物，从而大大减小硫在钢中的危害。但是锰的含量过高，将会影响钢的可焊性。

3. 硅（Si）

硅可显著提高钢的抗拉强度，并在较小程度上提高钢的屈服强度，但是会使钢的塑性、冲击韧度有所下降。硅能提高钢的耐腐蚀能力，并在冶炼过程中起脱氧作用。

4. 硫（S）

硫为钢中的有害元素。硫不溶于钢，而且与铁化合生成硫化物。如果含硫量过高，钢材在热加工时容易发生热脆现象。

5. 磷（P）

磷为钢中的有害元素。尽管它溶于钢中，会提高钢的硬度和强度，但是它会剧烈地降低钢的塑性和韧性。

6. 铜（Cu）

少量的铜能溶于铁素体中，改善低合金钢的性能。如果铜的含量超过限度，则引起硬化现象，使钢的强度提高，塑性、韧性降低。

7. 钛（Ti）

钛是强烈的脱氧剂，能提高钢的强度和韧性，但对塑性有所降低。钛能改善钢的可焊性，并增强其耐腐蚀能力。

8. 铬（Cr）

铬能提高钢的硬度和耐磨性，但使钢的塑性有所下降。

9. 铝（Al）

铝是强烈的脱氧剂，它能提高钢的冲击韧度，改善冷脆现象，但过量时钢的强度会降低。

10. 稀土

钢中加入少量稀土元素后，对提高钢的强度，改善钢的塑性、低温脆性、耐腐蚀性及可焊性均有好处。

5.2 碳素结构钢

5.2.1 普通碳素结构钢

按质量分为 A、B、C、D 四级，按脱氧方法不同又分为镇静钢、半镇静钢、沸腾钢等。

1. 镇静钢

镇静钢是指钢液在浇注之前经过完全脱氧，凝固时不沸腾，故称镇静钢。这种钢锭内无气泡，钢材质量较高。其牌号由代表屈服强度的字母、屈服强度值、质量等级符号等按顺序组成，如 Q235A（旧牌号为 A3）。在国家标准《压力容器》（GB 150—2011）中其使用温度范围为 $0 \sim 350℃$，许用压力 $p \leqslant 1.0$ MPa，用于容器壳体时，钢板厚度小于或等于 16 mm，并不得用于盛装液化石油气体、毒性为高度或极度危害介质的压力容器。

2. 沸腾钢

沸腾钢是指在钢的冶炼过程中仅加入弱脱氧剂（锰铁）脱氧，因此在钢液中还保留相当数量的 FeO。在浇注与凝固时，由于碳与 FeO 发生反应，钢液中不断析出 CO，产生沸腾，故称为沸腾钢。其牌号只需在镇静钢牌号后面加字母"F"。这种钢锭成材率高，但钢锭内有许多小气泡（这些气泡在锻轧时可排除），且偏析较严重。因此，为了确保容器安全运行，避免和减少事故的发生，在各国压力容器设计规范中都对其使用范围加以限制。GB 150—2011 规定，Q235—A·F 的使用温度范围为 0 ~ 250℃，许用压力 $p \leqslant 0.6$ MPa，且用于容器壳体时，钢板厚度小于或等于 12 mm，并不得用于盛装易燃及毒性为中度、高度或极度危害介质的压力容器。

3. 半镇静钢

半镇静钢介于镇静钢与沸腾钢两者之间，用符号"b"代替"F"。

5.2.2 优质碳素结构钢

与普通碳素结构钢相比，优质碳素结构钢硫、磷含量较少（硫会造成钢的热脆性，磷会造成钢的冷脆性），力学性能较高。

压力容器用钢与锅炉用钢类同，首先要求保证足够的强度，还要求有良好的塑性，质地均匀，无时效倾向等。因此，必须选用杂质和有害气体容量较低的低碳镇静钢。对于专业用钢，符号加在钢号后面，压力容器用钢加字母"R"，如 20R；锅炉用钢加字母"g"，如 20g。

5.3 合金钢

5.3.1 低合金高强度钢的定义

钢中合金元素总含量在 5% 以下，屈服强度在 275 MPa 以上，具有良好的焊接性、耐腐蚀性、耐磨性和成形性，通常以板、带、型、管等钢材形式直接供使用的结构钢种可称为低合金高强度钢。

压力容器用低合金高强度钢的屈服强度范围为 294 ~ 696 MPa（30 ~ 70 kgf/mm^2），通常有按此屈服强度分类的，如 35 公斤级、45 公斤级、70 公斤级等。或按其性能分为强度钢、耐腐蚀钢、高温用钢、低温用钢等。

5.3.2 常见低合金高强度钢

Q345R 钢是屈服强度为 340 MPa 级的压力容器专用钢，它具有良好的综合力学性能和工艺性能。磷、硫含量略低于 Q345（16Mn）钢，除抗拉强度、延伸率要求比 Q345（16Mn）钢有所提高外，还要求保证冲击韧性。它是目前我国用途最广、用量最大的压力容器专用钢材。

18MnMoNbR 是在 20MnMe 基础上发展起来的，屈服强度为 490 MPa，属于 50 公斤级低合金高强度钢，由于钢中加入少量的铌，细化了晶粒。由于铌和钼的作用，提高了屈服强度，并增加了钢的耐热性能，其使用温度范围为 0～520℃。该材料综合力学性能良好，一般在正火状态下使用。它的焊接性能也很好，若预热温度超过 200℃，可以完全消除焊接裂缝。焊后应尽快进行热处理或成形。因此，18MnMoNbR 制作的任何厚度的容器均应进行消除应力热处理。

5.3.3 低合金高强度钢标准简介

我国第一个低合金高强度钢标准于 1959 年制定发布。1988 年发布了国家标准《低合金结构钢》（GB 1591—88），但这一标准有些类似国际上的企业标准，即对牌号及其化学成分和力学性能做了具体的规定，这样做虽然方便标准的执行，但是不利于钢种的发展，更不利于我国的钢铁产品进入国际市场。因为国家标准无论如何也不可能把各生产厂的钢号都纳入进来，而且标准制定以后，在一段时期内又不能变化和发展。

1992 年，我国低合金钢标准又进行了一次重大的修订。新标准 GB/T 1591—94《低合金高强度结构钢》自 1995 年 1 月 1 日起实施，作为过渡办法，新旧标准同时执行一段时期，到 1998 年旧标准即行作废。

表5—1　　　　　　　　　　新旧低合金结构钢标准牌号对照

GB/T 1591—94	GB 1591—88
Q295	09MnV、09MnNb、09Mn2、12Mn
Q345	12MnV、14MnNb、16Mn、16MnRE
Q390	16Nb
Q420	15MnV、15MnTi、16MnNb
Q460	15MnVN、14MnVTiRE

低合金高强度钢质量等级分为 A、B、C、D、E 五个等级，A 级不做冲击试验，后四个等级分别做 +20℃、0℃、−20℃、−40℃冲击试验，其中 Q295 只有 A、B 两个等级，而 Q460 只有 C、D、E 三个等级。

5.3.4　不锈耐酸钢

1．不锈耐酸钢的分类

不锈耐酸钢分为双相不锈钢、铁素体不锈钢、马氏体不锈钢、奥氏体不锈钢四类。

（1）双相不锈钢。双相不锈钢是指奥氏体与铁素体两相各约占 50%，一般较少相的含量最少也需要达到 30%，就称为双相不锈钢。

（2）铁素体不锈钢。铁素体不锈钢为低碳（含碳量≤0.1%）的铬钢，常用的含铬量有 17%、21%、25% 及 28% 四种。

（3）马氏体不锈钢。马氏体不锈钢有三类：低碳及中碳的 13% Cr 钢，如 1Cr13、2Cr13、3Cr13、4Cr13；高碳的 18% Cr 钢，如 9Cr18；低碳含镍的 17% Cr 钢，如 15Cr17Ni2。

（4）奥氏体不锈钢。化学工业中使用最多的是奥氏体 18—8 型（Cr18Ni9）铬镍不锈钢。这种钢经高温淬火后得到稳定的奥氏体组织。18—8 型钢在常温和低温下有很高的塑性与韧性，不具磁性。由于这种钢是单相奥氏体组织，因此在许多介质中有很高的耐腐蚀性。其中，镍使合金晶粒细化，组织更加均匀。当铬、镍两种元素的总含量不少于 26% 时，组织才是稳定的，合金中含碳量的增加将降低铬镍钢的耐腐蚀性，所以常用铬镍钢的含碳量在 0.1% 左右。

0Cr18Ni9Ti 奥氏体铬镍不锈钢制压力容器在加工和使用过程中，在 400～450℃ 下重复加热并且持续时间较长时，会产生晶间腐蚀的倾向，当这种具有晶间腐蚀倾向的不锈钢与腐蚀性介质接触时，将会产生晶间腐蚀而破坏。通常把上述温度称为危险温度。因此，在焊接不锈钢时，其焊缝热影响区产生晶间腐蚀的危险性特别大，这是由于在焊接后的冷却过程中要通过危险温度的缘故。为此，在焊接不锈钢件时要求各连接件同时达到熔点。这一点对等厚板对接焊容易保证，而当两连接件厚度相差较多时，就要注意将其中的厚板削薄，斜度要求为 1:4 或 1:5（比碳钢 1:3 要小）；容器壳体上的纵焊缝不允许与环焊缝十字交叉，必须将两条纵焊缝拉开一段距离，该距离应大于板厚的 5 倍或大于 50 mm。

不锈钢的导热系数 λ 是碳钢的 1/4～1/3，而它的线膨胀系数 α 却是碳钢的 1.5 倍，因此在焊接时必须注意，否则会引起很大的残余应力。

不锈钢中铬、镍含量较大，价格昂贵，要尽量节省，不与腐蚀介质接触的材料应尽量采用普通碳钢，或采用以碳钢为基层，不锈钢为覆层的复合钢板。

2. 美国钢铁学会（AISI）规定的不锈钢化学成分

常用奥氏体不锈钢的化学成分见表 5—2。

表 5—2　　　　　　　　常用奥氏体不锈钢的化学成分（质量分数）　　　　　　　　%

牌号	w_{Cr}	w_{Ni}	w_C	w_{Mn}	w_{Si}	w_P	w_S	其他
304	18～20	8～10.5	≤0.08	≤2.0	≤1.0	≤0.045	≤0.03	—
304L	18～20	8～12	≤0.03	≤2.0	≤1.0	≤0.045	≤0.03	—
316	16～18	10～14	≤0.08	≤2.0	≤1.0	≤0.045	≤0.03	$w_{Mo}=2.0～3.0$
316L	16～18	12～15	≤0.03	≤2.0	≤1.0	≤0.045	≤0.03	$w_{Mo}=2.0～3.0$
321	17～19	9～12	≤0.08	≤2.0	≤1.0	≤0.045	≤0.03	$w_{Ti}≥5×w_C$

3. 奥氏体不锈钢晶间腐蚀的原因

一般认为奥氏体不锈钢晶间腐蚀是由于晶间贫铬所致。奥氏体铬镍不锈钢具有很高的耐腐蚀性能，但高温处理（1 050～1 159℃即所谓的固溶处理）和随后迅速冷却的奥氏体单相组织处于亚稳定状态，在以后的加热过程中碳化物将要析出，在 600～800℃（一般称为敏化温度）范围内，铬的碳化物（$Cr_{23}C_8$）主要在晶间析出，由于这种碳化铬的含铬量远高于其基体中的含铬量，它的形成势必引起邻接区域铬的聚集扩散，从而造成晶间贫铬，由于这种贫铬使晶间不能抵抗某些介质的腐蚀作用，这样晶间对腐蚀就敏感了。

4. 奥氏体不锈钢的稳定化处理

由于钛和铌与碳的亲和力比铬大，因此能优先与碳结合成碳化钛或碳化铌，而使铬基本上都能溶于固溶体中，这样避免了晶间贫铬，从而减轻了晶间腐蚀倾向。

对含钛或铌的 18 - 8 型不锈钢必须进行稳定化处理。因为固溶处理时大部分钛和铌的碳化物均被溶解，钛和铌就不能夺取碳化铬中的碳，从而不能起到减小晶间腐蚀倾向的作用。稳定化处理的具体工艺是 850～900℃保温 2 h（含铌钢）或保温 4 h（含钛钢）。

5.3.5　抗氢钢

1. 氢侵蚀

原子氢渗透到金属内部引起的金属破坏叫作氢侵蚀。腐蚀反应放出氢或是加工过

程中的氢系统在一定条件下都有发生这种破坏的可能。氢致破坏是金属由于气体作用而造成破坏的最重要形式之一。

（1）氢脆化。在接近常温下，当有某些腐蚀性介质（如水或酸）存在时，由于这些腐蚀性介质的电化学作用，使氢分子在钢表面上分解为新生的氢原子，钢内渗入氢原子后，塑性降低，原子氢在钢内缺陷处结合成分子氢时形成巨大的应力，会导致钢材分层、鼓泡和开裂，这种破坏现象称为氢脆化。氢脆化是完全的机械脆化。一般来说，氢脆作用在室温附近的温度最为显著。这种作用属于氢溶入钢机体内引起的物理作用。

（2）氢腐蚀。氢腐蚀则是氢对钢的高温化学腐蚀。在高温下，渗入钢内的氢原子夺取碳化物中的碳结合成甲烷，因而引起钢材脱碳脆化，生成的甲烷不能从钢内扩散出去，积聚在空隙和晶粒边界，形成很高的局部应力，致使钢材发生鼓泡、开裂，从而对钢造成不可逆的破坏，这种破坏称为氢腐蚀。氢腐蚀简称氢蚀，只有在较高的温度和氢分压条件下才能发生，其过程的发生与发展一般需要较长的时间。氢腐蚀是不可逆的，它既可发生在金属表面，也可发生在金属内部，因此它是一种十分危险的晶间型破坏。

2. 防止氢腐蚀的途径

防止氢腐蚀的途径有两种：一是降低钢中的含碳量，例如，采用微碳纯铁可以完全消除氢腐蚀的产生；二是采用抗氢钢，在钢中加入钼、铬、钨、钒、铌、钛等元素，使氢无法与碳结合。我国生产的无铬或节铬抗氢钢有 10MoWVNb、10MoVNbTi、12Cr2Mo 等。

5.3.6 低温用钢

压力容器的破坏通常都是由于内压产生的机械应力达到容器材料的抗拉强度而发生的。但是，当温度降低到零下某一范围后，容器壁内的应力在没有达到屈服强度甚至低于许用应力的情况下也会发生破坏。相同的材料、相同规格的容器，温度越低，容器的爆破压力也越低，这种现象称为低应力脆性破坏。

产生容器低应力脆性破坏的主要原因之一是由于钢材在低温下的冲击韧度明显下降。因此，低温用钢的质量在很大程度上取决于在使用温度下冲击韧度的大小。

在低温容器中的受压元件均必须进行低温夏比（V 形缺口）冲击试验。钢材的冲击试验方法应符合 GB 4159—84《金属低温夏比冲击试验方法》的规定。钢材应按批进行冲击试验复验。

5.4　金属材料热处理

5.4.1　金属材料的力学性能

金属材料的性能一般分为工艺性能和使用性能两类。所谓工艺性能，是指机械零件在加工及制造过程中，金属材料在所定的冷、热加工条件下表现出来的性能。金属材料工艺性能的好坏决定了它在制造过程中加工成形的适应能力。由于加工条件不同，要求的工艺性能也就不同，如铸造性能、可焊性、可锻性、热处理性能、切削加工性等。所谓使用性能，是指机械零件在使用条件下金属材料表现出来的性能，它包括力学性能、物理性能、化学性能等。金属材料使用性能的好坏决定了它的使用范围与使用寿命。

在机械制造业中，一般机械零件都是在常温、常压和非强烈腐蚀性介质中使用的，且在使用过程中各机械零件将承受不同载荷的作用。金属材料在载荷作用下抵抗破坏的性能称为力学性能（或称机械性能）。金属材料的力学性能是零件设计和选材时的主要依据。外加载荷性质不同（如拉伸、压缩、扭转、冲击、循环载荷等），对金属材料要求的力学性能也将不同。常用的力学性能包括强度、塑性、硬度、韧性、多次冲击抗力和疲劳强度等。

1．强度

强度是指金属材料在静载荷作用下抵抗破坏（过量塑性变形或断裂）的性能。由于载荷的作用方式有拉伸、压缩、弯曲、剪切等形式，所以强度也分为抗拉强度、抗压强度、抗弯强度、抗剪强度等。各种强度间常有一定的联系，使用中一般多以抗拉强度作为最基本的强度指标。

2．塑性

塑性是指金属材料在静载荷作用下产生塑性变形（永久变形）而不破坏的能力。

3．硬度

硬度是衡量金属材料软硬程度的指标。目前生产中测定硬度的方法最常用的是压入硬度法，它是用一定几何形状的压头在一定载荷下压入被测试的金属材料表面，根据被压入程度来测定其硬度值。

常用的压入硬度有布氏硬度（HB）、洛氏硬度（HRA、HRB、HRC）和维氏硬度

（HV）等。

4. 疲劳

前面所讨论的强度、塑性、硬度都是金属材料在静载荷作用下的力学性能指标。实际上，许多机器零件都是在循环载荷下工作的，在这种条件下零件会产生疲劳。

5. 冲击韧度

以很大速度作用于机件上的载荷称为冲击载荷，金属材料在冲击载荷作用下抵抗破坏的能力叫作冲击韧度。

5.4.2　金属材料热处理工艺

1. 金属热处理工艺特点

金属热处理是指将金属工件放在一定的介质中加热到适宜的温度，并在此温度中保持一定时间后，又以不同速度冷却的一种工艺方法。金属热处理是机械制造中的重要工艺之一，与其他加工工艺相比，热处理一般不改变工件的形状和整体的化学成分，而是通过改变工件内部的显微组织或工件表面的化学成分，赋予或改善工件的使用性能。其特点是改善工件的内在质量，而这一般不是肉眼所能看到的。

为使金属工件具有所需要的力学性能、物理性能和化学性能，除合理选用材料和各种成形工艺外，热处理工艺往往是必不可少的。钢铁是机械工业中应用最广泛的材料，钢铁显微组织复杂，可以通过热处理予以控制，所以钢铁的热处理是金属热处理的主要内容。另外，铝、铜、镁、钛等及其合金也都可以通过热处理改变其力学性能、物理性能和化学性能，以获得不同的使用性能。

2. 金属热处理工艺过程

热处理工艺一般包括加热、保温、冷却三个过程，有时只有加热和冷却两个过程。这些过程互相衔接，不可间断。

加热是热处理的重要步骤之一。金属热处理的加热方法很多，最早采用木炭和煤作为热源，进而应用液体和气体燃料。电的应用使加热易于控制，且无环境污染。利用这些热源可以直接加热，也可以通过熔融的盐或金属，以至浮动粒子进行间接加热。

金属工件加热时暴露在空气中，常常发生氧化、脱碳（即钢铁零件表面含碳量降低），这对于热处理后零件的表面性能有很不利的影响。因而金属通常应在可控气氛或保护气氛中、熔融盐中和真空中加热，也可用涂料或包装方法进行保护加热。

加热温度是热处理工艺的重要参数之一，选择和控制加热温度是保证热处理质量的主要问题。加热温度随被处理的金属材料和热处理的目的不同而异，但一般都是加热到相变温度以上，以获得需要的组织。另外，转变需要一定的时间，因此，当金属工件表面达到要求的加热温度时，还须在此温度保持一定时间，使内外温度一致，从而使显微组织转变完全，这段时间称为保温时间。采用高能密度加热和表面热处理时，加热速度极快，一般没有保温时间或保温时间很短，而化学热处理的保温时间往往较长。

冷却也是热处理工艺过程中不可缺少的步骤，冷却方法因工艺不同而不同，主要是控制冷却速度。一般退火的冷却速度最慢，正火的冷却速度较快，淬火的冷却速度更快。但还因钢种不同而有不同的要求，例如，空冷淬硬钢就可以用正火一样的冷却速度进行淬硬。

3. 金属热处理工艺分类

金属热处理工艺大体可分为整体热处理、表面热处理、局部热处理和化学热处理等。根据加热介质、加热温度和冷却方法的不同，每一大类又可区分为若干不同的热处理工艺。同一种金属采用不同的热处理工艺可获得不同的组织，从而具有不同的性能。钢铁是工业上应用最广泛的金属，而且钢铁显微组织也最为复杂，因此钢铁热处理工艺种类繁多。

（1）整体热处理。整体热处理是对工件整体加热，然后以适当的速度冷却，以改变其整体力学性能的金属热处理工艺。钢铁整体热处理大致有退火、正火、淬火和回火四种基本工艺。

1）退火。退火是指将工件加热到适当温度，根据材料和工件尺寸采用不同的保温时间，然后进行缓慢冷却（冷却速度最慢），目的是使金属内部组织达到或接近平衡状态，获得良好的工艺性能和使用性能，或者为进一步淬火做组织准备。

①完全退火和等温退火。完全退火又称重结晶退火，一般简称退火，这种退火主要用于亚共析成分的各种碳钢和合金钢的铸件、锻件及热轧型材，有时也用于焊接结构。一般常作为一些不重要工件的最终热处理，或作为某些工件的预先热处理。

②球化退火。球化退火主要用于过共析的碳钢及合金工具钢（如制造刃具、量具、模具所用的钢种）。其主要目的在于降低硬度，改善切削加工性，并为以后的淬火做好准备。

③去应力退火。去应力退火又称低温退火（或高温回火），这种退火主要用来消除铸件、锻件、焊接件、热轧件、冷拉件等的残余应力。如果这些应力不予消除，将会引起钢件在一定时间以后，或在随后的切削加工过程中产生变形或裂纹。

2）正火。正火是指将工件加热到适宜的温度后在空气中冷却的热处理工艺。正火

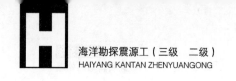

的效果与退火相似，只是得到的组织更细，常用于改善材料的切削性能，有时也用于对一些要求不高的零件作为最终热处理。

3）淬火。淬火是指将工件加热、保温后，在水、油或其他无机盐、有机水溶液等淬冷介质中快速冷却。淬火后钢件变硬，但同时变脆。

淬火是为了提高硬度采取的方法，主要形式是加热、保温、速冷。淬火最常用的冷却介质是盐水、水和油。用盐水淬火的工件，容易得到高的硬度和光洁的表面，不容易产生淬不硬的软点，但却易使工件变形严重，甚至发生开裂。而用油作为淬火介质只适用于过冷奥氏体的稳定性比较大的一些合金钢或小尺寸的碳钢工件的淬火。

4）回火。为了降低钢件的脆性，将淬火后的钢件在高于室温而低于710℃的某一适当温度进行长时间的保温，再进行冷却，这种工艺称为回火。回火作用如下：

①降低脆性，消除或减小内应力。钢件淬火后存在很大的内应力和脆性，如不及时回火往往会使钢件发生变形甚至开裂。

②获得工件所要求的力学性能。工件淬火后硬度高而脆性大，为了满足各种工件不同性能的要求，可以通过适当回火的配合来调整硬度，减小脆性，得到所需要的韧性、塑性。

③稳定工件尺寸。

④对于退火难以软化的某些合金钢，在淬火（或正火）后常采用高温回火，使钢中碳化物适当聚集，将硬度降低，以利于切削加工。

退火、正火、淬火、回火是整体热处理中的"四把火"，其中的淬火与回火关系密切，常常配合使用，缺一不可。"四把火"随着加热温度和冷却方式的不同，又演变出不同的热处理工艺。为了获得一定的强度和韧性，把淬火和高温回火结合起来的工艺称为调质处理。某些合金淬火形成过饱和固溶体后，将其置于室温或稍高的适当温度下保持较长时间，以提高合金的硬度、强度等，这样的热处理工艺称为时效处理。把压力加工形变与热处理有效而紧密地结合起来进行，使工件获得很好的强度、韧性配合的方法称为形变热处理。在负压气氛或真空中进行的热处理称为真空热处理，它不仅能使工件不氧化、不脱碳，使处理后的工件保持表面光洁，提高工件的性能，还可以通入渗剂进行化学热处理。

（2）表面热处理。表面热处理是只加热工件表层，以改变其表层力学性能的金属热处理工艺。为了只加热工件表层而不使过多的热量传入工件内部，使用的热源须具有高的能量密度，即在单位面积的工件上给予较大的热能，使工件表层或局部能短时或瞬时达到高温。表面热处理的主要方法有激光热处理、火焰淬火和感应加热热处理，常用的热源有氧乙炔或氧丙烷等火焰、感应电流、激光和电子束等。

（3）化学热处理。化学热处理是通过改变工件表层化学成分、组织和性能的金属热处理工艺。化学热处理与表面热处理的不同之处是后者改变了工件表层的化学成分。化学热处理是将工件放在含碳、氮或其他合金元素的介质（气体、液体、固体）中加热，保温较长时间，从而使工件表层渗入碳、氮、硼和铬等元素。渗入元素后，有时还要进行其他热处理工艺，如淬火及回火等。化学热处理的主要方法有渗碳、渗氮、渗金属、复合渗等。

热处理是机械零件和工具、模具制造过程中的重要工序之一。大体来说，它可以保证和提高工件的各种性能，如耐磨性、耐腐蚀性等。还可以改善毛坯的组织和应力状态，以利于进行各种冷加工和热加工。

例如，白口铸铁经过长时间退火处理可以获得可锻铸铁，提高塑性；齿轮采用正确的热处理工艺，使用寿命可以比不经热处理的齿轮成倍或几十倍地延长；另外，价廉的碳钢通过渗入某些合金元素就具有某些价格昂贵的合金钢的性能，可以代替某些耐热钢、不锈钢；工具、模具则几乎全部需要经过热处理方可使用。

测 试 题

一、判断题（将判断结果填入括号中，正确的填"√"，错误的填"×"）

1. 普通碳素结构钢按质量分为 A、B、C、D 四级，按脱氧方法不同又分为沸腾钢、半镇静钢、镇静钢等。　　　　　　　　　　　　　　　　　　　（　　）

2. 低合金高强度钢使用压力不受限制，使用温度下限可达 -40℃，是目前应用极广的好材料，是第三类压力容器用钢的主体材料。　　　　　　　　　　（　　）

3. 双相不锈钢是指奥氏体与铁素体两相中任意一相的含量占 50% 以上，就称为双相不锈钢。　　　　　　　　　　　　　　　　　　　　　　　　　　　（　　）

4. 铁素体不锈钢为低碳（含碳量≤0.1%）的铬钢，常用的含铬量有 17%、21%、25% 及 28% 四种。　　　　　　　　　　　　　　　　　　　　　　　　（　　）

二、单项选择题（选择一个正确的答案，将相应的字母填入题内的括号中）

1. 在普通碳素钢中，镇静钢钢材质量较高是因为（　　　）。

A. 内部气泡多　　B. 内部气泡少　　　C. 内部无气泡　　　D. 不完全脱氧

2. 沸腾钢是指在钢的冶炼过程中仅加入（　　　）（锰铁）脱氧，在钢液中还保留相当数量的 FeO。

A. 强氧化剂　　　B. 弱氧化剂　　　C. 强脱氧剂　　　D. 弱脱氧剂

3. 下列碳钢在平衡状态下韧性最差的材料是（　　　）。

A. 40　　　　　　B. T12　　　　　C. 30　　　　　　D. T8

4. 优质碳钢与普通碳钢相比，硫、磷含量（　　　），因此力学性能高。

A. 较多　　　　　B. 较少　　　　　C. 不变　　　　　D. 按比例增多

5. 压力容器用低合金高强度钢的屈服强度范围为（　　　）。

A. 29.4～69.6 MPa　　　　　　B. 29.4～696 MPa

C. 294～696 MPa　　　　　　　D. 29.4～69.6 Pa

6. 低合金高强度结构钢按质量等级分为 A、B、C、D、E 五个等级，其中（　　　）级不做冲击试验。

A. A　　　　　　B. B　　　　　　C. D　　　　　　D. E

7. 灰铸铁与钢材比较，力学性能相近的是（　　　）。

A. 冲击韧度　　　B. 塑性　　　　　C. 抗压强度　　　D. 抗拉强度

8. 碳在奥氏体中最大的溶解度是（　　　）。

A. 0.77%　　　　B. 0.021 8%　　　C. 2.11%　　　　D. 4.3%

9. 一次渗碳体是从（　　　）中析出的。

A. 奥氏体　　　　B. 铁元素　　　　C. 珠光体　　　　D. 钢液

三、多项选择题（选择一个以上正确的答案，将相应的字母填入题内的括号中）

1. 压力容器用钢比一般钢材要求更严格，主要体现在（　　　）。

A. 化学成分控制更严格

B. 抽样检验率较高

C. 力学性能检验中增加了冲击韧度值的要求

D. 以上选项都不正确

2. 压力容器零件钢材选择综合考虑的因素有（　　　）。

A. 压力容器的使用条件　　　　　B. 零件的功能和制造工艺

C. 材料认知度　　　　　　　　　D. 材料价格以及材料规范标准

3. 为了防止压力容器材料局部产生严重腐蚀，可采取的方法有（　　　）。

A. 加大流通面积　　　　　　　　B. 降低流速

C. 增加壁厚　　　　　　　　　　D. 以上选项都不正确

4. 钢按含碳量的不同可以分为（　　　）。

A. 高碳钢　　　　B. 中碳钢　　　　C. 工具钢　　　　D. 低碳钢

参 考 答 案

一、判断题

1. √   2. √   3. ×   4. √

二、单项选择题

1. C   2. D   3. B   4. B   5. C   6. A   7. C   8. C   9. D

三、多项选择题

1. ABC   2. ABD   3. ABC   4. ABD

第 **6** 章

钳工基础知识

完成本章的学习后，您能够：

- ☑ 了解钳工的定义
- ☑ 掌握钳工作业时应该注意的事项
- ☑ 能够运用学到的钳工知识和技能进行震源相关设备的维修操作

知识要求

6.1 概述

在机械制造中，大部分工作是用机械来完成的，但有不少作业用机械是不能完成或者不能经济地完成的。钳工的工作就是完成这些机器不能完成和不便于完成的作业。在其他行业中，钳工作业也是不可缺少的。钳工作业灵活性很大，在机械行业的各工种中被称为万能工种。它既能完成精度很高的加工作业，又能完成复杂程度很高的装配、修理和安装作业；既能单独操作，又能集体作业，在生产中起着连贯作用，有的时候甚至起着主导作用。但钳工操作的劳动强度大，生产效率低，对工人的技术水平要求较高。

6.1.1 钳工的特点

从安全角度分析，钳工作业有以下特点：

1. 钳工作业最大的特点是利用锉刀、刮刀、锤子等简单的手工工具，依靠操作者本身的技能、技巧去完成各种作业。它与其他工种比，如车工和铣工，最大的不同之处在于它是手工完成的，其他工种是依靠机械完成的。车工、铣工等工种只要操作机器的人能较好地操作，就能完成工件的加工和制作，但是钳工利用的工具都是简单的手工工具，这些工具本身没有精度要求，作业质量的好坏主要取决于操作者本人的技能、技巧。也就是说，对于钳工来讲，作业质量的好坏与其他工种相比，人的因素更

多地起到了决定性作用。

2. 钳工的另一个特点是作业内容多，工作场所广，这是其他工种无法相比的。钳工的基本操作方法有錾削、锯削、锉削、刮削等十几种。钳工的一般技术有装配技术、修理技术和安装技术。专门技术就更多了，每一类型的设备都有专门的维护、保养、安装、修理技术。

由于工作内容多，工作时的不安全因素自然也多。不论哪一种操作方法、哪一种专门技术以及哪一类设备，由于操作不熟练或者情况不熟悉，都可能导致事故的发生。设备修理中的高处作业，机器装配时的起吊作业，都需要安全技术知识。各种设备的修理、试车，若不熟悉这种设备的性能、构造也同样会导致事故的发生。

钳工的工作场所不像其他工种那样是固定不变的。虽然在钳台上作业时场所是固定的，但更多的时候却不是在钳台上工作的。装配时需要在不同的场所完成不同的作业，修理时需要在不同的场合修理不同的设备。根据工作的需要有时在高处作业，有时在地坑作业等。每一项工作都要求操作者对环境相当熟悉。

3. 钳工的配合作业也是一种特有的方式。几个工种共同完成一项任务，这种配合不同于钳工集体作业中的相互配合。钳工集体作业中的配合，操作者长期在一起合作，相互之间比较了解，相互之间的水平也不会相差太大，相对来讲，配合能够达到协调。而其他工种之间的合作都是短时间的，合作对象也是经常变换的，相互之间也并不了解，工作中不能理解意图，很容易发生事故。

6.1.2　钳工的技能要求

钳工的技能要求包括加强基本技能练习，严格要求，规范操作，多练多思，勤劳创新。钳工基本操作技能是进行产品生产的基础，也是钳工专业技能的基础。因此，必须首先熟练掌握，才能在今后的工作中逐步做到得心应手、运用自如。

钳工基本操作项目较多，各项技能的学习和掌握又具有一定的相互依赖关系，因此，要求人们必须循序渐进，由易到难，由简单到复杂，一步一步地对每项操作都按要求学习好，掌握好。基本操作是技术知识、技能技巧和力量的结合，不能偏废任何一个方面。要自觉遵守纪律，要有吃苦耐劳的精神，严格按照每个工种的操作要求进行操作。只有这样，才能很好地完成基础训练。

钳工主要是手持工具对夹紧在钳工工作台上的工件进行切削加工的方法，它是机械制造中的重要工种之一。钳工的基本操作可分为以下几种：

1. 辅助性操作

辅助性操作即划线,它是根据图样在毛坯或半成品工件上划出加工界线的操作。

2. 切削性操作

切削性操作包括錾削、锯削、锉削、攻螺纹、套螺纹、钻孔(扩孔、铰孔)、刮削和研磨等多种操作。

3. 装配性操作

装配性操作是指将零件或部件按图样技术要求组装成机器的工艺过程。

4. 维修性操作

维修性操作是指对在用机械、设备进行维修、检查、修理的操作。

6.1.3 钳工工作的常用设备与工具

1. 台虎钳

台虎钳是用来夹持工件的,其规格用台虎钳钳口的宽度来表示,常用的有100 mm、125 mm和150 mm三种规格,如图6—1所示。

使用台虎钳的注意事项如下:

(1)台虎钳必须正确、牢靠地安装在钳工工作台上。

(2)工件应尽量装夹在台虎钳钳口的中部,以使钳口受力均匀,工件夹紧要稳固、可靠。

图6—1 台虎钳

(3)只能用手扳紧台虎钳手柄来夹紧工件,不能用套筒接长手柄加力或者用锤子敲击手柄,以防损坏台虎钳零部件。

(4)不要在活动钳身的表面进行敲打,以免损坏其与固定钳身的配合性能。

(5)加工时用力方向最好朝向固定钳身的方向。

(6)丝杆、螺母要保持清洁,经常加润滑油,以便延长其使用寿命。

2. 钳工工作台

钳工工作台简称钳台,常用硬质木板或钢材制成,要求坚实、平稳,台面高度为800～900 mm,台面上装台虎钳和防护网。

使用钳台的注意事项如下:

(1)钳台必须平稳、牢靠地安装。

(2)钳台要保持清洁,防止作业时影响加工精度。

（3）钳台必须安装防护网。

（4）不要在钳台表面进行力量很大的敲打，以免损坏钳身。

3. 台钻

台钻是一种小型机床，主要用于钻孔。一般为手动进给，其转速由带轮调节获得。台钻灵活性较大，一般台钻的钻孔直径小于 13 mm。

使用台钻的注意事项如下：

（1）台钻必须固定在工作台上，使用时要保持稳定。

（2）安装带轮时必须加保护装置，防止工作时手指因意外卡进带轮。

（3）台钻在使用时要保持需要的转速，防止转速过高导致钻孔时切屑飞溅。

（4）工件在台钻上装夹时要使用专用装夹台，不可随意更换。

（5）按时加润滑油，以延长台钻使用寿命。

4. 锤子

锤子由锤头和锤柄组成，锤头一般由碳素工具钢制成，并经过热处理淬硬。锤柄一般由坚硬的木材制成，而且粗细和强度应该适当，并与锤头的大小相称。

锤子的规格通常以锤头的质量来表示，为了防止锤子在操作过程中脱落伤人，木柄装入锤孔后必须打入楔子。

（1）锤子的使用方法

1）握锤有两种方法，即松握法和紧握法。

松握法是只有拇指和食指始终紧握锤柄，在锤打时中指、小指和无名指依次紧握锤柄，挥锤时刚好相反。这种握法锤击力大，而且不容易疲劳。紧握法是用右手五指握紧锤柄，锤打和挥锤时五个手指的握法不变。

2）在挥锤时，注意力要集中，对准工件后方能挥锤。

3）在挥锤敲打时，锤头的正前方不允许站人，以防止锤头脱落而被砸伤。

（2）挥锤的方法

1）腕挥。只是靠手腕的运动挥锤，锤击力较小，一般用于打样冲眼等用力不大的地方。

2）肘挥。用手腕和肘部一起挥锤，它的运动幅度大，锤击力较大，应用广泛。

3）臂挥。用手腕、肘部和整个手臂一起挥动，其锤击力巨大，用于需要很大力的场合。

5. 砂轮机

砂轮机主要由砂轮、机架和电动机组成，如图6—2所示。工作时，砂轮的转速很高，很容易因系统不平衡而造成砂轮机的振动，因此要做好平衡调整工作，使其在工作中平稳旋转。

由于砂轮质硬且脆，如使用不当容易因砂轮碎裂而造成事故。因此，使用砂轮机时要严格遵守以下安全操作注意事项：

图6—2　砂轮机

（1）砂轮的旋转方向要正确，使磨屑向下飞离，不致伤人。

（2）砂轮机启动后，要等砂轮转速平稳后再开始磨削，若发现砂轮跳动明显，应及时停机修整。

（3）砂轮机的搁架与砂轮间的距离应保持在3 mm以内，以防磨削件轧入而造成事故。

（4）磨削过程中，操作者应站在砂轮的侧面或斜侧面，而不要站在正对面。

6.2　钳工工作的范围及在机械制造与维修中的作用

6.2.1　普通钳工工作范围

1. 划线

划线是指在毛坯或者工件上，用划线工具划出待加工部位的轮廓或作为基准的点和线，这些点和线标明了工件某部分的形状、尺寸或者特性，并确定了加工的尺寸界线。

（1）划线的种类

划线分为平面划线和立体划线两种，只需在工件一个表面上划线即能明确表示加工界线的，称为平面划线；需要在工件几个互成不同角度的表面上划线才能明确加工界线的，称为立体划线。

（2）划线的主要作用

1）确定工件的加工余量，使机械加工有明确的尺寸界线。

2）便于复杂工件在机床上安装，可以按划线找正定位。

3）能够及时发现和处理不合格的毛坯，避免加工后造成损失。

4）借料划线可以使误差不大的毛坯得到补救，使加工后的零件仍能符合要求。

划线是机械加工的重要工序之一，广泛用于单件、小批量生产。划线除了要求划

出的线条清晰、均匀外，最重要的是保证尺寸准确，划线精度一般为 0.25～0.5 mm。

（3）划线前的准备工作

1）分析图样，了解工件的加工部位和要求，选择划线基准。

2）清理工件，并用钢丝刷刷净，对已经生锈的半成品应将浮锈刷掉。

3）在工件的划线部位涂色，要求涂得薄而且均匀。

4）擦净划线平板，准备划线工具。

2．锉削

锉削是指用锉刀对工件表面进行切削加工的操作。锉削是钳工最基本的操作之一，主要用于对零部件的修整及精加工。锉削的精度可以达到 0.01 mm。

（1）锉刀的种类。锉刀的种类按用途可分为普通钳工锉、异形锉和整形锉。普通钳工锉按其断面形状可分为平锉、方锉、三角锉、半圆锉和圆锉等。异形锉有刀口锉、菱形锉、扁三角锉和椭圆锉等。整形锉又称什锦锉，主要用于修整工件细小部分的表面。

（2）锉刀的规格及选用。锉刀的规格分尺寸规格和锉纹的粗细规格。

对于尺寸规格来说，圆锉以其断面直径、方锉以其边长为尺寸规格，其他锉刀以锉刀的锉身长度表示，常用的有 100 mm、150 mm、200 mm、250 mm、300 mm 等几种。

锉刀的选择应根据工件表面形状、尺寸大小、材料性质、加工余量及加工精度和表面粗糙度的要求来选择。

（3）锉削的操作要点。锉削时要保证正确的姿势和锉削速度。锉削速度一般为 40 次/s 左右。锉削时两手用力要平衡，回程时不要施加压力，以减少锉削时对锉齿的磨损。

锉削时的注意事项如下：

1）锉刀放置时不要露出工作台外面，以防止跌落伤人。

2）不能用嘴吹切屑或用手清理切屑，以防伤眼或伤手。

3）不使用无柄或手柄开裂的锉刀。

4）锉削时不要用手去摸锉削表面，以防锉刀打滑而造成损伤。

5）锉刀不得沾水或沾油。

3．锯削

锯削是指用锯对材料或者工件进行切断或切槽的加工方法。钳工常用的手锯由锯弓和锯条两部分组成。锯弓用于安装和张紧锯条。

锯削的操作要点如下：

（1）锯削时要防止锯条折断而从锯弓上弹出伤人。

（2）工件被锯下的部分要防止跌落砸到脚上。

4. 钻孔

钻孔是指用钻头在实体材料上加工孔的方法。在钻床上钻孔时，钻头旋转是主运动，钻头沿轴向移动是进给运动。钳工用于钻孔的主要工具是台式钻床和麻花钻。标准的麻花钻切削部分由五刃、六面和三尖组成。

钻孔和使用钻床的操作要点如下：

（1）钻孔前要检查工件被加工孔位置和钻头是否正确，钻床转速是否合理。

（2）起钻时，先钻出一浅坑，观察孔位置是否正确，并且不断修正。

（3）当起钻达到钻孔位置要求后，即可压紧工件完成钻孔。

（4）钻孔时进给量要选择合理，孔将穿透时，必须减小进给力。

（5）为了延长钻头使用寿命和改善加工孔的质量，钻孔时要选择合适的切削液。

（6）操作钻床时不准戴手套，清除切屑时不准用手拿和用嘴吹。

（7）开动钻床前，检查钻头钥匙是否取下。

（8）操作钻床时，头不能靠得太近，钻床变速前要先停车。

（9）钻通孔时，工件下面必须垫上铁、木头或者对准底槽，以免损坏工作台。

（10）清洁钻床或者加润滑油时必须切断钻床电源。

6.2.2 钳工在机械制造和维修中的作用

钳工是一种比较复杂、细微、工艺要求较高的工作。目前虽然有各种先进的加工方法，但钳工具有所用工具简单，加工多样、灵活，操作方便，适应面广等特点，故有很多工作仍需要由钳工来完成，如前面所讲的钳工应用范围的工作。因此，钳工在机械制造及维修中有着特殊的、不可取代的作用。但钳工操作的劳动强度大，生产效率低，对工人技术水平要求较高。

6.3 攻螺纹、套螺纹及其注意事项

常用的三角形螺纹工件的螺纹除采用机械加工外，还可以用钳加工方法中的攻螺纹和套螺纹来获得。比较精密的螺纹一般都在机床上加工。攻螺纹（又称攻丝）是用丝锥在工件内圆柱面上加工出内螺纹；套螺纹（又称套丝、套扣）是用板牙在圆柱杆上加工外螺纹。

6.3.1　攻螺纹

1．丝锥与铰杠

（1）丝锥。丝锥是用来加工较小直径内螺纹的成形刀具，一般选用合金工具钢9SiCr制成，并经热处理。

丝锥的主要构造如图6—3所示，由工作部分和柄部构成，其中工作部分包括切削部分和校准部分。丝锥的柄部做有方榫，便于夹持。

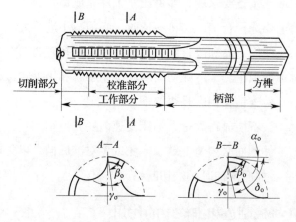

图6—3　丝锥的构造

丝锥沿轴向有几条（一般是三条或四条）容屑槽，相应地形成几瓣切削刃和前角。切削部分（即不完整的牙齿部分）是切削螺纹的重要部分，常磨成圆锥形，以便使切削负荷分配在几个刀齿上。头锥的锥角小些，有5~7个牙；二锥的锥角大些，有3~4个牙。校准部分具有完整的牙齿，用于修光螺纹和引导丝锥沿轴向运动。柄部有方榫，其作用是与铰杠相配合并传递转矩。

丝锥的种类很多，常用的有机用丝锥、手用丝锥、圆柱管螺纹丝锥、圆锥管螺纹丝锥等。机用丝锥由高速钢制成，其螺纹公差带分为H1、H2和H3三种；手用丝锥是指碳素工具钢的滚牙丝锥，其螺纹公差带为H4。丝锥的选用原则参见表6—1。

表6—1　　　　　　　　　　　　　丝锥的选用原则

丝锥公差带代号	被加工螺纹公差等级	丝锥公差带代号	被加工螺纹公差等级
H1	5H、4H	H3	7G、7H、6G
H2	6H、5G	H4	7H、6H

为减小切削阻力，延长丝锥的使用寿命，一般将整个切削工作分配给几支丝锥来完成。通常 M6～M24 的丝锥每组有两支，称头锥、二锥；M6 以下和 M24 以上的丝锥每组有三支，即头锥、二锥和三锥；细牙普通螺纹丝锥每组有两支。圆柱管螺纹丝锥与手用丝锥相似，只是其工作部分较短，一般每组有两支。

（2）铰杠。铰杠是手工攻螺纹时用来夹持丝锥的工具，分为普通铰杠（见图 6—4）和丁字铰杠（见图 6—5）两类。丁字铰杠主要用于攻工件凸台旁的螺纹或箱体内部的螺纹。各类铰杠又分为固定式和活络式两种，常用的是活络式铰杠。旋转手柄即可调节方孔的大小，以便夹持不同尺寸的丝锥。铰杠长度应根据丝锥尺寸大小进行选择，以便控制攻螺纹时的扭矩，防止丝锥因施力不当而扭断。

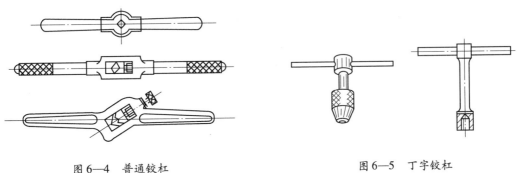

图 6—4　普通铰杠　　　　　　　　　图 6—5　丁字铰杠

2. 攻螺纹前钻底孔直径和深度的确定以及孔口的倒角

（1）底孔直径的确定。丝锥在攻螺纹的过程中，切削刃的主要作用是切削金属，但还有挤压金属的作用，因而造成金属凸起并向牙尖流动的现象，所以，攻螺纹前钻削的孔径（即底孔）应大于螺纹内径。底孔的直径可查手册或按经验公式计算：脆性材料（如铸铁、青铜等），钻孔直径 $D_0 = D - 1.1P$（D 为螺纹公称直径，P 为螺距）；塑性材料（如钢、纯铜等），钻孔直径 $D_0 = D - P$。

（2）钻孔深度的确定。攻盲孔（不通孔）的螺纹时，因丝锥不能攻到底，所以孔的深度要大于螺纹的长度，盲孔的深度可按公式计算：孔的深度 = 所需螺纹的深度 + 0.7D。

（3）孔口倒角。攻螺纹前要在钻孔的孔口进行倒角，以利于丝锥的定位和切入。倒角的深度大于螺纹的螺距。

6.3.2　套螺纹

1. 板牙和板牙架

（1）板牙。板牙是加工外螺纹的刀具，用合金工具钢 9SiCr 制成，并经热处理淬硬。其外形像一个圆螺母，只是上面钻有 3~4 个排屑孔，并形成切削刃。

板牙的结构如图 6—6 所示，板牙由切削部分、定位部分和排屑孔组成。圆板牙螺孔的两端有 40° 的锥度部分，是板牙的切削部分。定位部分起修光作用。板牙的外圆有一条深槽和四个锥坑，锥坑用于定位和紧固板牙。

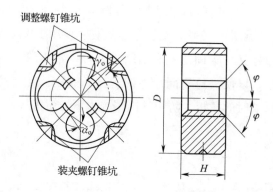

图 6—6　板牙的结构

（2）板牙架。板牙架是用来夹持板牙、传递转矩的工具，其结构如图 6—7 所示。不同外径的板牙应选用不同的板牙架。板牙放入后，用锁紧螺母紧固。

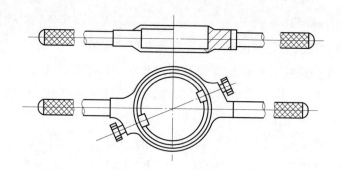

图 6—7　板牙架的结构

2. 套螺纹前圆杆直径的确定和倒角

（1）圆杆直径的确定。与攻螺纹相同，套螺纹时有切削作用，也有挤压金属的作用。故套螺纹前必须检查圆杆直径。圆杆直径应稍小于螺纹的公称尺寸，圆杆直径可查表或按经验公式计算。经验公式：圆杆直径 $= d - (0.13 \sim 0.2) P$（d 为螺纹公称直径，P 为螺距）。

（2）圆杆端部的倒角。套螺纹前圆杆端部应倒角，使板牙容易对准工件中心，同时也容易切入。倒角长度应大于一个螺距，斜角为 15°~30°。

6.4 研磨

研磨是指利用涂敷或压嵌在研具上的磨料颗粒，通过研具与工件在一定压力下的相对运动对加工表面进行的精整加工（如切削加工）。研磨可用于加工各种金属和非金属材料，加工的表面形状有平面，内、外圆柱面和圆锥面，凸、凹球面，螺纹，齿面及其他型面。研磨的加工精度非常高，表面粗糙度 Ra 值为 $0.63 \sim 0.01 \, \mu m$。研磨分为手工操作和机械操作两种。

6.4.1 研具及研磨剂

1. 研具

研具的形状与被研磨表面一样。如平面研磨，研具为一块平板。研具材料的硬度一般比被研磨工件材料低，但也不能太低；否则磨料会全部嵌进研具而失去研磨作用。灰铸铁是常用研具材料（也可用低碳钢和铜）。

2. 研磨剂

研磨剂是由磨料和研磨液调和而成的混合剂。

磨料在研磨中起切削作用。常用的磨料包括：刚玉类磨料，用于碳素工具钢、合金工具钢、高速钢和铸铁等工件的研磨；碳化硅磨料，用于研磨硬质合金、陶瓷等高硬度工件，也可用于研磨钢件；金刚石磨料，它的硬度高，实用效果好，但价格昂贵。

研磨液在研磨中的作用是调和磨料、冷却和润滑。常用的研磨液有煤油、汽油、工业用甘油和熟猪油。

6.4.2 平面研磨

平面的研磨一般是在非常平整的平板（研具）上进行的。粗研常用平面上制槽的平板，这样可以把多余的研磨剂刮去，保证工件研磨表面与平板的均匀接触，同时可使研磨时的热量从沟槽中散去。精研时，为了获得较小的表面粗糙度值，应在光滑的平板上进行。

研磨时应使工件表面各处都受到均匀的切削，手工研磨时合理的运动对提高研磨效率、工件表面质量和研具的耐用度都有直接影响。手工研磨一般采用直线形、螺旋形、8 字形等几种运动轨迹。8 字形常用于研磨小平面工件。

研磨前，应先做好平板表面的清洗工作，加上适当的研磨剂，把工件需研磨的表面合在平板表面上，采用适当的运动轨迹进行研磨。研磨中的压力和速度要适当，一般在粗研或研磨硬度较低的工件时可用大的压力，较慢速度进行研磨；而在精研或对大工件研磨时应用小的压力、快的速度进行研磨。

6.4.3　研磨后工件的装配

任何一台机器设备都是由许多零件所组成的，将若干合格的零件按规定的技术要求组合成部件，或将若干个零件和部件组合成机器设备，并经过调整、试验等成为合格产品的工艺过程称为装配。例如，一辆自行车由几十个零件组成，前轮和后轮就是部件。

装配是机器制造中的最后一道工序，因此它是保证机器达到各项技术要求的关键。装配工作的好坏对产品的质量起着重要的作用。研磨后的工件装配到原来的位置后，要注意机器是否有异常的响动或者产生与以往不同的状况，如果有，要及时停机并且检查。

技能要求

攻　螺　纹

操作准备

1. 攻螺纹前底孔直径的计算

对于普通螺纹来说，底孔直径可根据下列经验公式计算得出：

$$脆性材料\quad D_0 = D - 1.05P$$

$$韧性材料\quad D_0 = D - P$$

式中　D_0——底孔直径，mm；

　　　D——螺纹公称直径，mm；

　　　P——螺距，mm。

【例6—1】分别在中碳钢和铸铁上攻 $M16 \times 2$ 的螺纹，求各自的底孔直径。

解：因为中碳钢是韧性材料，所以底孔直径为：

$$D_0 = D - P = 16 - 2 = 14 \text{ mm}$$

因为铸铁是脆性材料，所以底孔直径为：

$$D_0 = D - 1.05P = 16 - 1.05 \times 2 = 13.9 \text{ mm}$$

2．攻螺纹前底孔深度的计算

攻不通孔螺纹时，由于丝锥切削部分有锥角，前端不能切出完整的牙型，所以钻孔深度应大于螺纹的有效深度，可按下面的公式计算：

$$H_{钻} = h_{有效} + 0.7D$$

式中　$H_{钻}$——底孔深度，mm；

　　　$h_{有效}$——螺纹有效深度，mm；

　　　D——螺纹公称直径，mm。

3．攻螺纹时切削液的选用

攻螺纹时合理选择切削液，可以有效地提高螺纹精度，降低螺纹的表面粗糙度值，具体见表6—2。

表6—2　　　　　　　　　　　　不同材料切削液的选择

零件材料	切削液
结构钢、合金钢	乳化液
铸铁	煤油、75%煤油+25%植物油
铜	机油、硫化油、75%煤油+25%矿物油
铝	50%煤油+50%机油、85%煤油+15%亚麻油、煤油、松节油

操作步骤

步骤1　正确选择并穿戴劳动防护用品，熟悉相关操作规程及遵守现场区域安全规则。

步骤2　清洁工作区域，保持干净、整洁。

步骤3　攻螺纹前钻底孔的直径和深度要确定，以及确定孔口的倒角。

步骤4　攻螺纹前，钻削的孔径（即底孔）应大于螺纹内径。底孔的直径可查手册。

步骤5　攻盲孔（不通孔）螺纹时，因丝锥不能攻到底，所以孔的深度要大于螺纹的长度。

步骤6　在螺纹底孔的孔口处倒角，通孔螺纹的两端均要倒角，这样可以保证丝锥比较容易地切入，并防止孔口出现挤压出的凸边。倒角的深度大于螺纹的螺距。

步骤7　起攻时应使用头锥。用手掌按住铰杠中部，沿丝锥轴线方向加压用力，另一只手配合做顺时针旋转；或两只手握住铰杠两端均匀用力，并将丝锥顺时针旋进（见图6—8）。一定要保证丝锥中心线与底孔中心线重合，不能歪斜，可按图6—9所示检查攻螺纹垂直度。

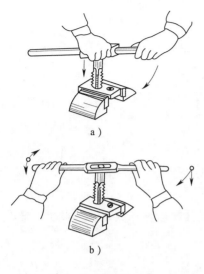

图6—8 攻螺纹起攻

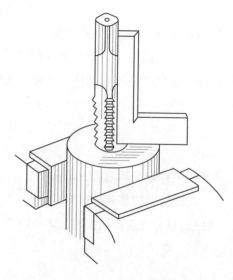

图6—9 检查攻螺纹垂直度

步骤8 当丝锥切削部分全部进入工件时，不要再施加压力，只需靠丝锥自然旋进切削。此时，两手要均匀用力，铰杠每转1/2～1圈，应倒转1/4～1/2圈断屑。

步骤9 攻螺纹时必须按头锥、二锥、三锥的顺序攻削，以减小切削负荷，防止丝锥折断。

步骤10 攻不通孔螺纹时，可在丝锥上做上深度标记，并经常退出丝锥，将孔内切屑清除；否则，会因切屑堵塞而折断丝锥或攻不到规定深度。

注意事项

1. 根据工件上螺纹孔的规格正确选择丝锥，先头锥后二锥，不可颠倒使用。

2. 装夹工件时，要使孔中心垂直于钳口，防止将螺纹攻歪。

3. 用头锥攻螺纹时，先旋入1～2圈后，要检查丝锥是否与孔端面垂直（可目测或用直角尺在互相垂直的两个方向检查）。当切削部分已切入工件后，每转1/2～1圈应反转1/4～1/2圈，以便使切屑断落；同时不能再施加压力（即只转动不加压），以免丝锥崩牙或攻出的螺纹齿较细。

4. 攻钢件上的内螺纹应加机油润滑，可使螺纹光洁，操作省力和延长丝锥使用寿命；攻铸铁件上的内螺纹可不加润滑剂，或者加煤油；攻铝及铝合金、纯铜上的内螺纹可加乳化液。

5. 不要用嘴直接去吹切屑，以防止切屑飞入眼内。

6. 攻螺纹时常见的缺陷分析见表6—3。

表6—3 攻螺纹时的缺陷分析

缺陷形式	产生原因
丝锥崩刃、折断	1. 底孔直径小或深度不够 2. 攻螺纹时没有经常倒转断屑，使切屑堵塞 3. 用力过猛或两手用力不均匀 4. 丝锥与底孔端面不垂直
螺纹烂牙	1. 底孔直径小或孔口未倒角 2. 丝锥磨钝 3. 攻螺纹时没有经常倒转断屑
螺纹中径超差	1. 螺纹底孔直径选择不当 2. 丝锥选用不当 3. 攻螺纹时铰杠晃动
螺纹表面粗糙度超差	1. 工件材料太软 2. 切削液选用不当 3. 攻螺纹时铰杠晃动 4. 攻螺纹时没有经常倒转断屑

套 螺 纹

操作准备

与攻螺纹一样，用板牙套螺纹的切削过程中也同样存在挤压作用。因此，圆杆直径应小于螺纹公称直径，其直径尺寸可通过下式计算得出：

$$d_{杆} = d - 0.13P$$

式中 $d_{杆}$——圆杆直径，mm；

d——螺纹公称直径，mm；

P——螺距，mm。

【例6—2】加工 M10 的外螺纹，求圆杆直径。

解：圆杆直径 $d_{杆} = d - 0.13P = 10 - 0.13 \times 1.5 = 9.805$ mm

操作步骤

步骤1 正确选择并穿戴劳动防护用品，熟悉相关操作规程及遵守现场区域安全

规则。

步骤2 清洁工作区域，保持干净、整洁。

步骤3 为使板牙容易切入工件，在起套前，应将圆杆端部加工出 15°～20° 的倒角，且倒角小端直径应小于螺纹小径。

步骤4 由于套螺纹的切削力较大，且工件为圆杆，套削时应用 V 形夹板或在钳口上加垫铜钳口，保证工件装夹端正、牢固。

步骤5 起套方法与攻螺纹的起攻方法一样，用一只手手掌按住板牙架中部，沿圆杆轴线方向加压用力，另一只手配合做顺时针旋转，动作要慢，压力要大，同时保证板牙端面与圆杆轴线垂直。在板牙切入圆杆2圈之前及时校正。

步骤6 板牙切入4圈后不能再对板牙施加进给力，让板牙自然引进。套削过程中要不断倒转断屑。

步骤7 在钢件上套螺纹时应加切削液，以降低螺纹表面粗糙度值和延长板牙使用寿命。一般选用机油或较浓的乳化液，精度要求高时可用植物油。

注意事项

1. 每次套螺纹前应将板牙排屑槽内及螺纹内的切屑清除干净。

2. 套螺纹前要检查圆杆直径大小和端部倒角。

3. 套螺纹时切削转矩很大，易损坏圆杆的已加工面，所以应使用硬木制的 V 形槽衬垫或用厚铜板作保护片来夹持工件。在不影响螺纹要求长度的前提下，工件伸出钳口的长度应尽量短。

4. 套螺纹时，板牙端面应与圆杆垂直，操作时用力要均匀。开始转动板牙时要稍加压力，套入3～4牙后，可只转动而不加压，并经常反转，以便断屑。

5. 在钢制圆杆上套螺纹时要加机油润滑。

6. 套螺纹操作缺陷分析见表6—4。

表6—4　　　　　　　　　套螺纹操作缺陷分析

缺陷形式	产生原因
板牙崩齿或磨损太快	1. 圆杆直径偏大或端部未倒角 2. 套螺纹时没有经常倒转断屑，使切屑堵塞 3. 用力过猛或两手用力不均匀 4. 板牙端面与圆杆轴线不垂直 5. 圆杆硬度太高或硬度不均匀

续表

缺陷形式	产生原因
螺纹烂牙	1. 圆杆直径太大 2. 板牙磨钝 3. 强行校正已套歪的板牙 4. 套螺纹时没有经常倒转断屑 5. 未使用切削液
螺纹中径超差	1. 圆杆直径选择不当 2. 板牙切入后仍施加进给力
螺纹表面粗糙度超差	1. 工件材料太软 2. 切削液选用不当 3. 套螺纹时板牙架左右晃动 4. 套螺纹时没有经常倒转断屑
螺纹歪斜	1. 板牙端面与圆杆轴线不垂直 2. 套螺纹时板牙架左右晃动

手工平面研磨工件

操作步骤

步骤1　正确选择并穿戴劳动防护用品，熟悉相关操作规程及遵守现场区域安全规则。

步骤2　应先做好平板表面的清洗工作。

步骤3　研磨前要选用合适的研具。

步骤4　研具材料的硬度一般要比被研磨工件材料低，但也不能太低；否则，磨料会全部嵌进研具而失去研磨作用。

步骤5　选择合适的研磨剂。研磨液在研磨中的作用是调和磨料、冷却和润滑。

步骤6　采用适当的运动轨迹进行研磨。

步骤7　研磨中的压力和速度要适当。

步骤8　研磨时应使工件表面各处都受到均匀的切削。

步骤9　注意手工研磨时采用的几种手法，一般有直线形、螺旋形、8字形等几种。

注意事项

1. 研磨前必须把研具彻底清洁干净，防止硬质颗粒附着在研具上磨损工件。

2. 研磨前要测量好工件的尺寸并记录。

3. 手工研磨时要注意不使用脏的劳动防护用品（特别是脏手套）。

4. 研磨后仔细测量工件，要符合工件原来的尺寸要求和公差要求。

5. 研磨后的工件在安装到位后，要进行机器的试车。按照试车时间要求，试车后无不正常为研磨合格。

测 试 题

一、判断题（将判断结果填入括号中，正确的填"√"，错误的填"×"）

1. 锉削铜等软金属一般选用粗齿锉。 （   ）

2. 推锉一般用于粗锉大平面。 （   ）

3. 交叉锉一般用于修光。 （   ）

4. 锯削时的起锯角度一般为45°左右。 （   ）

5. 钻孔时不需打样冲眼。 （   ）

6. 锉削的切屑粉末可用嘴吹。 （   ）

7. 锉削时不准使用无柄锉刀，以防止刺伤掌心。 （   ）

8. 使用钻床钻孔时，为防止划伤可以戴手套。 （   ）

9. 人体的安全电压为36 V。 （   ）

10. 动平衡的转子一定是静平衡的。 （   ）

二、单项选择题（选择一个正确的答案，将相应的字母填入题内的括号中）

1. （   ）是根据图样在毛坯或半成品工件上划出加工界线的操作。

A. 划线　　　　B. 找正　　　　C. 借料　　　　D. 立体划线

2. （   ）是将零件或部件按图样技术要求组装成机器的工艺过程。

A. 维修　　　　B. 紧固　　　　C. 调整　　　　D. 装配

3. 划线除了要求划出的线条清晰均匀外，最重要的是保证尺寸准确，划线精度一般为（   ）mm。

A. 2.5~0.5　　B. 0.025~0.05　　C. 0.25~0.5　　D. 0.6~2.5

4. （   ）可以使误差不大的毛坯得到补救，使加工后的零件仍能符合要求。

A. 立体划线　　B. 平面划线　　C. 借料划线　　D. 找正划线

5. 锉削速度一般为（　　）次/秒左右。

A. 20　　　　　　B. 30　　　　　　C. 40　　　　　　D. 50

6. 头锥的锥角小些，有（　　）个牙。

A. 2～3　　　　　B. 4～5　　　　　C. 3～5　　　　　D. 5～7

7. 套螺纹前圆杆端部应倒角，使板牙容易对准工件中心，同时也容易切入。倒角长度应大于一个螺距，斜角为（　　）。

A. 12°～15°　　　B. 15°～30°　　　C. 20°～45°　　　D. 10°～20°

8. 研磨加工精度非常高，表面粗糙度 Ra 值可达（　　）μm。

A. 0.63～0.01　　B. 0.33～0.02　　C. 0.43～0.02　　D. 0.63～0.85

9. 中碳钢攻 M16×2 的螺纹，底孔直径为（　　）mm。

A. 14　　　　　　B. 13.5　　　　　C. 14.5　　　　　D. 16

10. 用头锥攻螺纹时，旋入（　　）圈后，要检查丝锥是否与孔端面垂直。

A. 3～4　　　　　B. 1～2　　　　　C. 4～5　　　　　D. 2～3

参 考 答 案

一、判断题

1. √　　2. ×　　3. ×　　4. ×　　5. ×　　6. ×　　7. √　　8. ×

9. √　　10. √

二、单选题

1. A　　2. D　　3. C　　4. C　　5. C　　6. D　　7. B　　8. A　　9. A

10. B

第 7 章

气枪震源理论

完成本章的学习后，您能够：

- ☑ 了解气枪震源基础理论知识
- ☑ 熟悉气枪的工作原理
- ☑ 能够评价气枪震源阵列性能的优劣

知识要求

气枪震源是指气枪中高压空气瞬间释放产生能量的人工震源。因其具有绿色环保、相对安全、经济实用等优点，在海洋地震勘探中得到广泛应用。由于勘探区块地球物理条件不同，勘探目的层不同，对气枪震源的要求也各不相同。为了得到好的海上地震勘探资料，首先要设计满足地震勘探要求的高性能震源。

自20世纪60年代气枪诞生以来，气枪震源理论和技术均获得长足的发展。由于气枪的性能稳定以及自动化程度高，成本低，理所当然地取代了炸药震源，成为海洋物探的地震震源。气枪震源作为水域地球物理勘探主要的绿色环保性震源，越来越受到业内的高度重视，人们不断地对其进行研究与改进，以期更好地发挥其作用。

国内气枪领域研究起步较晚，气枪和阵列基础理论研究、气枪阵列的改造和优化、气枪阵列的自主研制及相关软件的开发等方面取得的成果较少。很大部分都是引进国外气枪装备及相关软件，成本相当高。本章就气枪震源理论与相关技术进行较为详尽的阐述，包括气枪震源的起源与发展、全球主流气枪震源的特点、气枪震源的理论基础、阵列子波研究与国内自主研发成果等。

7.1 气枪震源概述

7.1.1 气枪震源技术发展简史

最早的海洋地震勘探震源引用了陆地炸药震源，使用炸药震源的缺点是显而易见的：其一，自动化程度差，人工操作危险性大；其二，质量难以保证，如激发点位的控制、激发深度的把握等都是瓶颈问题；其三，有悖于环保理念，炸药对水域的污染不言而喻，更为严重的是海洋、湖泊等水中的生物将面临灭顶之灾（例如，4 kg TNT炸药所造成的伤害半径达到 300 m）。有鉴于此，空气枪、蒸汽枪、水枪、电火花等非炸药震源应运而生。其中，空气枪以其性能稳定、自动化程度高、成本低等诸多优点逐渐占据主导地位。到 20 世纪末，空气枪在过渡带、内陆湖泊、海上 OBC 及深海地震勘探等领域已经得到广泛的应用。追根溯源，气枪作为地震勘探震源最早是在煤矿领域，并且主要是以高压大容量（5 000 ~ 6 000 in³）的单枪为主，而真正算得上海洋等水域石油地震勘探应用是从 20 世纪 60 年代中期开始的。有关气枪震源技术的发展简史见表 7—1。

表 7—1　　　　　　　　　　　　气枪震源技术发展简史

年代	大　事　件
1956 年	气枪理论的奠基人美国纽约大学数学科学研究院的两位科学家 J. B. Keller 和 I. I. Kolodner，对传统气泡理论，即"自由气泡方程（Free Bubble E - quation）"进行了完善。该理论方程的核心：气枪释放高压气体进入水中，气泡从而成为真正意义上的流体中的震源，气泡振荡就像美国 BOLT 公司所描述的"一个逐渐衰减的、阻尼性振荡的弹簧"
1964 年	美国 BOLT 公司的 Stephen Chelmin - ski 发明了气枪，并因此在 SEG 年会上被授予 Kaufman 金奖
20 世纪 60 年代末到 70 年代初	Ziolkowski A 和 Schulze - Gattermann R 等人提出重要的气泡衰减方式、振荡周期、振荡模型理论，为后来气枪阵列理论的发展奠定了基础
20 世纪 70 年代末至 80 年代初	西方地球物理公司（Western - Geco）设计出 LRS - 6000 高压气枪，与老式的 BOLT 气枪相比，LRS - 6000 具有结构简单、可靠性高、频带宽、能量强等诸多优点
20 世纪 80 年代末	高压枪逐渐被低于 3 000 psi 的低压组合枪所取代
1983 年	BOLT 公司的气枪专利失效，西方地球物理公司结合 BOLT 公司的技术研制出 2 000 psi 的套筒（Sleeve）枪，该类型的枪具有较好的同步性、可靠性等特点，从而一举成为 20 世纪 80 年代的主流枪

续表

年代	大 事 件
1991 年	西方地球物理公司在其 I 型套筒（Sleeve）枪的基础上生产出 II 型套筒枪，进一步提高了可靠性，可以实现 30 万次激发无大修
20 世纪 80 年代末至 90 年代	气枪震源技术发展最快的时期，人们发现由几个小气枪组成一个大相干枪所产生的主脉冲比相同容积的一个大气枪要大。这段时期相干枪技术得到了快速发展
1989 年	美国的地震震源系统公司（SSI）研制出了 G、GI 枪。GI 枪除了具有 G 枪的特点外，还具有消除自身气泡的特点。法国 Sercel 公司收购了 SSI 公司，因此，G、GI 枪也就成了 Sercel 公司的主要气枪产品
1990 年	美国 PGS 公司开发出了 Nucleus 软件系统，为气枪阵列的设计、优化与改造等提供了强大的技术支持，在业内的影响举足轻重
1991 年	美国 BOLT 公司研制出了长命枪（Longlife Airgun），并于 1993 年卖出第一支
1996 年	美国 ION 地球物理公司（原 I/O 公司）收购了西方地球物理公司（Western - Geco）的勘探产品事业部
1999 年	美国 BOLT 公司在成熟的长命型气枪制造和阵列设计的基础上研制出 APG（Annular Port Airgun）枪
2008 年	法国 Sercel 公司对原有 G 枪进行了技术改进，研制出二代 G 枪
2013 年	美国 BOLT 公司研制出新型集成电磁阀，从而简化了气枪线路系统

7.1.2 常用气枪工作原理和特点

掌握常规气枪的工作原理和气枪激发产生的气泡特性及影响因素，是研究震源子波信号的首要任务。通过分析气枪激发的工作机制和气枪喷出的气体在水中的气泡振荡过程，能帮助理解产生震源子波信号的基本规律。

空气枪种类很多，有博尔特枪、套筒枪、G 枪等，但是它们激发产生子波信号的原理基本相同，都是将气枪内的高压气体喷出释放于水中，产生气泡振荡而形成地震

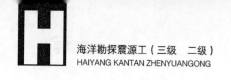
勘探所需要的震源子波。

1. 工作原理

不同类型气枪的工作原理基本相同。枪体由返回气室、储气室和激发腔组成。枪体梭阀两端分别有一个返回气室和一个储气室，储气瓶中的高压气体经控制面板调压并分流，进入气枪的储气室和返回气室中。返回气室内的高压气体压住梭阀的活塞，使梭阀的另一端封住储气室的释放口。当电磁阀点火后，控制气体进入激发气室，此时梭阀失去了平衡，向返回气室方向滑动，同时打开了气枪储气室的释放口，使高压气体迅速释放到水中，快速产生高压气泡。高压气泡在水中不断振荡，形成压力波场，并向外传播。随着气体进入水中，向上的作用力迅速减弱，电磁阀自动关闭，高压空气不断充入返回气室，使得梭阀返回并重新封住储气室的释放口；同时，高压空气通过进气口进入储气室，等待下一次激发。

2. 常用气枪特点

图7—1所示为三种不同类型气枪的结构与工作原理，分别为G枪、博尔特枪和套筒枪。因其良好的性能和可靠性被世界各大海洋石油物探公司广泛采用。近年来随着科学技术的进步，技术人员在原有的基础上对气枪进行了改进和优化设计，使得气枪的性能有很大提高，使用寿命延长。二代G枪、博尔特长命枪已成为当今海洋石油物探行业的主流气枪震源。在科研领域，气枪作为可靠的人工震源也被广泛采用，如地震研究、湖底探宝等。不同类型的气枪由于其设计理念及气枪本身结构有所区别，在性能和使用上各有优缺点，三种气枪的比较见表7—2。

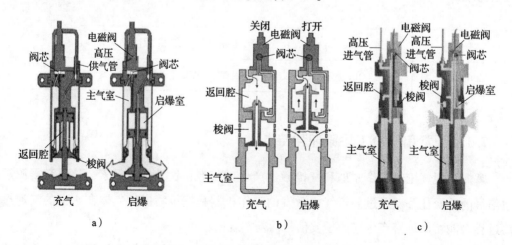

图7—1　气枪的结构与工作原理

a）G枪　b）博尔特枪　c）套筒枪

表7—2 三种气枪的比较

	G-2枪	博尔特长命枪	套筒枪
结构区别	返回气室、储气室、激发腔室集成在中间。不同容量的气枪悬挂点之间距离一样	返回气室、激发腔、储气室分别单独布置。不同容量的气枪悬挂点之间距离不一样	激发腔、返回气室集成在外套筒里面，储气室单独布置。不同容量的气枪悬挂点之间距离一样
	非标容量采用减容块	非标容量更换储气室	非标容量采用减容块
	质量较轻	相对较重	介于其他两种枪之间
后坐力	气枪精密，采用特殊设计，后坐力小	强度要求高	后坐力较小
维护及保养	拆装方便，基本不需要专用工具。由于零件精度高，维护频率较高。维护包价格昂贵	拆装时需要专用工具。气枪维护频率较低。维护包价格低廉	拆装时需要专用工具，拆装麻烦。维护频率不高。维护包价格不高
稳定性	故障容易判断，正常时性能稳定	故障不易判断，漏电时同步较差	故障不易判断，性能可靠、稳定
漏电敏感性	不敏感	敏感	不敏感
相干枪	维修方便	拆装麻烦	拆装麻烦
性能	枪体内容易进海水结盐，影响其性能	电磁阀保养周期较短，若不及时保养，会影响气枪性能	电磁阀对电源线阻值要求高

7.1.3 水中气泡的运动形式

气枪内高压气体释放到水中后，开始了气泡膨胀、收缩、上浮运动，形成气枪震源子波信号。

高压气体从气枪喷出释放到水中后，迅速排开水体而形成一个球形气泡，气泡快速膨胀形成第一个压力脉冲。气泡内气体压力与外界静水压力达到平衡时，由于高压气体释放膨胀时得到了动能，气泡仍继续膨胀。一直膨胀到气泡内的动、静压力和等于外部水压时，才达到短暂的静止，形成最大气泡。此时，气泡内气体的动能变成静水压力的势能，外界静水压力开始大于气泡内气压，气泡开始了收缩变小运动。当气泡小到气压等于外界静水压力时，由于水具有了动能，仍不能使气泡静止，而是继续向内运动，使气泡变小，内部气压变大。当气泡小到内部气压与外界水的动、静压力平衡时，气泡获得了短暂停止。随后气泡内部气体压力又大于外界

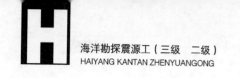

静水压力，开始向外迅速运动，形成第二个气泡脉冲。由于每次运动气体与周围水的摩擦使部分能量消耗为热能，所以每次振动都比上次振动小，最终形成了气枪震源子波信号。

7.2 气枪子波理想模型

实际应用中，无论单枪还是气枪阵列激发产生的震源子波都可以通过现场实测得到，但操作过程中需要耗费大量人力、物力和高额的费用，此外，外部环境条件也是影响震源子波信号的重要因素。为了避免这些不利因素，通过简化实际气枪激发过程的复杂性，发展出一套震源子波模型理论，借助计算机平台进行气枪震源子波数值模拟，以满足生产工作需要。

气枪子波理想模型主要是以 Keller 和 Kolodner 的"自由气泡振荡"理论为思想出发点研究建立的。虽然两位专家是以炸药激发出的气泡为研究对象，但是气泡随着时间的变化，振幅和周期也变化，就像 BOLT 公司所描述的是"一个逐渐衰减的、阻尼性振荡的弹簧"的思想，这同样适用于空气枪激发产生的气泡变化情况。

在气枪使用的近五十年里，发展了多种单枪震源子波理想模型，即齐奥科斯基模型、舒尔兹—盖特曼模型、萨法模型、约翰逊模型等。

7.2.1 气枪模型基本理论

气枪气泡模型的建立是基于以下假设条件实现的：图 7—2 所示为瞬间压力变化时的气泡模型简化图，首先假定振荡过程中气泡始终保持球形状态，重力和水的自由表面影响忽略不计；同时假定水流为非黏性和纯辐射的，保证水中所有相关数值都是以气泡为中心的只与时间 t 和气泡辐射半径 r 有关的函数；认为气泡内部的压力是恒定的，气泡外的压力随水中气泡的运动和压力波传播的变化而变化；气泡壁上的压力是连续的，但是压力梯度是非连续的。

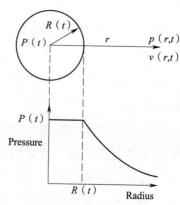

图 7—2 瞬间压力变化时的
气泡模型简化图

7.2.2 "自由气泡振荡"理论

假定水流是非黏性的，Lamb 在球坐标系下推导出精确波动方程，即：

$$\frac{\partial^2 \phi}{\partial r^2}\left(1 - \frac{v^2}{c^2}\right) + \frac{2}{r} \times \frac{\partial \phi}{\partial r}\left(1 + \frac{r}{c^2} \times \frac{\partial^2 \phi}{\partial t \partial r}\right) - \frac{1}{c^2} \times \frac{\partial^2 \phi}{\partial t^2} = 0 \tag{7—1}$$

式中 ϕ——气泡速度的势；

   r——离开气泡中心的距离，m；

   v——气泡壁速度，m/s；

   c——水中声波速度，m/s；

   t——时间，s。

最早的气泡振荡理论是基于水不可压缩性的假设，认为气泡振荡过程是非阻尼性振荡且周期稳定。"自由气泡振荡"理论考虑了水的可压缩性，认为气泡振荡是周期逐渐减小、阻尼振荡衰减的过程；同时，假定水中质点运动速度远小于水中声波速度。此时 Lamb 的精确波动方程可简化为线性声波近似方程，即：

$$\frac{\partial^2 \phi}{\partial r^2} + \frac{2}{r} \times \frac{\partial \phi}{\partial r} - \frac{1}{c^2} \times \frac{\partial^2 \phi}{\partial t^2} = 0 \tag{7—2}$$

Lamb 在假定水流是非黏性的情况下推出了内、外压力差（即焓差）是与水密度 ρ 有关的函数。焓差 h 为：

$$h = \int_{p_\infty}^{p} \frac{\mathrm{d}p}{\rho} = \int_{\rho_\infty}^{\rho} c^2 \frac{\mathrm{d}\rho}{\rho} \tag{7—3}$$

式中 p_∞——静水压力，MPa；

   ρ_∞——静水密度，kg/m³；

   c——水中声波速度，m/s。

水中的压力 p 由贝努利方程给出，即：

$$p = p_\infty - \rho\left[\frac{\partial \phi}{\partial t} + \frac{1}{2}\left(\frac{\partial \phi}{\partial r}\right)^2\right] \tag{7—4}$$

根据式（7—3）、式（7—4）可得焓差 H，即：

$$H = \frac{1}{\rho}(p - p_\infty) \tag{7—5}$$

"自由气泡振荡"理论认为，具有起始半径 R_0 的气泡被周围无限的流体所包围，起始为静止状态。假定气泡始终保持为球形，整个气泡压力在任意时刻 t 为常量，而气泡内压力 p 与其半径 R 的关系由绝热方程给出，即：

$$p = k\left(\frac{4\pi}{3}R^3\right)^{-\gamma} \tag{7—6}$$

式中　k——热力学常量；

　　　γ——热容比。

波动方程（7—2）的边界条件为：

$$h\Big|_{r=R} = -\left[\frac{\partial\phi}{\partial t} + \frac{1}{2}\left(\frac{\partial\phi}{\partial r}\right)^2\right] \qquad \dot{R}\Big|_{r=R} = \frac{\partial\phi}{\partial t} \tag{7—7}$$

式中　h——焓差；

　　　$\dot{R}$——气泡壁处质点运动速度。

它的初始条件为：

$$R(0)\Big|_{\dot{R}(0)=\dot{R}_0} = R_0 \qquad \phi(r,0)\Big|_{r>R_0} = 0 \qquad \frac{\partial\phi(r,0)}{\partial t}\Big|_{r>R_0} = 0 \tag{7—8}$$

由此，依据波动方程（7—2）及其边界条件和初始条件，得到非线性的二阶常微分方程，即：

$$(\dot{R}-c)\left(R\ddot{R} + \frac{3}{2}\dot{R}^2 - H\right) - \dot{R}^3 + \frac{1}{R}(R^2 H)^{\cdot} = 0 \tag{7—9}$$

由于该方程中变量及量纲的复杂性，给计算带来了困难。因此，实际计算中进行了量纲换算，使方程转化为无量纲的微分方程，极大地降低了计算难度。先确定平衡半径 $\overline{R}$，即：

$$\overline{R} = \left(\frac{3}{4\pi}\right)^{\frac{1}{3}}\left(\frac{p_a V_a'}{p_\infty}\right)^{\frac{1}{3\gamma}} \tag{7—10}$$

式中　V_a——气枪容量。

把平衡半径作为变量的长度单位，使气泡半径 R、时间 t 和声波速度 c 分别换算成无量纲的变量 A、T 和 $\overline{C}$，定义为：

$$R = A\overline{R} \qquad t = T\overline{R}\left(\frac{\rho}{p_\infty}\right)^{\frac{1}{2}} \qquad c = \overline{C}\left(\frac{\rho}{p_\infty}\right)^{-\frac{1}{2}} \tag{7—11}$$

经单位换算后，方程（7—9）可变为：

$$(\dot{A}-\overline{C})\left(A\ddot{A} + \frac{3}{2}\dot{A}^2 - A^{-3\gamma} + 1\right) - \dot{A}^3 - (3\gamma-2)A^{-3\gamma}\dot{A} - 2\dot{A} = 0 \tag{7—12}$$

已知 c、R_0、$\dot{R}_0$ 和 γ，通过方程（7—12）进行计算，再将计算结果进行量纲反变换，求取随时间变化的气泡半径 R 和气泡壁处的质点运动速度 $\dot{R}$。该方程揭示了"自由气泡振荡"理论的本质。由方程（7—5）和方程（7—6）计算气泡内、外压力差，最终得到气枪子波压力波场。子波压力波场方程为：

$$\frac{p - p_\infty}{\rho} = -\frac{f'}{r} - \frac{f^2}{2r^4} - \frac{1}{2c}\left(\frac{f'^2}{cr^2} + \frac{2ff'}{r^3}\right) \tag{7—13}$$

$$f = -R^2\dot{R} + \frac{R^2}{c}\left(\frac{\dot{R}^2}{2} + H\right)$$

式中

$$f' = -R\left(\frac{\dot{R}^2}{2} + H\right)$$

7.2.3 舒尔兹—盖特曼模型

舒尔兹—盖特曼模型是以"自由气泡振荡"理论为基础，对 Keller 和 Kolodner 导出的非线性二阶常微分方程（7—12）进行修正而来的。该模型的主要特点是考虑了气枪枪体存在的影响，并把枪体假定为刚性球体。

假定枪体相当于半径为 R_0 的刚性球体，位于气泡中心，则气泡内压力 p 与气泡半径 R 的关系式（7—6）修正为：

$$p = k\left[\frac{4\pi}{3}\left(R^3 - R_0^3\right)\right]^{-\gamma} \tag{7—14}$$

把球体半径 R_0 也进行量纲换算，换算后的球体半径为 $\overline{R}_0 = R_0/\overline{R}$，代入考虑了枪体影响的新的修正气泡方程中，得：

$$(\dot{A} - \overline{C})\left[A\ddot{A} + \frac{3}{2}\dot{A}^2 - \left(A^3 - \overline{R}_0^3\right)^{-\gamma} + 1\right] - \dot{A}^3 - \left[3\gamma\left(1 - \frac{\overline{R}_0^3}{A^3}\right)^{-1} - 2\right]\left(A^3 - \overline{R}_0^3\right)^{-\gamma}\dot{A} - 2\dot{A} = 0 \tag{7—15}$$

7.2.4 齐奥科斯基模型

齐奥科斯基采纳了"自由气泡振荡"理论的观点，发展了多个气枪子波模型。该模型的不同之处在于，气泡壁及其附近的水粒子质点运动速度与声波速度相比不可忽略，从而用流体力学的基本方程描述气泡振荡过程。下面是齐奥科斯基于1970年建立的气枪子波理想模型压力波场方程：

$$p - p_\infty = \rho_\infty\left(\frac{y}{r} - \frac{u^2}{2}\right) + \frac{\rho_\infty}{2c^2}\left(\frac{y}{r} - \frac{u^2}{2}\right)^2 \tag{7—16}$$

$$y = R\left(H + \frac{\dot{R}^2}{2}\right)$$

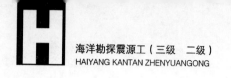

式中

$$K_3 = \frac{c^3 R^2 \dot{R}}{y^2}\left(1 - \frac{\dot{R}^2}{2c^2}\right) + \frac{c^2 R}{y}\left(1 - \frac{\dot{R}}{c}\right)$$

$$u = \frac{y}{cr} + \frac{K_3 y^2}{c^3 r^2}\left(1 - \frac{y}{c^2 r} + \frac{K_3^2 y^4}{2c^8 r^4}\right)$$

齐奥科斯基于 1998 年另建了子波模型。整个计算过程假定气泡半径 R 和气泡壁质点速度 $\dot{R}$ 在某一时刻已知，气泡内压力 p 认为恒定，推出的压力波场方程为：

$$\frac{p - p_\infty}{\rho_\infty} = \frac{1}{r}f' - \frac{v^2}{2} \tag{7—17}$$

式中

$$v = \frac{1}{r^2}f + \frac{1}{rc}f'$$

$$f'(\tau) = R\left(H + \frac{\dot{R}^2}{2}\right)$$

$$f(\tau) = R^2\left[\dot{R} - \frac{f'(\tau)}{Rc}\right]$$

7.2.5　萨法模型

Kirkwood – Bethe 提出了质点速度势函数是以速度 "$c + v$" 传播的，推导出在气泡壁处的气泡运动方程为：

$$R\ddot{R}\left(1 - \frac{\dot{R}}{c}\right) + \frac{3\dot{R}^2}{2}\left(1 - \frac{\dot{R}}{3c}\right) = H\left(1 + \frac{\dot{R}}{c}\right) + \frac{R\dot{H}}{c}\left(1 - \frac{\dot{R}}{c}\right) \tag{7—18}$$

萨法把气枪生成的气泡振荡过程等效于包含电压、电阻、电容的电路体系建立子波模型。该模型的气泡运动方程是由方程（7—18）演变得到的。把方程中的气泡半径换成气泡体积 V，方程就变为：

$$\frac{d}{dt}\left(M_r \frac{dV}{dt}\right) + (R_n + R_r)\frac{dV}{dt} + \frac{V - V_\infty}{C_r} = 0 \tag{7—19}$$

式中　M_r——声波释放质量；

R_n 和 R_r——声波释放电阻；

V_∞——气泡压力等于静水压力 p_∞ 时的气泡体积；

C_r——气泡半径可塑量，表达式为：

$$M_r = \frac{\rho_\infty}{4\pi R}$$

$$R_n = \frac{1}{2}\rho_\infty \frac{dV}{dt} \Big/ (4\pi R^2)^2$$

$$C_r = V_\infty \left[1 + (\gamma + 1)(V_\infty - V) / (2V_\infty) + \cdots \right] / (\gamma p_\infty)$$

7.2.6 约翰逊模型

约翰逊（Johnson）模型主要是以萨法模型为基础建立的。该模型认为，气枪产生的近似球形气泡最大半径远小于地震优势波长，它做着伸缩运动。这种气泡振荡用物理解释为"弹簧与振子构成的简谐振荡"。假设气泡在振荡过程中保持球形，则约翰逊模型的气泡运动方程可由方程（7—18）推导得到：

$$\ddot{R} = \frac{p - p_\infty}{\rho_\infty R} - \frac{3\dot{R}^2}{2R} + \frac{\dot{p}}{\rho_\infty c} \qquad (7-20)$$

式中 p_a——气泡内气体压力。

气枪震源的压力子波为：

$$\frac{p - p_\infty}{\rho_\infty} = \frac{R}{r}\left(\frac{p - p_\infty}{\rho_\infty} + \frac{\dot{R}^2}{2} \right) \qquad (7-21)$$

7.3 气枪震源子波参数

描述气枪震源子波的主要参数有子波脉冲能量、初泡比、气泡周期及频谱。针对海上不同的地震勘探目的，提高气枪震源性能的侧重点不同。对于浅层地震勘探，震源设计目标主要是如何拓宽频带、增强高频信息和提高初泡比；对于深层地震勘探，主要要求震源具有低频成分信号和足够的能量。

7.3.1 脉冲能量

气枪震源子波主脉冲零—峰值是指高压气体突然释放后产生的第一个正压力脉冲振幅值；子波主脉冲峰—峰值是指第一个压力正脉冲与第一个压力负脉冲之间的差值。它们的振幅单位都是 bar·m，表示水听器距离气枪震源 1 m 处测定的压力变化；如果测量点不在 1 m 处，则以测得的压力值与气枪和测量点之间距离的乘积为振幅值。主脉冲零—峰值和主脉冲峰—峰值都是表示气枪能量的重要指标，它们的值越大，说明气枪的能量越大。图 7—3 和图 7—4 所示分别为气枪激发后接收到的远场子波及其频谱。

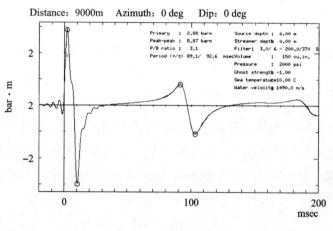

图7—3　远场子波

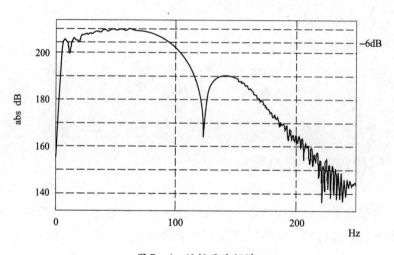

图7—4　远场子波频谱

　　假设测量点正处于气泡边沿时，则子波能量等于气泡内压力和气泡半径的乘积。气枪压力和容积分别以 p 和 V 表示，气泡压力、容积和半径分别用 p_1、V_1 和 R_1 表示，那么根据理想气体状态方程有：

$$pV = p_1 V_1 \tag{7—22}$$

则气泡半径为：

$$R_1 = \frac{3}{4\pi}\left(\frac{pV}{p_1}\right)^{\frac{1}{3}} \tag{7—23}$$

通常单枪独立激发的主脉冲振幅零—峰值 A 与气枪容量 V 的立方根成正比，即：

$$A = C_1 V^{\frac{1}{3}} \tag{7—24}$$

式中　C_1——经验常数，与沉放深度、工作压力有关。

7.3.2　子波初泡比

因为气泡振动是高压气体封闭在水中的振动，所以气枪震源子波初泡比与它的沉放深度有关。如果把气枪放浅，那么气枪释放到水中的高压气体直接从海水表面溢出，再也没有气泡振动；当气泡平衡半径正好等于气枪放置深度时，气泡靠着它自身的动能会冲破海水面，把高压气体释放到大气中去，这时气泡振动基本消失；气枪沉放深度加大，气泡中的气体再也不能冲破海水面，但是它可使海水面发生上凸现象，由于要消耗不少能量，故气泡振动幅度较小；气枪沉放深度继续加大，能量消耗越小，气泡振动越强。

震源子波初泡比是指子波主脉冲振幅峰—峰值与第一个气泡脉冲峰—峰值之比（见图 7—3）。子波初泡比越大，主脉冲能量占子波能量的比例越大，子波信噪比越高。震源子波初泡比 P/B 可以用一个近似经验公式表示：

$$P/B = \frac{C_2}{(D/R_1 - 1)^{\frac{1}{2}} + 0.2} \tag{7—25}$$

式中　C_2——经验常数，可近似取 13 或 14；

　　　D——气枪沉放深度；

　　　R_1——气泡半径。

当气枪工作压力为 2 000 psi（1 psi = 6.895 kPa）时，有：

$$R_1 = 3.2\left(\frac{V}{1 + 0.1D}\right)^{\frac{1}{3}} \tag{7—26}$$

代入式（7—25）中，得：

$$P/B = \frac{C_2}{\left[\frac{D\ (1 + 0.1D)^{\frac{1}{3}}}{3.2V^{\frac{1}{3}}} - 1\right]^{\frac{1}{2}} + 0.2} \tag{7—27}$$

由此可以清楚地知道，气枪子波的初泡比随气枪容量立方根的增加而增大，随气枪沉放深度的增加而减小。气枪放浅是抑制气泡振动的有效方法，但气枪放浅后能量则会变弱，因为部分能量变成了海水的动能。实践证明，气枪沉放深度等于或略大于两倍的气泡半径时可保留较多的能量，海面反射较弱，气泡振动小，是比较好的选择。

7.3.3　气泡周期

气枪震源子波的气泡周期是设计气枪阵列的重要依据，确定出单枪容量与气泡周

期的关系具有十分重要的意义。

气泡周期是指子波主脉冲峰值时间与气泡脉冲正峰值之间的时间差（见图7—3）。在气泡正脉冲很难确定的条件下，也可以用压力脉冲和气泡脉冲负峰值之间的时间表示。两种情况得到的气泡周期几乎相同，标准偏差为 1%～2%。气泡周期随气枪容量和工作压力的变化可以用下面的经验公式表示：

$$T = C_3 \frac{(pV)^{\frac{1}{3}}}{(D+10)^{\frac{5}{6}}}$$ （7—28）

式中　T——气泡周期；

C_3——经验常数，与气枪设计和工作参数有关；

p——工作压力；

V——单枪容量；

D——气枪沉放深度。

7.3.4　子波频谱

子波频谱直接体现了气枪震源子波的频带宽度和不同频带范围的能量分布等问题，同时反映了气泡振荡和海面虚反射对气枪震源子波的影响，如图7—4所示。

震源子波频率主要与气枪容量和气枪的沉放深度有关。随着气枪沉放深度增大，能量向低频端移动。气枪容量越大，激发子波的视频率越低。以 –6 dB 作为标准，假设震源子波的低、高截止频率分别为 f_1 和 f_2，则绝对频宽为 $f_2 - f_1$，主频为 $f_1 +$（$f_1 + f_2$）/2。从图7—4可以看出，气枪震源子波的频谱平滑，频带宽，低、高频成分丰富，是一种非常理想的震源。在低频部分，频谱曲线变化剧烈，这是较强的气泡振荡引起的结果。海面虚反射引起的陷波作用同样非常突出，它与气枪沉放深度有关，这对某些频带的能量产生很强的压制。因此，针对不同地质环境，气枪容量和沉放深度必须做一个综合考虑，以保证气枪激发的子波有足够的能量、足够宽的频谱以及能探测更深的低频成分信号。

7.4　震源子波影响因素

气枪震源参数包括工作压力、气枪容量、震源沉放深度等，海面虚反射与电缆沉放深度都会对气枪震源子波产生重要影响。气枪的工作参数对震源子波的影响是共同作用的。通过大量的现场试验，人们总结出很多气枪工作参数与远场子波品质参数的规律和经验公式，设计高性能气枪震源具有重要意义。

7.4.1 工作压力

气枪的工作压力会影响震源子波的质量。气枪工作压力升高后，频谱中的低频输出成分增加，子波主脉冲振幅峰—峰值增强。所以，随着压力变大，震源子波品质变好，穿透力增强。

7.4.2 气枪容量

气枪容量的大小既会影响气枪激发产生的震源子波能量，又会影响子波的气泡周期和视频率。

7.4.3 震源沉放深度

气枪沉放深度的变化是影响震源子波品质的关键因素。它直接影响了子波的能量、初泡比和频谱。

当气枪沉放深度较浅时，外界静水压力较小，枪中的高压气体快速释放，气泡振荡受到海面影响，造成部分能量损失，使震源子波振幅变小，脉冲宽度变窄，子波初泡比增大，提高了子波的频率，频带变宽，频谱中的高频效果变好。

随着沉放深度增加，能量消耗减小，子波振幅能量增加，初泡比减小，子波视频率向低频方向移动。由于气枪震源沉放深度决定了震源虚反射的旅行时间，从而造成不同的陷波作用。

7.4.4 电缆沉放深度

电缆沉放深度与震源沉放深度一样，也会引起不同的虚反射陷波作用。电缆沉放深度的变化会造成不同频率的能量发生改变。当电缆沉放深度由 5 m 增加到 10 m 时，优势频带内的能量随之增加；沉放深度由 10 m 增加到 15 m 时，低频带的能量增加很小，但高频带能量明显降低。此外，电缆沉放深度的变化也会引起地震记录中的环境噪声。电缆沉放深度较浅时，地震记录中的海水噪声增加。Schoen - berger 研究表明采集船以 5 节速度行驶，电缆沉放深度为 10 m 时，海况几乎不会在记录中形成明显的噪声。

7.4.5 虚反射

虚反射（见图7—5）对气枪震源子波频谱产生陷波作用，陷波频率与震源、电缆沉放深度有着密切的关系，如图7—6所示。由于虚反射的影响，随着震源或电缆深度的增加，震源子波的通频带急剧变窄，中心频率向低频方向移动。因此，在海上地震采集过程中，必须合理地选择震源和电缆的沉放深度，使震源子波能量和频谱能够满足勘探要求。Barndsater 得出了以下结论：深部海上地震勘探时，需要增强低频带能量，气枪阵列和水听器电缆应沉放较大的深度（8～12 m）。

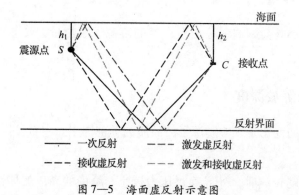

图7—5 海面虚反射示意图

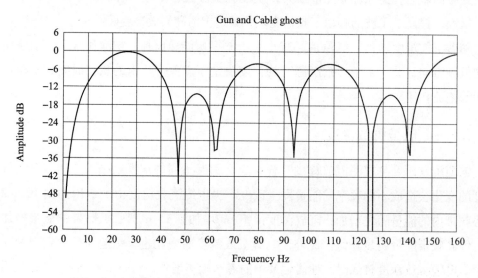

图7—6 海面虚反射的陷波作用（图7—5中 $h_1 = 12$ m，$h_2 = 16$ m）

7.5 相干枪理论研究

气枪阵列中各支气枪激发生成的气泡的相互作用有三种情况：一是气泡彼此不相干；二是气泡最大时相切；三是气泡连通。图7—7所示为两枪间距的关系。当两枪距离较大，气泡达到最大时不相干，称为调谐关系；当两枪气泡距离较小，接近于最大气泡半径2倍（经验上两枪距离接近气泡半径的2.35倍，气泡比提高到最大），气泡半径相切时相干，气泡之间会产生抑制作用，称为相干关系；当两枪距离过近，小于2倍最大气泡半径时，气泡形成连通，就等同于单枪概念。去除第三种情况，那么按气枪间相互不受影响的临界距离划分，气枪阵列可分为调谐阵列和相干阵列。

相干阵列是指当气枪之间的距离小于相互不受影响的临界距离时，气枪气体释放生成气泡的压力波波场会对其他相邻气泡的压力波波场产生抑制作用，从而达到削弱气泡脉冲能量的目的。图7—8所示为大容量单枪与总容量相同的两支气枪相干组合的压力子波比较，明显看出相干气枪可以获得更高的压力输出，同时具有抑制气泡脉冲等优势。

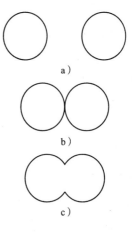

图7—7　两枪间距的关系

　　a）气泡彼此不相干

　　b）气泡最大时相切

　　c）气泡连通

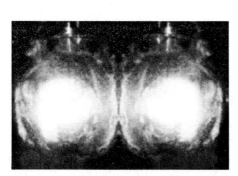

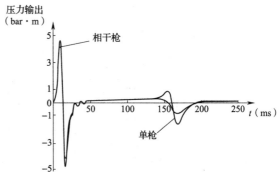

图7—8　两枪相干与总容量相同的单枪压力子波对比

相干阵列一般都用相同气体容量的气枪组合。因为如果相邻气枪容量相差较大，那么它们的气泡振荡周期和能量就存在差异，使得到的震源子波包含两个独立的气泡脉冲，分别对应着不同的气枪，所以，气泡间的相互抑制作用不会明显改善阵列子波的品质。而当两支气枪容量相同时，气泡间的相互抑制作用最强，子波初泡比提高最大。所以，实际应用中气枪阵列震源多采用相同容量的气枪组成相干阵列。

图7—9所示为现场实际测量得到的阵列子波主脉冲振幅、气泡周期、初泡比分别与两枪等效距离的关系。纵坐标为归一化数值，振幅以两枪主脉冲之和为1，气泡周期以单枪子波信号周期为1，初泡比以两枪不相干时的初泡比为1；横坐标为等效距离，它表示两枪距离与最大气泡半径之比。由图中可以看出，随着气枪间隔逐渐变小，主脉冲振幅逐渐减小，子波气泡周期缓慢增加，但变化都不大，而子波初泡比变化剧烈。当两枪距离大于5倍气泡半径时，两枪激发形成的气泡彼此不受影响，初泡比接近调谐组合时的情况，相当于调谐阵列状态。两枪距离逐渐变小时，两枪气泡开始相互作用，气泡振动开始得到抑制，初泡比逐渐增大。当两枪距离等于气泡半径的2.35倍时，气泡间相干达到最大，相互作用最强，此时限制了气泡振动，初泡比提高将近2.4倍，此时它们气泡的最大半径处于相切状态，使气泡脉冲最小，有效抑制了气泡振动。两枪距离继续变小，两枪的气泡开始连通，相干作用逐渐变弱，初泡比逐渐变小。当两枪距离小于气泡半径后，两个气泡合成一个气泡，这样的气泡等同于一个与两枪气体容量相等的大枪，再也没有气泡抑制作用了。

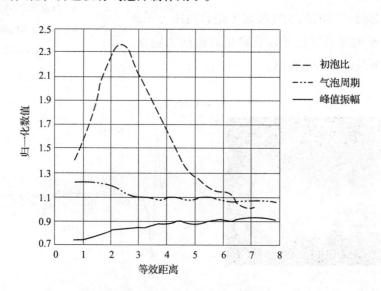

图7—9 相干组合原理示意图

由图 7—9 中还可以看出，相干组合的子波振幅随两枪距离的增大而增加。当等效距离 R_{eq} 小于 1 时，归一化后振幅约为 0.7，这种情况相当于一支大枪，其容量是单枪的两倍，根据气枪能量与容量的立方根成正比的规律，两枪合并后归一化振幅应为 0.63 左右，说明图中的实测数据是有根据的。当等效距离 $R_{eq} = 2.35$ 时，归一化振幅值约为 0.8，也就是说，相当于调谐组合能量的 0.8 倍。当等效距离 R_{eq} 进一步增大时，振幅曲线逐步抬升，最后接近于 1，也就是完全不相干的调谐组合。

多枪相干时，各枪容量仍保持相同，各枪之间的距离应保持相等。多枪相干组合枪距 d 可用经验公式计算：

$$d = R \times 2^{\frac{2n-1}{2n}} \tag{7—29}$$

式中　n——相干枪阵列中的气枪数量；

　　　R——单枪的气泡半径。

由此可知，多枪相干组合时，两枪间的最小枪距为 $2R$。

多枪相干时的子波初泡比可用下面的经验公式近似表示：

$$p_{n+1} = 2.3 p_0 \frac{1 - A^n}{1 - A} \tag{7—30}$$

式中，A 为小于 1 的常量，不同枪深、枪型略有不同，一般取 1/4 或 1/3。如取 1/4 时，上式变为：

$$p_{n+1} = 3.07 p_0 \left(1 - \frac{1}{4^n} \right) \tag{7—31}$$

式中　p_{n+1}——$n+1$ 支枪相干时的主脉冲—气泡振幅比；

　　　p_0——单枪主脉冲—气泡振幅比；

　　　n——自然数。

从上式可以看出，随相干枪数增加，抑制气泡振动的能力有所增加，但增加很少。例如：

$$p_2 = 2.30 p_0$$
$$p_3 = 2.88 p_0$$
$$p_\infty = 3.07 p_0$$

可见两枪相干时，子波初泡比最多增加 2.3 倍。三枪相干时有一定增加，再增加相干枪数，增加就很少了。当 n 为 ∞ 时，它的极限值仅为 3.07 倍。实践证明，如果只是为了提高子波初泡比，最好选用两枪或三枪相干；如果还考虑增加振幅能量，相干枪数可以再多些，一般不超过 8 支枪。

7.6　调谐枪理论研究

调谐阵列是指气枪之间的距离大于相互不受影响的临界距离，使单枪或子阵各自产生的气泡不受其他气泡影响而组成的气枪阵列。当气枪阵列中不同容量的气枪同步激发时，各支气枪之间的子波主脉冲和子波周期没有相位差，通过振幅线性叠加，震源子波能量得到加强；而气枪产生的气泡脉冲周期各不相同，使得气泡脉冲振幅发生错位，通过叠加得到削弱，从而有效改善气枪阵列子波信号品质。许多气枪专家对气枪阵列中枪与枪之间激发的子波关系进行了深入的分析和研究，提出了气枪间相互不受影响临界距离准则，主要有 Safar 准则、Nooteboom 准则和 Johnston 准则三种。

Safar 准则是指两支相同气枪的间距大于每支气枪平衡气泡半径的 10 倍时，它们生成的气泡之间的相互影响可忽略不计。下面就是 Safar 提出的气枪间相互不受影响临界距离 D_S 的经验公式：

$$D_S = 6.2 V_1^{\frac{1}{3}} \left(\frac{p_1}{p_\infty} \right)^{0.309} \tag{7—32}$$

式中　V_1——每支枪的气室容量；

　　　p_1——气枪的工作压力；

　　　p_∞——气枪放置深度处静水压力。

Nooteboom 准则是气枪间相互不受影响临界距离等于气枪平衡气泡半径的 8.2 倍。临界距离 D_N 的经验公式为：

$$D_N = 5.1 V_2^{\frac{1}{3}} \left(\frac{p_1}{p_\infty} \right)^{\frac{1}{3}} \tag{7—33}$$

式中　V_2——气枪中最大气室容量。

Johnston 准则是把三倍的最大气泡半径加上排气口处的气枪半径就等于气枪间相互不受影响临界距离。临界距离 D_J 的经验公式为：

$$D_J = 2.85 V_2^{\frac{1}{3}} \frac{p_1^{0.341}}{p_\infty^{0.352}} + d_{gun} \tag{7—34}$$

式中　d_{gun}——气枪半径。

Vaage 利用两支相同的气枪做试验，验证三个临界距离公式的精确性。这两支相同的气枪气体容积为 4.75 L，工作压力为 135 bar，气枪沉放深度为 7.5 m。

图7—10a 所示为两支气枪同时激发得到的震源子波信号之和的结果；图7—10b 所示为两支气枪独立激发得到的震源子波信号之和的结果；图7—10c 所示为图7—10a 和图7—10b 的子波信号之差的数值结果。从图7—10c 中发现，子波信号差与气枪间距有关，图中显示了气枪间相互不受影响临界距离 D_S、D_N 和 D_J 的位置。子波信号差主要依赖气泡周期的变化而变化，微小的变化都会引起显著影响。同时注意到子波主脉冲波形基本不受气枪间距的影响。

图7—11 所示为当两支气枪同时激发时，随气枪间距的变化，子波信号主脉冲振幅 A、气泡周期 T 和初泡比 p_b 的相对变化。结果显示，一定范围内初泡比 p_b 受气枪间距影响较大。

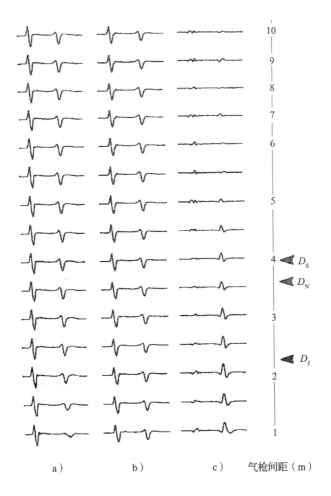

a)　　　　　b)　　　　　c)　　　气枪间距（m）

图7—10　在不同间距处两气枪激发的相互影响

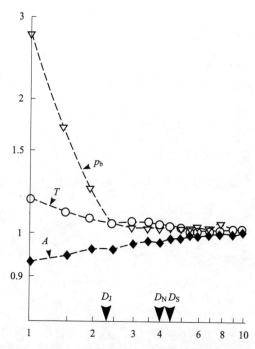

图7—11　气枪随间距变化主脉冲振幅 A、气泡周期 T 和初泡比 p_b 的相对变化

由此得到以下结论：一是子波主脉冲波形基本不受气枪间距变化的影响；二是在气枪阵列设计中应考虑气枪之间的影响，保证得到的子波的正确性；三是理解气枪间相互不受影响临界距离准则，选择 Safar 准则更能保证枪阵子波信号线性叠加。

调谐阵列已经在气枪阵列设计中被广泛应用，并取得了显著的经济效益。但是，由于调谐阵列自身的限制，只能在一定程度上实现压制气泡脉冲、提高初泡比的目的。首先，气枪阵列中相邻不同容量气枪的气泡脉冲能量存在差异，包括气泡脉冲振幅和宽度两方面。因此，子波气泡脉冲叠加只能在一定程度上削弱气泡脉冲振幅。其次，调谐阵列要求相邻气枪间的相干作用可以忽略不计，以达到子波线性叠加的目的。这样导致相邻气枪间隔比较大。由气枪间相互不受影响临界距离准则知道，当调谐枪阵中气枪数量较多时，阵列长度可以达到几十米甚至更长。调谐阵列不再满足点震源的要求，直接造成震源子波随方向变化而变化的后果；在给定方向上，震源子波的相位谱随传播距离而变化。因此，调谐阵列一般与相干阵列配套使用。

设计调谐阵列的方法，主要是利用以下气泡周期计算经验公式：

$$T = k \frac{(pV)^{\frac{1}{3}}}{(p_{\text{atm}} + \rho g D)^{\frac{5}{6}}} \tag{7—35}$$

式中　　k——常数；

　　　　p——气枪工作压力；

　　　　V——气枪气体容量；

　　　　p_{atm}——大气压强；

　　　　ρ——水密度；

　　　　D——气枪深度。

设计过程中，每支气枪的气泡周期依次相差半个第一个气泡脉冲气泡子波周期 T_b。假定确定了第一支气枪的容量，那么就可计算出与其相邻的气枪容量。

设已知某支气枪的气泡周期为 T，容量为 V，气枪气泡子波周期为 T_b，要求其他气枪气泡容量为 V_X，气泡周期为 T_X，则满足的关系为：

$$T_X = T \pm \frac{T_b}{2} \tag{7—36}$$

两边除以 T，把式（7—35）代入式（7—36）中，则变为：

$$\frac{k \dfrac{(p_X V_X)^{\frac{1}{3}}}{(p_{atm} + \rho g D_X)^{\frac{5}{6}}}}{k \dfrac{(p V)^{\frac{1}{3}}}{(p_{atm} + \rho g D)^{\frac{5}{6}}}} = 1 \pm \frac{T_b}{2T} \tag{7—37}$$

在实际的气枪阵列设计中，不论多大的枪，如果它们的压缩气体都是由一组空压机提供的，并且气枪沉放深度相同，那么气枪的初始压力和沉放深度都是一样的。上式又可简化为：

$$\frac{V_X^{\frac{1}{3}}}{V^{\frac{1}{3}}} = 1 \pm \frac{T_b}{2T}$$

$$V_X = V \left(1 \pm \frac{T_b}{2T} \right)^3 \tag{7—38}$$

式中，"±"号的选择根据气枪容量增大还是减少而定。气枪容量增大用"＋"号，容量减小时用"－"号。由此就可计算出每支气枪合适的容量。

7.7　气枪阵列理论

气枪阵列是指将各支气枪或各组气枪子阵结合在一起，以达到提高震源子波主脉冲振幅，压制气泡脉冲和提高初泡比的目的。气枪阵列子波概念和物理参数能表征震源子波信号好坏，以更好地指导设计出性能优越的气枪阵列震源。

7.7.1 气枪阵列子波概念

气枪阵列震源子波按接收信号的距离远近可分为近场子波和远场子波两类，它们的子波概念可通过近场和远场关系示意图诠释（见图7—12）。假定震源中心为气枪阵列，在内心圆范围内，气枪压力子波会随其所处位置的不同而不同。换句话说，气枪子波信号在内心圆范围内会受到气枪本身的影响而使子波发生变化。因此一般将内心圆范围称为近场，记录的子波信号叫作近场子波。在内心圆以外的区域，各点的震源子波波形趋于稳定而不再发生变化，仅仅是压力值随着距离的增大而衰减。

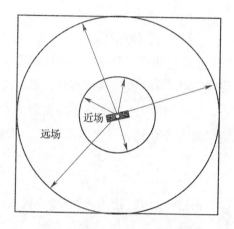

图7—12 远场与近场关系示意图

所以一般将外心圆区域称为远场，接收到的子波信号叫作远场子波。水听器接收远场子波信号距离 r 满足如下经验公式

$$r > \frac{D_g^2}{\lambda_{min}} = f_{max}\frac{D_g^2}{c} \tag{7—39}$$

式中 f_{max}——激发子波最大频率；

　　λ_{min}——激发子波最小波长；

　　D_g——气枪阵列空间最大尺寸；

　　c——水中声波速度。

由公式（7—39）可知，远场距离 r 是频率和气枪阵列空间尺寸的函数。图7—13描述了远场距离与激发子波频率的关系。对于海上地震勘探来说，一般气枪阵列最大空间尺寸在 20~30 m，假定水中声波速度为 1 496 m/s，对于最大频率250 Hz的子波信号而言，远场距离在 66.8~150 m。

记录气枪阵列中每支单枪或气枪子阵近场子波，能帮助检测气枪阵列是否正常工作。而通常谈及的实际应用中的气枪阵列子波，一般指气枪阵列远场子波。

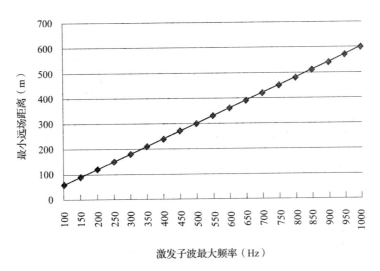

图7—13　最小远场距离与激发子波最大频率关系示意图

7.7.2　气枪阵列性能评价

1.　物理参数

对于海上地震勘探采集设计来讲，气枪阵列性能满足工作要求有着十分重要的意义。与单枪子波性能一样，气枪阵列子波信号也有物理参数来参考。

（1）阵列子波主脉冲振幅主峰值。阵列子波主脉冲振幅主峰值是指气枪内的高压气体释放后产生的第一个正压力脉冲振幅值。它是表征气枪阵列能量大小的参数。主脉冲振幅主峰值越高，表明气枪阵列输出的能量越强。图7—14所示的阵列子波主脉冲振幅主峰值为38.1 bar·m。

（2）阵列子波主脉冲振幅峰—峰值。阵列子波主脉冲振幅峰—峰值是指震源子波信号第一个压力正脉冲与第一个压力负脉冲之差。它与阵列子波主脉冲振幅零—峰值一样，是描述气枪能量的重要指标。阵列子波主脉冲振幅峰—峰值越大，说明气枪阵列子波能量也越大。图7—14所示的阵列子波主脉冲振幅峰—峰值为80.0 bar·m。

（3）阵列子波气泡周期。阵列子波气泡周期指子波主脉冲波峰与第一个气泡脉冲波峰的时间间隔与子波主脉冲波谷与第一个气泡脉冲波谷的时间间隔。阵列子波气泡周期随着气枪压力和容量的增加而增大；随着气枪深度的增加而有所减小。图7—14所示的子波气泡周期为111.4 ms、147.2 ms。

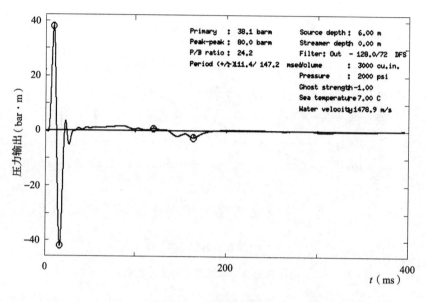

图7—14　气枪阵列子波

（4）阵列子波初泡比。阵列子波初泡比是指子波信号第一个压力脉冲振幅值与第一个气泡脉冲振幅值之比。初泡比越大，气枪阵列激发的信噪比越高，气枪阵列子波及其频谱越好。通常阵列子波初泡比不能低于10.0。图7—14所示的阵列子波初泡比为24.2。

（5）工作压力。工作压力指气枪控制面板调压后，气枪阵列在气体释放前达到稳定状态时的压力。图7—14所示的阵列工作压力为2 000 psi。

（6）气枪阵列总容量。气枪阵列总容量是指各支气枪的气体容量之和。图7—14所示的阵列总容量为3 000 CI。一般气枪脉冲压力输出与气枪容量的立方根成正比。因此借助增加气枪总容量来提高压力输出的方法不可取。

2．评价考虑因素

气枪阵列性能在实际应用中的评价主要从以下几方面进行：

（1）激发能量。海上地震勘探中，气枪震源激发特性是十分重要的。一般激发能量越强，信噪比就越高，就具有勘探较深目的层的穿透能力和规定的分辨率。在特定的通频带范围内，期望能量越大越好。

影响气枪阵列激发能量的参数主要有气枪阵列工作压力、总容量及阵列沉放深度，一般遵循以下经验公式

$$A\ (P,\ V,\ D)\ \propto KDPV^{\frac{1}{3}} \tag{7—40}$$

式中　$A\ (P,\ V,\ D)$ ——气枪输出压力；

　　　K——比例常数；

　　　P——气枪阵列工作压力；

　　　V——气枪阵列总容量；

　　　D——阵列激发沉放深度。

考察气枪阵列输出能量指标有子波主脉冲振幅零—峰值和子波主脉冲振幅峰—峰值两个参数。它们越大，表征气枪阵列输出的能量或压力值越大。

（2）振幅频谱特性。气枪阵列子波振幅频谱是考察阵列性能的重要因素。一般期望子波振幅频谱尽量展平，低频部分的能量足够强，高频部分的频率尽量高。图7—15是沉放深度相同的两个不同阵列子波振幅谱对比。图7—15b 中气枪阵列振幅谱输出压力要明显高于图7—15a 中的阵列。图7—15b 中气枪阵列振幅谱输出压力在低频端处平滑；而图7—15a 中的振幅谱在低频端处出现明显的振荡。因此图7—15b 所示的气枪阵列振幅谱要明显优于图7—15a 的阵列。

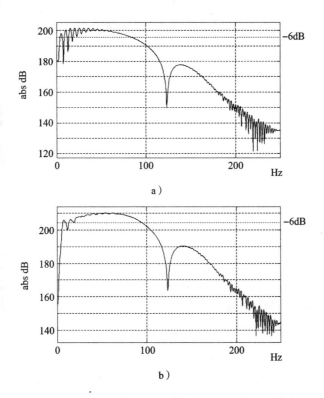

图7—15　沉放深度相同的两个不同阵列子波振幅谱对比

（3）初泡比。通常气枪阵列子波初泡比用来比较和评价阵列激发子波的质量。初泡比高表明震源子波信噪比高。从子波波形上看，低频气泡脉冲的振幅相对很小。为了保证取得较好的地震数据资料，一般要求子波初泡比不低于10，有时要求在20以上。

（4）方向性。气枪阵列是由多支气枪或多组气枪子阵按照空间组合方式设计的。这样设计的气枪阵列具有一定的长度和宽度，同时由于船舶以及野外现场条件的限制，气枪很难设计成圆形对称的格局。因此使得气枪阵列激发的子波信号能量随水平方向角和垂直方向角的变化而变化。图7—16 展示了同一气枪阵列不同方向时振幅谱变化对比，从中明显看出两个方向的区别。

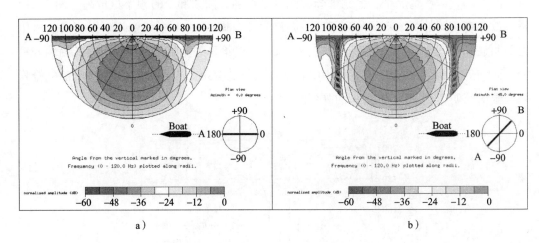

图7—16　同一气枪阵列不同方向振幅谱变化对比
a）阵列俯视0°方向　b）阵列俯视45°方向

影响气枪阵列方向性的因素主要包括阵列中气枪组合的数量和分布的位置、阵列的宽度和长度、子阵列数量等。理论上，气枪阵列的方向性越弱越有利于海上地震勘探，这也是气枪阵列设计追求的目标。虽然气枪阵列方向性的问题难以完全解决，但目前正努力和尝试改进气枪阵列设计理念：传统气枪阵列设计特点是大容量气枪布设在阵列前端，使得阵列前后不对称，其弊端是测线往返两个方向上具有潜在的方向性问题；而改变的设计理念是把大容量气枪布置在阵列中心位置，尽量使阵列前后对称（见图7—17）。

（5）同步性。设计气枪阵列是基于多枪相干和调谐组合理论。最佳的阵列子波和频谱是保证所有气枪同时激发而通过气泡组合后得到的。气枪阵列激发子波信号过程中，由于每支气枪的机械摩擦、气枪控制器的电器控制精度不同，使得所有的气枪并不能完全确保在统一的基准点时刻激发，从而导致阵列的子波和频谱发生变化。

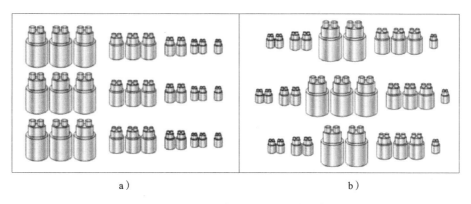

图 7—17　不同理念气枪阵列设计示意图

a）传统理念的气枪阵列设计　b）改进理念的气枪阵列设计

　　图 7—18 展示了气枪阵列子波和振幅谱随同步误差不同而发生的变化。从子波变化上看，随着气枪子波同步误差范围的增大（±0 ms、±0.5 ms、±1 ms、±1.5 ms），子波主脉冲峰—峰值和初泡比都相应降低；从振幅谱上看，随着同步误差范围的变化（±0 ms、±1.5 ms），较大的同步误差造成高频能量的降低。因此，气枪阵列性能随着同步误差的加大而变差。

　　为了得到合格的海上地震采集数据资料，对气枪系统的同步误差进行了规定。国际上认可的标准如下：一是常规海上地震勘探时，气枪的同步误差在 −1 ～ +1 ms，如果任何一支气枪的激发时间在此范围之外就算不合格；二是高分辨率海上地震勘探时，要求同步误差小于或等于 ±0.5 ms。

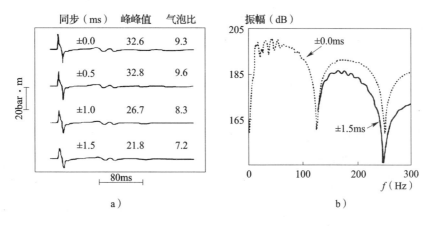

图 7—18　气枪阵列子波、振幅谱随同步误差变化

a）阵列子波随同步误差变化　b）阵列子波振幅谱随同步误差变化

（6）关枪分析。海上地震勘探作业时，总是期望气枪阵列中的工作气枪数量不减少，使气枪阵列输出能量和频谱不发生变化。但由于气枪电缆、气枪突发故障和高压气管等原因，会使得其中的一支或几支气枪无法正常工作，从而导致气枪阵列性能大大低于其设计的性能指标。因此气枪阵列中关枪问题必须严格规定，以确保激发的震源子波信号质量。

综上所述，性能优越的气枪阵列震源应满足以下条件：一是尽可能得到大的子波主脉冲振幅零—峰值；二是尽可能得到高的子波初泡比；三是得到平坦而又平滑的子波频谱；四是具有较高的稳定性；五是更加趋于球形的方向性。这样设计出来的气枪阵列在实际中应用，是保证采集到优质的海上地震勘探原始资料的先决条件。

7.7.3　气枪阵列激发模式

依据气泡振动机制理论和气枪阵列性能设计的气枪阵列，既能增强阵列子波主脉冲振幅，改善频谱，又通过增加气泡周围的静水压力，使气泡能够达到最大的体积相对减小，来增大气泡最大体积时刻内的压力，达到消除气泡脉冲的目的。气枪阵列有不同的激发模式，模式不同，勘探的目的层也会有所不同。

气枪阵列激发模式是从有效波的角度划分了增强子波主脉冲、抑制气泡脉冲和抑制子波主脉冲、加强第一气泡脉冲两种激发模式，选择哪种激发模式主要看探测不同目的层而定。

1. 模式 I

加强子波主脉冲、抑制气泡脉冲激发模式。由单枪激发产生气泡振动理论知道，震源子波主脉冲振幅小，而气泡脉冲又比较大，且很规则。通过多枪组合的气枪阵列，能得到较好的压力子波波形。该子波信号具有很强的主脉冲能量，并且气泡脉冲变得很小（见图7—19）。

调谐阵列中是将容量大小不等的气枪相结合，来达到抑制气泡振动的目的。各支单枪在同一时刻激发，使子波主脉冲相互叠加，产生的气泡由于周期不一样而相互抵消。因为相干阵列具有较高的抑制气泡振动的能力，所以为了使气泡相互抑制，还可采用相干阵列。相干枪阵与相干枪阵的气体总容量是不相等的，振动周期也不一样，这样又可以进一步抑制气泡振动。

这种气枪阵列激发模式主要用于高分辨率海上地震勘探。实际勘探中，当目的层较浅，所需能量较小时，用一个相干枪阵足够；在目的层较深，所需能量较大时，要用多个相干枪阵才有足够的能量。

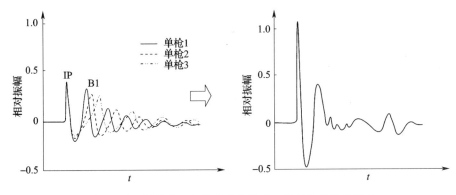

图7—19 模式 I：加强子波主脉冲、抑制气泡脉冲模式

2. 模式 II

抑制子波主脉冲、加强第一气泡脉冲激发模式。由于气枪信号高频部分易衰减，要远距离探测深部地下结构，就要提高低频部分的能量，增加低频成分。这样通过压制子波主脉冲，增加低频成分，就可以用低频高能的气泡脉冲来探测深部地下结构。

为了增强第一气泡脉冲振幅，必须调整气枪阵列中不同容量单枪的激发时间，使第一气泡脉冲振幅峰—峰值相互叠加，而子波主脉冲因为时间相互错开而被削弱（图7—20）。该激发模式，将不同气体容量和工作压力的气枪进行组合，调整气枪间距、沉放深度和气枪激发时间，得到低频高能的气泡脉冲，以探测深部地层地质信息。

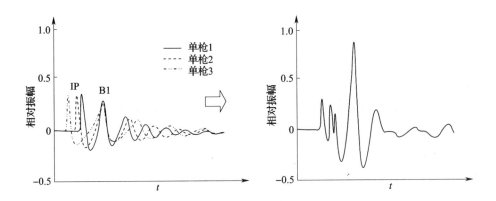

图7—20 模式 II：抑制子波主脉冲、增强第一气泡脉冲模式

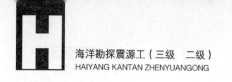
测 试 题

一、判断题（将判断结果填入括号中，正确的填"√"，错误的填"×"）

1. 气泡衰减方式、振荡周期、振荡模型理论，为后来气枪阵列理论的发展奠定了基础。（　　）

2. 大容量单枪与总容量相同的两只相干枪的压力子波比较，相干枪具有优越性。（　　）

3. 气枪阵列性能的优劣对地震勘探的采集设计来讲，无足轻重。（　　）

4. 借助增加气枪总容量来提高压力输出的方式是最正确的选择。（　　）

5. 近场子波波形趋于稳定，仅压力值随距离的增大而衰减。（　　）

6. 子波初泡比是衡量气枪震源子波性能的指标之一，其值越大，子波信噪比越高。（　　）

7. 气枪阵列性能随着气枪同步误差的加大而变差。（　　）

8. 对于两支气枪组成的相干枪，当两支气枪容量不同时，气泡间的相互抑制作用越强，子波初泡比提高越大。（　　）

二、单项选择题（选择一个正确的答案，将相应的字母填入题内的括号中）

1. 梭阀枪（BOLT 枪）一次激发电磁阀打开（　　）次。

A. 1　　　　　　　B. 2　　　　　　　C. 3　　　　　　　D. 4

2. 气枪的不同容量，通常由（　　）容积的大小决定。

A. 激发室　　　　B. 主气室　　　　C. 弹性返回气室　　D. 防爆室

3. （　　）年代初，人们提出了相干枪（Cluster Gun）的概念。

A. 60　　　　　　B. 70　　　　　　C. 80　　　　　　D. 90

4. APG 气枪突出的特点不包括（　　）。

A. APG 气枪激发形成的椭圆形气泡更优于传统圆形气泡

B. 气枪与其他传统的气枪相比，其压力输出得以进一步改善

C. 气枪的耐用性、稳定性有所提高，可以实现百万次激发无大修

D. 能消减气泡效应

5. （　　）枪激发形成的椭圆形气泡更优于传统圆形气泡。

A. BOLT GUN　　　B. SLEEVE GUN　　C. G GUN　　　　D. APG

6. 研究表明，当两枪气泡距离较小，接近于气泡半径的（　　）倍时，两个气泡

相切，产生抑制作用，从而达到压制气泡效应的目的，同时子波又可以得到相干加强。

 A. 1   B. 2   C. 3   D. 4

7. 气枪内的高压空气进入海水中，迅速形成一个"球形"气泡，当气泡半径最大时，内外压力 P 处于（   ）。

 A. $P_内 > P_外$ B. $P_内 < P_外$ C. $P_内 = P_外$ D. 以上都有可能

8. （   ）是比较有效压制气泡脉冲的方法。

 A. 增大单枪容量   B. 多枪组合   C. 减小压力   D. 增大压力

9. 气枪单枪子波中的气泡脉冲是一种干扰波，必须进行（   ），来提高子波的信噪比。

 A. 放大   B. 缩小   C. 压制   D. 恒定

10. 虚反射产生的陷波频率（   ）。

 A. 仅与气枪沉放深度有关   B. 仅与电缆沉放深度有关

 C. 与气枪、电缆沉放深度均有关   D. 与气枪、电缆沉放深度均无关

11. 气枪激发产生的震源子波，主脉冲能量越（   ），主频越（   ），穿透深度越大。

 A. 强 高   B. 强 低   C. 弱 高   D. 弱 低

参 考 答 案

一、判断题

1. √   2. √   3. ×   4. ×   5. ×   6. √   7. √   8. ×

二、单项选择题

1. A   2. B   3. B   4. D   5. D   6. B   7. B   8. B   9. C

10. C   11. B

第 **8** 章

海洋气枪震源

完成本章的学习后，您能够：

- ☑ 熟悉气枪的结构和工作原理
- ☑ 掌握气枪的维护保养方法
- ☑ 能够分析判断气枪故障并排除故障
- ☑ 能对气枪阵列所需空气量进行估算

知识要求

8.1 套筒枪

套筒气枪由美国 ION 公司设计制造，主要有两个系列，即 SLEEVE GUN－Ⅰ及 SLEEVE GUN－Ⅱ型。其中，SLEEVE GUN－Ⅰ型有 10 in³、20 in³、40 in³ 不同容量的气枪。SLEEVE GUN－Ⅱ型有 70 in³、100 in³、150 in³、210 in³、300 in³ 的气枪，如果需要其他容量的气枪，可以通过加装减容块的方法获得。

套筒气枪的运动活塞是外运动套形式，激发时高压空气 360° 释放，与其他类型的气枪比较，相同容量的气枪，套筒气枪将获得更有效的声响脉冲，并且产生的后坐力较小。而传统气枪的活塞在气枪的内部，空气必须通过窗口释放。

8.1.1 套筒枪的结构

如图 8—1 所示，套筒气枪主要由枪头、运动套、主气室、本体、电磁阀，以及密封圈、减磨环等组成。

8.1.2 工作原理

如图 8—2 所示，套筒气枪靠三个不同作用的气室的作用，控制运动枪梭的移动，使储存在主气室里面的高压气体释放产生人工地震所需要的能量。三个气室分别为空气弹性返回气室、激发腔与主气室（储气室）。电磁阀是控制气枪激发的控制零件。

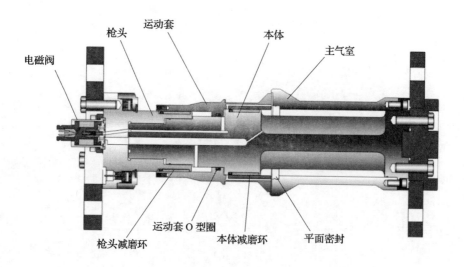

图 8—1　套筒枪的结构

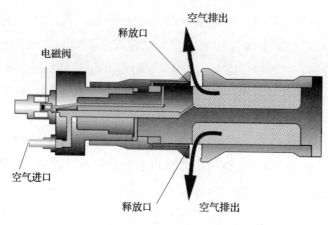

图 8—2　套筒枪工作原理

1. 弹性返回气室

这个气室有两个用途，首先是当气枪不激发的时候，迫使运动枪梭关闭。其次是在气枪激发、枪梭开启时稳定枪梭的作用。

2. 激发腔

激发腔控制着气枪的激发，它从电磁阀那里获得激发信号。电磁阀在气枪控制器发出的电脉冲信号的作用下，由于电磁力的作用下，阀芯活塞移动，高压的控制气进入激发腔，打开紧闭的枪梭，主气室里面的高压空气在瞬间释放。

3．主气室

主气室储存高压的气体。气枪的不同容量，通常由主气室容积的大小决定。

8.1.3　维护保养

有规律地对气枪进行维护保养，有利于气枪使用寿命的提高，提高其工作的可靠性和使用质量，保证震源的效率。气枪经过一定时间使用，其易磨损的部件，如减磨环、密封圈以及运动部件等，将会产生磨损以及超过规定的精度范围，所以要定期对气枪进行维护保养，以保证气枪的正常使用。减磨环、密封圈等易损的部件，如不定期更换，将威胁到被保护的刚体部件，造成更大的损坏。

1．减磨环

减磨环包括枪头减磨环和本体减磨环。在减磨环的表面有一圈凹槽，气枪由于长期的强烈的运动释放能量，减磨环长期在相对运动的作用下不断磨损，当磨损的表面与凹槽相平，意味着这个减磨环需要更换了。在本体减磨环与密封圈之间有支撑环，支撑环的作用是防止在气枪高压的时候挤压密封圈。

2．密封圈

有相对运动的密封圈比较容易损坏。静密封的密封圈只要安装正确，一般不会有太大的问题。

运动的密封圈损坏的基本类型如下：

（1）螺旋型损坏。这种类型的损坏多发生在运动枪梭的行程之间，密封圈被粘在某一点的时候发生扭转，导致密封圈上产生螺旋型的切口，这样的情况一般是由于缺少润滑造成的。所以在密封圈上涂上合适的润滑硅脂很重要。

（2）磨损损坏。密封圈的一边由于磨损造成的损坏是可以看见的，通常是由于润滑不良，以及粗糙的表面、密封圈太软所造成的。

（3）密封圈的挤压。密封圈的挤压是动力作用下的典型损坏。造成这种损坏是由于：运动枪梭、本体上枪体之间的间隙过大；密封圈的材质太软；系统的液体使密封圈老化；密封圈的槽加工不当。支承环有减小间隙的作用。

3．检波器线圈

通过密封圈使得检波器线圈与海水隔绝，水密插头拆除的时候，绝对不能将海水侵蚀到线圈的插座上，在安装之前建议用清洁剂进行清洁。线圈测得的电阻值 I 型套筒气枪大约为 20 Ω，II 型套筒气枪大约为 25.8 Ω。当气压在 2 000 psi 的时候，套筒气枪激发时，线圈信号显示电压峰值大于 500 mV，气枪正常炮间时间偏差为 0.2 ms。

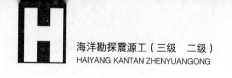

4. 电磁阀

用在套筒气枪上的电磁阀在插头处测得的电阻大约为 4.6 Ω。当气枪重新装配和维护的时候，要更换电磁阀。电磁阀在重新装配的时候，内部所有的密封圈建议更换。装配好的电磁阀需要用电磁阀测试器进行测试。

5. 平面密封

平面密封是受压损坏最严重的零件之一，其使用寿命从 200 000 到 600 000 炮不等。因此，在拆卸维修的时候，建议更换。

8.1.4　常见故障

套筒气枪存在的最严重的问题是运动枪梭和气枪本体上部直径之间的金属接触。这个问题的解决可以通过经常更换减磨环和密封圈来解决。这些密封圈随着气枪的工作情况和润滑状况而改变。

值得注意的是在套筒气枪中只能使用硅润滑脂。

1. 不能激发

首先检查气枪控制器和电磁阀之间的连接线路有没有漏电和断路的现象发生，激发线和水密插头的损坏都有可能造成气枪不能激发。

如果这个问题不是电路的原因引起的，那么不能激发的情况一般是由于电磁阀被粘住引起的。当激发和增加激发电压的时候，或者降低气枪的压力，粘住的阀有可能被打开，阀松动后可以恢复正常的气枪气压。在有机会的时候，该电磁阀应该被更换。如果空气管路堵塞，那么也有可能引起不能激发，空气管路的堵塞大部分发生在向主气室充气的枪室充气孔处。

2. 自动激发

首先是错误指示自动激发。若气枪实际上没有自动激发，而仪器显示出自动激发，这常常是由于电磁阀和检波器线圈之间的相互干扰造成的。这可以通过检测检波器信号来检验。干扰可能是由于水密插头的连接不良或是由于检波器线圈接受了电磁阀的脉冲产生的电场。修理连接不良的故障。如果是电磁阀的电场发生问题，降低电磁阀的触发电压。当海水漏进电磁阀的线圈也会产生干扰，这个问题可以通过测试插头的电阻来检验。

实际自动激发。当气枪的电磁阀粘在打开位置的时候，气枪可能自动放炮，这是个间断性的问题，在这样的情况下，气枪不能储存空气。由于密封圈被吹掉也有可能产生自动放炮，在这种情况下，气枪可能产生一种爆破声，然后就开始排气，因此必须立即关闭气源。注意在大部分情况下，仅仅打开运动枪梭，会引起泄漏而不会产生自动激发。

3. 计时偏差

套筒气枪的电磁阀被粘住或运动枪梭的密封损坏会造成气枪的计时偏差。被粘住的电磁阀可以通过几次激发稳定下来，如果不能的话，需要修理或更换电磁阀。如果是运动枪梭密封损坏的原因则要更换损坏的密封。计时偏差也有可能是由于空气压力的变化，这可以靠气枪控制器慢慢地自动调整。

4. 漏气

可以通过往气枪中充入 100 psi 的气体，将气枪放入水中，观察气枪有无漏气和漏气的位置，再确定是什么原因造成的，是密封不良还是密封圈被吹掉，或者是由于平面密封的损坏引起。

检查气枪漏气常用的方法是通过观察压降来判断气枪的漏气情况。在充满 2 000 psi 的压力时关闭充气阀，观察 10 min 压力表的跌落情况，压降不应大于 100 psi。

8.2　G 枪

8.2.1　概述

G 枪是由 SERCEL 公司设计生产，并在 3 000 psi 空气压力下连续工作试验。特点是一种型号的气枪通过改变气室容积的大小来实现对不同容积的气枪要求。各种容量的气枪仅仅气室容积不一样，其他结构都一样，并通用。

G 枪有 4 种气室容积的气枪，分别为：

150 in^3　G. GUN 150

250 in^3　G. GUN 250

380 in^3　G. GUN 380

520 in^3　G. GUN 520

其他容积气枪通过增减减容块来实现，如下：

G. GUN 150 in^{3}气枪可转变成 40 ~ 150 in^3

G. GUN 250 in^{3}气枪可转变成 180 ~ 250 in^3

8.2.2　G枪工作原理

G枪的工作原理简单说是由高压空气的充气、起爆、释放、返回四个过程完成一个气枪工作循环，其结构及工作原理如图8—3所示。

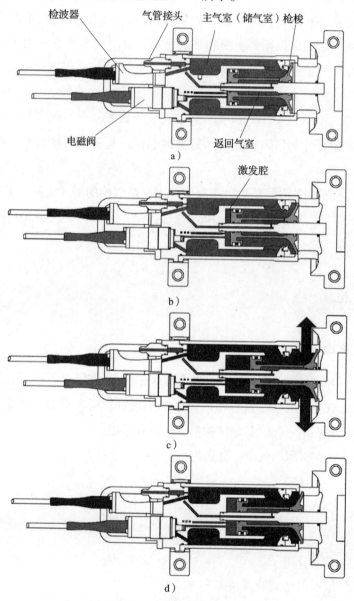

图8—3　G枪的工作原理

a）充气　b）起爆　c）释放　d）返回

充气（见图8—3a）：压缩空气注入弹性返回气室，关闭并且密封主气室。同时，位于壳体与枪梭之间的气枪主气室开始增压。

起爆（见图8—3b）：当电磁阀被激发，触发气室被加压使得枪梭大面积受压开启。

释放（见图8—3c）：枪梭获得一个打开所需的作用力，使得枪梭产生运动，同时高压空气释放到水中形成声学脉冲。

返回（见图8—3d）：释放后，压力下降，返回气室充气，使得枪梭返回到准备激发的位置。

8.2.3　G枪结构

整套G枪由电磁阀、检波器、本体、套筒、枪杆、枪梭、气管接头、抱箍机械装置等组成，如图8—4所示。

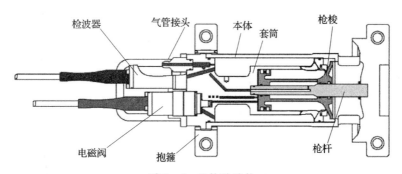

图8—4　G枪的结构

G枪连接接头有两种规格，分别是G枪母接头NPT3/8″和G枪公接头JIC37°9/16″18UNF。对应气管接头分别为气管不锈钢公接头NPT3/8″和气管不锈钢母接头JIC37°9/16″18UNF，如图8—5所示。

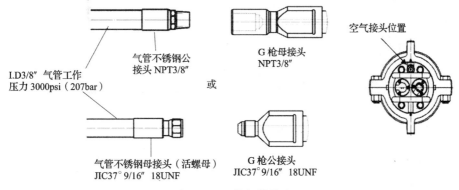

图8—5　G枪气管接头

8.2.4 机械装置

1. 气枪吊点

如图8—6所示，气枪的板眼处安装有特殊材料的衬套，这样可以防止气枪金属零件的磨损。使用一段时间后发现衬套有磨损，如出现椭圆形磨损要及时更换衬套。选择合适的卸扣，以及螺栓，防止衬套过度磨损。建议采用弓形卸扣，不锈钢螺栓要适合衬套的内径。不适当的卸扣或螺栓会加速衬套的磨损。气枪在水平悬挂时，气管接头应位于上方。

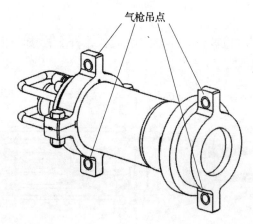

图8—6　气枪吊点衬套

2. G枪机械连接装置推荐扭矩

连接螺栓不适当的上紧扭矩，会导致零件的损坏，以及G枪工作性能的下降，不利于气枪的正常工作。因此，不同的连接螺栓应选择适当的扭矩，这是非常重要的，见表8—1。

表8—1　　　　　　　　　　　螺栓扭矩表

名称	规格或部件号	扭矩值
抱箍螺栓、螺母	M20	150 N·m
枪头压板内六角螺钉	3/4 in	100～110 N·m
电磁阀阀芯螺钉	622－201	5 N·m
电磁阀线圈总成	16－4200 603－401	4 N·m
检波器阀芯螺钉	656－202	5 N·m
检波器线圈总成	656－4200 656－103	4 N·m

8.2.5 安装

1. 安全注意事项

高压空气枪操作不当是非常危险的，因此操作人员在检修、安装气枪的时候务必遵守有关安全规则。

（1）在操作检查和装配气枪的时候，请确认气枪中的高压空气已经被完全释放。

（2）在拆解气枪之前，请确认无高压空气，而且高压空气管路已经移除。

（3）不允许在空气中激发气枪。

（4）手不能放入气枪的高压释放口。

2. 气枪安装实例

（1）气枪安装在枪板上（见图8—7）。

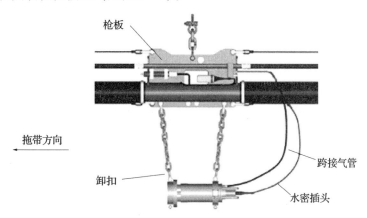

图 8—7　气枪安装在枪板上

（2）气枪安装在牵引排上（见图8—8）。

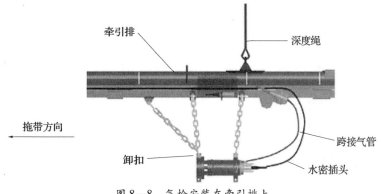

图 8—8　气枪安装在牵引排上

8.2.6 维护保养

1. 基本介绍以及注意事项

经过多年的研究和开发，G 枪不但有较好的信号输出而且可靠性也很高。越来越多的地球物理公司选择 G 枪作为震源进行 2D、3D 的地震作业。G 枪不但有好的性能，维护保养也比较方便，不需要特殊的专用工具进行拆装，常用工具就能满足 G 枪解体和安装的要求，而且完成一次保养所需要的时间也很短。

为了使气枪具有良好的性能和可靠性，在气枪的维护保养中需要注意：

（1）G 枪不建议在空气中进行激发，如果激发则需要更换相关密封圈（序号 25，O 形密封圈 P/N 603—306）。

（2）G 枪气室中的减容块必须正确安装。

（3）一些紧固和滑动表面，应保持原有的表面粗糙度，不要接触硬的物体以免划伤。

（4）不能用化学溶剂清洁提升阀，用软布轻轻擦拭即可。

（5）任何时候不能用石油基的润滑剂涂抹气枪零件。

（6）不要用含铁微粒的纸或砂纸打磨气枪关键部件。

（7）不能用钢丝刷打磨气枪关键零件。

（8）不要用酸性溶剂清洁气枪。

2. 维护 G 枪所需工具

G 枪的拆装相对比较简单，不需要复杂的专用工具，通用工具就可以进行拆装和维护。所需工具见表 8—2。

表 8—2　　　　　　　　　　　维护 G 枪所需工具

名称	规格	数量
开口扳手	$1\frac{3}{16}$ in	2 把
开口扳手	7/16 in	1 把
旋具	0.046×5/16 in	2 把
旋具	0.020×1/8 in	1 把
橡胶榔头	4 磅	1 把
专用工具	P/N：621ST	1 套
专用工具	P/N：603-2122	1 把

3. 零部件磨损极限

G 枪零部件均选用耐海水腐蚀的材质，并且表面进行过防腐处理。但是由于气枪释放时的振动以及零件之间的摩擦运动，各零件表面会有磨损现象。定期测量零件的磨损量，有利于监控气枪的使用状况，制定更加科学的维护保养计划。表 8—3 是 G 枪零部件磨损极限值。

表 8—3　　　　　　　　　　　　　G 枪零部件磨损极限值

名称	部件号	极限值	图例
本体	P/N：621 – 101	0.470 5 in（11.95mm）	
套筒	P/N：621 – 102	0.470 5 in（11.95mm） 3.550 8 in（90.19mm）	
法兰	P/N：621 – 109 and 621 – 116	0.948 4 in（24.09mm）	
支承环	P/N：603 – 108	0.338 6 in（8.6 mm）	

续表

名称	部件号	极限值	图例
轴承	P/N：603 – 112 and 603 – 113	0.039 2 in（0.995mm）	
计时器轴承	P/N：656 – 107	0.034 3 in（0.87mm）	

4. 清洁

（1）基本情况介绍。在气枪入库前或一个工程结束需要将气枪储存之前，需要将气枪解体，进行清洁，并涂抹合适的润滑油，防止气枪被腐蚀。气枪的密封圈并不需要安装。短时间的存放，一定要用淡水冲洗，避免海水的腐蚀。

（2）清洁步骤

1）对气枪进行解体，并小心地拆除密封圈。

2）按照1:5的比例对浓缩的专用清洁剂进行稀释。

3）将零件放在溶液里浸泡5~30 min。

4）用软布擦干零件的表面。

5）如果零件表面有严重的盐垢，建议再一次浸泡，大约45 min以上，再用软布擦干。

6）最好不要用百洁布清洁零件表面，以减少清洁零件的时间。

7）仔细用淡水冲洗零件。

5. 维修

所有的装配工作之前，必须对气枪的零件以及周围环境进行清洁，包括工作台以及操作人员的双手和工具。

气枪上所有的密封圈务必仔细拆卸，气枪的金属零件经淡水清洗后需要擦拭，并用压缩空气吹掉灰尘。仔细检查并用软布擦拭密封圈环槽，查看零件表面有无毛边或斑点。如果有毛边或斑点，建议用600目氧化铝砂皮仔细打磨。不要用钢丝刷或铁砂皮打磨，因为这些介质粒子嵌入零件表面容易造成零件生锈和腐蚀。

气枪内部的金属零件有特殊的抗磨抗腐蚀涂层，小心这些涂层不要被破坏。气枪内部轴承和密封圈接触的地方会发亮这是很正常的。有必要的话，将零件磨下来的介质仔细清洗掉。

在气枪解体和安装的时候要选择合适的工具。不要将气枪零件直接夹在台虎钳上，在固定零件之前，需要在台虎钳上垫上铝质材料或其他软质材料的衬垫，以免损坏零件。不要用金属榔头直接敲打气枪零件，如需要的话应使用橡胶榔头。不要试图用焊接或再机械加工的方法修理气枪的零件，这是非常危险的。在气枪安装之前，气枪零件的表面用手薄薄地涂上道康宁 111 润滑剂。这有两个目的：一个是检查零件表面的毛边是否被修复，另一个是润滑密封圈和零件的表面，以有利于安装和工作。

6. 储存

如果气枪放在甲板上一段时间不用，需要用淡水冲洗气枪。工作结束后，所有气枪以及电磁阀需要解体、清洁保养并储存。虽然不锈钢相对于碳钢来说是抗腐蚀的，但不是绝对没有腐蚀。大海的潮气以及盐分在适当的条件下依然会对这些零件进行腐蚀。由于密封圈和轴承安装在气枪上储存，会影响这些密封件的使用寿命，所以建议气枪在储存的时候不要安装。电磁阀储存的时候，其内部各连接器以及沉孔内不要塞满润滑脂，以免在电磁阀重新使用的时候，需要从电磁阀和柱塞去除这些润滑脂，而造成电磁阀线圈壳体和连接器的损坏。零件的表面涂有专用蜡以达到防腐要求的，在重新装配前必须清洗掉这些蜡膜。

任何时候不要使用石油基的润滑剂喷在零件表面进行防腐处理。在高压下这些石油基润滑剂容易被点燃，而发生危险。如果需要额外的润滑可以使用硅脂液体喷入气枪。

概括起来，G 枪的结构简单，拆装方便，修理以及维护保养比较容易被掌握。但是气枪维护保养精度要求高，维护保养频率较高。

8.2.7　气枪的故障分析

G 枪在使用一段时间后，由于外界环境因素和自身的不足，往往会产生故障。正确的判断和合适的维修方法是保证整个震源系统工作可靠的基础。遇到恶劣海况，水密插头容易拉断，气管容易磨损造成漏气。在收放枪阵的时候，枪阵入水和出水时容易损坏电线和气管，这就要求收放操作人员谨慎操作，尽量避免损坏。气枪自身零件的老化以及空气系统的润滑不良，容易造成气枪内部积垢。在气枪释放后，海水随着枪梭返回进入套筒内部，容易造成积盐，使得气枪枪梭被卡住，以至于气枪不能工作。表 8—4 是气枪的故障现象、产生原因以及解决方法。

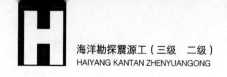
表8—4　　　　　　　　　　　　气枪故障原因以及解决方法

故障现象	可能的原因	解决方法
不响炮	气枪以及管路里面进水	充气提高气压到 2 000 psi，并发送电脉冲
	不合适的电脉冲	检查电脉冲
	线路或电磁阀故障	检查线路绝缘和电磁阀
	电磁阀被粘住	清洁电磁阀的移动部件
	空气回路堵塞	检查空气管路、枪梭和枪杆的孔
	漏气	检查空气管路、连接件和气枪
自动响炮	检波器或线路有问题	检查有关部分
	错误的气密性	检查电磁阀：提升阀、密封圈 检查气枪：密封环、帽状环、O 形圈、D 形环
	意外的电脉冲	检查激发单元
不稳定	电磁阀被粘住	清洁或更换电磁阀运动部件
	线路故障	检查线路以及绝缘情况
	空气气密性	检查电磁阀：提升阀、密封圈 检查气枪：密封环、帽状环、O 形圈、D 形环
	错误的电脉冲	检查电脉冲信号
	激发间隔太短	延长激发时间
	空气回路堵塞	检查空气管路、枪梭和枪杆的孔
	结冰	加防冻液
	气枪水平悬挂时，空气接头在下方	转动气枪，使空气接头在上面
	触发脉冲和触发系统	改善触发脉冲和触发系统
	检波器进水	激发50～100 次

8.3　博尔特长命枪

地震勘探是地球物理勘探中的一种重要方法，常用以探明地下地质构造形态、岩性变化、断裂特征以及地层破坏程度等诸多地质问题，是近四五十年来发展最快的勘探技术之一。地震记录质量的好坏在很大程度上取决于地震波的激发和接收条件，地震波基本采用炸药或非炸药震源进行人工激发，因此，震源在地震勘探中起着举足轻重的作用。在海洋地震勘探中，震源包括空气枪、水枪、炸药、单道电火花等，但目前地震勘探船使用最多、用途最广泛的震源系统还是空气枪。空气枪的种类主要有博尔特长命枪、Sleeve 枪、G 枪、APG 环形枪四种。本节根据博尔特长命枪的工作原理，就其在海洋地震勘探应用中常出现的各种故障、问题进行分析，并就相应的维修与保养方法进行阐述。

8.3.1　博尔特长命枪的工作原理

气枪声能决定于激发腔的容积和压力。目前，博尔特长命枪有 1500LL 和 1900LL 两大系列，1500LL 气枪激发腔容积范围 $40 \sim 1\,500$ in^3，1900LL 气枪为 $20 \sim 300$ in^3，这两大系列除激发腔容积大小不一样外，气枪的结构和工作原理都是相同的。

如图 8—9 所示，博尔特长命枪工作时，高压气体通过进气口进入气枪。首先，气体进入工作气室，活塞上的不平衡压力使活塞轴向点火气室移动，接着活塞杆法兰和点火密封圈密封点火气室，活塞杆和工作密封圈密封工作气室。同时，高压气体通过活塞杆气嘴，从工作气室进入点火气室，直至两气室压力相等使活塞维持稳定。此时，气枪处于可激发待放炮状态。

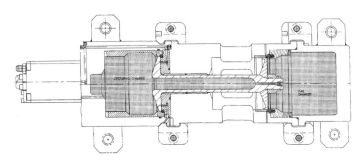

图 8—9　气枪充气

激发放炮是通过提供一个电流短脉冲使电磁阀被激发打开产生激发气体信号来完成。如图 8—10 所示，电磁阀激发时，电磁阀打开，工作气室气体经过枪头气孔以及挡板气孔到达活塞杆顶部下面位置，形成触发活塞杆向工作气室移动的作用力，这一压力加上激发腔气体作用于活塞法兰的压力，超过了工作腔作用于活塞杆顶部的作用力，激发腔的气体这时以爆炸的方式释放，俗称"放炮"，如图 8—11 所示。

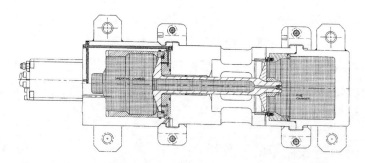

图 8—10　气枪激发

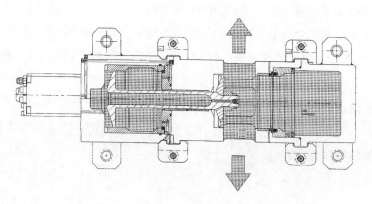

图 8—11　气枪释放

当气枪释放后，活塞杆在工作气室高压气体的作用下，向激发腔移动，活塞杆法兰紧贴在释放口密封圈上，激发腔封闭，同时高压气体通过气嘴向激发腔充气，直到两气室压力又一次达到平衡，准备下一次释放，如图 8—12 所示。

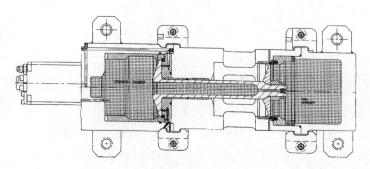

图 8—12　气枪复位

8.3.2 博尔特长命枪的故障分析及维修方法

气枪在工作一定时间以后，总会出现这样或那样的故障，必须将其收到甲板上进行修理。气枪被拖拽出水前，必须断开激发线与气枪控制器之间的连接，缓慢排气，降低供气气压至 500 psi 并保持这一压力。气枪回收至甲板时，所有非工作人员必须远离气枪排气口 15 m 以外。缓慢打开排气阀，待枪中气体排完后关闭。因为气枪排气管道可能与其他排气管道相连，所以易引起意外放炮，有一定的危险性。为了将意外放炮的可能性降至最低，避免其对枪体和人员造成意外伤害，必须缓慢释放压力气体，甚至为安全起见，还需手动放几炮，将枪中残留余气彻底排完。这时，才可以对气枪进行拆卸维修，并要求装配场所干净、整洁，最好铺上一块干净的布或橡胶等。

1. 漏气

漏气是气枪较常见的故障之一。在气枪回收的过程中，一些漏气现象可以直观地看到，如气管破裂漏气、管头漏气、电磁阀漏气等。对于气管破裂漏气，应更换新管。若是气管接头损坏，则需重新压气管接头。如果管子接头有松动，则需拆下检查接头螺纹是否完好，如果没有损坏，重新拧紧管子接头即可；如果螺纹已经损坏，务必更换新的接头。若气枪枪体有漏气现象，首先判断是什么部位漏气，拆检相关零件和密封，检查是否有损坏。通常检查电磁阀 16# 和 19#O 形密封圈是否有磨损，点火密封圈 14# 以及工作密封 4# 是否有损坏，如有损伤立即更换。同时要检查枪体内有无异物，并用专用清洁剂将枪体及其他金属配件擦洗干净。若是气枪的硬件（如主枪体、气室、枪头、枪梭法兰）有微小裂纹，则应更换相应的硬件。这些裂纹一般发生在抱箍位置，枪梭法兰的锥面结合处也有可能产生微小的裂纹造成漏气。

2. 气枪提前激发

气枪总是提前激发，一般是由于工作密封有损坏、电磁阀漏气造成，也有可能是排气嘴堵塞或者电路故障引起。

3. 自动放炮

如果气枪在空气或水中自动激发放炮，首先应检查电磁阀密封圈是否完好，再检查电磁阀弹簧是否完好，如有损坏立即更换并正确安装。安装好电磁阀后，若活塞仍然压不住，则必须对气枪进行拆检，检查导向块挡板密封圈、工作密封圈，发现有缺陷时更换密封圈。检查气嘴和活塞孔，发现堵塞应取出疏通和清洗，并且检查汽缸内有无异物，还要检查气管和过滤网是否干净，有无损坏。安装好气枪，有时候活塞仍

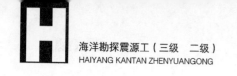
然压不住，这时可在气枪气压低于 200 psi 的情况下，用一根较长的木棍按压住活塞杆法兰，动作要迅速、准确，通过外力的作用使活塞闭合（一般刚检修好的气枪出现这种情况都可以如此处理）。

4. 气枪密封正常（不漏气），但不能激发放炮

每次电磁阀触发看到有少量气体从枪里放出时，应首先考虑是激发管路或导向块挡板气孔堵塞，及导向块挡板密封圈有缺陷，这时应拆枪检查、清理或更换。另外，如果气嘴堵塞，但又没有完全堵死时，也会出现这种情况，因而也要对气嘴及活塞轴心进行检查、清理。活塞杆密封以及减磨环卡住也会造成气枪不能正常激发放炮，因此在没有发现堵塞的情况下应拆下中枪体，取出活塞杆进行检查，对磨损变形的活塞杆密封圈或减磨环进行更换，活塞杆如果有刮痕或锈斑应进行清理，如果活塞杆变形或刮痕严重则必须更换。

电磁阀触发时观察不到有气体从枪里放出，这主要有两种原因：一是电磁阀被粘住或卡死；二是电气部分故障。因为电磁阀的检修相对容易些，因此先从电磁阀着手。拆开电磁阀，检查柱塞腔内有无油污等异物存在，检查柱塞在衔铁中是否活动自如，衔铁若刮损严重应更换；柱塞密封圈若磨损要更换；柱塞弹簧若无弹力、折断或变形，也必须更换。对于电气部分故障，则检查激发线路各连接是否牢靠，检查主要接触面是否磨损或有刮痕；有无漏电、短路、断路现象。

5. 气枪工作不稳定或没有检波信号

这种情况一般先考虑电源故障。检测供电单元所供电流、电压是否正常，如不正常，则维修或更换供电单元。在供电单元正常的情况下，考虑是否电磁阀或检波器连接故障。确信电磁阀或检波器连接线插头、插脚完全干净的情况下，检测其插头、插脚对地阻值，若小于 1 MΩ（兆欧），则更换相应的部件。

气枪检修完毕，在放枪之前检查气枪以及枪阵相关零件是否可靠。因为气枪是一种以爆炸方式释放能量的能源装置，而且被拖拽于水下，所以在下水前应检查其拖拽系统，检查所有螺钉、螺母、插销是否完全上紧，所有卸扣、链条是否完好。

8.3.3 博尔特长命枪的保养

为使气枪保持良好的工作状态，不因气枪故障影响海上作业，有必要对气枪进行定期维护保养。如气枪长时间停用，需要对气枪进行解体、检测、清洁、保养。在此过程中，用淡水清洗可减少腐蚀，同时选用擦伤力很小的百洁布擦抹掉各部件表面的残留物，用干净的布条或面巾纸抹掉脏物及油脂。若将密封润滑油脂等润滑剂涂在关键区域（如电磁阀）中会导致气枪同步不正常。密封润滑油脂（#111、凡士林等）可作为密封圈密封润滑剂，在将密封圈安装到各自原来位置前，可均匀涂抹少量润滑剂于密封圈上，密封圈涂上润滑剂后不可再接触脏物。各种螺杆螺纹，尤其是活塞杆头部的螺纹上应涂少量防锈粘剂，此外，铜衬套及弹簧座外壁也可涂少量防锈粘剂。气枪如需暂时停止工作可以保留在水中，但枪中必须保留一定气压，若没能保持气压而导致气枪进水，应收回检修，倒掉激发缸中的积水。

电磁阀好比是人的大脑，是气枪的指挥中枢，控制着气枪的激发，只要有机会，应及时对其进行清洁、清洗。清洁时可用专用清洁剂去掉电磁阀中的所有脏物、碎屑等，并用淡水清洗以减少腐蚀。为了有助于安装，密封圈可均匀涂抹少量润滑剂，但不能涂抹任何润滑剂于衔铁内、外面及与其活动时相接触的其他部件的表面上。如果衔铁柱塞有轻微腐蚀，可用高标号水磨砂纸和煤油进行擦拭，然后抹干净。安装时应确认密封圈及各部件表面清洁、光滑，无任何擦痕或不规则情况，否则应更换。检查弹簧装好于衔铁柱塞内，如有变形、折断则须更换。

要使气枪正常激发放炮，必须要有一个干净、清洁的高压空气源，因此，气管连接气枪前，必须彻底吹干净，并经常清洗或更换过滤网。要使气枪安全、可靠地在水下作业，还必须要有一个牢靠的拖拽系统，因此，只要有机会就应检查其拖拽系统，检查所有螺钉、螺母、插销是否完全上紧，所有卸扣、链条是否完好。

8.4　气枪阵列所需空气量的估算

在日常的震源设计和施工作业中，为充分考虑经济性，往往需要计算现有空压机的排量能够满足多大容量的震源阵列，以及设计新震源需要配备多大容量的空压机。下列经验公式是空压机排量、气枪容量、气枪压力以及放炮间隔之间的关系式。

$$SCFM = \frac{2.39 \times P \times (V + k)}{1\,000 \times C}$$

式中　　$SCFM$——标准立方英尺每分钟；

P——工作压力，psi（磅/平方英寸）；

V——气枪容量，in^3（立方英寸）；

C——放炮间隔时间，s；

k——修正系数，一般取 13~16。

或：

$$\mathrm{Nm^3/h} = \frac{3.6 \times P \times (V + k_1)}{C}$$

式中 $\mathrm{Nm^3/h}$——标准立方米每小时；

P——工作压力，bar；

V——气枪容量，L；

C——放炮间隔时间，s；

k_1——修正系数，一般取 0.21~0.23。

通过以上经验公式，可以测算震源容量与所需空压机排量、工作压力以及放炮时间间隔之间的关系。

【例8—1】

有个震源容量为 6 080 in³，正常施工放炮间隔时间是 18 s，设计工作压力为 2 000 psi，求：所需空压机排量为多少？

答：根据经验公式可知，所需空压机排量为

$$SCFM = \frac{2.39 \times P \times (V + k)}{1\,000 \times C} = \frac{2.39 \times 2\,000 \times (6\,080 + 13)}{1\,000 \times 18} = 1\,618.13\,(SCFM)$$

技能要求

套筒枪的拆装

操作准备

所需工具物料：

1. 道康宁硅脂

专用螺纹防卡润滑剂，如 Bostik Anti-seize and lubricating。

2. 特殊工具

（1）专用工具组合。

（2）扭力扳手。

3. 普通工具

（1）开口扳手3/4 in。

（2）橡胶榔头。

（3）钩针。

（4）弯头旋具。

操作步骤

步骤 1　解体

1．首先将枪阵系统中的高压空气完全释放，将气枪的气管从枪阵上拆下。

2．将电磁阀插头和检波器插头从气枪上拆下。

3．拆下电磁阀。

4．将气枪从吊枪板上拆下。

5．松开抱箍螺栓将气枪的抱箍拆下。

6．将气枪搬运到气枪检修工位，任意选择拆卸气枪底部内六角螺钉，将其松开，并拆下。

7．将气枪安装在专用拆装工具台上，并用链条妥善固定。

8．用 3/4 in 开口扳手拆下高压软管。

9．将枪头拆卸专用接装板用 5/8 in $-1\frac{3}{4}$ in 螺钉固定在枪头上，然后通过扭力放大器用 1/2 in 棘轮扳手松开枪头，如图 8—13 所示。

10．用手拧开枪头。

11．将运动套（枪梭）拉出。

12．拆下减磨环和密封圈。

13．继续拆下气枪底部内六角螺钉。

14．将气枪的本体拉出。

15．用专用的铝制凿子将平面密封拆下，如图 8—14 所示。

16．用旋具将检波器盖子上的卡簧拆除，用专用工具将检波器盖子拉出，取出检波器线圈，如图 8—15 所示。

步骤 2　装配

解体后的气枪需要经过清洁，并更换不合格的零件以及所有的密封圈。气枪的装配与气枪解体的步骤基本对应。

图 8—13　套筒枪的解体专用工具

图8—14 平面密封的拆除

图8—15 检波器盖的拆卸

1. 将密封圈均匀地涂上薄薄的一层道康宁硅脂，然后安装在密封圈槽里，如图8—16所示。

2. 用专用安装工具将平面密封装入气室上部的阀座，如图8—17所示。

图8—16 密封圈的安装

图8—17 平面密封安装

3. 将气室安装到本体上，并使得底部的螺纹孔与本体螺纹孔吻合。

4. 安装底部六个对称的内六角螺钉，留两个螺钉不用安装，如图8—18所示。

5. 安装本体上部的减磨环和密封圈。

6. 安装运动套（枪梭）内部的密封圈和支承环，并将运动套安装到本体上，如图8—19所示。

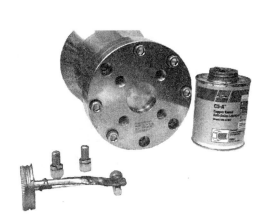

图8—18　本体底部螺钉安装　　　　　　　图8—19　运动套的安装

7. 安装已经清洁好的检波器线圈，在密封圈上均匀涂抹道康宁硅脂，将密封圈小心地装入密封圈槽。

8. 安装检波器盖子，并将卡簧安装到位。

9. 用手小心地将枪头拧到套筒枪的本体上，手动旋转枪头直至不能旋动为止。

10. 安装接装板，用扭力放大器以及扭力扳手上紧至规定扭矩，通常为800～1 000磅尺。

11. 将保养好的电磁阀装到气枪枪头位置。

12. 安装气管以及抱箍等其他附件。

13. 将气枪安装到吊枪板上，连接好气管、水密插头等附件。

注意事项

1. 在进行气枪的维护修理操作前请正确穿戴劳防用品。

2. 在拆枪前，检查确认系统中以及气枪里没有高压空气。

3. 操作人员任何时候不要将手伸进释放口。

4. 不要用钢丝刷清洁气枪。

5. 密封圈润滑剂只能用硅脂，其他的不要用。

6. 在搬运气枪时要注意采用正确的搬运方法。

7. 螺纹处涂抹防卡螺纹专用润滑剂要适量，千万不要涂太多。

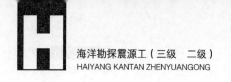
G II 枪的拆装

操作准备

所需工具物料：

1. 道康宁硅脂

专用螺纹防卡润滑剂，如 Bostik Anti – seize and lubricating。

2. 特殊工具

（1）专用工具组合。

（2）扭力扳手。

3. 普通工具

（1）开口扳手 3/4 in。

（2）橡胶榔头。

（3）钩针。

（4）开口扳手 $1\frac{3}{16}$ in。

（5）开口扳手 7/16 in。

操作步骤

步骤 1　解体

1. 确认气枪中的空气已经放尽。

2. 激发开关已经关闭。

3. 将水密插头从气枪上拆下。

4. 将气枪的高压气管拆下。

5. 将气枪正放在地板上，将螺钉拆开，用螺丝刀和橡胶榔头将抱箍拆开。键拆开，用两把螺丝刀将套筒从本体分离出来，如图 8—20 所示。用专用工具 603 – 2104 将梭阀从套筒中拉出。若枪梭留在本体里面，手动取出。拆卸其他零件。注意支承环的取出需要用专用工具 BUR Tooling 603 – 2122。

6. 测量专用工具如图 8—21 所示。

按照表 8—3 的位置进行测量。

本体：用专用工具 621 – 3105 测量，最小厚度为 11.95 mm。

套筒：最小厚度为 11.95 mm。内径最大 ϕ90.19 mm。

法兰：24.09 mm。

图 8—20　GⅡ枪分解图

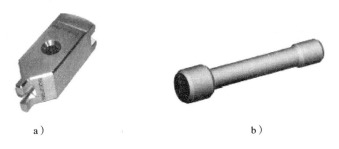

a)　　　　　　　　　　　　　b)

图 8—21　测量工具

a) 专用工具 621 – 3105　b) 专用工具 603 – 2301

支承环Ⅰ 721 – 109：8.6 mm。

支承环Ⅱ 721 – 108：9.3 mm。

枪梭轴承：使用专用工具 603 – 2301 测量，最小可接受为 0.995 mm。

检查键与键槽以及螺旋销 spiral pins 621 – 301 情况：磨损或丢失必须更换。

步骤 2　装配

每一次装配总是用新的 O 形圈和帽状环；在 O 形圈、环、滑动表面适当地涂上硅脂；在螺纹上涂上适量 Molykote g – rapid plus paste。

1. 将枪梭倒置，将 D 形环 721 – 310 装进枪梭，然后用专用工具将帽环 721 – 303 装入，用手指或尖嘴钳将 Shuttle Bearing 603 – 113 装入，千万不要使 Shuttle Bearing 603 – 113 弯曲过度以免折坏。最后装入 Wiper Ring 603 – 308。将枪梭朝上，用手指或尖嘴钳将 Shuttle Bearing 603 – 112 装入，同样要小心不要折弯过度以免损坏。将 D 形环 721 – 309 装入，然后用专用工具将帽环 721 – 302 装入。

2．装入 Sealing Ring Clamp Ⅱ 623 – 103、密封环 603 – 107、密封环座 623 – 105 和 O 形圈 623 – 301。D 形环 621 – 303 上涂点润滑脂后装入枪梭。接下来装配支承环 Ⅱ 721 – 108 到枪梭的中部，注意字朝下。将帽环 Ⅱ 721 – 313 和支承环 Ⅰ 721 – 109 装入枪梭，同样要求字朝下。

3．检查枪梭组件安装正确，支承环倒角必须向上。

4．将 O 形圈 603 – 305 装到套筒上。

5．将 O – ring 721 – 306 装入 O – ring Valve Ⅱ 721 – 113，并且将之与 O – ring 603 – 311 一起装入套筒的孔。

6．安装电磁阀 CX 04 603 – 400 和检波器 656 – 100。

7．使用专用工具 Pusher tool 603 – 2107 将枪梭组件装入套筒。需要的话，装上减容块，不要忘记定位销 603 – 321。

8．在 O 形圈 603 – 301 和 603 – 306 上涂点硅脂，装到枪梭杆 721 – 103 上，并将之塞入枪梭。然后将套筒塞入本体，注意对准插槽。键上涂点油脂装入插槽，安装枪抱箍。

9．给空气接头装上防护帽。

注意事项

1．在检查拆卸前，确认气枪里的空气已经排放彻底。

2．不要在空气中激发气枪。

3．不要将手放在释放口。

4．穿戴正确的劳防用品。

5．维护时手需要清洁干净，且工作区要干净。

6．万一在空气中气枪激发了，务必更换 O – ring 603 – 306。

7．O 形圈和磁体上用 Dow Corning 硅脂，螺纹上用 Molykote g – rapid plus paste。

8．不要用石油基润滑剂、铁砂或砂纸、钢丝刷、酸性或碱性溶剂清洁气枪。

博尔特长命枪的拆装

操作准备

所需工具物料：

1．道康宁硅脂

专用螺纹防卡润滑剂，如 Bostik Anti – seize and lubricating。

2．特殊工具

（1）专用工具组合。

（2）扭力扳手。

3．普通工具

（1）开口扳手 3/4 in。

（2）橡胶榔头。

（3）钩针。

（4）弯头旋具。

操作步骤

步骤1　解体

1．首先确认气枪中没有高压空气，再着手对气枪解体。将水密插头从气枪电磁阀上拆下，如图8—22 所示。

2．将气枪的上下抱箍拆下，分别将主气室、中枪体、枪头分开，并拆解内部零件，如图8—23 所示。

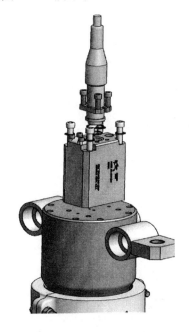

图8—22　水密插头的拆卸

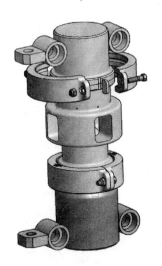

图8—23　抱箍的拆卸

3．将中枪体安装到专用工具上并固定，如图8—24 所示。注意均匀的上紧固定活塞杆螺钉，使得活塞杆中心与中枪体中心在同一直线上。

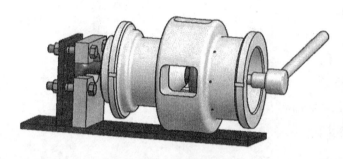

图 8—24　中枪体的拆装

4. 松开活塞杆螺母，取出活塞杆法兰，移出中枪体。

5. 将释放口铜套拉出，枪头铜套也用同样的工具操作。

6. 将中枪体内部减磨环和密封圈取出，支承导向块移出。

步骤 2　装配

在装配之前所有的零件必须进行检查和清洁。

1. 组装中枪体，密封圈和减磨环上涂上适量的道康宁硅脂，不要涂太多。安装时保持场地清洁，如图 8—25 所示。

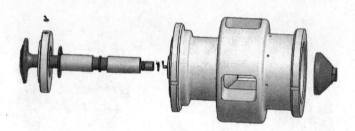

图 8—25　中枪体的组装

2. 组装好的中枪体安装到专用工具上，在活塞杆螺纹处适当涂上防卡专用螺纹油，装上螺母，用扭力扳手上紧至规定扭矩 350 磅尺。

3. 组装枪头，先后装入铜套、密封圈、铜质支承环。

4. 将中枪体与枪头组装，注意激发孔位置要一致，安装抱箍。

5. 安装气室与中枪体之间内部零件，密封圈涂上适量硅脂，安装抱箍，注意上下抱箍一致。

注意事项

1. 在检查拆卸前，确认气枪里的空气已经排放彻底。

2. 不要在空气中激发气枪。

3. 不要将手放在释放口。

4. 穿戴正确的劳防用品。

5. 维护时手需要清洁干净，且工作区要干净。

6. O 形圈和磁体上用道康宁硅脂，螺纹上用防卡螺纹油。

7. 不要用石油基润滑剂，不要用铁砂或砂纸、钢丝刷、酸性或碱性溶剂清洁气枪。

8. 不要用百洁布或类似的产品擦拭减磨环。

9. 通常控制在使用 25 万炮左右进行预防性维护保养。

测　试　题

一、判断题（将判断结果填入括号中，正确的填"√"，错误的填"×"）

1. 漏气的检查方法为往气枪中充入 100 psi 的气体，将气枪放入水中，观察气枪有无漏气和漏气的位置。　　　　　　　　　　　　　　　　　　　　　　　　　（　　）

2. 检查气枪漏气常用的方法是通过观察压降来判断气枪的漏气情况，在充满 2 000 psi 压力时关闭充气阀，观察 10 min 压力表的跌落情况，压降不要大于 100 psi。
　　　　　　　　　　　　　　　　　　　　　　　　　　　　　　　　　（　　）

3. 气枪有点小漏气无关紧要，只要运动套能够压死，不影响气枪的工作。（　　）

4. 当气枪的电磁阀粘在打开位置的时候，气枪可能自动放炮，这是个间断性的问题，在这样的情况下，气枪不能储存空气。　　　　　　　　　　　　　　　（　　）

5. G 枪是由 SERCEL 公司设计生产，特点是一种型号的气枪通过改变气室容积的大小来实现对不同容积的气枪要求。　　　　　　　　　　　　　　　　　（　　）

6. 通过经验公式，可以测算震源容量与所需空压机排量、工作压力以及放炮时间间隔之间的关系。　　　　　　　　　　　　　　　　　　　　　　　　　（　　）

7. 博尔特长命枪与传统气枪的主要区别在于：枪体的喉管面积以及梭阀的运动速度都有所增加，因此可以获得比传统的 BOLT 枪更高的峰峰值和气泡比。　（　　）

二、单项选择题（选择一个正确的答案，将相应的字母填入题内的括号中）

1. 气体进入工作气室，活塞上的不平衡压力使活塞轴向点火气室移动，接着活塞杆法兰和点火密封圈密封（　　），活塞杆和工作密封圈密封（　　）。

　A. 工作气室　激发气室　　　　　　B. 点火气室　工作气室

　C. 主气室　激发气室　　　　　　　D. 激发气室　点火气室

2. 高压气体通过活塞杆（　　　），从工作气室进入点火气室，直至两气室压力相等使活塞维持稳定。

　　A. 气嘴　　　　　　　B. 气管　　　　　　　C. 法兰　　　　　　　D. 法兰孔

3. 激发放炮是通过提供一个（　　　）使电磁阀被激发打开产生激发气体信号来完成。

　　A. 电容脉冲　　　　　B. 电流脉冲　　　　　C. 电流短脉冲　　　D. 电压脉冲

4. 当气枪释放后，（　　　）在工作气室高压气体的作用下，向点火气室移动。

　　A. 导向块　　　　　　B. 法兰　　　　　　　C. 活塞　　　　　　　D. 活塞杆

5. G 枪本体 Item1（P/N：621 – 101）最小极限数据（　　　）。

　　A. 0.570 5 in　　　　B. 11.95 mm　　　　C. 11.05 mm　　　　D. 12.95 mm

6. 套筒 Item 2（P/N：621 – 102）内径最大尺寸数据（　　　）mm。

　　A. 90.19　　　　　　B. 91.19　　　　　　C. 92.19　　　　　　D. 93.19

7. 如果觉得用手比较容易安装，这就意味着法兰已经有较大的磨损，需要检查法兰磨损的程度。P/N：621 – 109 and 621 – 116（　　　）mm。

　　A. 25.09　　　　　　B. 26.09　　　　　　C. 23.09　　　　　　D. 24.09

8. 电磁阀被粘住打不开将造成气枪（　　　）。

　　A. 不响炮　　　　　　B. 气枪工作不稳　　　C. 自动激发　　　　　D. 漏气

9. Ⅱ型套筒枪保养周期大约在（　　　）炮。

　　A. 10 000　　　　　　B. 100 000　　　　　C. 200 000　　　　　D. 15 000

10. 套筒枪 SV – 2 电磁阀正常阻值为（　　　）Ω。

　　A. 2 ~ 3　　　　　　B. 4 ~ 5　　　　　　C. 5 ~ 6　　　　　　D. 7 ~ 8

11. 套筒枪运动套 O 形圈磨损严重将造成（　　　）。

　　A. 气枪漏气　　　　　B. 气枪工作不稳定　　C. 自动激发　　　　　D. 不能激发

参 考 答 案

一、判断题

1. √　2. √　3. ×　4. √　5. √　6. √　7. √

二、单项选择题

1. B　2. A　3. C　4. D　5. B　6. A　7. D　8. A　9. B

10. B　11. B

第 9 章

气枪阵列及相关设备

完成本章的学习后，您能够：

- ☑ 熟悉气枪阵列的组成、相干枪结构
- ☑ 掌握枪阵释放回收操作
- ☑ 熟悉枪阵线路系统原理
- ☑ 熟悉炮缆的结构、技术要求以及炮缆检测方法
- ☑ 熟悉展开器的结构和工作原理
- ☑ 掌握展开器释放回收操作
- ☑ 了解气枪控制器组成以及简单操作

知识要求

海洋物探进入 21 世纪以来取得迅猛的发展，为了提高作业效率，世界各大物探公司争相建造多缆物探船以满足物探市场的需要。目前多缆物探船作业缆数已经从 3 缆发展到 26 缆。作业设备震源拖曳方式，当今世界基本有两种，一种是柔性浮筒枪阵，另一种是硬式浮筒整体收放，各有优缺点。目前发现号、发现 2 号均采用柔性浮筒，发现 6 号则采用硬式浮筒枪阵。发现 6 号海洋物探船由劳斯莱斯设计上海船厂建造，2013 年下水，最大拖带缆数可达 14 缆，平常作业拖带 12 根电缆，双震源 6 串硬式浮筒枪阵。

9.1 柔性浮筒阵列

现代海洋物探地震船的枪阵已经从过去的单震源小容量发展到如今的大容量枪阵，甚至向超高压发展，如 G 枪震源空气压力可以达到 3 000 psi；震源阵列的结构也随之发展，有柔性浮体枪阵，有刚性浮体枪阵。各大物探公司为追求高性能、更加可靠的震源系统进行了新的开发和试验。1999 年美国 BOLT 公司的 APG 集成枪阵的推出，就是一个新的尝试。

图 9—1 是"发现号"物探船常用 BOLT – SLEEVE 震源的单列装配图。BOLT – SLEEVE 枪阵单列，是一种柔性浮体震源阵列，这在过去的地震船上较为常见。这种阵列的浮体部分是由橡胶管和刚性浮体连接而成，操作比较简单，甲板储存空间较小。根据枪阵各气枪枪架之间的距离，通过中间连接将各节橡胶管和浮体连接起来。中间

连接具有连接橡胶管和牵引气枪枪架的双重作用。气枪的沉放深度通过调节深度绳的长短来实现。有一种中间连接可以直接安装 RGPS，用来接收和发出枪阵的定位信号。

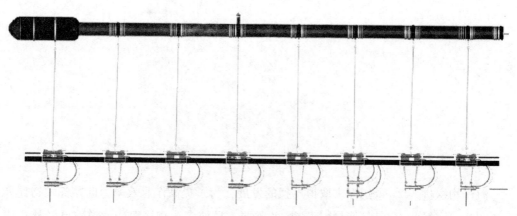

图 9—1　BOLT – SLEEVE 震源的单列装配图

9.1.1　基本结构

如图 9—2 所示，是柔性浮筒，因其形状像香肠，俗称香肠式浮筒。基本结构主要包括：

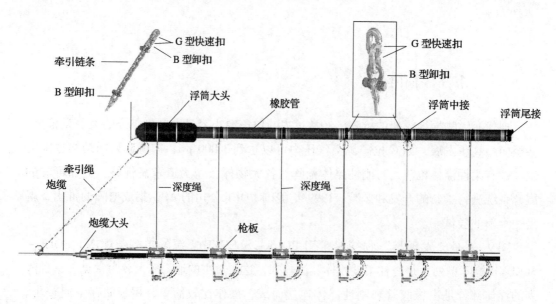

图 9—2　柔性浮筒结构

1. 浮体部分

由刚性浮筒大头和橡胶管通过中间连接而成，包括浮筒大头、中间连接、橡胶管、尾部连接、抱箍以及 RGPS 固定支架等零部件。

2. 气枪枪板

用于悬挂气枪，通过链条或钢丝绳连接成串。枪架之间的距离根据震源的技术要求确定。包括气枪吊点、连接牵引点、深度传感器托架、水听器托架、吊环（或吊孔）、护线管、高压气管等零部件，如图 9—3 所示。

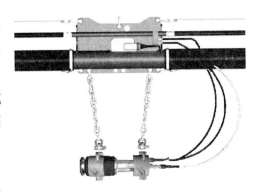

图 9—3　吊枪板

3. 气枪枪阵

根据震源的技术要求，不同容量、不同型号的气枪组合在一起。

4. 连接链条

在连接链条上安装橡胶减震圈保护气枪以及附件。

5. 枪阵线束（俗称 LOOM）

气枪震源的线路分配系统，通过枪阵线束向气枪提供激发电源和气枪释放震源信号传输。

6. 辅助设备

包括深度传感器、水听器、导航设备等。

9.1.2　技术要求

1. 浮体的橡胶管里务必充足气体，确保一定的浮力和刚度。

2. 牵引绳需要进行正确的调节，以确保各节浮筒受力均匀，以及浮筒在水中的导向性能。

3. 气枪的悬挂链条节数要符合要求。

4. 气枪间距必须严格按照施工技术要求布置。

5. 牵引链条或钢丝绳需要注意的是，上面的钢丝绳要比下面的链条紧，这样受力方式每个枪架一致，千万不要有的上面紧，有的下面紧。

9.2　硬式浮筒阵列

所谓硬式浮筒是指用于浮起枪阵的浮筒为刚性的，不变形，它不像柔性浮筒，在水中随着海浪弯曲。硬式浮筒的收放空间有一定的要求，需要专门的起吊设备，一次投资较大，但是操作简单，直接吊起放到水中，而且对震源深度的控制比柔性浮筒精确。硬式浮筒的下方有用于枪阵吊起与放下的起吊机构，炮缆也固定于浮筒下方内侧，气管以及电线从浮筒的尾部连接到气枪阵列。气枪吊点根据需要可设计成可调式、固定式或半可调式。如图9—4所示，这是典型的硬式浮筒枪阵，上面是硬式浮筒，悬挂在下方的就是气枪阵列，浮筒与枪阵之间有深度距离绳子控制震源的深度，有起吊钢丝绳用于阵列的收放，炮缆总头安装在浮筒的尾部，气管和电线从枪阵的尾部连接到阵列，这一点和柔性浮筒枪阵相反，柔性浮筒枪阵接从阵列的首部连接到阵列。硬式浮筒的牵引点在浮筒上，而柔性浮筒式枪阵的牵引点直接连接阵列。硬式筒阵列通常用于多缆双震源物探船。

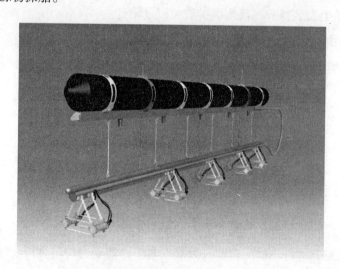

图9—4　硬式浮筒阵列

9.2.1　基本结构

硬式浮筒阵列由硬浮筒、矢量板、起吊机构、吊枪板、气枪、深度传感器、水听器、定位设备以及辅助零件组成。

1．硬浮筒

硬浮筒由高强度复合材料经专业加工而成，耐腐蚀，具有震源阵列所需要的浮力和强度以及刚度，能抵抗恶劣海况产生的海浪影响以及气枪释放时的气泡冲击。

2．矢量板

矢量板上通常有三个拖带点，位于矢量板的不同位置，依据不同阵列的不同扩展距离选择相应的拖带点。拖带点连接安装在炮缆的滑动防折器上。拖带位置不同，炮缆与矢量板拖带时形成的夹角不一样，阵列产生的矢量不一样，从而每一阵列的扩展距离不一样。例如，内侧阵列，扩展距离要小，那么选择前面的拖带点，这样拖带时炮缆与矢量板形成的夹角就小，获得的扩展矢量小；相反，外侧阵列，要选择靠后面的拖带点，拖带时炮缆与矢量板形成的夹角就大，获得的扩展矢量大。

3．起吊机构

柔性浮筒阵列靠炮缆绞车直接收放到甲板上，因为是柔性浮体，不需要起吊，浮体也随着气枪一起被收到甲板上，通过滑轮挂钩，悬挂在"H"梁上。硬式浮筒阵列的收放不像柔性浮筒，因为是刚性的，需要整体吊装，这就需要特殊的起吊设备，并且要求作业甲板有足够的空间。通常用固定安装在震源作业甲板顶部的起吊行车，将整个阵列整体从海里吊起。但是，气枪和浮体之间通常有 $5 \sim 6$ m 的距离，靠距离绳连接，悬挂在浮体的下方，若直接起吊需要很大的空间，显然是不现实的。这就需要将气枪和浮体能够收拢，以缩小起吊空间。人们在浮体中设计了一个特殊的装置，使得在起吊浮体时同时能够将悬挂在浮体下的气枪收拢到浮体下方紧贴浮体的矢量板，这种装置称为起吊机构。起吊机构由起吊钢丝（或起吊绳）、导向滑轮、两个吊点及每组气枪一个挂点组成。

起吊时，将吊点连接到枪阵收放装置的两个卷扬机上，启动卷扬机，使得整个阵列吊起，同时起吊机构的起吊绳收紧，并将悬挂在浮体下方的气枪收拢到矢量板的下方，卷扬机继续转动，将整个阵列收到枪阵收放装置的横梁下方，移动横梁至气枪作业甲板，通过阵列转储机构将阵列转移到合适位置。

4．吊枪板

吊枪板是指用于悬挂气枪或气枪组合，并装配有气枪激发和信号传输模块、高压气管分配器、水听器等辅助零件的机械电子组合，通过高强度链条连接下面的气枪。要求其耐腐蚀、抗冲击、重量轻。在气枪释放的时候，高能量的气泡对吊枪板不断地冲刷，容易造成吊枪板或安装在上面的零件损坏。选择合适材料的零部件是日常管理

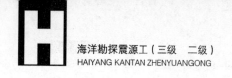

中零件订购和加工的要求。

吊枪板依据不同的气枪控制方式进行设计，不同的气枪控制器对吊枪板有其特殊的要求。数字气枪控制器目前已经被大多数多缆物探船采用，其卓越的性能以及可靠性获得多家物探公司的青睐。如图9—5所示吊枪板，中间核心安装着数字控制模块，气枪的激发线、信号线、深度传感器、水听器等均连接到这个模块，通过一根电缆将这些数据传输到炮缆水下终端。吊枪板有连接用的吊点，保护管用的接头，以及用于安装一些设备（如深度传感器、气管等）的固定支架，如图9—5所示。

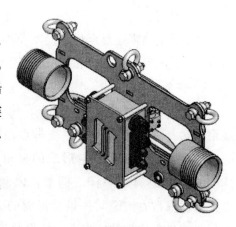

图9—5 数字枪控吊枪板

9.2.2 技术要求

合适的选材和正确的安装是震源阵列能够可靠工作的保证。震源气枪阵列在海洋里会受到海水的腐蚀，气枪释放时产生的气泡冲击，涌浪的影响。因此，震源气枪阵列要求耐腐蚀，抗冲击，具有一定的可靠性，以保证震源系统稳定地工作。

1. 浮体要求具有一定的刚性和强度以及足够的浮力，采用合成材料减轻浮体的重量，并预留安装定位设备的位置。

2. 起吊机构的起吊绳长度应合适，以确保在起吊时气枪吊枪板能够充分收拢在浮体下方。

3. 每个挂点的深度绳长度要一致，以确保每支气枪的沉放深度一致。

4. 悬挂气枪用的链条节数符合要求，长短合适。自然状态下，链条不能弯折，这样有利于减轻链条的磨损。

5. 吊枪板上的气枪激发和信号模块要安装保护装置，防止模块受气泡冲击损坏。

6. 高压气管的长度要符合要求，防止过长勾到螺栓卸扣造成损坏，过短拉坏气管。

7. 炮缆终端大头固定装置随着不同的牵引角度，能够自动调节。

8. 终端与气枪连接的线束和气管要安装保护套，防止海浪和气枪释放时气泡的冲刷造成损坏。

9. 相干枪的悬挂要使用专用"人"字形悬挂。

10. 对吊枪卸扣建议采用弓形卸扣，不锈钢螺栓要适合衬套的内径。不适当的卸扣或螺栓会加速衬套的磨损。

9.3 炮缆、枪阵线束系统

9.3.1 炮缆

炮缆，也叫脐带缆，是向震源提供能量和激发信号以及震源阵列信号传输的铠装缆。从炮缆截面图（见图9—6）可以看出，中间是高压气管，在气管外面有保护层和导线，再用钢丝正反两方向缠绕，最后注塑。

炮缆由气管、激发线、信号线、辅助保护层、炮缆终端接头等组成。炮缆通过终端接头与枪阵线束以及气管连接。

1. 炮缆结构

炮缆基本结构如图9—6所示，这是个典型的模拟炮缆断面截面图，从外层到内层分别是聚酰胺外皮、铠装钢丝、基层保护、信号线、电源线、气管等。

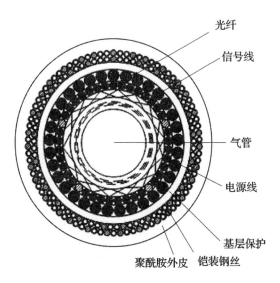

图9—6　炮缆截面图

图9—6为目前发现号用的炮缆截面图。有33对信号线，截面积是0.66 mm², 36根电源导线，截面积为1.93 mm²。当中高压气管采用7/8 in。外层保护材料是聚酰胺，

基层保护材料是聚氨酯。铠装钢丝镀锌有两层。炮缆外径为 68 mm。气管工作压力为 207 bar，测试压力为 311 bar，炮缆弯曲半径为 800 mm，最小破断载荷 230 kN。电源线阻值 11 Ω/km，信号线阻值 34 Ω/km。500 V 直流时绝缘值 > 500 MΩ/km，电源线高压测试 3 kV。

2. 炮缆水下终端

（1）模拟炮缆水下终端

如图 9—7 所示为发现号正在使用的模拟炮缆，炮缆终端接头分为甲板绞车端和水下枪阵端，左侧是甲板绞车端，右侧为水下枪阵端。甲板端有三个接头，均为 37 针，气管接头。水下端有气管接头以及 6 个分 LOOM 接头，在水下端还安装辅助的连接器用于连接炮缆和枪阵。

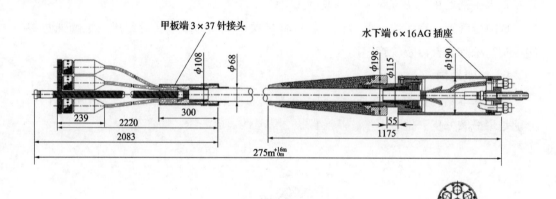

图 9—7 炮缆终端图

（2）数字炮缆水下终端

炮缆水下终端外观如图 9—8 所示，由弯曲限制器、壳体、限位及终端电气模块等组成。炮缆水下终端靠专用的抱箍固定在浮筒的内侧，通过炮缆牵引整个浮筒以及气枪阵列在海里。限位用于防止炮缆水下终端的滑落。

炮缆湿头单元的端面如图 9—9 所示，包括 4 芯辅助线水密插头、16 芯水密插头、高压气管接头。1 号和 3 号 4 芯水密插头连接信号线，2 号和 4 号 4 芯水密插头连接电源线。16 芯水密插头连接枪阵线束系统，连接到枪阵上的数字激发和信号模块，为气枪提供激发电压和气枪的信号传输。

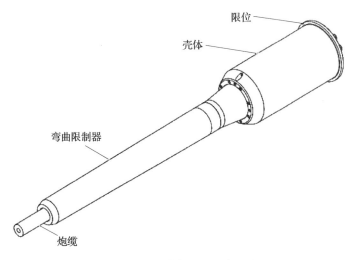

图9—8　炮缆水下终端外观图

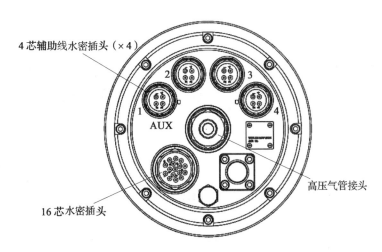

图9—9　炮缆湿头单元端面图

9.3.2　枪阵线束系统

1．数字枪阵线路

图9—10所示为GunLink4000气枪枪阵控制系统水下部分连接示意图，炮缆水下端内部有光电转换数字模块实现气枪信号数字化转换，控制信息通过DROP电缆与枪阵上的GFSM模块（气枪激发和传感模块）连接。每个吊枪点的吊枪板上安装GFSM，气枪的激发、检波器信号、深度传感器、水听器、高压传感器均集成到GFSM。每个吊枪点枪板上的GFSM之间有一根连接电缆连接。

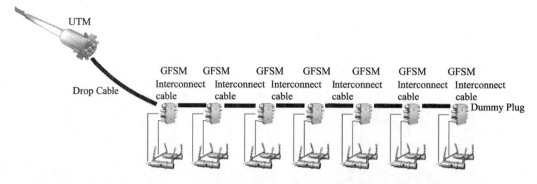

图9—10 GunLink4000气枪枪阵控制系统水下部分连接示意图

图9—11即为安装在枪板上的气枪激发和传感模块（GFSM），有激发线接口、信号线接口、深度传感器接口、水听器接口、压力传感器接口。

GFSM被安装在吊枪板上，用以控制气枪电磁阀的激发和监视传感器的输出信号。每个GFSM传感器通过EPROM校准数据，操作人员根据GunLink软件系统校准数据。

每个GFSM有以下功能：

图9—11 气枪激发和传感模块

（1）提供设计的电压脉冲和长度给气枪。

（2）监视气枪的电流以及电压脉冲，如果出现故障关闭回路。

（3）将输入信号放大并数字化经UTM传输到主计算机。

（4）连接外部水听器。

（5）连接高压传感器。

（6）连接深度传感器。

2. 模拟枪阵线路

模拟枪阵是指直接通过铜导线控制激发气枪以及气枪信号直接通过炮缆导线传输到气枪控制器，当中没有数字模块，接线复杂，导线数量很多，每个气枪需要两组导线连接，水听器、深度传感器也是直接通过导线连接到气枪控制器。线路由接线箱、甲板电缆、炮缆以及枪阵上的LOOM等组成。气枪的控制激发以及信号传输随着炮缆长度的增加产生衰减，为了保证合适的激发电压，需要将导线加粗，提高初始激发电压，否则气枪的激发会受到影响。炮缆终端的 6 个 16 芯分线接头，分别连接相应的吊枪板上的分线头（俗称章鱼头）。每个分线头有 8 对线，通常 3 对用于激发线，5 对用于信号线。

9.4 展开器

物探船的拖曳设备有展开器、电缆及附属设备、气枪阵列、各种尾标、浮标，以及其他辅助设备（如防折器等），这些设备价格昂贵，占整个物探船设备资产价值的 4 成左右，因此，确保这些设备的安全可靠是放在首位的。图 9—12 所示为 12 缆物探船的拖带示意图。

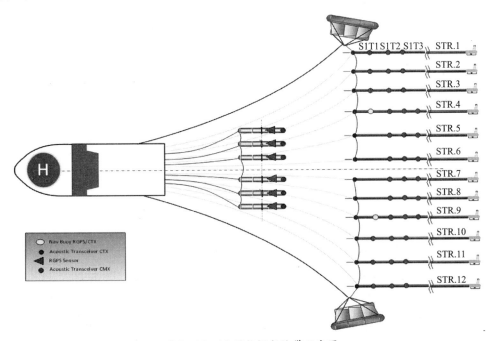

图 9—12 12 缆物探船拖带示意图

9.4.1 展开器的基本结构

展开器由浮体、分水板、展开器连接器以及角度控制绳等组成。浮体为整个展开器提供浮力，确保展开器能够浮在水面上。分水板的作用是水流经过分水板后产生横向的分力，使得展开器能够向外扩展，从而牵引电缆扩展到规定的位置。角度控制绳的作用是通过不同长短角度控制绳的组合，使得展开器获得所需要的水中拖带角度，

满足不同扩展距离的需要。连接器是展开器连接主拖绳的关键零部件，要求达到足够的强度和韧性，并且带有转环，在不同角度都能够获得最佳的拖带性能。

9.4.2 展开器角度控制绳

角度控制绳，顾名思义是用以控制展开器分水板与主拖绳受力方向之间的夹角的。通过调节角度控制绳绳脚长短获得不同的角度，满足展开器不同扩展距离的要求。表9—1是展开器角度控制绳绳脚尺寸。

表9—1　　　　　　　　　　展开器角度控制绳脚尺寸　　　　　　　　　　　mm

	后		前	
	上下	中间	上下	中间
−2	6 500	5 310	6 420	5 180
−1	6 500	5 310	6 500	5 280
直角	6 500	5 310	6 580	5 380
+1	6 500	5 310	6 660	5 480
+2	6 500	5 310	6 740	5 570

9.5 气枪控制器

9.5.1 GunLink4000 震源控制和采集系统

GunLink4000 震源控制和采集系统是 Seamap 公司研制的第三代气枪控制系统。系统使用最新的高速微处理器提供最多达 256 个标准枪（128GI 枪）的水下点火控制和检波器检测。连续监视 512 个近场检波器和接收达 384 个深度传感器或压力传感器信息。除此之外，通过系统检测电磁阀电压和激发脉冲的电流，以便用户根据气枪的性能变化制定维护保养时间表。

图9—13 所示为一个直观的图形用户界面（GUI），利用新设计的软件为操作人员提供简单的前端在线监控台。使用最新型菜单系统，另外的显示窗口能够打开并提供枪阵的附加图解信息。通过一个内部的数据库维护所有系统统计记录，这个数据库经由内部网络服务器使用标准浏览程序被存取。为进一步增加质量控制和减少操作人员疲劳，系统提供表示采集和故障两种状态的声音信息。当气枪不激发、自动响炮，以及深度和压力传感器错误，系统扬声器会发出警报声。

图9—13　GunLink4000 显示界面

在 GunLink4000 中，系统电子线路分布在炮缆的终端壳体里和每个枪板上。安装在每只枪板上的 GFM（气枪激发模块）和 GPM（枪板模块）大大地简化了水下布线，因此减少了枪阵电缆和维护费用。水听器通过模数转换电子线路同样可以保证高质量的信号样本和取得复制信息。

在 GunLink4000 水下电子线路和船上电子线路之间的信号接口采用高速数字技术，在两个零件之间只需要较少的连接。这就意味着能够使用细长的炮缆，不需要改装绞车和增加费用。

Seamap 远场综合软件模块作为 GunLink4000 系统额外的可选项，这个模块允许用户利用近场检波器数据，在每一炮之后为枪阵形成一个综合远场信号，这个信号被用于枪阵的质量控制，通过对信号的核实，加强地震数据处理。

9.5.2　系统概述及产品特点

1. 系统概述

GunLink4000 监视和控制气枪的计时。通过以太网和序列接口与其他系统同步，比如导航或炮点控制程序包。

系统提供：

（1）改进型气枪激发精度。

（2）静态计时坐标。

（3）操作人员监视和记录气枪的性能。

（4）单个气枪监视和控制。

（5）减轻了维护以及故障诊断和修理的工作量。

（6）人员落水紧急关闭枪阵控制。

（7）直观图解用户界面。

（8）声音警报系统。

（9）数据库记录和显示系统数据。

（10）根据大气压力监视校正深度传感器数据。

2．系统特点

（1）可以控制 256 只气枪，包含参数：气枪传感器数据；每个气枪可达两个近场水听器。

（2）深度传感器数据和气枪空气压力数据。

（3）每个气枪下列参数的控制：激发时间；激发脉冲宽度和电压。

（4）辅助信息的监视和显示：最多达 4 个管排压力显示；16 根炮缆压力显示；大气压力显示。

（5）能提供故障诊断。

（6）安全：提供三个过压传感装置，软件控制切断过压回路，硬件消弧电路，硬件稳压二极管保护；气枪工作时，通过交互式操作界面能简单地执行操作，自动显示气枪情况；MOB 人员落水系统自动终止气枪的激发。

9.5.3　系统组成

1．GunLink4000 系统整个配置

GunLink4000 系统整个配置包括：

（1）一台主计算机。

（2）一个操作控制台。

（3）一个计时控制单元（TCU）。

（4）每串气枪一个双通道电源供给单元。

（5）每两串气枪一个炮缆电源供应控制器（UPSUC）。

（6）炮缆终端和绞车中心之间的光纤通信系统。

（7）每串气枪的炮缆终端模块（UTM），每个配置可以达 4、8、12、16 只气枪。

（8）每个枪板上的气枪激发传感模块（GSFM）。

（9）一个网络开关。

（10）远程计算机和显示。

2．主计算机（见图9—14）

主计算机是在 LINUX 操作系统下运行的，提供主系统控制和显示功能。软件的设计依据直观和简单的原则，提供给操作人员真实的数据和气枪工作状态的可识别显示。

计算机：安装机架 19 寸，奔腾 4 处理器，最小 60 GB 硬盘。

主机提供下列功能：

（1）地震导航系统接口，瞄准点数据和命令接口。

（2）计时控制单元接口，监控系统计时和外部输入。

（3）UTM 接口，通过网络开关以及绞车中心到炮缆终端的光纤转换器，提供激发时间和接收各种传感器的所有监控数据。

（4）显示屏幕和维护内部数据库。

（5）运行主系统操作软件。

3．操作控制台（见图9—15）

操作控制台位于地震记录系统操作台边上，操作控制台包含两个监控、一个键盘、一个鼠标、一套扬声器。

图9—14　GunLink4000 主计算机

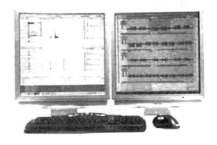

图9—15　GunLink4000 操作控制台

操作控制台通过 10 m 的电缆连接主机，如果需要可以延长，所有系统功能经由两个显示器的 GUI 控制。

4．计时控制单元（见图9—16）

图9—16　GunLink4000 计时控制单元

计时控制单元（TCU）产生系统计时信号，与地震记录和导航系统相互作用。从一个内部或外部的 GPS 接收器或从内部振荡器得到一个时间信息，发出给 GCU 的每个单元。这个时间信息确保整个系统组成的同步精度在 6.25 μs 内。

计时控制单元提供以下功能：

（1）船舶 MOB 系统接口。

（2）两个远程控制开关接口。

（3）用于深度传感器数据修正的大气压力传感器接口。

（4）多达 23 个高压传感器接口，包括空气管排和炮缆。

（5）提供远程压力显示的电源和数据以及一个可选项机架压力显示单元。

（6）提供系统监视信号，包括主时钟、样本时钟、瞄准点和 1PPS。

（7）提供两套可编程的输出。

（8）允许可程序化的电压或终止输入到激发系统。

（9）包含系统内部 GPS 单元和接收一个可供选择的外部的每秒 1 个脉冲输入。

（10）允许计时控制单元从键盘和前显示板输入进行功能控制。

（11）为 AIR ON DECK 的警报灯提供一个输出。

（12）提供一个系统有效远程控制警报输出。

（13）提供一个钥匙开关关掉所有激发回路。

（14）炮缆电源。

每个枪串的电子元件电源是 300 V 直流电。靠两个交直流转换器分别提供 150 V 的输出电压给枪阵电子设备。中心点接船壳，从而降低两个电源线路的接地电位。电源供应装置提供各种安全装置，比如过压保护、过电流保护。靠炮缆电源供应装置控制器提供接地保护。在运行期间，电源供应装置电流通常是 2 A。

5. 炮缆电源供应控制器（见图 9—17）

炮缆电源供应控制器（UPSUC）提供炮缆电源装置的控制开关。在运行期间，漏电、供电以及其他情况的输入被监视。如果检测到一个故障，炮缆电源供应控制器输出到枪阵经机械继电器被切断，电力供应中断。

图 9—17　GunLink4000 炮缆电源供应控制器

其他类似的故障如果发生，炮缆电源供应控制器同样切断电源，比如，MOB、电源供应失败、炮缆故障或水下电器元件断开等。

如果故障出现，关闭电源的时候炮缆电源供应控制器也会发出声音报警。一个LCD 为操作人员提供故障的原因以及状态。连接到主计算机，操作人员清楚炮缆电源供应控制器的状态，通过操纵台控制输出。

炮缆电源供应控制器的局部控制室是靠一个钥匙开关，没有这个钥匙开关，电源不能被输送。

6. 绞车接口模块和炮缆终端光电转换器

绞车接口模块到炮缆终端光电转换器之间靠光纤通信，增加了数据传输的数量，并且可以增加炮缆的长度。

TCU 以及主计算机通过安装在绞车轮毂里面的转换器连接光纤炮缆，水下炮缆终端光电转换器将枪阵与光纤炮缆连接起来。这种连接方式不需要使用价格昂贵的光纤滑环。

7. 炮缆终端模块（UTM）

图 9—18 所示为一种炮缆终端模块（UTM），直接安装在拖曳炮缆的终端上，简化了水下设备，提高设备的可靠性和降低成本。这种方法降低炮缆的费用，提高阵列 LOOM 的可靠性。

安装在 UTM 壳体里面的终端电气模块（TEM）线路板有：

图 9—18　炮缆终端

（1）包含主 TEM 处理单元的底座控制板。

（2）电源供应和向 TEM 进行电源供应的接口板。

（3）到 GFM 和 GPM 的电源分配。

UTM 功能：

（1）监视内部和外部的温度以及内部系统电压。

（2）枪板模块接口。

（3）提供光纤转换器接口。

8. 气枪激发和传感模块（GFSM）

GFSM 适合传统枪阵，安装在吊枪板上，用以控制电磁阀的激发和监视传感器的输出信号。

每个 GFSM 传感器被校准并且包含一个 EPROM，用以保留校准数值。船上的 GUN-

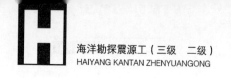
LINK 软件在计算这些最终数值之前，提供这些刻度被认为标准的信号给操作员显示器和记录。

9. 网络交换机（见图9—19）

网络交换机（NS）是一个标准的以太网 100Base–T 交换器，允许系统模块的网络连接。系统 GCU 通过局域网接收命令数据和输出数据给主计算机。

10. 远程压力显示单元（见图9—20）

远程压力显示单元（RPD）通常被安装在炮缆绞车或管路以及管排上，在管排和炮缆上提供多处格式的压力显示。一个 GunLink 系统最多可提供 16 个压力显示。

图 9—19　网络交换机

图 9—20　远程压力显示单元

远程压力显示单元在气枪收放时提供高水平和安全的枪阵压力情况，也使其他部门在甲板上工作的人员清楚目前炮缆的压力情况。每艘船的高压空气"lockout"系统，RPD 的增加，可以大大减少危害，以提供一个安全的工作环境。

11. 远程计算机

图 9—21 所示为安装在气枪检修间的远程计算机，提供遥控系统控制和显示功能，包括计算机和显示器，具备主操作控制台同样的控制和监视功能。

图 9—21　远程计算机

技能要求

震源阵列炮缆线路检测

操作步骤

步骤1 选择穿戴正确的劳动防护用品，熟悉相关操作规程以及遵守现场区域安全规则。

步骤2 关闭气枪控制器电源并确认。

步骤3 关闭高压空气，并在高压空气球阀处做好警示标志并锁定，无关人员不得操作。

步骤4 拧开炮缆水下终端（湿端）处电源线、信号线以及其他相关插头，使枪阵电源线和信号线以及导航用线等从炮缆上拆下。

步骤5 用专用清洁剂清洁枪阵线路接头并拧上专用盖头，防止灰尘、杂质以及水分侵入。

步骤6 将炮缆绞车端（干端）的甲板电缆插头拔出，并用专用清洁剂清洁，包扎放置在妥善位置。

步骤7 用专用清洁剂小心清洁炮缆两头的插针。

步骤8 用万用表测量每根线的对地漏电情况，并填写在表格中。

步骤9 用万用表测量两线间的漏电情况，并填写在表格中。

步骤10 测量每对线的阻值，并填写在表格中。

步骤11 如有光纤，检查光纤性能，注意小心拆检光纤头子。

步骤12 统计这些电线的漏电通路情况，与规定值进行比较，检查是否满足生产使用要求。通常故障线率控制在10%以下。

步骤13 如经过检查发现故障线路较多，应该采取进一步的检查措施，并确定维修方案。

步骤14 拆解故障线路的接头，进行检查，接头有问题更换接头，如果接头完好则进入下一步。

步骤15 检查备用线路，换上备用线。备用线没有问题，进行下一步。

步骤16 将整体炮缆水下终端切掉，通常在离原来水下终端处30 m的地方切开（同时参考炮缆的总长度），测量线路有无问题，如有问题继续同样的操作，直至线路能满足震源阵列的使用要求为止。如果经过几次这样的操作线路仍旧有问题，并且炮缆的长度不能满足震源阵列拖带的规定长度，将该炮缆申请报废并按照设备采购流程申请新购炮缆。

步骤 17　如果经过测量线路满足枪阵组阵要求，需要重新做炮缆的水下终端集成系统。

注意事项

1. 必须是经过培训有资质的专业技术人员进行操作和检测。

2. 切断相关仪器电源，不要带电操作。

3. 释放高压空气系统压力，并确认系统压力为零，使得系统处于开路状态，确保系统没有余气。

展开器组装

操作步骤

步骤 1　首先将底板垂直放置在平整的地上，使得牵引点和保护管朝上，并用木板垫好底部防止损坏。

步骤 2　将展开器叶片按照正确的方法用螺钉安装在底板上。

步骤 3　用正确的扭矩上紧螺钉。

步骤 4　安装中间连接板。

步骤 5　依次安装前后叶片，用不锈钢螺栓按照正确的扭矩上紧。

步骤 6　安装顶板，同样用不锈钢螺栓按照正确扭矩上紧。

步骤 7　安装抱箍。

步骤 8　安装浮体。

步骤 9　检查所有螺钉、螺栓是否按照规定扭矩上紧。

注意事项

1. 所有不锈钢螺栓、螺帽要涂上专用防咬油。

2. 螺栓根据大小按照规定扭矩上紧。

3. 安装人员务必正确穿戴劳防用品。

4. 吊装叶片、浮体等零件时要按照吊装规程操作。

5. 注意安装图纸和说明的详细要求。

GunLink4000 气枪控制系统操作

操作步骤

步骤 1　系统正常开机，检查系统各个单位（软硬件）工作正常，每个信号灯工作闪烁正常。

步骤2 检查核对系统各种配置参数，如图9—22所示。

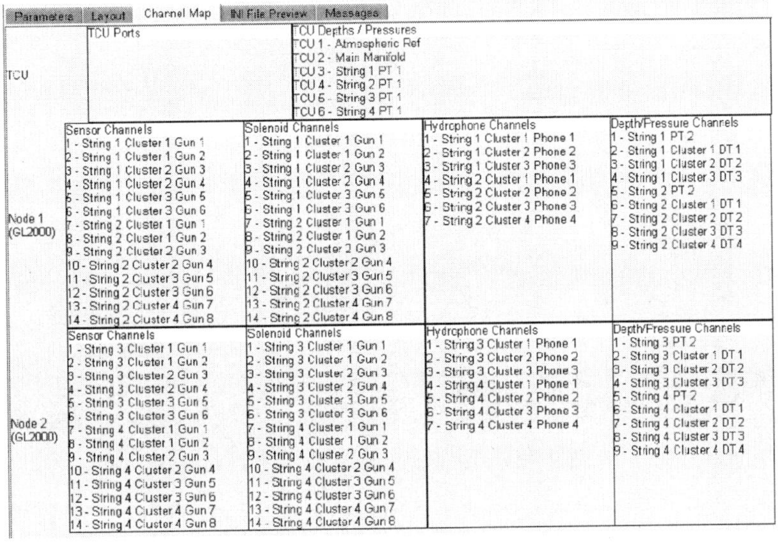

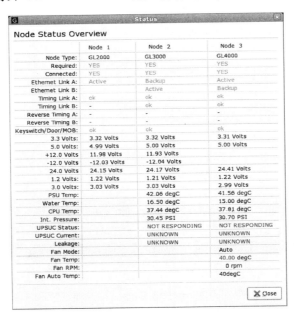

图9—22 系统配置参数

步骤3 给枪串通电，检查枪串各个指标正常，如图9—23所示。

步骤4 双击打开 GunLink DISPLAY 进入操作界面，如图9—24所示。

图9—23 枪串指标界面

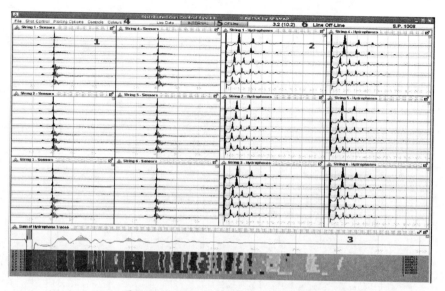

图9—24　GunLink DISPLAY 操作界面

　　步骤5　点击左上方"Shot Control"选择震源模式"Fire Mode"（交替震源"Flip - Flop"），如图9—25 所示。

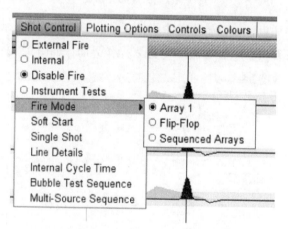

图9—25　震源模式选择

　　步骤6　打开所有的气枪"Enable ALL"，如图9—26 所示。

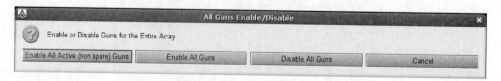

图9—26　打开气枪确认界面

步骤 7　通知机舱加压至工作压力（2 000 psi），准备测试气枪。

步骤 8　设置内部循环时间（应考虑压力和气枪容量关系，保证气枪有足够时间充气），如图 9—27 所示。

步骤 9　进行气枪软启动，设置相关软启动参数，如图 9—28 所示。

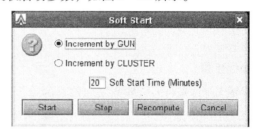

图 9—27　设置内部循环时间　　　　图 9—28　设置气枪软启动参数

步骤 10　等待所有气枪全部启动完毕，达到满容量。

步骤 11　进行内部循环模式（internal），如图 9—29 所示。

步骤 12　离测线前开始约 5 min 内，准备录制噪音文件"Disable Fire"，如图 9—30 所示。

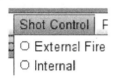

图 9—29　进行内部循环模式　　　　图 9—30　准备录制噪音文件

步骤 13　噪音录制结束后，再次进入内部循环。

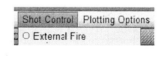

图 9—31　打开外部循环模式

步骤 14　等待导航打开气枪激发后，选择外部模式，交由导航控制激发，检查测线名以及炮号，核对左右震源无误后，等待首炮正式上线，如图 9—31 所示。

步骤 15　GunLink 气枪系统完成上线操作，时刻注意气枪激发状况，记录坏炮，控制坏炮率等。

步骤 16　测线结束后，将气枪全部关闭，循环调整到"Diable fire"，导出相关数据文件。

注意事项

1. 在系统通电之前，确认枪阵周围没有无关人员。

2. 进行电磁阀测试时，确认高压空气系统没有高压空气，防止误伤。

3. 启动激发气枪，确认气枪已经释放到海里。

4. 任何一次操作必须与后甲板作业人员沟通，防止误操作，激发气枪造成伤害。

激发和传感模块（GFSM）维修

操作步骤

步骤 1　首先将 GFSM 数字包的首部盖板打开，依次拆卸各个螺钉；在打开过程中可能有一定的内部压力，需特别注意，如图 9—32 所示。

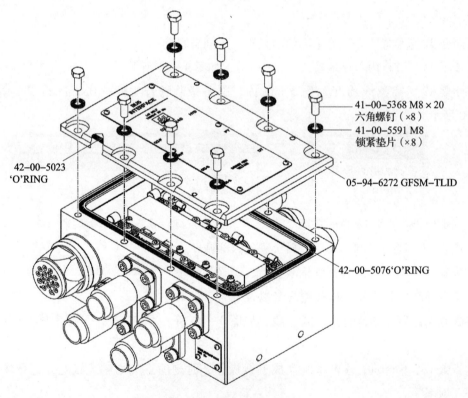

图 9—32　数字包盖板拆卸

步骤 2　检查盖板上下 O 形圈，如果不能确保，就应该予以更换，其水密性对于设备正常工作尤其重要。

步骤 3　依次标记并且将 GPM 板上所有连线都断开。

步骤 4　将固定 GPM 板的螺钉依次对角拆除，轻轻将其拆下，如图 9—33 所示。

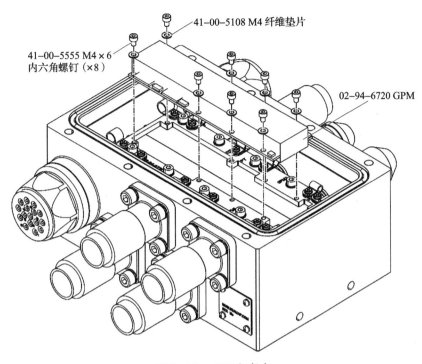

图9—33　GPM板拆卸

步骤5　如果需要更换GPM，则予以更换，并且抄记其序列号。

步骤6　如果需要更换其他，则继续往下，首先依次断开GFM上所有连线，并且拆除P线桩，如图9—34所示。

步骤7　依次拆掉GFM板固定压板，并将其缓慢取出，如图9—35所示。

步骤8　缓慢拆除GFM板，如果需要更换予以更换，并且抄记其序列号。

步骤9　如果该GFSM的外部接头或者深度/压力传感器有故障，则进行下一步。

步骤10　依次拆除固定深度/压力传感器的内六角螺钉，缓慢将其取出，并且予以更换，如图9—36所示。

步骤11　依次拆除其他损坏AG接头，予以更换，如图9—37所示。

步骤12　16芯AG连接线带有螺纹，依次缓慢拆除并予以更换，如图9—38所示。

步骤13　至此所有内部设备已经全部拆下，并且将需要更换的设备予以换新。

步骤14　反向依次将其安装回原来位置，特别注意每个外部接头处都有O形圈，需要对其进行严格检查，并且涂抹硅脂；由于枪阵设备水下振动较大，所有螺纹都需要涂抹螺纹胶。

步骤15　所有备件更换完毕后，将其连接到系统中，进行测试至维修工作结束。

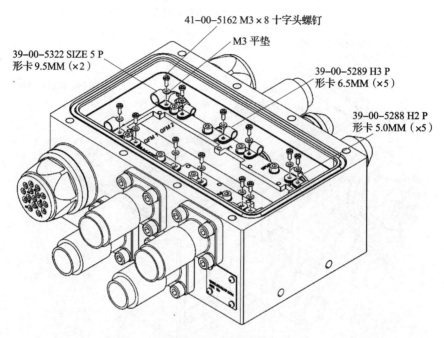

41—00—5162 M3×8 十字头螺钉

M3 平垫

39—00—5322 SIZE 5 P
形卡 9.5MM（×2）

39—00—5289 H3 P
形卡 6.5MM（×5）

39—00—5288 H2 P
形卡 5.0MM（×5）

图 9—34 P 线桩拆卸

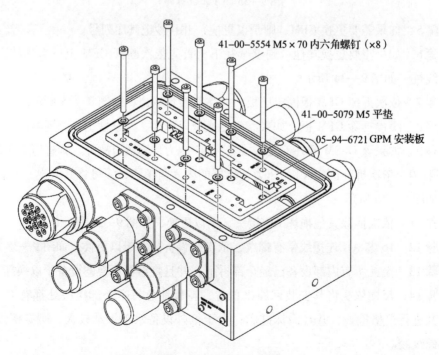

41—00—5554 M5×70 内六角螺钉（×8）

41—00—5079 M5 平垫

05—94—6721 GPM 安装板

图 9—35 固定压板拆卸

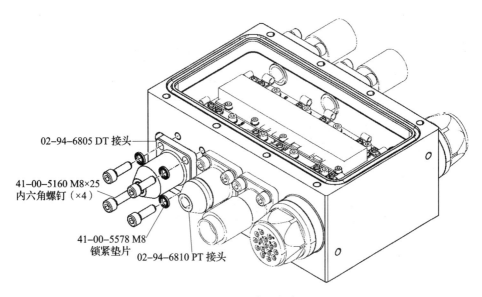

02-94-6805 DT 接头

41-00-5160 M8×25
内六角螺钉（×4）

41-00-5578 M8
锁紧垫片　02-94-6810 PT 接头

图 9—36　传感器拆卸

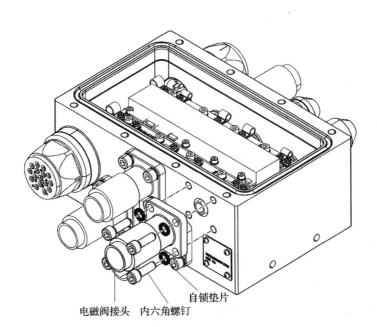

自锁垫片

电磁阀接头　内六角螺钉

图 9—37　接头拆卸

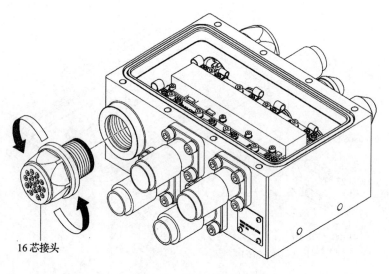

16芯接头

图9—38 16芯接头拆卸

注意事项

1. 拆解模块时注意看清楚内部结构的连接方式，小心操作。

2. 水密密封要仔细检查，不好必须更换。

3. 安装时，螺钉、螺栓上紧扭矩符合规定，并均匀上紧。

4. 使用专用工具操作，防止内部零件被不合适的工具损坏。

相关链接

"发现2号"海洋地震勘探船震源用炮缆技术要求内容

1. 基本要求

（1）工作环境温度：−25 ～ +45℃。

（2）长度：250 ～ 300 m。

（3）直径：68 mm。

（4）气管：采用7/8 in，工作压力207 bar（3 000 psi）；压力测试320 bar（4 640 psi）。

（5）信号线：单线阻值小于8.5 Ω；36 对以上。

（6）电源线：单线阻值小于2.75 Ω；21 对以上。

（7）随货提供：相关测试报告以及证书、技术说明书和图纸。

2．机械性能

（1）弯曲半径：小于800 mm。

（2）最小破断拉力：大于230 kN。

3．干头单元要求

（1）气管长度：1 700 mm。

（2）电源线长度：1 800 mm。

（3）信号线长度：1 800 mm。

4．湿头单元要求

（1）气管接头型号：1－5/16 in male hose adaptor。

（2）7或8个分接头均为AG原装产品，型号为AGP－2516－F CONNECTOR。

（3）安全阀：1个。

（4）牵引吊耳：4个，位置在圆周等分位置。

5．接线表（见表9—2）

表9—2　　　　　　　　　　　　　　　炮缆接线表

震源阵列端（湿头）		绞车端（干头）				
		电源线接头		信号线接头		
分接头	分接头线号	编号	接头形式	编号	接头形式	
1号	1、2	1、2	42路接头			
	3、4	3、4	42路接头			
	5、6	25、26	42路接头			
	7、8			1、2	72路接头	
	9、10			3、4	72路接头	
	11、12			49、50	72路接头	
	13、14			25、26	72路接头	
	15、16			37、38	72路接头	
2号	1、2	5、6	42路接头			
	3、4	7、8	42路接头			
	5、6	27、28	42路接头			
	7、8			5、6	72路接头	
	9、10			7、8	72路接头	
	11、12			51、52	72路接头	
	13、14			27、28	72路接头	
	15、16			39、40	72路接头	

续表

震源阵列端（湿头）		绞车端（干头）				
分接头	分接头线号	电源线接头		信号线接头		
		编号	接头形式	编号	接头形式
3 号	1、2	9、10	42 路接头		
	3、4	11、12	42 路接头		
	5、6	29、30	42 路接头		
	7、8			9、10	72 路接头
	9、10			11、12	72 路接头
	11、12			53、54	72 路接头
	13、14			29、30	72 路接头
	15、16			41、42	72 路接头
4 号	1、2	13、14	42 路接头		
	3、4	15、16	42 路接头		
	5、6	31、32	42 路接头		
	7、8			13、14	72 路接头
	9、10			15、16	72 路接头
	11、12			55、56	72 路接头
	13、14			31、32	72 路接头
	15、16			43、44	72 路接头
5 号	1、2	17、18	42 路接头		
	3、4	19、20	42 路接头		
	5、6	33、34	42 路接头		
	7、8			17、18	72 路接头
	9、10			19、20	72 路接头
	11、12			57、58	72 路接头
	13、14			33、34	72 路接头
	15、16			45、46	72 路接头
6 号	1、2	21、22	42 路接头		
	3、4	23、24	42 路接头		
	5、6	35、36	42 路接头		
	7、8			21、22	72 路接头
	9、10			23、24	72 路接头
	11、12			59、60	72 路接头
	13、14			35、36	72 路接头
	15、16			47、48	72 路接头

续表

震源阵列端（湿头）		绞车端（干头）			
		电源线接头		信号线接头	
分接头	分接头线号	编号	接头形式	编号	接头形式
7号	1、2	37、38	42路接头		
	3、4	39、40	42路接头		
	5、6	41、42	42路接头		
	7、8			61、62	72路接头
	9、10			63、64	72路接头
	11、12			65、66	72路接头
	13、14			67、68	72路接头
	15、16			69、70	72路接头

测 试 题

一、判断题（将判断结果填入括号中，正确的填"√"，错误的填"×"）

1. 炮缆，也叫脐带缆，是向震源提供能量和激发信号以及气枪信号接收的铠装缆。　　　　　　　　　　　　　　　　　　　　　　　　　　（　　）

2. GunLink4000气枪枪阵控制系统水下部分有光电转换数字模块实现气枪信号数字化转换。　　　　　　　　　　　　　　　　　　　　　　　（　　）

3. 模拟枪阵是指直接通过铜导线控制激发气枪以及气枪信号直接通过导线炮缆传输到气枪控制器。　　　　　　　　　　　　　　　　　　　（　　）

4. 气枪的控制激发以及信号传输随着炮缆长度的增加产生衰减，为了保证合适的激发电压，需要将导线加粗，提高初始激发电压，否则气枪的激发会受到影响。　　　　　　　　　　　　　　　　　　　　　　　　　　　（　　）

5. 模拟枪阵炮缆的长短以及导线的粗细和阻值没有关系。　　　　（　　）

二、单项选择题（选择一个正确的答案，将相应的字母填入题内的括号中）

1. 气枪的沉放深度通过调节（　　）的长短来实现。

A. 绳子　　　　　B. 卸扣　　　　　C. 浮筒　　　　　D. 枪板

2. "发现号"地震船常用的 BOLT – SLEEVE 震源单列枪阵是一种（　　）震源阵列。

A. 柔性浮体 　　　　　　　　B. 刚性浮体

C. 高度集成 　　　　　　　　D. 柔性和刚性浮体连接

3. LOOM 线是气枪震源的线路分配系统，"发现号"单阵列有（ ）组 LOOM 线。

A. 2 　　　　B. 4 　　　　C. 6 　　　　D. 8

4. 气枪阵列的基本结构不包括（ ）。

A. 气枪枪架 　　B. 连接链条 　　C. 气枪 　　　　D. 电缆

5. "发现号"气枪阵列上牵引链条和钢丝绳，上面的钢丝绳要比下面的链条紧的目的是（ ）。

A. 节约材料 　　　　　　　　B. 使受力方式适合

C. 气枪枪架强度要求限制 　　D. 钢丝绳强度高

6. "发现号"气枪阵列上的吊枪板，在使用一段时间后，发现不锈钢主气管有裂纹，主要原因可能是（ ）。

A. 不锈钢材料金属疲劳 　　　B. 高压气管安装不当

C. 气枪工作当中振动产生扭向力 　　D. 以上都有可能

7. 炮缆一般缠绕在炮缆绞车上，当炮缆放入水中后，下列做法正确的是（ ）。

A. 保持液压泵常开以保持绞车动力

B. 炮缆绞车安全销不需要插

C. 炮缆与船舷两侧接触点隔离或者包扎减磨垫

D. 不用安全巡视

8. "发现号"用 JDR 公司生产的炮缆最小破断载荷为（ ）kN。

A. 200 　　　　B. 230 　　　　C. 330 　　　　D. 500

9. JDR 公司生产的炮缆甲板端有三个接头，均为（ ）针。

A. 24 　　　　B. 36 　　　　C. 37 　　　　D. 48

10. JDR 公司生产的炮缆水下端由气管接头以及 6 个分 LOOM 组成，每个分 LOOM 内有（ ）对电源线。

A. 1 　　　　B. 2 　　　　C. 3 　　　　D. 4

11. 吊枪板上安装的 GFSM 模块不包括（ ）。

A. 检波器信号 　　　　　　　B. 深度传感器

C. 水听器 　　　　　　　　　D. 主气管

参 考 答 案

一、判断题

1. √   2. √   3. √   4. √   5. ×

二、单项选择题

1. A   2. A   3. C   4. D   5. B   6. D   7. C   8. B   9. C

10. C   11. D

第10章

高压空气压缩机

完成本章的学习后，您能够：

- ☑ 了解空气压缩机基础知识
- ☑ 熟悉空气压缩机的基本原理
- ☑ 掌握空气压缩机基本操作和故障判断技巧

知识要求

10.1 空气压缩机工作原理

空气压缩机是制造压缩空气的设备。按动作原理和结构，压缩机可分为活塞式、离心式和轴流式三种。尽管它们的工作原理和结构不同，但是从热力学的观点来看，都是消耗机械功，将气体由较低的压力压缩到较高的压力，只不过是工作压力范围不同罢了。

如图10—1a所示，单级活塞式压缩机主要由活塞1、气缸2、进气阀3、排气阀4、空气滤清器5等部件构成。为了加强散热，在缸套的外壁上有散热片，在缸盖上可以装上示功器画出它的示功图，即 $p - V$ 图，如图10—1b所示，p 为缸体压力，V 为容积。压缩机的实际示功图可反映其在一个工作循环中，压力随着容积的变化关系，同时由 $p - V$ 图可以看出压缩机是怎样压缩气体的。

活塞自其下死点往上移动，这时的进气阀已经关闭，初态为 p_1、T_1 的 m（kg）气体开始被压缩。随着活塞的上移，气体的压力和温度升高至 p_2、T_2。在图10—1b中，$1-2$ 为压缩线。

若压缩终点的压力大于压缩空气瓶背压与排气阀弹簧弹力的总和，则排气阀打开，开始排气。由于排气阀存在着阻力和摩擦损失，所以在排气过程中，排气压力略高于压缩空气瓶的背压。在图10—1b中，$2-3$ 为排气线。

活塞处于上死点位置时，为了防止其与缸盖碰撞，与缸盖有一距离，留有余隙容

积 V_c。因容积中充有残余高压气体，缸内压力仍高于环境压力，故活塞自上死点下行并不立即吸收缸外的气体，当缸内残气压力下降至低于环境大气压的时候，才吸入缸外的气体。在图 10—1b 中，3－4 线为余隙容积中残气膨胀线。

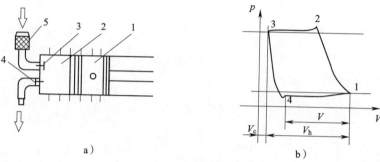

图 10—1　空气压缩机工作原理

活塞继续下行，这时由于残气压力低于大气压，即开始进气。从图中可以看出，有效吸气容积 V 小于活塞工作容积 V_h。同样，由于排气阀的阻力与摩擦损失，其压力在进气中低于大气压，在图 10—1b 中，4－1 线为进气线。

在 $p-V$ 图上，12341 的闭合线就表示压缩机往返一次所完成的四个工作过程：1－2 是压缩过程；2－3 是排气过程；3－4 是余隙容积内残余气体的膨胀过程；4－1 是吸气过程。

1. 单级活塞式压缩机的理想工作过程

如果略去进排气系统的流动阻力，又不考虑余隙容积，则实际示功图可简化为理想循环。活塞式空气压缩机理想工作过程由进气、压缩、排气三个过程组成，其中进气和排气过程不是热力过程，只是气体的迁移过程，缸内气体数量发生变化，而热力学状态不变，如图 10—2 所示。该压缩机的理想循环由以下理想工作过程组成：4－1 吸气过程；1－2 压缩过程；2－3 排气过程。

2. 单级活塞式压缩机的耗功分析

一台压缩机的优劣与生产压缩空气的耗功和生产量等指标有关，这一部分内容将对单级活塞式压缩机的热力过程进行热力学分

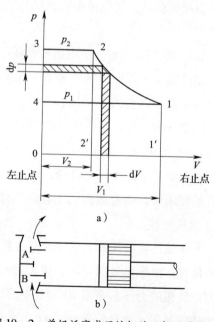

图 10—2　单级活塞式压缩机的理想工作过程

析，以确定哪些因素影响压缩机的耗功量和生产量。以理想压缩机作为分析对象，考虑到该机有工质的流进、流出，可以将其作为开口系统进行耗功分析，如图 10—2 所示。

（1）压缩机的循环耗功

1）4-1 为吸气过程。在此过程中缸内气体的量不断增加，而气体始终保持进入气缸时的状态。如前已述，V_1 的气体以 p_1 的压力进入气缸，传输的推动功为 p_1V_1，可用图中的面积 411′04 表示。

2）1-2 为压缩过程。在此过程中活塞向左移动，气体的体积逐渐减小而压力升高，外界通过活塞对气体做压缩功。压缩 m 千克气体所需压缩功为：

$$W = m\int_1^2 p\mathrm{d}v = \int_1^2 p\mathrm{d}V$$

式中　W——压缩功，kW；

　　　m——质量，kg。

可用图中的面积 122′1′1 表示。

3）2-3 为排气过程。在此过程中活塞继续向左移动，气缸内气体始终保持压缩终了时的状态被送入储气罐，为把压力 p_2、体积 V_2 的气体排出气缸，活塞对气体做推动功 p_2V_2，相当于图中面积 2302′2。

压缩机所消耗的轴功应为上述三项功的代数和，此值即为气体在压缩过程 1-2 中外界对之做的技术功，可用图中面积 12341 表示。按热力学的约定，压缩机所消耗的轴功应为负值，工程上常令压缩机耗功为技术功的负值，即

$$W_c = -W_t = m\int_1^2 v\mathrm{d}p = \int_1^2 V\mathrm{d}p$$

式中　W_c——压缩机所消耗的轴功，kW；

　　　W_t——技术功，kW；

　　　m——质量，kg。

压缩 1 kg 气体，压缩机耗功为：

$$W_c = \int_1^2 v\mathrm{d}p$$

以上分析表明：吸气过程 4-1 和排气过程 2-3，气体的状态并不发生变化，都只是单纯的机械传输过程；只有在压缩过程 1-2 中，气体的状态发生了变化，才是热力过程。活塞每往返一次，都是重复以上三个过程。计算压缩机消耗的功时，必须知道过程 1-2 的过程方程式 $v = f(p, T)$。

（2）不同压缩过程的循环耗功

压气过程有两个极限情况：绝热压缩和等温压缩。若压缩过程进行得很快，那么就接近于绝热压缩过程，如图10—3中曲线 $1-2_s$ 所示。如果压缩过程进行得较慢，且气缸壁得到良好的冷却，就接近于等温压缩过程，如图10—3中曲线 $1-2_T$ 所示。比较过程线与轴包围的面积，可知等温压缩比绝热压缩消耗的功少。此外，等温压缩气体的终温及比体积比绝热压缩的终温及比体积低。这对于安全及减小储气筒的容积有益，因此，希望压缩过程尽量接近等温过程。为此，活塞式压缩机都采取冷却措施。但对于实际压缩过程来说，无论采取什么冷却措施，都很难实现等温压缩。所以实际压缩过程是处于等温与绝热之间的多变压缩过程，通常更为接近绝热过程。

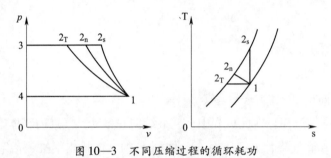

图10—3　不同压缩过程的循环耗功

1）可逆绝热压缩。当气缸没有被冷却，活塞移动，热量来不及通过缸壁传出缸外，可以近似地认为没有热量交换。压缩机所耗循环总功为：

$$W_t\,(2_s)\,=\,-\text{面积}\,12_s341$$

2）可逆多边压缩。当气缸有所冷却，缸内外有热量的交换，在压缩的过程中，气体的温度仍有一定的提高，但要低于可逆绝热压缩的终温。压缩机所耗的循环总功为：

$$W_t\,(2_n)\,=\,-\text{面积}\,12_n341$$

3）可逆等温压缩。当气缸给予充分的冷却，在理想的情况下，压缩气体所耗的热量传出缸外，气体的温度在压缩过程中保持不变。压缩机所耗的循环总功为：

$$W_t\,(2_T)\,=\,-\text{面积}\,12_T341$$

从 $p-V$ 图上比较三种压缩，可知：

面积 12_s341 > 面积 12_n341 > 面积 12_T341

$$W_t\,(2_s)\,>W_t\,(2_n)\,>W_t\,(2_T)$$

所以，可得出结论，影响压缩机循环总功的主要因素是压缩机气缸的冷却，冷却越好，越接近等温压缩，所耗循环总功越少，即绝热压缩所耗的循环总功最大；多边压缩次之；等温压缩所耗的循环总功最小。此外，由于气体等温压缩终温低，可以保证活塞环在气缸壁得到较好的润滑条件。

3. 余隙容积的影响

实际的活塞式压缩机中，当活塞处于左止点时，活塞顶面与缸盖之间必须留有一定的空隙，称为余隙容积。图 10—4 为具有余隙容积的压缩机理论示功图，图中容积 V_3 就是余隙容积。由于余隙容积的存在，活塞就不可能将高压气体全部排出，排气终了时仍有一部分高压气体残留在余隙容积内。因此，活塞在下一个吸气行程中，必须等待余隙容积中残留的高压气体膨胀到进气压力 p_1（即点 4）时，才能从外界吸入气体。导致有效吸气容积要小于活塞位移的容积，所以将造成压缩机压缩空气生产量的下降。但是 V_3 的存在并没有提高压缩 1 kg 空气所耗的功。这是由于虽然压缩空气生产量减少了，但是从图中可以看出生产其所耗的功也减少了，即面积 12341 要小于 12561，故压缩 1 kg 压缩空气所耗的外功仍没有变。

余隙容积的影响主要有两个方面：

（1）对生产量的影响

图 10—4 中，3 - 4 表示余隙容积中残留气体的膨胀过程，4 - 1 表示新气的吸入过程，由于余隙容积的影响，吸气量从 $(V_1 - V_3)$ 减少到 $(V_1 - V_4)$。这种影响一般用有效吸气容积与活塞排量之比表示，称为容积效率，以 η_v 表示，即

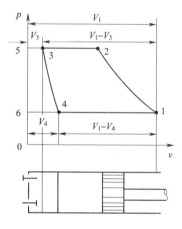

图 10—4 余隙容积的影响

$$\eta_v = \frac{V_1 - V_4}{V_1 - V_3}$$

容积效率反映出对气缸容积的有效利用程度。下面分析余隙容积 V_3 与压力比 p_2/p_1 对容积效率的影响。

$$\eta_v = \frac{V_1 - V_4}{V_1 - V_3} = \frac{(V_1 - V_3) - (V_4 - V_3)}{V_1 - V_3} = 1 - \frac{V_4 - V_3}{V_1 - V_3}$$

$$= 1 - \frac{V_3}{V_1 - V_3}\left(\frac{V_4}{V_3} - 1\right)$$

式中，$\dfrac{V_3}{V_1 - V_3}$ 称为余隙容积比，简称余容比，是余隙容积与活塞排量的比值。

而

$$\frac{V_4}{V_3} = \left(\frac{p_3}{p_4}\right)^{\frac{1}{n}} = \left(\frac{p_2}{p_1}\right)^{\frac{1}{n}} = \pi^{\frac{1}{n}}$$

$$\eta_{\mathrm{v}} = 1 - \frac{V_c}{V_h}\left[\left(\frac{p_2}{p_1}\right)^{\frac{1}{n}} - 1\right] = 1 - \frac{V_c}{V_h}\left(\pi^{\frac{1}{n}} - 1\right)$$

式中，$\pi = \dfrac{p_2}{p_1}$，称为增压比。

由上式可看出：

1）当气缸一定时，则 V_c、V_h 一定，要使 η_{v} 增大，则需减小 π 值；且当 π 达到一定数值时，η_{v} 为零。

2）当增压比 π 一定时，余容比越大，则 η_{v} 越低。

（2）对理论耗功的影响

有余隙容积时，压缩机理论耗功 W_c 为压缩过程耗功与余隙容积内残留气体膨胀做功之差，即图 10—4 中面积 12341 = 面积 12561 - 面积 43564。

假定压缩过程和膨胀过程的多变指数相等，即 1 - 2、3 - 4 的多变指数均等于 n，则：

$$W_c = \frac{n}{n-1}p_1 V_1\left[\left(\frac{p_2}{p_1}\right)^{\frac{n-1}{n}} - 1\right] - \frac{n}{n-1}p_4 V_4\left[\left(\frac{p_3}{p_4}\right)^{\frac{n-1}{n}} - 1\right]$$

又 $p_1 = p_4$，$p_2 = p_3$

上式简化为：

$$W_c = \frac{n}{n-1}p_1\left[\left(\frac{p_2}{p_1}\right)^{\frac{n-1}{n}} - 1\right](V_1 - V_4) = \frac{n}{n-1}p_1 V\left(\pi^{\frac{n-1}{n}} - 1\right) = \frac{n}{n-1}mRgT_1\left(\pi^{\frac{n-1}{n}} - 1\right)$$

式中　m——压缩机生产的压缩气体的质量，kg。

若生产 1 kg 压缩气体，则：$W_c = \dfrac{n}{n-1}RgT_1\left(\pi^{\frac{n-1}{n}} - 1\right)$

活塞式压缩机余隙容积的存在，虽对压缩气体时的理论耗功无影响，但容积效率 η_{v} 降低，即单位时间内生产的压缩气体量减少。所以为了保证有效的容积效率，即较大的压缩空气生产量，一方面应该尽量减小余隙容积，一般余隙容积比为 0.03 ~ 0.08；另一方面限制单级活塞压缩机的增压比，通常不超过 8 ~ 9。超过该增压比时，采用多级压缩和中间冷却的压缩机，可减小增压比，保持较高的容积效率，还可保持正常的压缩空气温度，以使压缩机有较好的润滑条件。同时，由热力学分析可知，该机可节省生产每千克压缩空气的外功。

10.2　海洋地震勘探大型高压空气压缩机的发展与趋势

至 20 世纪 60 年代，使用空气枪作为现代海洋地震勘探中的主要震源以来，随着气枪的发展以及海上地震不断提出的新要求，作为为气枪提供高压压缩空气能量的空气压缩机为适应海洋地震的需要，取得了长足的发展，形成专门用于海上地震勘探的海上型空压机系列。20 世纪 80 年代以来，随着气枪阵列技术的不断发展与进步，高压枪原本主峰值高的优势从 HSE 的角度讲逐渐成为其劣势。为符合 HSE 要求，80 年代末高压枪逐渐被低于 3 000 psi 的低压组合枪所取代。为适应海洋地震新的形势，满足大容量气枪阵列的要求，海上地震用空压机也向大排量方向发展。例如，奥地利著名高压空气压缩机制造商 LMF 公司生产的大型复式型高压空压机最大排量达到 70 m³/min FAD（2 480 cfm），排出压力最高达到 5 800 psi。

10.2.1　空压机的基本介绍

空压机的类型很多，一般按照压缩气体的原理，有容积式和速度式两大类；如果按照空气压缩机的排气压力和排气量大小来分有中压、低压、高压和超高压及微型、小型、中型、大型压缩机等。容积式压缩机是利用压缩机工作容积的变化实现对气体的压缩，即气体直接受到压缩而体积变小，压力提高。容积式压缩机按照压缩气体"活塞"的运动方式，又分为往复式和回转式两种类型，并习惯称之为活塞压缩机和回转式压缩机。活塞压缩机是船上使用最多的压缩机。活塞压缩机按照气缸中心线和水平线的相对位置又分为立式、卧式、角式等形式；按照气体到达终了所需的级数又分为单级、双级和多级压缩机。回转式压缩机的结构形式较多，有转子式、螺杆式、滑片式等多种。

速度式空气压缩机，首先是气体获得动能，然后再把气体的动能转化为压力。有离心式、轴流式和喷射式三种形式。

目前海洋地震船上使用的是容积式空压机，比较常见的有多级活塞式压缩机，如 VS1.5；螺杆活塞混合式大型空压机，如 LMF1100。

10.2.2　两种容积式空压机的比较

螺杆空压机有高效的油气分离系统和过滤设备，无磨损件，供气品质高，耗油量很低。正是基于以上情况，国家有关部门曾于 2000 年发文，要求国内企业在中低压空压机的使用上，逐步淘汰运行费用高、可靠性低的活塞式空压机，用高效的螺杆空压机取而代之，这在发达国家已成为一种现实，在中国已经是一个必然趋势。

活塞式空压机的噪音大，维修不便，大多数活塞式空压机在使用过程中经常会出现问题，所以给用户带来极大的不便。同时，使用螺杆空压机可以降低企业的生产成

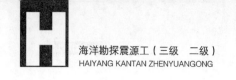

本，增加经济效益，方便设备管理，美化公司环境，提高公司形象。因此，用高效率、高可靠性的螺杆空压机淘汰现有的活塞式空压机是发展的必然趋势。

活塞式空压机在早期是一种大家都认同的产品，是广大用户非常熟悉的一种机型，但随着技术的不断革新，新型空压机的出现，活塞式空压机的缺点越来越突出，与螺杆空压机相比：

1. 活塞式空压机有气阀、活塞、活塞环、连杆瓦等诸多易损件，连续运行的可靠性差，一方面会影响生产，另一方面会增加维护管理的费用。

2. 与螺杆空压机相比，活塞式空压机的效率低，特别是长期连续运行，其经济性更差。由于活塞式空压机所形成的压缩腔内很多都是易损件，这些易损件的磨损和损坏都将造成气体压缩时更大的泄漏，最终导致压缩机效率的降低。由于螺杆空压机中不存在影响机器效率的易损件，进行压缩的一对转子由于自身结构的特点不会出现磨损。因此长期连续运行的经济性要远远优于活塞式空压机。

3. 活塞式空压机为往复式运动机构，存在着不可消除的惯性力，因此运行时振动大，噪声高，较大的活塞式空压机安装时需要专门的固定基础。螺杆空压机为回转式运动机构，平衡性很好，其振动小，噪声低，无须安装基础，同时也避免了对工作环境的污染。

4. 活塞式空压机是往复间断性供气，运行时气流脉动大。螺杆空压机转速高，输气平稳，无气流脉动，能够满足要求较高气量用户的需求。

5. 活塞式空压机基本没有自动控制系统，螺杆空压机有完善的自动控制与保护系统，属于机电一体化产品，方便了设备的维护管理，同时也最大限度地降低了能耗。

6. 螺杆空压机是一种整体结构高度集中化的产品，占地面积小，没有了活塞式空压机复杂的管路系统，可以美化生产环境。

10.2.3 复式高压大容量空气压缩机

随着海洋地震勘探技术的发展以及对震源的要求不断提高，海洋地震震源也由原来的单震源变为大容量的双震源，这就需要有与之相适应的高压大容量空气压缩机。为了获得大的容量，提高经济性、可靠性以及安全性，螺杆压缩机是最好的选择，但是气枪震源需要高压压缩空气，传统的活塞式压缩机还是被广泛采用。复式压缩机在低压级采用螺杆式压缩机，在高压级采用活塞式压缩机，充分利用了螺杆压缩机和活塞压缩机的优点，使得高压空压机的可靠性、经济性、安全性均得到了很大的提高。同时也节省了设备的安装空间，对于狭小的地震勘探船的舱容来说，具备明显的优势。

复式空压机由一级螺杆压缩机和2级活塞压缩机组成，相当于纯活塞压缩机4到5级压缩机，大大地节省了空间。

螺杆活塞复式空压机通常是由一台柴油发动机或电动马达驱动螺杆压缩机和活塞压缩机组成大型复式空压机，其布置方式如图10—5所示。螺杆压缩机承担低压级空气压缩，中高压级压缩由活塞压缩机完成。

图10—5 复式大型高压空压机布置图

复式压缩机兼顾螺杆压缩机和活塞式压缩机的优点，越来越广泛地被国际上多家海洋地震勘探公司选用。

复式空压机与传统压缩机组合相比，具有以下优势：

1. 大的排量，可以达到70 m^3/min（FAD）。

2. 超高的排气压力，可达400 bar。

3. 较小的尺寸。

4. 较轻的重量。

正是有以上这些优点，复式空压机在世界物探船中得到广泛的采用。目前很少船舶使用纯活塞式空压机，仅仅一些老的船舶还依然使用着老式的活塞压缩机。逐步淘汰这些老式空压机已经是地震勘探发展的必然。

10.2.4 关于空压机的选择

经济性、可靠性、安全性是选择空压机类型的基本准则。随着海洋地震勘探事业的发展，震源大小决定了所需空压机的排量，有限的舱容决定所选择的空压机的类型。数量、类型繁多而且排量小的空压机组合显然不能适应当今世界地震勘探不断发展的震源要求，况且管理麻烦，不可靠，维护成本高，经济性很差。

复式空压机相比于传统压缩机组合具有明显的优势，如今，采用大型高压复式空压机为海洋地震勘探船气枪震源提供所需的优质高压压缩空气，已经成为一种潮流。如LMF62/138 – 207D型大型复式空压机（LMF2200）。

目前发现号地震船的震源，通常情况是同时使用两台 LMF 空压机（一台备用），满足震源对压缩空气的需要，两台机的 FAD 共 2 140 cfm，相当于一台 LMF2200。如果一台大容量空压机代替两台小排量空压机的话，经济性将大大提高，备件物料的消耗量也降低，并且节约舱室空间，维护保养的工作量也相对减少。

10.3 空压机常见故障以及排除方法

在气枪震源施工作业中，空压机负责按额定压力给气枪阵列提供稳定的、充足的高压气体。空压机是气枪供气系统的核心部分，其工作状况的好坏直接决定气枪的施工效率，所以维护保养好空压机尤为重要。

10.3.1 空压机排气量不足

空压机排气量不足与以下因素有关：

1. 空气滤清器。空气滤芯使用时间太长，积垢太多，堵塞了进气管路，导致进气量减少。因此要定期清洗或更换空气滤清器。

2. 空压机转速降低。发动机动力下降、转速降低造成空压机转速下降；发动机离合器片磨损严重或动力传送皮带张紧力不足。出现上述情况时，需要按发动机维修保养手册的要求，维修保养发动机；调整离合器片间隙或更换离合器片；调整发动机动力传送皮带的张紧力。

3. 空压机气缸、活塞、活塞环磨损严重，使其间隙增大。在气体压缩过程中，若气体泄漏增大，将严重影响到空压机的排气量。此时必须及时更换气缸、活塞或活塞环等易损件，尤其是三级或四级压缩气缸的活塞和活塞环。同时，还要检查活塞和活塞环的润滑情况。

4. 空压机进、排气阀故障。若阀座与阀片间有金属碎片或其他杂物，如锈蚀、积炭、油污等，造成进、排气阀关闭不严，就会形成漏气；若阀座与阀片间严重磨损或阀片翘曲，阀座与阀片关闭不严，也会造成漏气。进、排气阀关闭不严形成漏气，不仅影响空压机的排气量，而且还影响到各级间压力和温度的变化。因此必须及时清除空压机进、排气阀的阀座与阀片间的金属碎片和其他杂质；必要时更换空压机的进、排气阀。

5. 进、排气阀弹簧老化。弹力过强则使阀片开启迟缓，弹力太弱则阀片关闭不及时。进、排气阀弹簧老化不仅影响排气量，还会影响气体压力和温度的变化，因此要及时更换弹簧。

10.3.2　空压机排气温度过高

原因分析及排除方法如下：

1. 中冷器。中冷器内水垢多影响压缩气体的散热，导致后一级的吸气温度升高，排气温度随之升高。若是水冷式中冷器，需检查水量是否充足，管路是否畅通，及时清除中冷器内的水垢及污物等；若是风冷式中冷器，需检查风扇皮带张紧力，及时清除散热器外表污物。

2. 进、排气阀漏气或活塞、活塞环漏气。要及时检查、更换进、排气阀；更换空压机的活塞、活塞环等。

10.3.3　异常声响

空压机的某些部件发生故障时，会发出异常的响声。可以根据不同的响声判断故障的位置。

1. 活塞、活塞环及缸套三者之间磨损严重，间隙增大；活塞与连杆连接螺栓松动或脱扣；连杆与曲轴连接螺栓松动或脱扣；各个轴承磨损严重，间隙增大等。以上故障空压机均可发出各种异常声响。发现上述问题，需仔细辨别，查寻声响，逐项检查，更换损坏部件。

2. 进、排气阀片折断，阀弹簧松软或损坏，会在阀腔内发出敲击声。这时应及时查找问题，更换损坏部件。

10.3.4　空压机过热

原因分析及排除方法如下：

1. 空压机润滑油黏度太小，润滑效果差；润滑油太脏堵塞油路；润滑油泵出现问题等都可能导致空压机过热。及时查找问题，确定后按规定使用和更换润滑油。

2. 曲轴与轴承磨损严重。及时查找问题，更换损坏部件。

3. 散热系统工作不正常。若是水冷式中冷器，检查水量是否充足，管路是否畅通，及时清除中冷器内的水垢及污物等；若是风冷式中冷器，检查风扇皮带张紧力，及时清除散热器外表污物。

10.4 LMF31－138D 型大型高压空压机

近年来随着海洋地质勘探事业的发展，大容量气枪震源的不断普及以及越来越广泛的采用，使得高压大排量的空气压缩机被安装到地震船上，其中常见的高压空气压缩机为奥地利 LMF 公司生产的 LMF 系列高压压缩机系列。LMF31－138D 空气压缩机系统就是由奥地利 LMF 公司生产，下面以 LMF31－138D 空气压缩机系统（见图 10—6）为例对高压空气压缩机进行介绍。LMF 公司是奥地利著名的活塞式高压空气压缩机制造商，主要生产空气、天然气、化学和工业气体压缩机。该公司生产的空压机的功率在 20～3 000 kW（30～4 080 hp），工作压力可达到 500 bar（7 250 psi），其中，海上型空压机以其工作可靠、故障率低、自动化程度高、适合海上工作而著称。

图 10—6　LMF31－138D 空压机

10.4.1 新型 LMF 空压机的特点

新型 LMF 空压机与其他类型的空压机比较，在设计上具有以下特点：

1. 活塞压缩机部分

（1）"V"型气缸排列设计，机器的振动相对较小，并且占用空间相对较小。

（2）十字头的设计和水润滑气缸，压缩机的效率有较大的提高。

（3）通过连接器直接连接，传动效率更高。

（4）高压注油泵润滑系统配合特殊材料的活塞环以及导向环，使得活塞压缩机的这些易损件寿命更长。

（5）气阀的阀片采用特殊材料，气阀的使用寿命更长，并且阀的维护不需要拆解气管和水管。

（6）高压级活塞环更换比较方便，只需要拆掉高压级气缸。

（7）机器安装在弹性底脚上。

2．螺杆压缩机部分

（1）几乎没有磨损件。

（2）轴承的使用寿命在 30 000 小时以上。

（3）吸入口控制阀，在空压机启动的时候比较容易控制压力。

（4）实现自动控制螺杆机油的温度。

（5）旁通过滤系统延长润滑油的维护周期。

10.4.2　基本结构与技术参数

1．基本结构

LMF31－138D 空压机由安装在公用底座上的柴油发动机、螺杆压缩机和活塞式压缩机组成，主要包括冷却系统、控制系统、润滑系统和动力传动系统。LMF31－138D 空气压缩机系统是由卡特 3508 柴油发动机驱动，一级压缩采用螺杆式空气压缩机压缩，二、三级压缩采用活塞式压缩机压缩以达到大排量高压的空气压缩机系统要求。

（1）螺杆压缩机的结构（图 10—7）。螺杆压缩机均有一对互相啮合的转子装在密封的壳体里。主动螺杆与从动转子的螺杆和壳体组成压缩腔室。

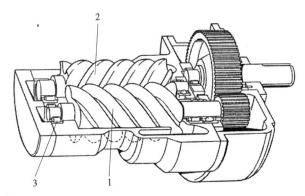

图 10—7　螺杆压缩机
1—主动螺杆　2—从动螺杆　3—轴承

由于压缩机产生高的径向力，用滚柱轴承减震。轴向应力的吸收靠止推轴承。螺杆压缩机驱动装置的类型通常有齿轮传动、带传动以及联轴器等。旋转方向在壳体口用箭头表示。

（2）螺杆压缩机的压缩系统。如图 10—8 所示，被压缩的空气从过滤器和风门被吸进。压缩机进口风门的开度通过气缸控制。空气进入两转子叶瓣与壳体之间形成的腔室里。

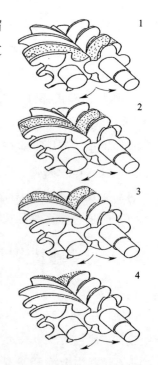

通过两转子的运转，进口处容积扩大，由此可将空气吸入。当转子转动，叶瓣间充满空气，关闭吸入口，空气在压缩室，同时注入的油到压缩室吸入一部分压缩的热量。油和气在壳体与叶瓣间组成的 V 型压缩室里，当转子转动，这些压缩室将轴向移动，空气容积将减小，吸入的空气被压缩。当空气到达壳体的出口处时，压缩室将到达出口的连接处，压缩机的油气混合物排到集油柜，通过油气分离器，压缩空气被分离出来。

每一轴转子转动的工作吸入到排出循环压出的气体，由于转子连续的运转，保证空气供给没有脉冲。

压缩的油气混合物进入油柜进行油气分离。经过分离后，压缩空气经最小压力阀到后冷却器。最小压力阀保证油柜里的气体压力较快增加。

图 10—8 螺杆压缩机工作原理

通过一级冷却器冷却压缩空气，被冷却过的压缩空气经一级油气分离器，冷凝水被分离出来。压缩空气再进入下一级压缩机压缩。

（3）活塞压缩机的结构。活塞压缩机的主要结构包括三级缸头、三级缸、二级缸、十字头箱体、活塞杆、盘根、曲柄连杆、曲轴箱体等。

2. 主要技术参数

型号	LMF31 – 138D
级数	3
压缩介质	空气
进口压力	1.013 bar = 14.65 psi
进口最高温度	45℃
FAD（进口状态）	31 m^3/min = 1 100 cfm
排出压力	138 bar = 2 000 psi
正常驱动转速	1 160 r/min
活塞压缩机正常转速	1 160 r/min
功率	465 kW

10.4.3 空压机的工作原理

1. 高压空气工作循环

高压空气工作循环如图 10—9 所示，空气从空气滤清器（12）吸入，DPI - 13 为一个滤清器脏度显示器，经过吸入口控制阀（14），进入螺杆压缩机的进气口，经过螺杆压缩机的压缩达到 14 bar 压力的油气混合物从螺杆压缩机出口排出，通过管道流向油气分离器压力油罐。该管道上安装了温度表、温度感应塞、温度开关和温度传感器。温度超过 60℃时，启动旁通过滤系统，增加润滑油的循环。当油温超过 120℃，温度开关将通知主控机箱停机。温度传感器根据出口温度，通过一个电驱流量控制阀控制机油经冷却器的流量，达到控制油温的目的。

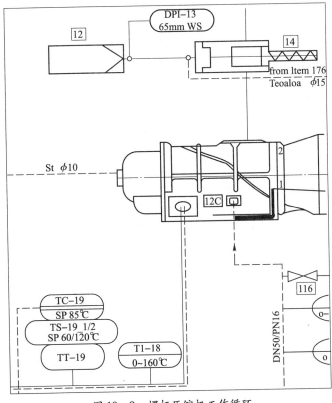

图 10—9 螺杆压缩机工作循环

流入油气分离压力油罐的油气混合物在罐内进行油气分离，经罐上端的滤清器进一步油气分离后，流向二级活塞式压缩机。压差开关用于检测油气分离器的前后压差。气压安全阀设定为 17 bar。如图 10—10 所示，经过油气分离的压缩空气通过最小压力阀（35）进入一级热交换器（36），进入一级气水分离（37），经过气水分离的压缩空气流向二级活塞式压缩机。一级冷凝水排放有手动排放、电磁阀控制排放，以及浮球机构自动排放。

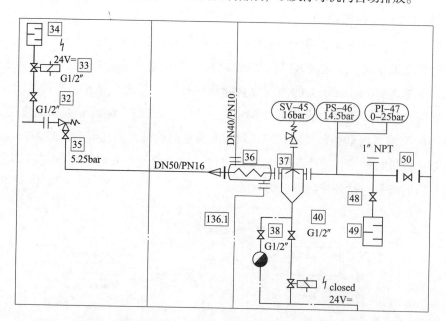

图 10—10　一级冷凝器高压空气循环图

如图 10—11 所示，进入二级活塞式压缩机的空气经压缩后达到 45 bar，流入二级热交换器（56）和二级气水分离器（57），被压送至三级气缸。二级压缩机的两个气缸

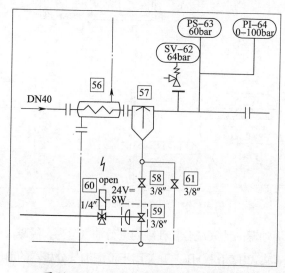

图 10—11　二级冷凝器高压空气循环图

均装有温度传感器，提供超温警报和停车信号。二级冷凝器上装有冷凝水释放活塞阀（59），由电磁阀（60）根据设定值定时控制其释放。二级活塞压缩机排出口装有超压传感器（PS-63）和压力表（PI-64），安全阀（SV-62）压力设定值为 64 bar。

如图 10—12 所示，三级活塞式压缩机的冷凝水排放流程和二级相同，不再赘述。

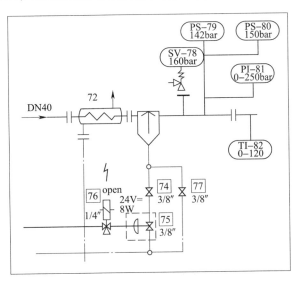

图 10—12　三级冷凝器高压空气循环图

2．润滑系统

（1）螺杆压缩机润滑系统。螺杆压缩机润滑系统具有润滑、密封、冷却作用。如图 10—13 所示，空压机启动后，油气分离罐底部的机油流向螺杆压缩机的机油散热器和电动油量控制阀，电动油量控制阀根据机油的温度，调节通过机油冷却器的机油流量，通过双联机油滤清器，经螺杆压缩机的注油口进入螺杆压缩机，润滑螺杆后，具备一定压力的油气混合物被压入油气分离罐，完成了螺杆压缩机机油润滑循环。安装在油气混合物管道上的温度传感器控制电动油量控制阀的开启大小，以调节螺杆压缩机的机油温度。在双联机油滤清器的进出口两端安装有压差显示器和压差开关，向主控箱体提供警报和停机信号。双联滤清器后面的管道上安装有压力表、压力传感器，向主控箱体提供警报和停车信号。

（2）活塞压缩机曲柄箱润滑系统。如图 10—14 所示，活塞压缩机油底壳润滑油经进油滤网 2 通过机油泵 4 将压力油输送到机油冷却器和节温器，节温器根据机油温度自动调节经过机油冷却器的机油流量。管路上并联了一个机油释放阀 5，当机油压力超过设定值时，机油经机油释放阀流回油底壳。机油经过机油滤清器 9 后分成两路：一路进入曲轴箱体，润滑曲轴连杆机构；另一路流向十字头箱体 12，润滑十字头缸体。两路润滑油自由落入机油箱底，完成了活塞压缩机的润滑流程。在活塞压缩机的润滑通道上装有机油温度表、机油压力表和机油压力传感器，当系统压力低于 2.5 bar 时报警，低于 1.5 bar 时停车。

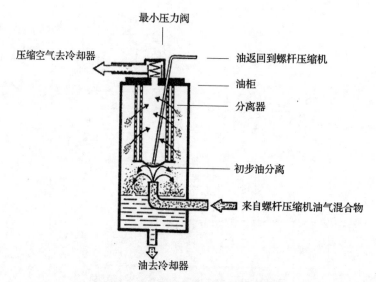

图 10—13 压力油罐油气分离示意图

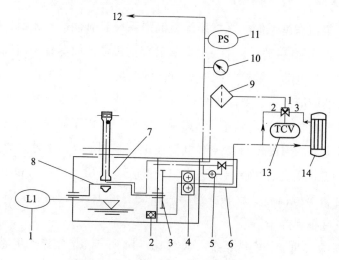

图 10—14 活塞压缩机曲柄箱润滑系统

1—油位指示 2—进口滤网 3—油泵驱动 4—油泵 5—机油释放阀 6—油分配装置 7—连杆 8—曲轴
9—机油滤清器 10—压力表 11—压力开关 12—十字头润滑 13—节温器 14—冷却器

3. 空压机的冷却系统

空压机的冷却系统通过一个电动离心水泵形成海水循环，在海水/淡水热交换器中完成整个系统的热交换。海水/淡水热交换器有两路独立的淡水循环，一路用于空压机冷却循环，另一路用于柴油发动机冷却循环。

空压机淡水循环通过一个电动离心泵，淡水从空压机冷却系统膨胀水箱经水泵压入空压机：一路冷却螺杆压缩机热交换器后流回膨胀水箱；另一路冷却活塞空压机机油热交换器、一级压缩空气热交换器、二级压缩空气热交换器和三级压缩空气热交换器后流回空压机膨胀水箱。

柴油机的淡水循环是由柴油机带水泵驱动，经节温器冷却柴油机。

10.4.4　维护保养

定期的维护保养有利于设备保持良好的运行状态，减少故障的发生率。

维护保养计划如下：

1. 每 10 h

（1）检查活塞压缩机和柴油机曲柄箱油位以及润滑气缸的注油泵油位。

（2）检查集油柜分离器内的机油回收显示情况。

（3）检查冷凝水的排放情况。

2. 每 50 h

（1）检查冷却水水位和流量指示。

（2）检查集油柜油位。

3. 每 100 h

清洁机器和检查机器的泄漏情况。

4. 每 480 h

更换柴油机机油和过滤器。

5. 经大修运转 500 h 后

（1）更换螺杆压缩机机油。

（2）清洗螺杆压缩机机油滤清器。

（3）更换压缩机和柴油机的冷却水防护剂。

6. 每 1 000 h

（1）清洁和检查冷凝水排放阀和电磁阀。

（2）清洁压缩机和柴油机的空滤器。

（3）清洁和检查经多次修理的进、排气阀。

（4）更换柴油机燃油细滤器。

（5）清洁和检查终端排出管止回阀。

（6）清洗或更换螺杆压缩机机油滤清器。

（7）一个航次（3~4个月）：检查地脚螺钉、考必林螺钉和其他固定螺钉的紧固情况。

（8）检查柴油机进、排气阀气门间隙、喷油器定时高度。

7. 每 2 000 h

（1）更换活塞压缩机机油。

（2）更换螺杆压缩机机油和机油分离器（根据多年工作经验，大约为 1 500 h）。

（3）更换螺杆压缩机机油滤器泵滤器。

（4）更换柴油机和压缩机空滤器。

（5）检查注油泵管路中止回阀工作情况。

（6）清洁柴油机和压缩机海水/淡水热交换器。

（7）更换或修理活塞压缩机进、排气阀（根据使用情况可适当缩短或延长使用时间）。

8. 每年

（1）用调节控制阀稍微提升一些压力检查保险装置。

（2）更换冷却水。

（3）清洁比例调节器和电磁阀。

9. 每 4 000 h

（1）检查三级气缸和活塞环（如果有必要）。

（2）更换注油泵齿轮箱机油。

（3）校正活塞压缩机和柴油机之间考必林轴线。

技能要求

压缩机气阀的维护保养

现代压缩机要求的保养极少，但是压缩机的性能无论多可靠，还是需要在管理上做一些维护保养工作。气阀的维护保养显然是必不可少的。

操作步骤

步骤1　从压缩机上拆下气阀。

步骤2　拆除阀的壳体。

步骤3　检查整个阀件的状态，尤其是磨损表面、阀片、弹簧的状况。

步骤4　修理和替换磨损部件，修理能重新加以使用的部件，替换已损坏的或有问题的部件。

步骤5　重新装配阀。

注意事项

1．正确拆装阀要用标准装配工具。

2．阀从压缩机上拆下以前，全部压力必须从气缸和管路中被释放。如果可燃或有害气体存在，气缸和管路必须释放。

3．采取必要的措施防止压缩机启动。

4．拆装阀要有专门的工具，拆阀之前中间的螺纹要清理。

5．装配阀前要做好清洁工作。

6．重新装配阀，必须严格按照图纸的要求，调整好阀的位置，按照扭矩的要求拧紧螺母。

空压机基本操作

操作步骤

【启动前准备工作】

步骤1　检查柴油机、压缩机曲柄箱和螺杆压缩机集油柜的油位以及冷却水箱的水位。

步骤2　如果环境温度比较低（一般为22℃），对柴油机进行预热。

步骤3　打开螺杆压缩机集油柜放油口，将油柜内积存的冷凝水放尽。

步骤4　打开一、二、三级手动释放阀和终端旁路放空阀，关闭一级卸载阀和终端排气阀。

步骤5　打开海水管路阀门（备用压缩机海水管路阀门可关闭）。

步骤6　盘车。

注意：如果压缩机停机时间超过二周，必须在螺杆压缩机吸入口加入至少2 L机

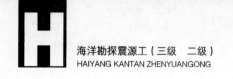
油，每次启动前，都必须确认螺杆压缩机传动齿轮箱内有足够的机油。

步骤7　检查柴油机启动空气的压力，同时将启动空气管道内的冷凝水放尽。

【启动】

步骤1　启动外供海水泵。

步骤2　合上压缩机操纵板主开关。

步骤3　清除红色故障信号灯。

步骤4　将操纵板转换开关放置手动位置。

步骤5　手动开启压缩机淡水泵，检查该淡水泵的运转情况。

步骤6　启动活塞压缩机注油泵，对气缸进行预润滑，直至指示灯自行熄灭。

步骤7　停止压缩机淡水泵运转，然后将转换开关放至自动位置。

步骤8　启动柴油机。此时淡水泵和注油泵将自动运转。

步骤9　注意观察螺杆压缩机集油柜压力上升情况和螺杆泵传动齿轮箱内供油情况。

步骤10　仔细观察一级压力、一级温度的上升情况。当一级温度上升到60℃左右，螺杆滤器泵应当自动开启。

步骤11　当情况正常、空车运转数分钟后，逐步将气压调高至工作压力（调高过程应掌握在十分钟左右，如冷机启动的，加压过程应超过十分钟，同时还要注意柴油机冷却水温度是否已超过60℃，否则，空车或低压运转时间应更长一些。压力的提高可通过调节超压释放阀来进行）。

注意：如果压缩机连续两次启动不起来，第三次启动前必须在压缩机吸入口和螺杆泵传动齿轮箱添置机油。

【停机】

步骤1　慢慢地逐步将气瓶压力降至500 psi左右。

步骤2　打开压缩机终端旁路放空阀，关闭终端排气阀。

步骤3　再慢慢地从高到低依次打开三级、二级、一级手动释放阀，然后打开一级卸载阀。

步骤4　空车运转数分钟。

步骤5　按下停机按钮，停止柴油机运转。

步骤6　停止海水泵运转。

步骤7　如果停机时间较长，根据外界温度情况来确定是否关闭主电源，如果环境温度较低，应保持主电源的打开位置，并对柴油机冷却水加热保温。

【运行、值班管理】

步骤 1　经常观察各仪表指示值的变化情况。

步骤 2　仔细检查各部件的松紧、振动情况以及油、气、水的泄漏情况。

步骤 3　认真填写运行值班日志，每小时记录一次。

步骤 4　定期检查或添加润滑油和冷却水。

步骤 5　对注油泵的流量要做不定期的测定或调整。

步骤 6　严格按照露点温度表（见说明书），调整一级油/气混合温度。该温度应略高于压缩露点温度，过低了会产生大量冷凝水，过高了会影响机油使用寿命。一级油气温度可通过控制箱内温度调节器的调整、改变冷却油的流量来达到。

步骤 7　在温度和湿度较高的情况下，增加手动排放冷凝水的次数，提高压缩空气的质量，并防止活塞压缩机气缸内发生水击现象。

步骤 8　当接到停止工作的通知后，应适时调整气压，严防由于惯性作用，造成气压过高自动停机。

步骤 9　在试枪或正常工作期间，也要防止因突然停止放炮而造成气压过高自动停机的现象。

步骤 10　一旦压缩机出现自动停机，应及时关闭终端排出阀，再依次打开终端放空阀和三级、二级、一级手动释放阀。在没有查明原因之前不能启动机器，更不能在释放阀没有打开的情况下启动。

步骤 11　转测线期间，一般不要停机，可轻负荷运行。如要停机，间隔时间应大于一个小时，以便排放螺杆压缩机在停机过程中形成的冷凝水。

步骤 12　要善于采取各种手段对运转工况进行监察，必要时可做些专门的记录，以便区分各种正常的和不正常的声音、振动、数值变化，提高故障诊断技术。

注意事项

1. 机器停止工作后，必须每三天盘一次车（最好反方向盘车，防止螺杆泵齿轮箱内的机油被吸光）。如长时间不工作，也可将螺杆压缩机的机油换新，然后运转一小时，防止螺杆泵及其轴承受腐蚀。

2. 如停机时间超过两星期，在启动压缩机之前，应在空气吸入口加入至少 2 L 螺杆机油。

3. 每次启动压缩机，必须确认螺杆泵齿轮箱内有足够的机油，否则，应检查或添加，齿轮箱内应有的机油量，可在正常停机后测得。

4. 密切注意和经常检查螺杆压缩机集油柜内有无金属沫子沉淀，必要时应定期或

不定期地化验机油。

5. 螺杆泵机油吸入口筒形金属滤网的清洁检查：1040 压缩机的间隔时间为 2 500 h 左右，就是说，至少每更换两次机油，清洁检查一次；1100 压缩机的间隔时间可适当延长。

6. 无特殊情况，在更换螺杆机油时，应同时将螺杆泵传动齿轮箱内的机油放尽，以便检查齿轮箱内是否有金属沫子沉淀，然后添置新的机油。

7. 1040 压缩机螺杆机油滤器的更换：当环境温度低于30℃时，每400 h 左右更换一次；当环境温度高于30℃时，每300 h 左右更换一次。

8. 分离器的更换一般与螺杆机油的更换一起进行，在正常情况下，工作周期为 1 500 h 左右，主要视油质和分离器维修指示而定。

9. 压缩机、柴油机冷却液、防腐剂的添加按照说明书规定的比例进行添加。

测 试 题

一、判断题（将判断结果填入括号中，正确的填"√"，错误的填"×"）

1. 活塞压缩机的主要结构包括三级缸头、三级缸、二级缸、十字头箱体、活塞杆、盘根、曲柄连杆、曲轴箱体等。　　　　　　　　　　　　　　　（　　）

2. 柴油机及螺杆压缩机油冷却器靠闭式冷却循环，活塞压缩机润滑油冷却和压缩空气冷却靠冷却水泵泵水经过海水热交换器后进行强制冷却。　　　　（　　）

3. 当压缩机的监视系统出现故障时，每一级有安全阀释放压力，以保障设备和人员安全。　　　　　　　　　　　　　　　　　　　　　　　　　　（　　）

4. LMF1100 压缩机一级冷凝水排放有手动排放、电磁阀控制排放，以及浮球机构自动排放。　　　　　　　　　　　　　　　　　　　　　　　　　　（　　）

5. 安装在油气混合物管道上的温度传感器控制电动油量控制阀的开启大小，来调节螺杆压缩机的机油湿度。　　　　　　　　　　　　　　　　　　　（　　）

6. 润滑脂的润滑性质基本上取决于所含的润滑油。　　　　　　　　　（　　）

7. LMF 压缩机开机前，关闭一、二、三级手动释放阀和终端旁路放空阀，打开一级卸载阀和终端排气阀。　　　　　　　　　　　　　　　　　　　　（　　）

8. 空压机是气枪供气系统的核心部分，其工作状况的好坏直接决定着气枪的施工效率。　　　　　　　　　　　　　　　　　　　　　　　　　　　　（　　）

二、单项选择题（选择一个正确的答案，将相应的字母填入题内的括号中）

1. 值班时发现柴油机柴油压力降低，转速下降，产生这种情况一般是由于（　　）。

　　A. 燃油泵故障　　　　　　　　　　B. 柴油滤器堵塞

　　C. 柴油机油头故障　　　　　　　　D. 以上选项都有可能

2. 压缩机正常在测线工作时，突然二缸注油压力不足显示灯报警，不正确的做法是（　　）

　　A. 第一时间报告组长　　　　　　　B. 检查管路故障

　　C. 按清除按钮　　　　　　　　　　D. 检查脉冲发射器

3. 发现空压机排量不足，可能与（　　）有关。

　　A. 中冷器内水垢过多　　　　　　　B. 空气滤清器堵塞

　　C. 润滑不好　　　　　　　　　　　D. 散热系统工作不正常

4. 会引起空压机过热的因素是（　　）。

　　A. 润滑效果差　　　　　　　　　　B. 冷却器污垢过多

　　C. 海水和环境温度过高　　　　　　D. 以上选项都正确

5. 更换 LMF1100 三级排出管发现漏气，下列说法错误的是（　　）。

　　A. 检查螺纹垫片是否漏气　　　　　B. 检查法兰密封

　　C. 检查压缩机振动　　　　　　　　D. 检查螺栓是否安装好

6. 螺杆压缩机油系统具有润滑、密封、（　　）作用。

　　A. 压缩　　　　　B. 冷却　　　　　C. 加热　　　　　D. 协调

7. LMF 活塞压缩机气缸的润滑主要是由（　　）提供润滑。

　　A. 曲柄润滑系统　　B. 飞溅　　　　C. 注油泵　　　　D. 开放式润滑

8. LMF 压缩机润滑系统上安装的脉冲发射装置的主要作用是（　　）。

　　A. 检测压缩机振动频率　　　　　　B. 监测注油是否正常

　　C. 控制注油量　　　　　　　　　　D. 调节注油量

9. LMF 螺杆压缩机的油气分离器系统主要结构不包括（　　）。

　　A. 滤器　　　　　　　　　　　　　B. 最小压力阀

　　C. 冷却器　　　　　　　　　　　　D. 油柜

10. （　　）是卡特 3508 柴油机用来吸收和散发受热零件的多余热量的装置。

　　A. 曲柄连杆机构　　　　　　　　　B. 配气机构

　　C. 冷却系统　　　　　　　　　　　D. 燃油系统

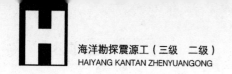

参 考 答 案

一、判断题

1. √   2. √   3. √   4. √   5. ×   6. √   7. ×   8. √

二、单项选择题

1. D   2. A   3. B   4. B   5. C   6. B   7. C   8. B   9. C

10. C

第11章

液压辅助设备与日常管理

完成本章的学习后，您能够：

- ☑ 了解液压、气压传动的基础知识
- ☑ 理解液压系统原理
- ☑ 掌握震源液压设备知识以及故障判断技巧
- ☑ 对液压系统设备故障进行排查和修理
- ☑ 掌握液压系统的维护和保养方面的知识
- ☑ 技师要求能够设计基本的液压系统

知识要求

11.1　概述

液压与气压传动是利用有压流体（压力油或压缩空气）作为传动介质来实现各种机械的传动和自动控制。液压传动与气压传动实现传动和控制的方法基本相同，它们都是利用各种元件组成需要的控制回路，再由若干回路组成能够完成一定控制功能的传动系统来完成能量的传递、转换与控制。

液压传动所采用的工作介质为液压油或其他合成液体，气压传动所采用的工作介质为压缩空气。

11.1.1　液压与气压传动的工作原理

根据钢丝夹头扣压机工作原理即可了解液压传动的工作原理。从图 11—1 可以看出，当向上提手柄 1 使小缸活塞上移时，小液压缸 2 因容积增大而产生真空，油液从油箱 5 通过阀 4 被吸至小液压缸 2 中；当按压手柄 1 使小缸活塞下移时，则油液通过阀 3 输入到大液压缸 8 的下油腔，当油液压力升高，大活塞上移，压模 9 受到活塞上移的作用力，使钢丝夹头扣压成形。

1. 力的传递关系

根据帕斯卡原理"在密闭容器内，施加于静止液体上的压力将以等值同时传到液体各点"，并根据图 11—2 的受力情况，可推导出

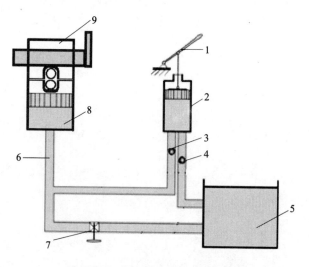

图 11—1　钢丝夹头扣压机原理图

1—手柄　2—泵缸　3—出油口单向阀　4—进油口单向阀

5—油箱　6—管路　7—截止阀　8—液压缸　9—压模

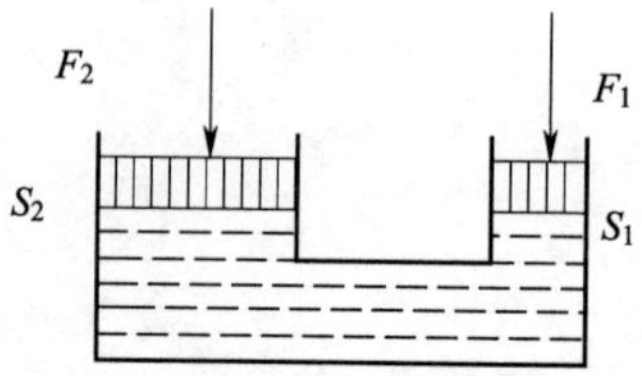

图 11—2　帕斯卡原理

$$\frac{F_1}{S_1} = \frac{F_2}{S_2}$$

式中，S_1 和 S_2 分别为图 11—2 中小活塞和大活塞的作用面积，F_1 为杠杆手柄作用在小活塞上的力。由此建立了一个很重要的基本概念，即在液压和气压传动中，系统的工作压力取决于负载，而与流入的流体多少无关。

2. 运动的传递关系

由图 11—2 可以看出，当不考虑液体的可压缩性、泄漏等因素时，依据液体体积不变，可得出

$$S_1 h_1 = S_2 h_2 \tag{11—1}$$

式中，h_1 和 h_2 分别为小活塞和大活塞的位移。将式 11—1 两端分别除以活塞移动的时间 t，则得

$$S_1 v_1 = S_2 v_2 \tag{11—2}$$

由此可见，活塞的运动速度与活塞的面积成反比。进一步推导可得

$$q = vS \tag{11—3}$$

据此可得，活塞的运动速度取决于进入液压（气）缸（马达）的流量，而与流体压力大小无关。

3. 功率关系

当不计功率损失的情况下，假设输入功率等于输出功率，由图 11—2 可得

$$P = Fv = Wv = pq \qquad (11—4)$$

由以上分析可得，液压传动和气压传动是以流体的压力能来传递动力的。

11.1.2　液压与气压传动系统的组成

图 11—3 为绞车的液压原理图。来自液压泵站的油液进入方向控制滑阀，换向阀阀芯向右移动，油液进入平衡阀。同时，压力油进入刹车油缸，打开刹车；压力油进入马达，驱动马达正向旋转。反之，通过换向阀换向（阀芯左移），压力油进入马达，驱动马达反向旋转。

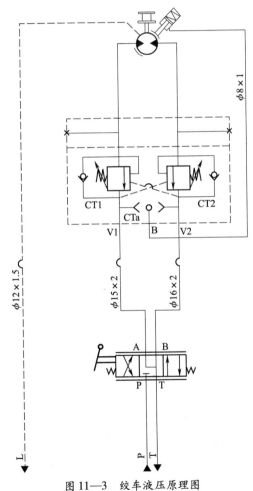

图 11—3　绞车液压原理图

图 11—4 为气动系统的组成原理框图。压缩空气由空气压缩机 1 经储气罐 2，再经压力控制阀 3 进入气动控制回路，控制气缸 5 活塞杆左移和右移。

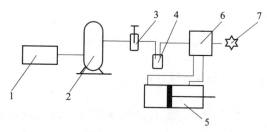

图 11—4　气动系统的组成

1—气源　2—储气罐　3—压力控制阀　4—注油器　5—气缸　6—方向控制阀　7—消声器

由上面的例子可以看出，液压与气压传动系统主要由以下几个部分组成：

1．能源装置

是把机械能转换成流体的压力能的装置，一般最常见的是液压泵或空气压缩机。

2．执行装置

是把流体的压力能转换成机械能的装置，一般指做直线运动的液（气）压缸、作回转运动的液（气）压马达等。如电缆绞车、炮缆绞车、排缆器、辅助绞车、距离绳绞车、展开器、气枪起吊设备、尾标行车等。

3．控制调节装置

是对液（气）压系统中流体的压力、流量和流动方向进行控制和调节的装置，如溢流阀、节流阀、换向阀等。这些元件的不同组合组成了能完成不同功能的液（气）压系统。

4．辅助装置

指除以上三种装置以外的其他装置，如油箱、过滤器、分水滤气器、油雾器、蓄能器等，它们对保证液（气）压系统可靠和稳定地工作有重大作用。

5．传动介质

系统中传递能量的流体，即液压油或压缩空气。

11.1.3　液压与气压传动的优缺点

1．液压传动的优点

（1）在同等的体积下，液压装置能比电气装置产生出更多的动力。在同等的功率下，液压装置的体积小，质量轻，功率密度大，结构紧凑。液压马达的体积和质量只有同等功率电动机的12%左右。

（2）液压装置工作比较平稳。由于质量轻、惯性小、反应快，液压装置易于实现快速启动、制动和频繁的换向。

（3）液压装置能在大范围内实现无级调速，它还可以在运行的过程中进行调速。

（4）液压传动易于实现自动化，对液体压力、流量或流动方向易于进行调节或控制。当将液压控制和电气控制、电子控制或气动控制结合起来使用时，整个传动装置能实现很复杂的顺序动作，也能方便地实现远程控制。

（5）液压装置易于实现过载保护。液压缸和液压马达都能长期在堵转状态下工作而不会过热，这是电气传动装置和机械传动装置无法办到的。

（6）由于液压元件已实现了标准化、系列化和通用化，液压系统的设计、制造和使用都比较方便。

（7）用液压传动实现直线运动远比用机械传动简单。

2．液压传动的缺点

（1）液压传动在工作过程中常有较多的能量损失（摩擦损失、泄漏损失等），长距离传动时更是如此。

（2）液压传动对油温变化比较敏感，它的工作稳定性很容易受到温度的影响，因此不宜在很高或很低的温度条件下工作。

（3）为了减少泄漏，液压元件在制造精度上的要求较高，因此它的造价较贵，而且对工作介质的污染比较敏感。

（4）液压传动出现故障时不易找出原因。

3．气压传动的优点

与液压传动相比，气压传动具有一些独特的优点：

（1）空气可以从大气中取得；同时，用过的空气可直接排放到大气中去，处理方便。万一空气管路有泄漏，除引起部分功率损失外，不致产生不利于工作的严重影响，也不会污染环境。

（2）空气的黏度很小，在管道中的压力损失较小，因此压缩空气便于集中供应（空压站）和远距离输送。

（3）因压缩空气的工作压力较低（一般为 0.3～0.8 MPa），因此，对气动元件的材料和制造精度上的要求较低。

（4）气动系统维护简单，管道不易堵塞，也不存在介质变质、补充、更换等问题。

（5）使用安全，没有防爆的问题，并且便于实现过载自动保护。

4．气压传动的缺点

气压传动与电气、液压传动相比有以下缺点：

（1）气压传动装置的信号传递速度限制在声速（约 340 m/s）范围内，所以它的工作频率和响应速度远不如电子装置，并且信号要产生较大的失真和延滞，也不便于构成较复杂的回路，但这个缺点对工业生产过程不会造成困难。

（2）空气的压缩性远大于液压油的压缩性，因此在动作的响应能力、工作速度的平稳性方面不如液压传动。

（3）气压传动系统出力较小，且传动效率低。

11.1.4　液压与气压传动的应用及发展

1. 液压与气压传动技术的应用

在工业生产的各个部门都应用液压与气压传动技术。例如，船舶、海洋工程、工程机械、矿山机械、压力机械和航空工业中采用液压传动，机床上的传动系统也采用液压传动。在海洋地震勘探领域，液压传动技术近年来也得到广泛应用，随着多缆地震勘探船技术的发展，水下设备的收放也大多采用大功率大扭矩的绞车来实现。而在电子工业、包装机械、印染机械、食品机械等方面，气压传动应用较多。

2. 液压与气动技术的发展

液压技术正向高压、高速、大功率、高效、低噪声、高性能、高度集成化、模块化、智能化的方向发展。同时，新型液压元件和液压系统的计算机辅助设计（CAD）、计算机辅助测试（CAT）、计算机直接控制（DDC）、计算机实时控制技术、机电一体化技术、计算机仿真和优化设计技术、可靠性技术，以及污染控制技术等，也是当前液压传动及控制技术发展和研究的方向。气压传动技术在科技飞速发展的当今世界发展将更加迅速。随着工业的发展，气动技术的应用领域已从汽车、采矿、钢铁、机械等行业迅速扩展到化工、轻工、食品、军事工业等各行各业。气动技术已发展成包括传动、控制与检测在内的自动化技术。由于工业自动化技术的发展，气动控制技术以提高系统可靠性、降低总成本为目标，研究和开发系统控制技术和机、电、液、气综合技术。显然，气动元件当前发展的特点和研究方向主要是节能化、小型化、轻量化、位置控制的高精度化，以及与电子学相结合的综合控制技术等。

11.1.5　液压传动工作介质

液压传动最常用的工作介质是液压油，此外，还有乳化型传动液和合成型传动液等。此处仅介绍几种常用液压传动工作介质的性质。

1. 液压传动工作介质的性质

（1）密度。单位体积液体的质量称为液体的密度。体积为 V、质量为 m 的液体的密度为

$$\rho = \frac{m}{V} \tag{11—5}$$

矿物油型液压油的密度随温度的上升而有所减小，随压力的提高而稍有增加，但变动值很小，可以认为是常值。我国采用20℃时的密度作为油液的标准密度。

（2）可压缩性。压力为 p_0、体积为 V_0 的液体，如压力增大 Δp 时，体积减小 ΔV，则此液体的可压缩性可用体积压缩系数 k，即单位压力变化下的体积相对变化量来表示

$$k = -\frac{1}{\Delta p} \cdot \frac{\Delta V}{V_0} \tag{11—6}$$

由于压力增大时液体的体积减小，因此上式右边须加一负号，以使 k 成为正值。液体体积压缩系数的倒数，称为体积弹性模量 K，简称体积模量，$K = 1/k$。

（3）黏性

1）黏性的定义。液体在外力作用下流动（或有流动趋势）时，分子间的内聚力要阻止分子相对运动而产生一种内摩擦力，这种现象叫作液体的黏性。液体只有在流动（或有流动趋势）时才会呈现出黏性，静止液体是不呈现黏性的。

黏性使流动液体内部各处的速度不相等。如图 11—5 所示，若两平行平板间充满液体，下平板不动，而上平板以速度 u_0 向右平动。由于液体的黏性作用，紧靠下平板和上平板的液体层速度分别为零和 u_0。通过试验测定得出，液体流动时相邻液层间的内摩擦力 F_t，与液层接触面积 A、液层间的速度梯度 $\mathrm{d}u/\mathrm{d}y$ 成正比，即：

$$F_t = \mu A \frac{\mathrm{d}u}{\mathrm{d}y} \tag{11—7}$$

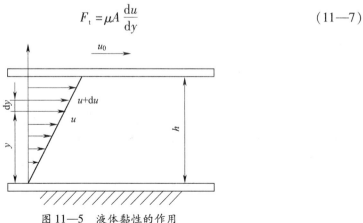

图 11—5　液体黏性的作用

式中，μ 为比例常数，称为黏性系数或黏度。如以 τ 表示切应力，即单位面积上的内摩擦力，则：

$$\tau = \frac{F_t}{A} = \mu \frac{\mathrm{d}u}{\mathrm{d}y} \tag{11—8}$$

这就是牛顿的液体内摩擦定律。

2）黏性的度量。

①动力黏度。又称绝对黏度，单位为 Pa·s（帕·秒）。以前沿用的单位为 P（泊，dyne·s/cm^2），1 Pa·s = 10 P = 10^3cP（厘泊）。

②运动黏度。液体的动力黏度与其密度的比值，称为液体的运动黏度 v，即

$$v = \frac{\mu}{\rho} \tag{11—9}$$

单位为 m^2/s。以前沿用的单位为 St（斯），1 m^2/s = 10^4 St = 10^6 cSt（厘斯）。

液压传动工作介质的黏度等级是以 40℃ 时运动黏度（以 mm^2/s 计）的中心值来划分的，如某一种牌号 L – HL22 普通液压油在 40℃ 时运动黏度的中心值为 22 mm^2/s。

液体的黏度随液体的压力和温度而变。对液压传动工作介质来说，压力增大时，黏度增大。在一般液压系统使用的压力范围内，增大的数值很小，可以忽略不计。但液压传动工作介质的黏度对温度的变化十分敏感，温度升高，黏度下降，变化率的大小直接影响液压传动工作介质的使用，其重要性不亚于黏度本身。

（4）其他性质。液压传动工作介质还有其他一些性质，如稳定性（热稳定性、氧化稳定性、水解稳定性、剪切稳定性等）、抗泡沫性、抗乳化性、防锈性、润滑性以及相容性（对所接触的金属、密封材料、涂料等作用程度）等，它们对工作介质的选择和使用有重要影响。这些性质需要在精炼的矿物油中加入各种添加剂来获得，其含义较为明显，不多作解释，可参阅有关资料。

2. 对液压传动工作介质的要求

不同的工作机械、不同的使用情况，对液压传动工作介质的要求有很大的不同。为了很好地传递运动和动力，液压传动工作介质应满足以下要求：

（1）工作油液的黏度要适当，要求其动力黏度在 $11.5 \times 10^{-6} \sim 35.3 \times 10^{-6}$ m^2/s（相当于 $2 \sim 5^{\circ}\mathrm{E}_{50}$）范围内。液压系统对黏度的变化比较敏感，因此要求黏度随温度变化要小，即黏温性能要好，黏度指数要高，其值要求应在 90 以上为宜。

黏度过高，液体流动阻力增加，功率损失大，油泵吸油困难；黏度过低，则泄漏损失增加。黏度的选择与油泵、油马达的制造精度、运动速度、工作压力及环境温度

有关。运动速度高、制造精度高者，宜采用黏度较低的油液；配合间隙大、工作压力与环境温度高者，可采用黏度较高的油液。

（2）化学稳定性要好，在高温、高压工作条件下，不易因氧化、受热、水解而变质。

（3）有良好润滑性和高的油膜强度，以减少液压元件相对运动表面的磨损。

（4）要求油的闪点高、凝固点低，以满足防火安全和在低温环境下的正常工作。

（5）不易乳化和形成空气泡沫，而且易消泡。一般油液在20℃与常压下按体积能溶解8%～9%的空气，当压力降低和温度升高时易析出气泡。油中含有气泡会使工作不稳定，可能出现爬行、振动，产生大的噪声，油液发热、损失增加，甚至损坏油泵等工作元件。为了避免这种情况发生，除了液压系统设计良好、管路布置合理及管理良好外，油液要有良好的消泡性能，有些则在油液中加入消泡剂。

（6）质地纯净，含杂质少，含水量不超过0.1%。

（7）有良好的防锈和抗腐蚀性，能防止液压元件、辅助设备的金属零件生锈或腐蚀。

（8）对液压系统中使用的各种材料，包括金属、塑料、橡胶、涂料等应有良好的相容性，即互相不产生不良影响。

各种专用液压油，虽价格较贵，但有良好的黏温性能及抗氧化、抗腐蚀、抗泡沫、防锈等性能。

3. 液压油的选用

正确而合理地选用和维护工作介质，对于液压系统达到设计要求、保障工作能力、满足环境条件、延长使用寿命、提高运行可靠性、防止事故发生等方面都有重要的影响。

（1）选择液压油，应该以液压元件生产厂推荐的油品及黏度为依据。各厂家的产品不同，所推荐的黏度值也不同。但液压系统中工作最繁重的元件是泵和马达，针对泵和马达选择的油液黏度一般也适用于阀类元件。正常工作黏度范围是指液压系统油温稳定后的油液黏度范围。石油型液压油的温度范围为 – 20～80℃；为使油液和液压系统获得最佳使用寿命，最高温度不宜超过65℃。含水液压油液的温度范围为10～54℃。同一厂家生产的不同设备也应尽量选用同一牌号的油品。

（2）根据液压系统的工作压力、工作温度、液压元件种类及经济性等因素全面考虑，一般是先确定适用的黏度范围，再选择合适的液压油品种。同时还要考虑液压系统工作条件的特殊要求，例如：在寒冷地区工作的系统，要求油的黏度指数高、低温

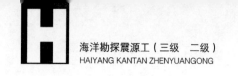
流动性好、凝固点低；伺服系统要求油质纯、压缩性小；高压系统则要求油液抗磨性好。

（3）在选用液压油时，黏度是一个重要的参数。黏度的高低将影响运动部件的润滑、缝隙的泄漏以及流动时的压力损失、系统的发热温升等。所以，在环境温度较高、工作压力高或运动速度较低时，为减少泄漏，应选用黏度较高的液压油；否则，应选用黏度较低的液压油。

（4）在选用油的品种时，一般要求不高的液压系统可选用机械油、汽轮机油或普通液压油。对于要求条件较高或专用液压传动设备，可选用各种专用液压油，如抗磨液压油、稠化液压油、低温液压油、航空液压油等，这些油都加入了各种改善性能的添加剂，性能较好。

（5）要选用优质油品，不得选用劣质油。劣质油对液压元件会造成较大的损害，对系统造成更多的污染，容易发生故障，影响系统的性能，缩短重要液压元件的寿命。

（6）使用液压油时，不得在受污染的油液或脏油中加新油液，必须清洗系统后更换新的经过滤的油液。

总的来说，应尽量选用较好的液压油，虽然初始成本要高些，但由于优质油使用寿命长、对元件损害小，所以从整个使用周期看，其经济性要比选用劣质油好。选择液压系统的液压油一般需考虑以下几点：液压系统的工作条件，液压系统的工作环境，综合经济分析。

4. 液压系统的污染控制

工作介质的污染是液压系统发生故障的主要原因，它会严重影响液压系统的可靠性及液压元件的寿命。因此，工作介质的正确使用、管理以及污染控制，是提高液压系统可靠性及延长液压元件使用寿命的重要手段。

（1）污染的根源。进入工作介质的固体污染物有四个根源：已被污染的新油、残留污染、侵入污染和内部生成污染。

（2）污染的危害。液压系统的故障75%以上是由工作介质污染物造成的。

（3）污染的测定。污染度测定方法有测重法和颗粒计数法两种。

（4）污染度的等级。参照我国国家标准 GB/T 14039—2002《液压传动　油液固体颗粒污染等级代号》和目前仍被采用的美国航空航天联合会标准 NAS1638 规定的油液污染度等级。

（5）工作介质的污染控制。工作介质污染的原因很复杂，工作介质自身又在不断产生污染物，因此要彻底解决工作介质的污染问题是很困难的。为了延长液压元件的寿命，保证液压系统可靠地工作，将工作介质的污染度控制在某一限度内是较为切实可行的办法。为了减少工作介质的污染，应采取以下措施：

1）对元件和系统进行清洗，之后才能正式运转。

2）防止污染物从外界侵入。

3）在液压系统合适部位设置合适的过滤器。

4）控制工作介质的温度。工作介质温度过高会加速其氧化变质，产生各种生成物，缩短其使用期限。

5）定期检查和更换工作介质。定期对液压系统的工作介质进行抽样检查，分析其污染度，如已不符合要求，必须立即更换。更换新的工作介质前，必须对整个液压系统彻底清洗一遍。

11.2 液压系统的管理

一个性能良好的液压系统，有良好的设计和良好的液压设备是非常重要的，而正确使用与管理也是不容忽视的。否则不仅会影响系统的性能，往往还会出现故障，甚至不能使用。液压系统管理的要点如下：

1. 保持油液的清洁，防止杂物和水分浸入，加油时应进行过滤。在实际工作中，液压系统在使用中发生的故障，有 70% 以上是由于油液脏引起的。油液不洁会引起液压泵与液压马达的磨损或发热烧坏，以及阀件被卡死而造成动作失灵。

油中的污染物、机械杂质、尘灰、水分等多数来自外界。如充油时过滤不彻底，设备安装时清洗清洁工作不到位，元件、管路检修拆装时不注意而将杂物带入，换油时管道和油箱等清洗不彻底，以及运动零件的金属磨屑等，都可造成油液变脏。

管道与油箱内部不能涂油漆和任何涂料，以免油漆或涂料剥落或与油液起化学反应而污染油液。

2. 新装或大修后的液压系统充油前要彻底清洗，最好用专门的清洗液加热到 30～40℃时进行清洗。清洗时用清洗油泵循环冲洗，使清洗液通过专门滤器，直到滤器内污染物不再明显增加为止。清洗完毕从系统内放净清洗剂，如不易放净则应在其中加防锈剂和抗氧化剂。

充油时最好用手动油泵，要耐心放尽系统内的空气。系统高处的放气旋塞、压力接头等处均可松开放出空气，直至有连续的油流出后方可关闭。放空气时应重复几次。

3. 油液与空气接触会氧化。在油温低于40℃和与空气接触不多时，油液的理化性质变化慢；随着温度升高，氧化速度大大加快。油液氧化会产生有机酸、结渣和生成沉淀物，使油的黏度增大，润滑、抗氧化和防腐蚀性能变差，往往造成阻尼小孔及油路、过滤器等堵塞，运动元件卡阻，摩擦阻力增大，并导致油液温度升高而造成恶性循环。

为防止空气进入系统，除吸油管要完全密封外，还应注意：吸入管口不能离开液面太近；回油管应浸入油液中，以免回油冲击液面产生泡沫；吸入管口与回油管口不能靠得太近，最好两者之间用隔板隔开。

4. 保持合适的工作温度。油液最适宜的工作温度是30~50℃。启动油泵时油温一般不应低于10℃。油温过低时应先加温或启动油泵后让油液在系统中空载循环，直到温度升高到10℃以上再正式工作。油温低于-10℃时候不宜启动油泵。油温高于50℃应使油冷却器投入工作，油箱内油温不应超过60℃。油温超过70℃时液压设备不宜再工作。

5. 要按时清洗过滤器。发现过滤器内有较多的脏物或金属磨屑，应缩短清洗间隔时间，并注意设备运转情况，查明原因。

6. 油液的更换。对新装的液压系统，第一次换油时间不应超过2 000 h，以后换油时间按油质检查情况而定（每年最少检查一次）。因工作条件、运转时间以及管理情况有很大差别，大体上2~4年换油一次。换油时要彻底清洗液压系统。油能否继续使用，决定于油液的恶化情况（如污染程度、黏度变化、含水量及酸值等）。因目前尚无公认的标准，一般允许油液的黏度与说明书中规定的指标变化差值小于±（20~25）%，再根据酸值可判断油氧化的程度，决定其是否可以继续使用。以下标准可供参考：酸值比新油增加5~10倍以上，再生油可增加到4~5 mgKOH/g。但当抗乳化性明显恶化时，酸值应降低到1.5 mgKOH/g；当水浸液呈酸性反应时，应降低0.2~0.6 mgKOH/g。有经验的管理人员可以从油液的外观（颜色、气味、黏度）大致判断其油质的变化程度。如油色变浅，可能混入稀油，必要时可化验其黏度。如油色变深成黑硒色，则表明油质已开始变质或被污染。如油液混浊，表明油液中混有水分或蜡质，可取样加热，按以下情况处理：若是蜡质所致，油将变透明，这时应检查过滤器是否堵塞，并应查明原因；如果是水分所致，则可听到水沸腾时在油中的爆炸声，这时应检查油冷却器是否有泄漏，并清洗整个系统。但应注意某些高级合成油，初装到油箱内看起来好似混浊，但使用过一段时间后变清，这是正常现象。

7. 检查油位。运转中应定时检查油箱中的油位，并保持在油位计的1/2~2/3，若油位下降较快则应该检查原因。

8. 保持各管路接头以及密封件密封良好，防止油液外漏；油箱的透气孔应保持畅通。

9. 液压设备在启动运转前应先全面检查各系统是否完善，各阀门、电气控制开关是否在正确的位置。启动油泵时应先点动，无任何异常现象时再启动运转。

10. 为增加设备的使用寿命，系统的工作压力一般应在设备额定压力的 75% 左右。如径向柱塞泵额定工作压力为 14 MPa，其工作压力不应超过 10 MPa；斜盘式轴向柱塞泵额定工作压力 32 MPa 时，其工作压力不应超过 20 MPa。这就是说系统的工作压力应比泵的额定工作压力低 1～2 压力级。安全阀调定压力一般比系统的工作压力大 10%～25%。当调节溢流阀和安全阀开启压力时，应只把弹簧放松，使压力从小逐步调到规定值。

11.3　液压设备

一艘装备现代化的多缆物探船，安全可靠的作业液压设备是不可缺少的。这些设备主要包括液压泵站、各种绞车、液压缸、排缆器等。

11.3.1　液压泵站

如图 11—6 所示是现代物探船常用的液压泵站，由液压泵、驱动电动机、滤油器、冷却器、油箱、溢流阀以及辅助元件等组成。

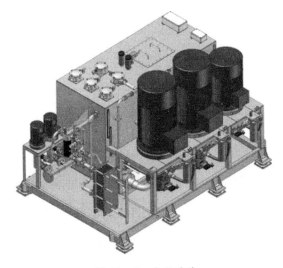

图 11—6　液压泵站

1. 液压泵

液压泵是液压系统的动力元件，其作用是将原动机的机械能转换成液体的压力能，向整个液压系统提供动力。液压泵的结构形式一般有齿轮泵、叶片泵和柱塞泵。影响液压泵使用寿命的因素很多，除了泵自身的设计、制造因素外，还与一些与泵相关的元件（如联轴器、滤油器等）的选用、试车运行过程中的操作等也有关。液压泵的工作原理是运动带来泵腔容积的变化，从而压缩流体使流体具有压力能。因此，液压泵工作必须具备的条件就是泵腔有密封容积变化。

（1）常用液压泵的种类

1）按流量是否可调节，可分为变量泵和定量泵。输出流量可以根据需要来调节的泵称为变量泵，流量不能调节的泵称为定量泵。

2）液压系统中常用的泵，按结构分为齿轮泵、叶片泵和柱塞泵三种。

①齿轮泵。体积较小，结构较简单，对油的清洁度要求不严，价格较便宜；但泵轴受不平衡力，磨损严重，泄漏较大。

②叶片泵。分为双作用叶片泵和单作用叶片泵。这种泵流量均匀、运转平稳、噪声小、工作压力和容积效率比齿轮泵高，结构比齿轮泵复杂。

③柱塞泵。容积效率高，泄漏小，可在高压下工作，大多用于大功率液压系统；但结构复杂，材料和加工精度要求高，价格贵，对油的清洁度要求高。一般在齿轮泵和叶片泵不能满足要求时才用柱塞泵。

还有一些其他形式的液压泵，如螺杆泵等，但应用不如上述三种普遍。

（2）液压泵工作原理。液压泵是为液压传动提供压力液体的一种液压元件，是泵的一种。它的功能是把动力机（如电动机和内燃机等）的机械能转换成液体的压力能。

1）外啮合齿轮泵。如图11—7所示，泵体1内有一对互相啮合的主动齿轮2和从动齿轮3，齿轮的两端由端盖密封。这样，由泵体、齿轮的各个齿槽和端盖形成了多个密封工作腔，同时轮齿的啮合线又将左右两腔隔开，形成了吸、压油腔。当齿轮按图示方向旋转时，右侧吸油腔内的轮齿相继脱离啮合，密封工作腔容积不断增大，形成部分真空，在大气压力作用下经吸油管从油

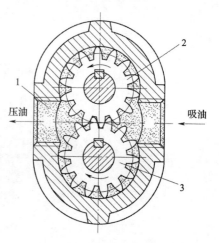

图11—7　外啮合齿轮泵工作原理

1—泵体　2—主动齿轮　3—从动齿轮

箱吸进油液，并被旋转的轮齿齿间槽带入左侧压油腔。左侧压油腔由于轮齿不断进入啮合，使密封工作腔容积减小，油液受到挤压被输出送往系统。这就是齿轮泵的吸油和压油过程。在齿轮泵的啮合过程中，啮合点沿啮合线移动，这样就把吸油区和压油区分开。

2）内啮合齿轮泵。内啮合齿轮泵的工作原理和主要特点皆同于外啮合齿轮泵。在渐开线齿形内啮合齿轮泵中，小齿轮和内齿轮之间要装一块月牙隔板，以便把吸油腔和压油腔隔开，如图11—8a所示。摆线齿形内啮合齿轮泵又称摆线转子泵，在这种泵中，小齿轮和内齿轮只相差一齿，因而不需设置隔板，如图11—8b所示。内啮合齿轮泵中的小齿轮是主动轮。

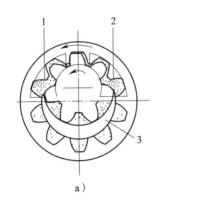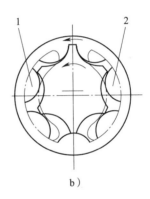

图11—8　内啮合齿轮泵工作原理
1—吸油腔　2—压油腔　3—隔板

内啮合齿轮泵的结构紧凑，尺寸小，质量小，运转平稳，噪声低，在高转速工作时有较高的容积效率；但在低速高压下工作时，压力脉动大，容积效率低，所以一般用于中低压系统。在闭式系统中，常用这种泵作为补油泵。内啮合齿轮泵的缺点是：齿形复杂，加工困难，价格较贵。

3）双作用叶片泵（见图11—9）。定子3的两端装有配流盘。定子3的内表面曲线由两段大半径圆弧、两段小半径圆弧以及四段过渡曲线组成。定子3和转子2的中心重合。在转子2上沿圆周均布开有若干条（一般为12条或16条）与径向成一定角度（一般为13°）的叶片槽，槽内装有可自由滑动的叶片。在配流盘上，对应于定子四段过渡曲线的位置开有四个腰形配流窗口，其中两个与泵吸油口4连通的是吸油窗口，另外两个与泵压油口1连通的是压油窗口。

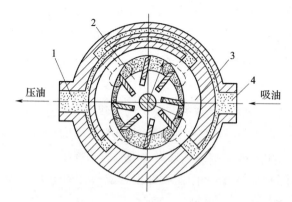

图 11—9 双作用叶片泵工作原理

1—压油口 2—转子 3—定子 4—吸油口

当转子 2 在传动轴带动下转动时，叶片在离心力和底部液压力（叶片槽底部始终与压油腔相通）的作用下压向定子 3 的内表面，在叶片、转子、定子与配流盘之间构成若干密封空间。当叶片从小半径曲线段向大半径曲线滑动时，叶片外伸，这时所构成的密封容积由小变大，形成部分真空，油液便经吸油窗口吸入；而处于从大半径曲线段向小半径曲线滑动的叶片缩回，所构成的密封容积由大变小，其中的油液受到挤压，经过压油窗口压出。这种叶片泵每转一周，每个密封容腔完成两次吸、压油过程，故称为双作用叶片泵。同时，泵中两吸油区和两压油区各自对称，使作用在转子上的径向液压力互相平衡，所以这种泵又被称为平衡式叶片泵或双作用卸荷式叶片泵。这种泵的排量不可调，因此它是定量泵。

将两个双作用叶片泵的主要工作部件装在一个泵体内，同轴驱动，并在油路上实现二泵并联工作，就构成双联叶片泵。

4）单作用叶片泵（见图 11—10）。与双作用叶片泵明显不同的是，单作用叶片泵的定子内表面是一个圆形，转子与定子间有一偏心量 e，两端的配流盘上只开有一个吸油口和一个压油口。当转子旋转一周时，每一叶片在转子槽内往复滑动一次，每相邻两叶片间的密封容腔容积发生一次增大和缩小的变化，容积增大时通过吸油口吸油，容积减小时通过压油口将油挤出。

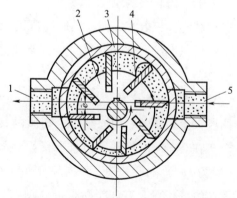

图 11—10 单作用叶片泵工作原理

1—压油口 2—转子 3—定子 4—叶片 5—吸油口

由于这种泵在转子每转一周过程中，每个密封容腔容积吸油、压油各一次，故称为单作用叶片泵。又因这种泵的转子受有不平衡的液压作用力，故又称不平衡式叶片泵。由于轴和轴承上的不平衡负荷较大，因而使这种泵工作压力的提高受到限制。改变定子和转子间的偏心距 e 值，可以改变泵的排量，因此单作用叶片泵是变量泵。

5）轴向柱塞泵（见图 11—11）。泵由斜盘 1、柱塞 2、缸体 3、配流盘 4 等主要零件组成。斜盘和配流盘固定不动。在缸体上有若干个沿圆周均布的轴向孔，孔内装有柱塞。传动轴 5 带动缸体 3、柱塞 2 一起转动。柱塞 2 在机械装置或低压油的作用下，使柱塞头部和斜盘 1 靠紧；同时缸体 3 和配流盘 4 也紧密接触，起密封作用。当缸体 3 按图示方向转动时，使柱塞 2 在缸体 3 内做往复运动，各柱塞与缸体间的密封容积便发生增大或减小的变化，通过配流盘 4 上的弧形吸油窗口 a 和压油窗口 b 实现吸油和压油。

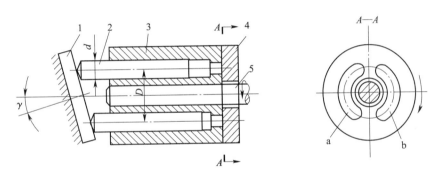

图 11—11　轴向柱塞泵工作原理

1—斜盘　2—柱塞　3—缸体　4—配流盘　5—传动轴

改变斜盘 1 倾角 γ 的大小，就能改变柱塞 2 的行程，也就改变了轴向柱塞变量泵的排量。改变斜盘 1 倾角的方向，就能改变吸、压油方向，这时就成为双向变量轴向柱塞泵。

6）径向柱塞泵（见图 11—12）。径向柱塞泵的柱塞径向安排在缸体转子上。在转子 2（缸体）上径向均匀分布着数个孔，孔中装有柱塞 5。转子 2 的中心与定子 1 的中心之间有一个偏心量。在固定不动的配流轴 3 上，相对于柱塞孔的部位有相互隔开的上、下两个缺口，此两缺口又分别通过所在部位的两个轴向孔与泵的吸、压油口连通。当转子 2 旋转时，柱塞 5 在离心力（或低压油）作用下，它的头部与定子 1 的内表面紧紧接触，由于转子 2 与定子 1 存在偏心，所以柱塞 5 在随转子转动时，又在柱塞孔内做径向往复滑动。当转子 2 按图示箭头方向旋转时，上半周的柱塞皆往外滑动，柱塞底部的密封工作容腔容积增大，于是通过配流轴轴向孔和上部开口吸油；下半周的柱塞皆往里滑动，柱塞孔内的密封工作腔容积减小，于是通过配流轴轴向孔和下部开口压油。当移动定子改变偏心量 e 的大小时，泵的排量就得到改变；当移动定子使偏心量从正值变为负值时，泵的吸、压油腔就互换。因此径向柱塞泵可以做成单向或双向变量泵。

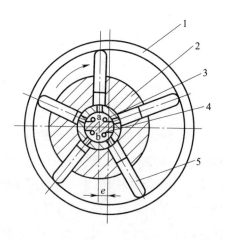

图 11—12　径向柱塞泵工作原理

1—定子　2—转子　3—配流轴

4—衬套　5—柱塞

a—吸油腔　b—压油腔

7）螺杆泵（见图 11—13）。螺杆泵实质上是一种外啮合式摆线齿轮泵。在螺杆泵内的螺杆可以有两根，也可以有三根。在泵体内安装三根螺杆，中间的主动螺杆 3 是右旋凸螺杆，两侧的从动螺杆 1 是左旋凹螺杆。三根螺杆的外圆与泵体的对应弧面保持良好的配合，螺杆的啮合线把主动螺杆 3 和从动螺杆 1 的螺旋槽分割成多个相互隔离的密封工作腔。随着螺杆的旋转，密封工作腔可以一个接一个地在左端形成，不断从左向右移动，但其容积不变，因此可以形成均匀而平稳的输出流量。

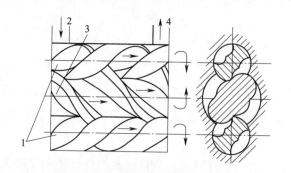

图 11—13　螺杆泵工作原理

1—从动螺杆　2—吸油口　3—主动螺杆　4—压油口

主动螺杆每转一周，每个密封工作腔便移动一个导程。最左面的一个密封工作容腔容积逐渐增大，因而吸油；最右面的密封工作容腔容积逐渐减小，将油压出。螺杆直径越大，螺旋槽越深，泵的排量就越大；螺杆越长，吸油口和压油口之间的密封层次越多，泵的额定压力就越高。

螺杆泵主要优点是：结构简单紧凑，体积小，质量轻，运转平稳，输油量均匀，噪声小，容许采用高转速，容积效率较高（可达 0.95），对油液的污染不敏感。因此，螺杆泵在精密机床等设备中应用日趋广泛。

螺杆泵的主要缺点是：螺杆齿形复杂，加工较困难，不易保证精度。

（3）液压泵图形符号（见图 11—14）

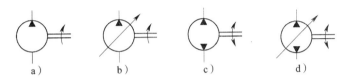

图 11—14　液压泵图形符号

a）单向定量泵　b）单向变量泵　c）双向定量泵　d）双向变量泵

2．联轴器

（1）联轴器的选用。液压泵传动轴不能承受径向力和轴向力，因此不允许在轴端直接安装带轮、齿轮、链轮，通常用联轴器连接驱动轴和泵传动轴。如因制造原因，泵与联轴器同轴度超标，装配时又存在偏差，则随着泵的转速提高、离心力加大，会加大联轴器变形，而变形大又使离心力加大，造成恶性循环，其结果是产生振动和噪声，从而影响泵的使用寿命。此外，还有如联轴器柱销松动未及时紧固、橡胶圈磨损未及时更换等影响因素。

（2）联轴器的装配要求。刚性联轴器两轴的同轴度误差不大于 0.05 mm，弹性联轴器两轴的同轴度误差不大于 0.1 mm，两轴的角度误差小于 1°，驱动轴与泵端应保持 5~10 mm 距离。

3．液压油箱

（1）液压油箱的选用。液压油箱在液压系统中的主要作用是储油、散热、分离油中所含空气及消除泡沫。选用油箱首先要考虑其容量，一般移动式设备取泵最大流量的 2~3 倍，固定式设备取 3~4 倍；其次考虑油箱油位，当系统液压油缸全部伸出后油箱油面不得低于最低油位，当油缸回缩以后油箱油面不得高于最高油位；最后考虑油箱结构，传统油箱内的隔板并不能起沉淀脏物的作用，应沿油箱纵轴线安装一个垂直隔板，此隔板一端和油箱端板之间留有空位使隔板两边空间连通，液压泵的进出油口布置在不连通的一端隔板两侧，使进油和回油之间的距离最远，液压油箱多起一些散热作用。

（2）液压油箱的安装。按照安装位置的不同，液压油箱可分为上置式、侧置式和下置式。上置式油箱把液压泵等装置安装在有较好刚度的上盖板上，其结构紧凑、应用最广；此外还可在油箱外壳上铸出散热翅片，加强散热效果，即提高了液压泵的使用寿命。侧置式油箱是把液压泵等装置安装在油箱旁边，占地面积虽大，但安装与维修都很方便，通常在系统流量和油箱容量较大时，尤其是当一个油箱给多台液压泵供油时采用。因侧置式油箱油位高于液压泵吸油口，故具有较好的吸油效果。下置式油箱是把液压泵置于油箱底下，不仅便于安装和维修，而且液压泵吸入能力大为改善。

4. 滤油器

一般液压油中粒径在 10 μm 以下的污染物对泵的影响不太明显，而大于 10 μm、特别是在 40 μm 以上时对泵的使用寿命有明显影响。液压油中固体污染颗粒极易使泵内相对运动零件表面磨损加剧，为此需要安装滤油器降低油的污染程度。过滤精度要求：轴向柱塞泵为 10 ~ 15 μm，叶片泵为 25 μm，齿轮泵为 40 μm。泵的污染磨损可以控制在允许范围之内。目前高精度滤油器使用日益广泛，可大大延长液压泵的使用寿命。

11.3.2　液压马达

1. 定义及用途

液压马达习惯上是指输出旋转运动的，将液压泵提供的液压能转变为机械能的能量转换装置。液压马达亦称为油马达，主要应用于注塑机械、船舶、卷扬机、工程机械、建筑机械、煤矿机械、矿山机械、冶金机械、船舶机械、石油化工机械、港口机械等。

2. 特点

从能量转换的观点来看，液压泵与液压马达是可逆工作的液压元件。向任何一种液压泵输入工作液体，都可使其变成液压马达工况；反之，当液压马达的主轴由外力矩驱动旋转时，也可变为液压泵工况。这是因为它们具有同样的基本结构要素——密闭而又可以周期变化的容积和相应的配油机构。但是，由于液压马达和液压泵的工作条件不同，对它们的性能要求也不一样，所以同类型的液压马达和液压泵之间仍存在许多差别。首先，液压马达应能够正、反转，因而要求其内部结构对称；液压马达的转速范围需要足够大，特别对它的最低稳定转速有一定的要求，因此它通常都采用滚动轴承或静压滑动轴承。其次，液压马达由于在输入压力油条件下工作，因而不必具备自吸能力，但需要一定的初始密封性，才能提供必要的启动转矩。由于存在着这些差别，使得液压马达和液压泵在结构上比较相似，但不能可逆工作。

3. 分类

液压马达按其结构类型分为齿轮式、叶片式、柱塞式和其他形式，按其额定转速分为高速和低速两大类。额定转速高于 500 r/min 的属于高速液压马达，额定转速低于 500 r/min 的属于低速液压马达。高速液压马达的基本形式有齿轮式、螺杆式、叶片式和轴向柱塞式等，它们的主要特点是转速较高、转动惯量小、便于启动和制动、调节（调速及换向）灵敏度高。通常高速液压马达输出转矩不大，所以又称为高速小转矩液压马达。低速液压马达的基本形式是径向柱塞式，此外在轴向柱塞式、叶片式和齿轮式中也有低速液压马达。低速液压马达的主要特点是：排量大、体积大、转速低（有时可达每分钟几转甚至零点几转），因此可直接与工作机构连接；不需要减速装置，使传动机构大为简化。通常低速液压马达输出转矩较大，所以又称为低速大转矩液压马达。

（1）叶片式液压马达。由于压力油作用，受力不平衡使转子产生转矩。叶片式液压马达的输出转矩与液压马达的排量和液压马达进、出油口之间的压力差有关，其转速由输入液压马达的流量大小来决定。由于液压马达一般都要求能正反转，所以叶片式液压马达的叶片要径向放置。为了使叶片根部始终通有压力油，在回、压油腔通入叶片根部的通路上应设置单向阀。为了确保叶片式液压马达在压力油通入后能正常启动，必须使叶片顶部和定子内表面紧密接触，以保证良好的密封，因此在叶片根部应设置预紧弹簧。叶片式液压马达体积小、转动惯量小、动作灵敏，适用于换向频率较高的场合；但其泄漏量较大，低速工作时不稳定。因此，叶片式液压马达一般用于转速高、转矩小和动作要求灵敏的场合。图 11—15 所示为叶片式液压马达的工作原理。当压力为 p 的油液从进油口进入叶片 1 和叶片 3 之间时，叶片 2 因两面均受液压油的作用，所以不产生转矩。叶片 1 和叶片 3 的一侧作用高压油，另一侧作用低压油，并且叶片 3 伸出的面积大于叶片 1 伸出的面积，因此使转子产生顺时针方向的转矩。同样，当压力油进入叶片 5 和叶片 7 之间时，叶片 7 伸出的面积大于叶片 5 伸出的面积，也产生顺时针方向的转矩，从而把油液的压力能转换成机械能，这就是叶片马达的工作原理。为保证叶片在转子转动前就紧密地与定子内表面接触，通常是在叶片根部加装弹簧，靠弹簧的作用力使叶片压紧在定子内表面上。叶片马达一般均设置单向阀为叶片根部配油。为适应正反转的要求，叶片沿转子径向安置。

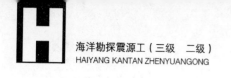
（2）径向柱塞式液压马达

1）单作用连杆型径向柱塞马达。如图11—16所示为曲轴连杆式液压马达的工作原理。该马达由壳体1、柱塞2、连杆3、偏心轮4、曲轴5和配流轴等零件组成。连通压力油的柱塞缸受液压力的作用，在柱塞上产生推力。此力通过连杆作用在偏心轮中心，使输出轴旋转，同时配流轴随着一起转动。当柱塞所处位置超过下止点时，柱塞缸由配流轴接通总回油口，柱塞便被偏心轮往上推，做功后的油液通过配流轴返回油箱。各柱塞缸依次接通高、低压油，各柱塞对输出轴中心所产生的驱动力矩同向相加，就使马达输出轴获得连续而平稳的回转扭矩。当改变油流方向时，便可改变马达的旋转方向。如将配流轴转180°装配，也可以实现马达的反转。如果将曲轴固定，进、出油直接通到配流轴中，就可实现外壳旋转。壳转马达可用来驱动车轮和绞车卷筒等。径向柱塞马达的优点是结构简单，工作可靠；缺点是体积大、重量大，转扭脉动，低速稳定性较差。

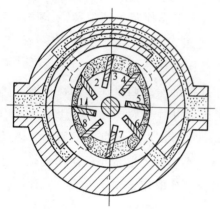

图11—15 叶片式液压马达的工作原理

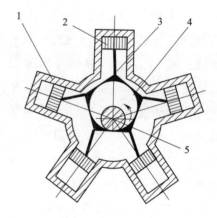

图11—16 曲轴连杆式液压马达的工作原理

1—壳体 2—柱塞 3—连杆 4—偏心轮 5—曲轴

2）多作用内曲线柱塞马达。图11—17所示为多作用内曲线柱塞马达。该马达由转子1、滚轮2、定子3、配流盘4、缸体、柱塞、横梁和输出轴等组成。这种马达的排量较单行程马达增大了1倍，相当于传动扭矩增大、扭矩脉动率减小。有时这种马达做成多排柱塞，柱塞数更多，输出扭矩进一步增加，扭矩脉动率进一步减小。因此这种马达的排量可以很大，并且可以在很低转速下平稳运转。

（3）轴向柱塞马达。轴向柱塞泵除阀式配流外，其他形式原则上都可以作为液压马达用，即轴向柱塞泵和轴向柱塞马达是可逆的。轴向柱塞马达的工作原理为，配油盘和斜盘固定不动，马达轴与缸体相连接一起旋转。当压力油经配油盘的窗口进入缸体的柱塞孔时，柱塞在压力油作用下外伸，紧贴斜盘，斜盘对柱塞产生一个法向反力 p，此力可分解为轴向分力及垂直分力 Q。Q 与柱塞上液压力相平衡，而 Q 则使柱塞对缸体中心产生一个转矩，带动马达轴逆时针方向旋转。轴向柱塞马达产生的瞬时总转矩是脉动的。若改变马达压力油输入方向，则马达轴按顺时针方向旋转。斜盘倾角 δ 的改变、即排量的变化，不仅影响马达的转矩，而且影响它的转速和转向。斜盘倾角越大，产生转矩越大，转速越低。

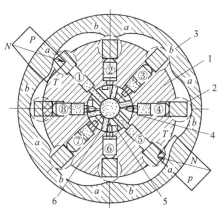

图 11—17　多作用内曲线柱塞马达

1—转子　2—滚轮　3—定子　4—配油盘

　　轴向柱塞马达包括斜盘式和斜轴式两类。由于轴向柱塞马达和轴向柱塞泵的结构基本相同，工作原理是可逆的，所以大部分产品可作为泵使用。图 11—18 所示为轴向柱塞式液压马达的工作原理。斜盘 1 和配油盘 4 固定不动，缸体 2 和马达轴 5 相连接，并可一起旋转。当压力油经配油窗口进入缸体孔作用到柱塞端面上时，压力油将柱塞顶出，对斜盘产生推力，斜盘则对处于压油区一侧的每个柱塞都要产生一个法向反力 F，这个力的水平分力 F_x 与柱塞上的液压力平衡，而垂直分力 F_y 则使每个柱塞都对转子中心产生一个转矩，使缸体和马达轴作逆时针方向旋转。如果改变液压马达压力油的输入方向，马达轴就可作顺时针方向旋转。

　　（4）齿轮液压马达。齿轮马达在结构上为了适应正反转要求，进、出油口相等，具有对称性，有单独外泄油口将轴承部分的泄漏油引出壳体外；为了减小启动摩擦力矩，采用滚动轴承；为了减小转矩脉动，齿轮液压马达的齿数比泵的齿数要多。齿轮液压马达密封性差、容积效率较低、输入油压力不能过高、不能产生较大转矩，并且瞬间转速和转矩随着啮合点的位置变化而变化，因此齿轮液压马达仅适合于高速小转矩的场合，一般用于工程机械、农业机械以及对转矩均匀性要求不高的机械设备上。

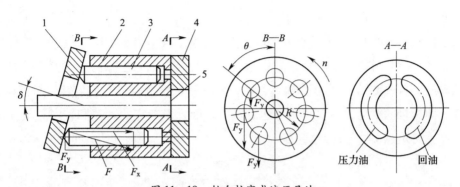

图 11—18 轴向柱塞式液压马达

1—斜盘 2—缸体 3—柱塞 4—配油盘 5—马达轴

图 11—19 所示为外啮合齿轮马达的工作原理。图中 I 为输出扭矩的齿轮，Ⅱ 为空转齿轮。当高压油输入马达高压腔时，处于高压腔的所有齿轮均受到压力油的作用（如图中箭头所示，凡是齿轮两侧面受力平衡的部分均未画出），其中互相啮合的两个齿的齿面，只有一部分处于高压腔。设啮合点 c 到两个齿轮齿根的距离分别为 a 和 b，由于 a 和 b 均小于齿高 h，因此两个齿轮上就各作用一个使它们产生转矩的作用力 $pB(h-a)$ 和 $pB(h-b)$。这里 p 代表输入油压力，B 代表齿宽。在这两个力的作用下，两个齿轮按图示方向旋转，由扭矩输出轴输出扭矩。随着齿轮的旋转，油液被带到低压腔排出。

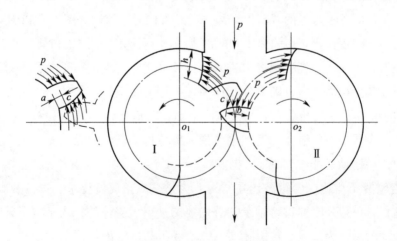

图 11—19 外啮合齿轮马达的工作原理图

齿轮马达的结构与齿轮泵相似，但是内于马达的使用要求与泵不同，二者是有区别的。例如，为适应正反转要求，马达内部结构以及进出油道都具有对称性，并且有单独的泄漏油管，将轴承部分泄漏的油液引到壳体外面去，而不能像泵那样由内部引入低压腔。这是因为马达低压腔油液是由齿轮挤出来的，所以低压腔压力稍高于大气压。若将泄漏油液由马达内部引到低压腔，则所有与泄漏油道相连部分均承受回油压力，而容易使轴端密封损坏。

4．液压马达主要参数

（1）压力

1）额定压力。在规定的转速范围内连续运转，并能保证设计寿命的最高输入压力。

2）背压。保证马达稳定运转的最小输出压力。

（2）转速

1）额定转速。在额定压力、规定背压条件下，能够连续运转并能保证设计寿命的最高转速。

2）最低转速。既能保持额定压力又能稳定运转的最低转速。

（3）排量

1）排量。马达轴旋转一周所输入的液体体积。

2）空载排量。空载压力下测得的实际输入排量。

3）有效排量。在设定压力下测得的实际输入排量。

（4）流量

1）实际流量。液压马达进口处的流量。

2）理论流量。空载压力下马达的输入流量。

（5）功率

1）输入功率。液压马达入口处的液压功率。

2）输出功率。液压马达输出轴上输出的机械功率。

（6）效率

1）容积效率。液压马达理论流量与实际流量的比值。

2）机械效率。液压马达的实际扭矩与理论扭矩的比值。

3）总效率。液压马达输出功率与输入功率的比值。

11.3.3　液压控制阀

1．概述

（1）液压阀的作用。液压阀是用来控制液压系统中油液的流动方向或调节其压力和流量的，因此它可分为方向阀、压力阀和流量阀三大类。一个形状相同的阀，可以因为作用机制的不同而具有不同的功能。压力阀和流量阀利用通流截面的节流作用控制着系统的压力和流量，而方向阀则利用通流通道的更换控制着油液的流动方向。这就是说，尽管液压阀有着不同的类型，它们之间还是保持着一些共同点的。例如：

1）在结构上，所有的阀都由阀体、阀芯（转阀或滑阀）和驱使阀芯动作的元、部件（如弹簧、电磁铁）组成。

2）在工作原理上，所有阀的开口大小、阀进出口间压差以及流过阀的流量之间的关系都符合孔口流量公式，仅是各种阀控制的参数不相同而已。

（2）液压阀的分类。液压阀可按不同的特征进行分类，见表11—1。

表11—1　　　　　　　　　　　液压阀的分类

分类方法	种类	详细分类
按机能分类	压力控制阀	溢流阀、顺序阀、卸荷阀、平衡阀、减压阀、比例压力控制阀、缓冲阀、仪表截止阀、限压切断阀、压力继电器
	流量控制阀	节流阀、单向节流阀、调速阀、分流阀、集流阀、比例流量控制阀
	方向控制阀	单向阀、液控单向阀、换向阀、行程减速阀、充液阀、梭阀、比例方向阀
按结构分类	滑阀	圆柱滑阀、旋转阀、平板滑阀
	座阀	锥阀、球阀、喷嘴挡板阀
	射流管阀	射流阀
按操作方法分类	手动阀	手把及手轮、踏板、杠杆
	机动阀	挡块及碰块、弹簧、液压、气动
	电动阀	电磁铁控制、伺服电动机和步进电动机控制
按连接方式分类	管式连接	螺纹式连接、法兰式连接
	板式及叠加式连接	单层连接板式、双层连接板式、整体连接板式、叠加阀
	插装式连接	螺纹式插装（二、三、四通插装阀）、法兰式插装（二通插装阀）
按其他方式分类	开关或定值控制阀	压力控制阀、流量控制阀、方向控制阀
按控制方式分类	电液比例阀	电液比例压力阀、电液比例流量阀、电液比例换向阀、电液比例复合阀、电液比例多路阀、三级电液流量伺服阀
	伺服阀	单、两级（喷嘴挡板式、动圈式）电液流量伺服阀，三级电液流量伺服阀
	数字控制阀	数字控制流量阀与方向阀

（3）对液压阀的基本要求

1）动作灵敏，使用可靠，工作时冲击和振动小。

2）油液流过的压力损失小。

3）密封性能好。

4）结构紧凑，安装、调整、使用、维护方便，通用性好。

2．方向控制阀

方向控制阀是用来改变液压系统中各油路之间液流通断关系的阀类，如单向阀、换向阀及压力表开关等。

（1）单向阀。液压系统中常见的单向阀有普通单向阀和液控单向阀两种。

1）普通单向阀。普通单向阀的作用，是使油液只能沿一个方向流动，不许它反向倒流。图11—20a所示是一种管式普通单向阀的结构。压力油从阀体1左端的通口P_1流入时，克服弹簧3作用在阀芯2上的力，使阀芯向右移动打开阀口，并通过阀芯上的径向孔a、轴向孔b从阀体右端的通口流出。而压力油从阀体右端的通口P_2流入时，它和弹簧力一起使阀芯锥面压紧在阀座上，使阀口关闭，油液无法通过。图11—20b所示是单向阀的职能符号。

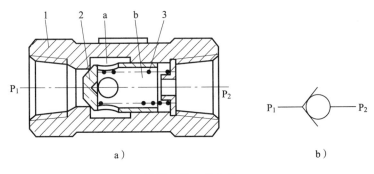

图11—20　单向阀

a）结构图　b）职能符号图

1—阀体　2—阀芯　3—弹簧

2）液控单向阀。图11—21a所示是液控单向阀的结构。当控制口K处无压力油通入时，它的工作机制和普通单向阀一样，压力油只能从通口P_1流向通口P_2，不能反向倒流。当控制口K有控制压力油时，控制活塞1右侧a腔通泄油口，活塞1右移，推动顶杆2顶开阀芯3，使通口P_1和P_2接通，油液就可在两个方向自由通流。图11—21b所示是液控单向阀的职能符号。

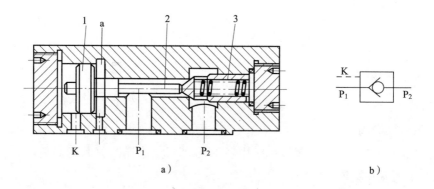

图 11—21 液控单向阀

a) 结构图 b) 职能符号图

1—活塞 2—顶杆 3—阀芯

（2）换向阀。换向阀利用阀芯相对于阀体的相对运动，使油路接通、关断，或变换油流的方向，从而使液压执行元件启动、停止或变换运动方向。

1）对换向阀的要求。换向阀应满足以下要求：油液流经换向阀时的压力损失要小；互不相通的油口间的泄漏要小；换向要平稳、迅速且可靠。

2）转阀。图 11—22a 所示为转动式换向阀（简称转阀）的工作原理。

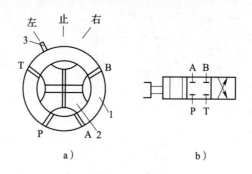

图 11—22 转阀

a) 工作原理图 b) 职能符号图

1—阀体 2—阀芯 3—操作手柄

该阀由阀体 1、阀芯 2 和使阀芯转动的操作手柄 3 组成。在图示位置（操作手柄在"左"位置），通口 P 和 A 相通、B 和 T 相通；当操作手柄转换到"止"位置时，通口 P、A、B 和 T 均不相通；当操作手柄转换到另一位置（"右"位置）时，则通口 P 和 B 相通，A 和 T 相通。图 11—22b 所示是它的职能符号。

3）滑阀式换向阀。换向阀在按阀芯形状分类时，有滑阀式和转阀式两种。滑阀式换向阀在液压系统中远比转阀式用得广泛。

阀体和滑动阀芯是滑阀式换向阀的结构主体，表 11—2 所示是其最常见的结构形式。由表可见，阀体上开有多个通口，阀芯移动后可以停留在不同的工作位置上。

表 11—2　　　　　　　　　滑阀式换向阀主体结构形式

名称	结构原理图	职能符号	使用场合
二位二通阀			控制油路的接通和切断
二位三通阀			控制油液流动方向
二位四通阀			控制执行元件换向，但不能使执行元件在任意位置上停止运动。正反向运动时回油方式相同
三位四通阀			控制执行元件换向，能使执行元件在任意位置上停止运动。正反向运动时回油方式相同
二位五通阀			控制执行元件换向，但不能使执行元件在任意位置上停止运动。正反向运动时回油方式不同
三位五通阀			控制执行元件换向，能使执行元件在任意位置上停止运动。正反向运动时回油方式不同

常见的滑阀操纵方式如图11—23所示。

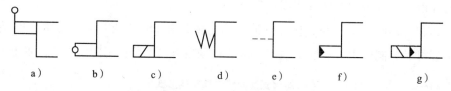

图11—23　滑阀操纵方式

a）手动式　b）机动式　c）电磁动　d）弹簧控制　e）液动　f）液压先导控制　g）电液控制

（3）换向阀的结构。在液压传动系统中广泛采用的是滑阀式换向阀，在这里主要介绍这种换向阀的几种典型结构。

1）手动换向阀。图11—24b所示为自动复位式手动换向阀。放开手柄1，阀芯2在弹簧3的作用下自动回复中位。该阀适用于动作频繁、工作持续时间短的场合，操作比较完全，常用于工程机械的液压传动系统中。

如果将该阀阀芯右端弹簧3的部位改为可自动定位的结构形式，即成为可在三个位置定位的手动换向阀。图11—24a所示为手动换向阀的职能符号。

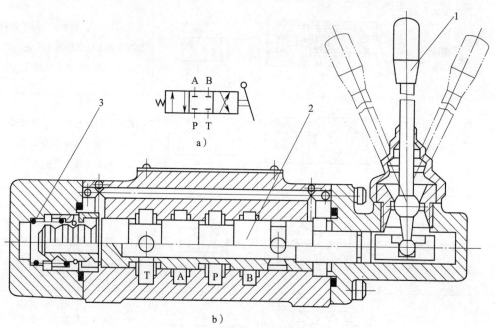

图11—24　手动换向阀

a）职能符号图　b）结构图

1—手柄　2—阀芯　3—弹簧

2）机动换向阀。机动换向阀又称行程阀，主要用来控制机械运动部件的行程。它是借助于安装在工作台上的挡铁或凸轮来迫使阀芯移动，从而控制油液的流动方向。机动换向阀通常是二位的，有二通、三通、四通和五通几种，其中二位二通机动阀又分常闭和常开两种。图11—25a 所示为滚轮式二位三通常闭式机动换向阀。在图示位置阀芯 2 被弹簧 1 压向上端，油腔 P 和 A 接通，B 口关闭。当挡铁或凸轮压住滚轮 4，使阀芯 2 移动到下端时，就使油腔 P 和 A 断开，P 和 B 接通，A 口关闭。图11—25b 所示为机动换向阀的职能符号。

3）电磁换向阀。电磁换向阀是利用电磁铁的通电吸合与断电释放而直接推动阀芯来控制液流方向的。它是电气系统与液压系统之间的信号转换元件，它的电气信号由液压设备中的

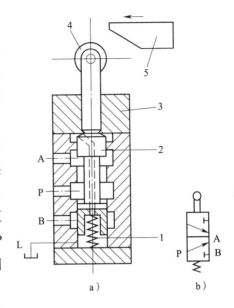

图 11—25　机动换向阀

a）结构图　b）职能符号图

1—弹簧　2—阀芯　3—阀体

4—滚轮　5—挡铁

按钮开关、限位开关、行程开关等电气元件发出，从而可以使液压系统方便地实现各种操作及自动顺序动作。

电磁铁按使用电源的不同，可分为交流和直流两种；按衔铁工作腔是否有油液，又可分为"干式"和"湿式"。交流电磁铁启动力较大，不需要专门的电源，吸合、释放快，动作时间为 0.01 ~ 0.03 s。其缺点是若电源电压下降15% 以上，则电磁铁吸力明显减小［若衔铁无动作，干式电磁铁会在 10 ~ 15 min 后烧坏线圈（湿式电磁铁为1 ~ 1.5 h）］，且冲击及噪声较大，寿命低。因而在实际使用中，交流电磁铁允许的切换频率一般为 10 次/min，不得超过 30 次/min。直流电磁铁工作较可靠，吸合、释放动作时间为 0.05 ~ 0.08 s，允许使用的切换频率较高，一般可达 120 次/min，最高可达300 次/min，且冲击小、体积小、寿命长，但需有专门的直流电源，成本较高。此外，还有一种整体电磁铁，其电磁铁是直流的，但电磁铁本身带有整流器，通入的交流电经整流后再供给直流电磁铁。目前，国外新发展了一种油浸式电磁铁，不但衔铁，而且激磁线圈也浸在油液中工作，它具有寿命更长、工作更平稳可靠等特点，但由于造价较高，应用面不广。

图 11—26a 所示为二位三通交流电磁换向阀结构。在图示位置，油口 P 和 A 相通，

油口 B 断开；当电磁铁通电吸合时，推杆 1 将阀芯 2 推向右端，这时油口 P 和 A 断开，而与 B 相通；当磁铁断电释放时，弹簧 3 推动阀芯复位。图 11—26b 所示为其职能符号。

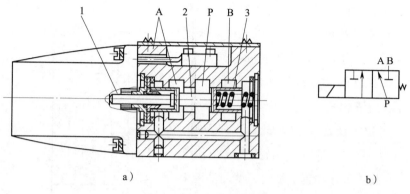

图 11—26 二位三通电磁换向阀

a）结构图 b）职能符号图

1—推杆 2—阀芯 3—弹簧

如前所述，电磁换向阀就其工作位置来说，有二位和三位等。二位电磁阀有一个电磁铁，靠弹簧复位；三位电磁阀有两个电磁铁。图 11—27 所示为一种三位五通电磁换向阀的结构和职能符号。

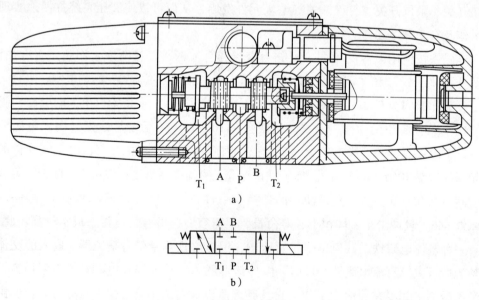

图 11—27 三位五通电磁换向阀

a）结构图 b）职能符号图

4）液动换向阀。液动换向阀是利用控制油路的压力油来改变阀芯位置的换向阀，图11—28所示为三位四通液动换向阀的结构和职能符号。阀芯是由其两端密封腔中油液的压差来移动的，当控制油路的压力油从阀右边的控制油口 K_2 进入滑阀右腔时，K_1 接通回油，阀芯向左移动，使压力油口 P 与 B 相通，A 与 T 相通；当 K_1 接通压力油，K_2 接通回油时，阀芯向右移动，使得 P 与 A 相通，B 与 T 相通；当 K_1、K_2 都接通回油时，阀芯在两端弹簧和定位套作用下回到中间位置。

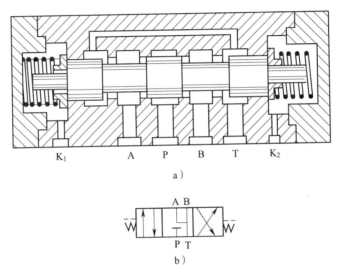

图 11—28　三位四通液动换向阀

a）结构图　b）职能符号图

5）电液换向阀。在大中型液压设备中，当通过阀的流量较大时，作用在滑阀上的摩擦力和液动力较大，此时电磁换向阀的电磁铁推力相对太小，需要用电液换向阀来代替电磁换向阀。电液换向阀是由电磁滑阀和液动滑阀组合而成。电磁滑阀起先导作用，它可以改变控制液流的方向，从而改变液动滑阀阀芯的位置。由于操纵液动滑阀的液压推力可以很大，所以主阀芯的尺寸可以做得很大，允许有较大的油液流量通过。这样用较小的电磁铁就能控制较大的液流。

图11—29所示为弹簧对中型三位四通电液换向阀的结构和职能符号。当先导电磁阀左边的电磁铁通电后使其阀芯向右边位置移动，来自主阀P口或外接油口的控制压力油可经先导电磁阀的 A′口和左单向阀进入主阀左端容腔，并推动主阀阀芯向右移动，这时主阀阀芯右端容腔中的控制油液可通过右边的节流阀经先导电磁阀的 B′口和 T′口，再从主阀的 T 口或外接油口流回油箱（主阀阀芯的移动速度可由右边的节流阀调节），

使主阀 P 与 A、B 与 T 的油路相通；反之，先导电磁阀右边的电磁铁通电，可使 P 与
B、A 与 T 的油路相通。当先导电磁阀的两个电磁铁均不通电时，先导电磁阀阀芯在对
中弹簧的作用下回到中位，此时来自主阀 P 口或外接油口的控制压力油不再进入主阀
芯的左、右两容腔，主阀阀芯左右两腔的油液通过先导电磁阀中间位置的 A′、B′ 两油口
与先导电磁阀 T′ 口相通，再从主阀的 T 口或外接油口流回油箱。主阀阀芯在两端对中
弹簧的预压力的推动下，依靠阀体定位，准确地回到中位，此时主阀的 P、A、B 和 T
油口均不通。电液换向阀除了上述的弹簧对中以外，还有液压对中的。在液压对中的
电液换向阀中，先导式电磁阀在中位时，A′、B′ 两油口均与油口 P 连通，而 T′ 则封闭，
其他方面与弹簧对中的电液换向阀相似。

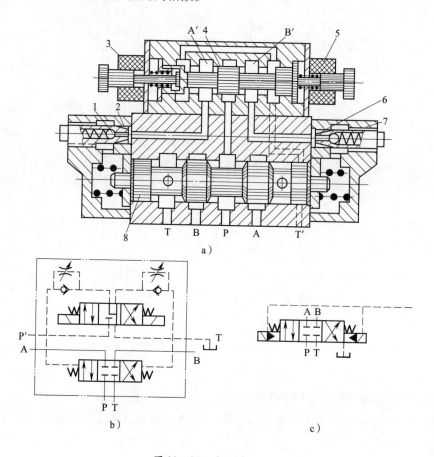

图 11—29　电液换向阀

a）结构图　b）职能符号图　c）简化职能符号图

1、6—节流阀　2、7—单向阀　3、5—电磁铁　4—电磁阀阀芯　8—主阀阀芯

（4）换向阀的中位机能分析。三位换向阀的阀芯在中间位置时，各通口间有不同的连通方式，可满足不同的使用要求，这种连通方式称为换向阀的中位机能。三位四通换向阀常见的中位机能的类型、符号及其特点见表11—3。三位五通换向阀的情况与此相仿。不同的中位机能是通过改变阀芯的形状和尺寸得到的。

表 11—3 　　　　三位四通换向阀常见的中位机能的类型、符号及其特点

类型	符号	中位油口状况、特点及应用
O 型		P、A、B、T 口全封闭，液压泵不卸荷，液压缸闭锁，可用于多个换向阀的并联工作
P 型		P、A、B 口相通，T 口封闭，泵与缸两腔相通，可组成差动回路
Y 型		P 口封闭，A、B、T 口相通，活塞浮动，在外力作用下可移动，泵不卸荷
M 型		P、T 口相通，A、B 口均封闭，活塞闭锁不动，泵卸荷。也可用多个 M 型换向阀串联工作
H 型		四口全串通，活塞处于浮动状态，在外力作用下可移动，泵卸荷
X 型		四口处于半开启状态，泵基本上卸荷，但仍保持一定压力
K 型		P、A、T 口相通，B 口封闭，活塞处于闭锁状态，泵卸荷
C 型		P 与 A 口相通，B 和 T 口皆封闭，活塞处于停止位置
U 型		P 和 T 口都封闭，A 与 B 口相通，活塞浮动，在外力作用下可移动，泵不卸荷

在分析和选择阀的中位机能时，通常考虑以下几点：

1）系统保压。当 P 口被堵塞，系统保压，液压泵能用于多缸系统。当 P 口不太通畅地与 T 口接通时（如 X 型），系统能保持一定的压力供控制油路使用。

2）系统卸荷。P 口通畅地与 T 口接通时，系统卸荷。

3）启动平稳性。阀在中位时，液压缸某腔如通油箱，则启动时该腔内因无油液起缓冲作用，启动不太平稳。

4）液压缸"浮动"和在任意位置上的停止。阀在中位，当 A、B 两口互通时，卧式液压缸呈"浮动"状态，可利用其他机构移动工作台，调整其位置。当 A、B 两口堵塞或与 P 口连通（在非差动情况下），则可使液压缸在任意位置处停下来。

5）主要性能。换向阀的主要性能，以电磁阀的项目为最多，主要包括下面几项：

①工作可靠性。工作可靠性指电磁铁通电后能否可靠地换向，而断电后能否可靠地复位。工作可靠性主要取决于设计和制造，且与使用也有关系。液动力和液压卡紧力的大小对工作可靠性影响很大，而这两个力与通过阀的流量和压力有关，所以电磁阀也只有在一定的流量和压力范围内才能正常工作，这个工作范围的极限称为换向界限，如图 11—30 所示。

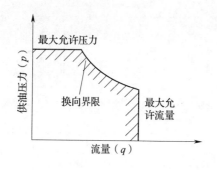
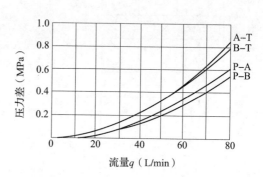

图 11—30　电磁阀的换向界限

②压力损失。由于电磁阀的开口很小，故液流流过阀口时产生较大的压力损失。一般阀体铸造流道中的压力损失比机械加工流道中的压力损失小。

③内泄漏量。在各个不同的工作位置，在规定的工作压力下，从高压腔漏到低压腔的泄漏量称为内泄漏量。过大的内泄漏量不仅会降低系统的效率，引起过热，而且还会影响执行机构的正常工作。

④换向和复位时间。换向时间指从电磁铁通电到阀芯换向终止的时间，复位时间指从电磁铁断电到阀芯回复到初始位置的时间。减小换向和复位时间可提高机构的工

作效率，但会引起液压冲击。交流电磁阀的换向时间一般为 $0.03 \sim 0.05$ s，换向冲击较大；而直流电磁阀的换向时间为 $0.1 \sim 0.3$ s，换向冲击较小。通常复位时间比换向时间稍长。

⑤换向频率。换向频率是在单位时间内阀所允许的换向次数。目前单电磁铁电磁阀的换向频率一般为 60 次/min。

⑥使用寿命。使用寿命指使用到电磁阀某一零件损坏，不能进行正常的换向或复位动作，或使用到电磁阀的主要性能指标超过规定指标时所经历的换向次数。

电磁阀的使用寿命主要决定于电磁铁。湿式电磁铁的寿命比干式的长，直流电磁铁的寿命比交流的长。

⑦滑阀的液压卡紧现象。一般滑阀的阀孔和阀芯之间有很小的间隙，当缝隙均匀且缝隙中有油液时，移动阀芯所需的力只需克服黏性摩擦力，数值是相当小的。但在实际使用中，特别是在中、高压系统中，当阀芯停止运动一段时间后（一般约 5 min 以后），这个阻力可以大到几百牛顿，使阀芯很难重新移动。这就是所谓的液压卡紧现象。

引起液压卡紧的原因，有的是由于脏物进入缝隙而使阀芯移动困难，有的是由于缝隙过小在油温升高时阀芯膨胀而卡死，但是主要原因是来自滑阀副几何形状误差和同心度变化所引起的径向不平衡液压力。如图 11—31a 所示，当阀芯和阀体孔之间无几何形状误差，且轴心线平行但不重合时，阀芯周围间隙内的压力分布是线性的（图中 A_1 和 A_2 线所示），且各向相等，阀芯上不会出现不平衡的径向力。当阀芯因加工误差而带有倒锥（锥部大端朝向高压腔）且轴心线平行而不重合时，阀芯周围间隙内的压力分布如图 11—31b 中曲线 A_1 和 A_2 所示，这时阀芯将受到径向不平衡力（图中阴影部分）的作用而使偏心距越来越大，直到两者表面接触为止，这时径向不平衡力达到最大值；但是，如阀芯带有顺锥（锥部大端朝向低压腔）时，产生的径向不平衡力将使阀芯和阀孔间的偏心距减小。如图 11—31c 所示，阀芯表面有局部凸起（相当于阀芯碰伤、残留毛刺或缝隙中楔入脏物）时，阀芯受到的径向不平衡力将使阀芯的凸起部分推向孔壁。

当阀芯受到径向不平衡力作用而和阀孔相接触后，缝隙中存留液体被挤出，阀芯和阀孔间的摩擦变成半干摩擦乃至干摩擦，因而使阀芯重新移动时所需的力增大了许多。

滑阀的液压卡紧现象不仅在换向阀中有，其他的液压阀也普遍存在，在高压系统中更为突出，特别是滑阀的停留时间越长，液压卡紧力越大，以致造成移动滑阀的推力（如电磁铁推力）不能克服卡紧阻力，使滑阀不能复位。为了减小径向不平衡力，应严格控制阀芯和阀孔的制造精度，在装配时尽可能使其成为顺锥形式；在阀芯上开环形均压槽，也可以大大减小径向不平衡力。

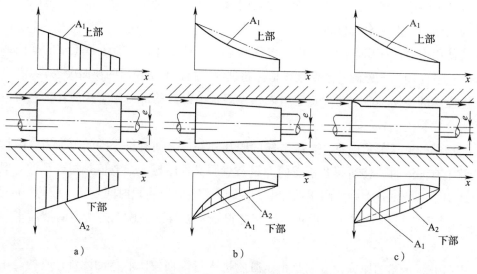

图11—31 滑阀上的径向力

3. 压力控制阀

在液压传动系统中，控制油液压力高低的液压阀称为压力控制阀，简称压力阀。这类阀是利用作用在阀芯上的液压力和弹簧力相平衡的原理工作的。

在具体的液压系统中，根据工作需要的不同，对压力控制的要求是各不相同的：有的需要限制液压系统的最高压力，如安全阀；有的需要稳定液压系统中某处的压力值（或压力差、压力比等），如溢流阀、减压阀等定压阀；还有的是利用液压力作为信号控制其动作，如顺序阀、压力继电器等。

（1）溢流阀

1）溢流阀的作用。溢流阀的作用是对液压系统定压或进行安全保护。几乎在所有的液压系统中都需要用到溢流阀，其性能好坏对整个液压系统的正常工作有很大影响。

①定压。在液压系统中维持定压是溢流阀的主要用途。它常用于节流调速系统中，和流量控制阀配合使用，调节进入系统的流量，并保持系统的压力基本恒定。如图11—32a所示，溢流阀2并联于系统中，进入液压缸4的流量由节流阀3调节。由于定量泵1的流量大于液压缸4所需的流量，油压升高，将溢流阀2打开，多余的油液经溢流阀2流回油箱。因此，在这里溢流阀的功用就是在不断的溢流过程中保持系统压力

基本不变。

②安全保护。用于过载保护的溢流阀一般称为安全阀。图 11—32b 所示为变量泵调速系统。在正常工作时，安全阀（溢流阀 2）关闭，不溢流；只有在系统发生故障，压力升至安全阀的调整值时，阀口才打开，使变量泵排出的油液经溢流阀 2 流回油箱，以保证液压系统的安全。

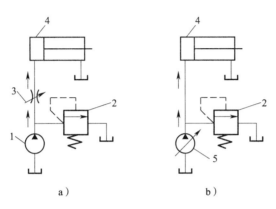

图 11—32　溢流阀的作用

1—定量泵　2—溢流阀　3—节流阀　4—液压缸　5—变量

2）对溢流阀的要求。液压系统对溢流阀有如下性能方面的要求：

①定压精度高。当流过溢流阀的流量发生变化时，系统中的压力变化要小，即静态压力超调要小。

②灵敏度要高。如图 11—32a 所示，当液压缸 4 突然停止运动时，溢流阀 2 要迅速开大。否则，定量泵 1 输出的油液将因不能及时排出而使系统压力突然升高，并超过溢流阀的调定压力（称动态压力超调），使系统中各元件受力增加，影响其寿命。溢流阀的灵敏度越高，则动态压力超调越小。

③工作要平稳，且无振动和噪声。

④当阀关闭时，密封要好，泄漏要小。

对于经常开启的溢流阀，主要要求前三项性能；而对于安全阀，则主要要求第二和第四两项性能。其实，溢流阀和安全阀都是同一结构的阀，只不过是在不同要求时有不同的作用而已。

3）溢流阀的分类。常用的溢流阀按其结构形式和基本动作方式可分为直动式和先导式两种。

①直动式溢流阀。直动式溢流阀是依靠系统中的压力油直接作用在阀芯上与弹簧

力等相平衡，以控制阀芯的启闭动作。图11—33a所示是一种低压直动式溢流阀，P是进油口，T是回油口，进口压力油经阀芯4中间的阻尼孔作用在阀芯底部端面上。当进油压力较小时，阀芯在弹簧2的作用下处于下端位置，将P和T两油口隔开。当油压力升高，在阀芯下端所产生的作用力超过弹簧的压紧力F。此时，阀芯上升，阀口被打开，将多余的油液排回油箱。阀芯上的阻尼孔用来对阀芯的动作产生阻尼，以提高阀的工作平衡性。调整螺帽1可以改变弹簧2的压紧力，这样也就调整了溢流阀进口处的油液压力。

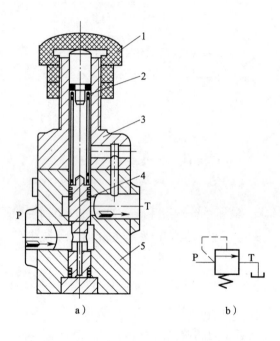

图11—33　低压直动式溢流阀

a）结构图　b）职能符号图

1—螺帽　2—调压弹簧　3—上盖　4—阀芯　5—阀体

　　溢流阀是利用被控压力作为信号来改变弹簧的压缩量，从而改变阀口的通流面积和系统的溢流量来达到定压目的的。当系统压力升高时，阀芯上升，阀口通流面积增加，溢流量增大，进而使系统压力下降。溢流阀内部通过阀芯的平衡和运动构成的这种负反馈作用是其定压作用的基本原理，也是所有定压阀的基本工作原理。弹簧力的大小与控制压力成正比，因此如果提高被控压力，一方面可用减小阀芯的面积来达到，另一方面则需增大弹簧力（因受结构限制，需采用大刚度的弹簧）。这样，在阀芯相同位移的情况下，弹簧力变化较大，因而该阀的定压精度就低。所以，这种低压直动式溢流阀一般用于压力小于 2.5 MPa 的小流量场合。由图 11—33a 还可看出，在常位状态下，溢流阀进、出油口之间是不相通的，而且作用在阀芯上的液压力是由进口油液压力产生的，流经溢流阀芯的泄漏油液经内泄漏通道进入回油口 T。图 11—33b 所示为直动式溢流阀的图形符号。

直动式溢流阀采取适当的措施也可用于高压大流量。例如，德国 Rexroth 公司开发的通径为 6~20 mm、压力为 40~63 MPa，通径为 25~30 mm、压力为 31.5 MPa 的直动式溢流阀，最大流量可达到 330 L/min，其中较为典型的锥阀式结构如图 11—34 所示。该结构在锥阀的下部有一阻尼活塞 3，活塞的侧面铣扁，以便将压力油引到活塞底部，该活塞除了能增加运动阻尼以提高阀的工作稳定性外，还可以使锥阀导向而在开启后不会倾斜。此外，锥阀上部有一个偏流盘 1，盘上的环形槽用来改变液流方向，一方面补偿锥阀 2 的液动力；另一方面由于液流方向的改变，产生一个与弹簧力相反方向的射流力，当通过溢流阀的流量增加时，虽然因锥阀的阀口增大引起弹簧力增加，但由于与弹簧力方向相反的射流力同时增加，结果抵消了弹簧力的增量，有利于提高阀的通流流量和工作压力。

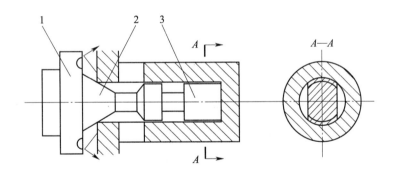

图 11—34 直动式锥型溢流阀的锥阀式结构

1—偏流盘 2—锥阀 3—活塞

②先导式溢流阀。图 11—35 所示为先导式溢流阀，压力油从 P 口进入，通过阻尼孔 3 后作用在导阀阀芯 4 上。当进油口压力较低，导阀上的液压作用力不足以克服先导阀右边弹簧 5 的作用力时，导阀关闭，没有油液流过阻尼孔，所以主阀芯 2 两端压力相等，在较软的主阀弹簧 1 作用下主阀芯 2 处于最下端位置，溢流阀阀口 P 与 T 隔断，没有溢流。当进油口压力升高使作用在导阀上的液压力大于导阀弹簧作用力时，

导阀打开，压力油就可通过阻尼孔、经导阀流回油箱。由于阻尼孔的作用，使主阀芯上端的液压力 p_2 小于下端压力 p_1，当这个压力差作用在面积为 A_B 的主阀芯上的力等于或超过主阀弹簧力 F_s、轴向稳态液动力 F_{bs}、摩擦力 F_f 和主阀芯自重 G 时，主阀芯开启，油液从 P 口流入，经主阀阀口流回油箱，实现溢流，即有：

$$\Delta p = p_1 - p_2 \geqslant F_s + F_{bs} + G \pm F_f / A_B \tag{11—10}$$

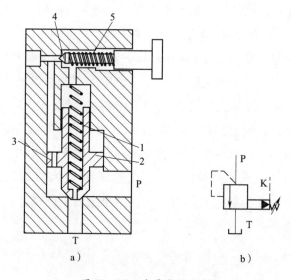

图 11—35　先导式溢流阀

a）结构图　b）职能符号图

1—主阀弹簧　2—主阀芯　3—阻尼孔　4—导阀阀芯　5—导阀弹簧

由上式可知，由于油液通过阻尼孔而产生的 p_1 与 p_2 之间的压差值不太大，所以主阀芯只需一个小刚度的软弹簧即可；而作用在导阀阀芯 4 上的液压力 p_2 与其导阀阀芯面积的乘积即为导阀弹簧 5 的调压弹簧力，由于导阀阀芯一般为锥阀，受压面积较小，所以用一个刚度不太大的弹簧即可调整较高的开启压力 P_2，用螺钉调节导阀弹簧的预紧力，就可调节溢流阀的溢流压力。

先导式溢流阀有一个远程控制口 K，如果将 K 口用油管接到另一个远程调压阀（远程调压阀的结构和溢流阀的先导控制部分一样），调节远程调压阀的弹簧力，即可调节溢流阀主阀芯上端的液压力，从而对溢流阀的溢流压力实现远程调压。但是，远程调压阀所能调节的最高压力不得超过溢流阀本身导阀的调整压力。当远程控制口 K 通过二位二通阀接通油箱时，主阀芯上端的压力接近于零，主阀芯上移到最高位置，阀口开得很大。由于主阀弹簧较软，这时溢流阀 P 口处压力很低，系统的油液在低压下通过溢流阀流回油箱，实现卸荷。

4）溢流阀的性能。溢流阀的性能包括溢流阀的静态性能和动态性能，在此作一简单的介绍。

①静态性能

a. 压力调节范围。压力调节范围是指调压弹簧在规定的范围内调节时，系统压力能平稳地上升或下降，且压力无突跳及迟滞现象时的最大和最小调定压力。溢流阀的最大允许流量为其额定流量，在额定流量下工作时，溢流阀应无噪声。溢流阀的最小稳定流量取决于它的压力平稳性要求，一般规定为额定流量的15%。

b. 启闭特性。启闭特性是指溢流阀在稳态情况下从开启到闭合的过程中，被控压力与通过溢流阀的溢流量之间的关系。它是衡量溢流阀定压精度的一个重要指标，一般分别用溢流阀处于额定流量、调定压力 p_s 时，开始溢流的开启压力 p_k 及停止溢流的闭合压力 p_B 与 p_l 的百分比来衡量，前者称为开启比 $\bar{p}_k$，后者称为闭合比 $\bar{p}_s$，即：

$$\bar{p}_k = \frac{p_k}{p_s} \times 100\%$$

$$\bar{p}_b = \frac{p_b}{p_s} \times 100\% \tag{11—11}$$

式中，p_s 可以是溢流阀调压范围内的任何一个值。显然上述两个百分比越大，则两者越接近，溢流阀的启闭特性就越好。一般应使 $\bar{p}_k \geq 90\%$，$\bar{p}_b \geq 85\%$。直动式和先导式溢流阀的启闭特性曲线如图 11—36 所示。

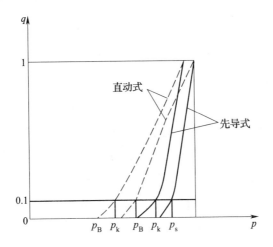

图 11—36　溢流阀的启闭特性曲线

c. 卸荷压力。当溢流阀的远程控制口 K 与油箱相连时，额定流量下的压力损失称为卸荷压力。

②动态性能。当溢流阀在溢流量发生由零至额定流量的阶跃变化时，它的进口压力，也就是它所控制的系统压力，将如图 11—37 所示的那样迅速升高并超过额定压力的调定值，然后逐步衰减到最终稳定压力，从而完成其动态过渡过程。

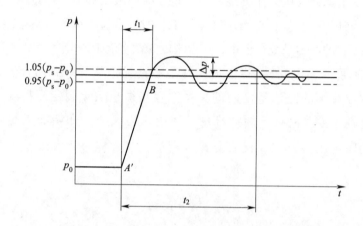

图 11—37　流量阶跃变化时溢流阀的进口压力响应特性曲线

定义最高瞬时压力峰值与额定压力调定值 p_s 的差值为压力超调量 Δp，则压力超调率 $\overline{\Delta p}$ 为：

$$\overline{\Delta p} = \frac{\Delta p}{p_s} \times 100\% \tag{11—12}$$

它是衡量溢流阀动态定压误差的一个性能指标。一个性能良好的溢流阀，其 $\overline{\Delta p} \leqslant 10\% \sim 30\%$。图 11—37 中，$t_1$ 称为响应时间，t_2 称为过渡过程时间。显然，t_1 越小，溢流阀的响应越快；t_2 越小，溢流阀的动态过渡过程时间越短。

（2）减压阀。减压阀是使出口压力（二次压力）低于进口压力（一次压力）的一种压力控制阀。其作用是降低液压系统中某一回路的油液压力，使用一个油源能同时提供两个或几个不同压力的输出。减压阀在液压设备的夹紧系统、润滑系统和控制系统中应用较多。此外，当油液压力不稳定时，在回路中串入一减压阀可得到一个稳定的较低的压力。根据减压阀所控制的压力不同，可分为定值输出减压阀、定差减压阀和定比减压阀。

1）定值输出减压阀

①工作原理。图 11—38 所示为直动式减压阀的结构和图形符号。P_1 口是进油口，P_2 口是出油口。阀不工作时，阀芯在弹簧作用下处于最下端位置，阀的进、出油口是相通的，亦即阀是常开的。若出口压力增大，使作用在阀芯下端的压力大于弹簧力时，阀芯上移，关小阀口，这时阀处于工作状态。若忽略其他阻力，仅考虑作用在阀芯上的液压力和弹簧力相平衡的条件，则可以认为出口压力基本上维持在某一定值——调定值上。这时如出口压力减小，阀芯就下移，开大阀口，阀口处阻力减小，压降减小，使出口压力回升到调定值；反之，若出口压力增大，则阀芯上移，关小阀口，阀口处阻力增大，压降增大，使出口压力下降到调定值。

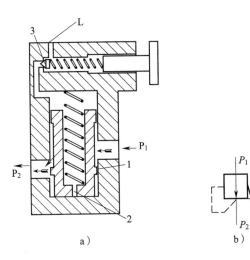

图 11—38 减压阀

a）结构图 b）职能符号图

1—主阀芯 2—阻尼孔 3—导阀阀芯 L—外泄漏油口

②工作特性。理想的减压阀在进口压力、流量发生变化或出口负载增加，其出口压力 p_2 总是恒定不变。但实际上，p_2 是随 p_1、q 的变化或负载的增大而有所变化。忽略阀芯的自重和摩擦力，当稳态液动力为 F_{bs} 时，阀芯上的力平衡方程为

$$p_2 A_R + F_{bs} = k_s \ (x_c + x_R) \tag{11—13}$$

$$p_2 = [k_s \ (x_c + x_R) \ - F_{bs}] \ /A_R \tag{11—14}$$

式中，k_s 为弹簧刚度；x_c 为当阀芯开口；$x_R = 0$ 时弹簧的预压缩量。

若忽略液动力 F_{bs}，且 $x_R \leq x_c$ 时，则有

$$p_2 \approx k_s x_c /A_R = 常数 \tag{11—15}$$

这就是减压阀出口压力可基本上保持定值的原因。

减压阀的 $p_2 - q$ 特性曲线如图 11—39 所示，当减压阀进油口压力 p_1 基本恒定时，若通过的流量 q 增加，则阀口缝隙 x_R 加大，出口压力 p_2 略微下降。

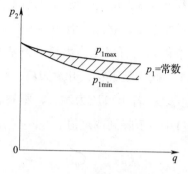

图 11—39　减压阀的特性曲线

2）定差减压阀。定差减压阀是使进、出油口之间的压力差恒定或近似于不变的减压阀，其工作原理如图 11—40 所示。高压油 p_1 经节流口 x_R 减压后以低压 p_2 流出，同时，低压油经阀芯中心孔将压力传至阀芯上腔，则其进、出油液压力在阀芯有效作用面积上的压力差与弹簧力相平衡。

$$\Delta p = p_1 - p_2 = k_s \ (x_c + x_R) \ \Big/ \Big[\frac{\pi}{4} \ (D^2 - d^2) \Big] \tag{11—16}$$

式中，x_c 为当阀芯开口 $x_R = 0$ 时弹簧（其弹簧刚度为 k_s）的预压缩量。

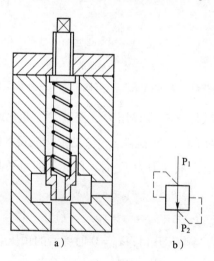

图 11—40　定差减压阀

a）结构图　b）职能符号图

由此可知，只要尽量减小弹簧刚度 k_s 和阀口开度 x_R，就可使压力差 Δp 近似地保持为定值。

3）定比减压阀。定比减压阀能使进、出油口压力的比值维持恒定，其工作原理如图 11—41 所示。阀芯在稳态时，忽略稳态液动力、阀芯的自重和摩擦力，可得到力平衡方程为：

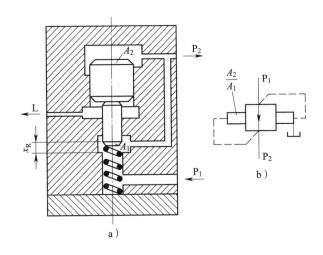

图 11—41　定比减压阀

a）结构图　b）职能符号图

$$p_1 A_1 + k_s \ (x_c + x_R) \ = p_2 A_2 \tag{11—17}$$

式中，k_s 为阀芯下端弹簧刚度，x_c 是阀口开度为 $x_R = 0$ 时的弹簧的预压缩量，其他符号如图所示。若忽略弹簧力（刚度较小），则有：

$$\frac{p_2}{p_1} = \frac{A_1}{A_2} \tag{11—18}$$

由上式可知，选择阀芯的作用面积 A_1 和 A_2，便可得到所要求的压力比，且比值近似恒定。

（3）顺序阀。顺序阀是用来控制液压系统中各执行元件动作的先后顺序。依控制压力不同，顺序阀又可分为内控式和外控式两种。前者用阀的进口压力控制阀芯的启闭，后者用外来的控制压力油控制阀芯的启闭（即液控顺序阀）。顺序阀也有直动式和先导式两种，前者一般用于低压系统，后者用于中高压系统。

图 11—42a 所示为直动式顺序阀的工作原理和图形符号。当进油口压力 p_1 较低时，阀芯在弹簧作用下处于下端位置，进油口和出油口不相通。当作用在阀芯下端的油液的

液压力大于弹簧的预紧力时，阀芯向上移动，阀口打开，油液便经阀口从出油口流出，从而操纵另一执行元件或其他元件动作。由图可见，顺序阀和溢流阀的结构基本相似，不同的只是顺序阀的出油口通向系统的另一压力油路，而溢流阀的出油口通油箱。此外，由于顺序阀的进、出油口均为压力油，所以它的泄油口 L 必须单独外接油箱。

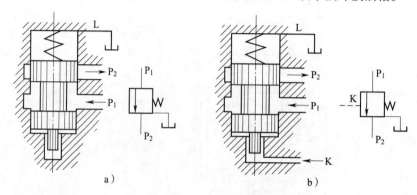

图 11—42　直动式顺序阀

直动式外控顺序阀的工作原理和图形符号如图 11—42b 所示，它与上述顺序阀的差别仅仅在于其下部有一控制油口 K，阀芯的启闭是利用通入控制油口 K 的外部控制油来控制的。

图 11—43 所示为先导式顺序阀的工作原理和图形符号，其工作原理可仿前述先导式溢流阀推演，在此不再赘述。

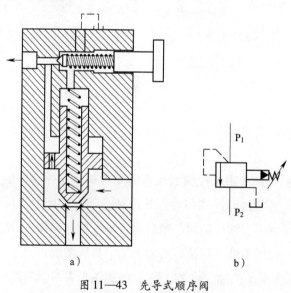

图 11—43　先导式顺序阀

a）结构图　b）职能符号图

将先导式顺序阀和先导式溢流阀进行比较，它们之间有以下不同之处：

1）溢流阀的进口压力在通流状态下基本不变。而顺序阀在通流状态下其进口压力由出口压力而定：如果出口压力 p_2 比进口压力 p_1 低很多，则 p_1 基本不变；而当 p_2 增大到一定程度，p_1 也随之增加，则 $p_1 = p_2 + \Delta p$（Δp 为顺序阀上的损失压力）。

2）溢流阀为内泄漏；而顺序阀需单独引出泄漏通道，为外泄漏。

3）溢流阀的出口必须回油箱，顺序阀出口可接负载。

（4）压力继电器。压力继电器是一种将油液的压力信号转换成电信号的电液控制元件，当油液压力达到压力继电器的调定压力时，即发出电信号，以控制电磁铁、电磁离合器、继电器等元件动作，使油路卸压、换向、执行元件实现顺序动作，或关闭电动机使系统停止工作，起安全保护作用等。图 11—44 所示为常用柱塞式压力继电器的结构和职能符号。如图所示，当从压力继电器下端进油口通入的油液压力达到调定压力值时，推动柱塞 1 上移，此位移通过杠杆 2 放大后推动开关动作。改变弹簧 3 的压缩量，即可以调节压力继电器的动作压力。

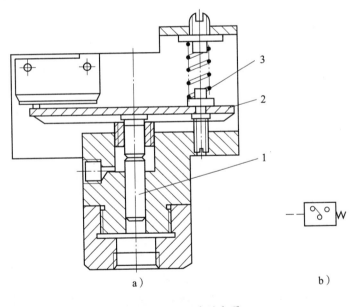

图 11—44　压力继电器

a）结构图　b）职能符号图

1—柱塞　2—杠杆　3—弹簧

4．流量控制阀

液压系统中执行元件运动速度的大小，由输入执行元件的油液流量的大小来确定。

流量控制阀就是依靠改变阀口通流面积（节流口局部阻力）的大小或通流通道的长短来控制流量的液压阀类。常用的流量控制阀有普通节流阀、压力补偿和温度补偿调速阀、溢流节流阀和分流集流阀等。

（1）流量控制原理及节流口形式。节流阀节流口通常有三种基本形式，薄壁小孔、细长小孔和厚壁小孔，但无论节流口采用何种形式，通过节流口的流量 q 及其前后压力差 Δp 的关系均可用 $q = KA\Delta p^m$ 来表示。三种节流口的流量特性曲线如图 11—45 所示，由图可知：

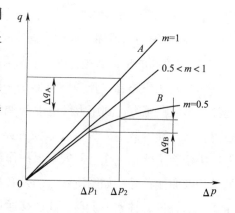

图 11—45　节流阀特性曲线

1）压差对流量的影响。节流阀两端压差 Δp 变化时，通过它的流量要发生变化，三种结构形式的节流口中，通过薄壁小孔的流量受到压差改变的影响最小。

2）温度对流量的影响。油温影响油液的黏度。对于细长小孔，油温变化时流量也会随之改变；对于薄壁小孔，黏度对流量几乎没有影响，故油温变化时流量基本不变。

3）节流口的堵塞。节流阀的节流口可能因油液中的杂质或由于油液氧化后析出的胶质、沥青等而局部堵塞，这就改变了节流口通流面积的大小，使流量发生变化，尤其是当开口较小时，这一影响更为突出，严重时会完全堵塞而出现断流现象。因此，节流口的抗堵塞性能也是影响流量稳定性的重要因素，尤其会影响流量阀的最小稳定流量。一般节流口通流面积越大，节流通道越短和水力直径越大，越不容易堵塞。当然油液的清洁度也对堵塞产生影响。一般流量控制阀的最小稳定流量为 0.05 L/min。

综上所述，为保证流量稳定，节流口的形式以薄壁小孔较为理想。图 11—46 所示为几种常用的节流口形式。图 11—46a 所示为针阀式节流口，它通道长，易堵塞，流量受油温影响较大，一般用于对性能要求不高的场合。图 11—46b 所示为偏心槽式节流口，其性能与针阀式节流口相同，但容易制造；其缺点是阀芯上的径向力不平衡，旋转阀芯时较费力。该结构一般用于压力较低、流量较大和流量稳定性要求不高的场合。图 11—46c 所示为轴向三角槽式节流口，其结构简单，水力直径中等，可得到较小的稳定流量，且调节范围较大，但节流通道有一定的长度，油温变化对流量有一定的影响。该结构目前被广泛应用。图 11—46d 所示为周向缝隙式节流口，其结构特点是：沿阀芯周向开有一条宽度不等的狭槽，转动阀芯就可改变开口大小；阀口做成薄刃形，通道短，水力直径大，不易堵塞，油温变化对流量影响小，因此其性能接近于薄壁小孔，适用于低压小流量场合。图 11—46e 所示为轴向缝隙式节流口，在阀孔的衬套上加工出图示薄壁阀口，阀芯做轴向移动即可改变开口大小，其性能与图 11—46d 所示节流口相似。

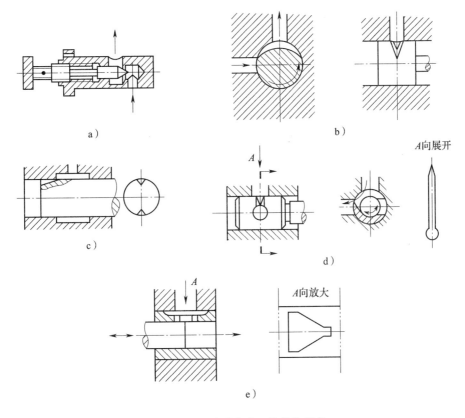

图 11—46　典型节流口的结构形式

　　在液压传动系统中，节流元件与溢流阀并联于液泵的出口，构成恒压油源，使泵出口的压力恒定。如图 11—47a 所示，此时节流阀和溢流阀相当于两个并联的液阻，液压泵输出流量 q_p 不变，流经节流阀进入液压缸的流量 q_1 和流经溢流阀的流量 Δq 的大小由节流阀和溢流阀液阻的相对大小来决定。若节流阀的液阻大于溢流阀的液阻，则 $q_1 < \Delta q$；反之则 $q_1 > \Delta q$。节流阀是一种可以在较大范围内以改变液阻来调节流量的元件，因此可以通过调节节流阀的液阻，来改变进入液压缸的流量，从而调节液压缸的运动速度。但若在回路中仅有节流阀而没有与之并联的溢流阀（见图 11—47b），则节流阀就起不到调节流量的作用。这是因为液压泵输出的液压油全部经节流阀进入液压缸，改变节流阀节流口的大小，只是改变了液流流经节流阀的压力降（节流口小，流速快；节流口大，流速慢），而总的流量是不变的，因此液压缸的运动速度不变。所以，节流元件用来调节流量是有条件的，即要求有一个接受节流元件压力信号的环节（与之并联的溢流阀或恒压变量泵），通过这一环节来补偿节流元件的流量变化。

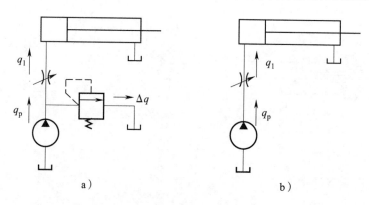

图 11—47 节流元件的作用

液压传动系统对流量控制阀的要求主要有：

1）较大的流量调节范围，且流量调节要均匀。

2）当阀前、后压力差发生变化时，通过阀的流量变化要小，以保证负载运动稳定。

3）油温变化对通过阀的流量影响要小。

4）液流通过全开阀时的压力损失要小。

5）当阀口关闭时，阀的泄漏量要小。

（2）普通节流阀

1）工作原理。图 11—48 所示为一种普通节流阀的结构和图形符号。这种节流阀的节流通道呈轴向三角槽式。压力油从进油口 P_1 流入孔道 a 和阀芯 1 左端的三角槽进入孔道 b，再从出油口 P_2 流出。调节手柄 3，可通过推杆 2 使阀芯做轴向移动，以改变节流口的通流截面积来调节流量。阀芯在弹簧的作用下始终贴紧在推杆上。这种节流阀的进出油口可互换。

2）节流阀的刚性。节流阀的刚性表示它抵抗负载变化的干扰，保持流量稳定的能力，即当节流阀开口量不变时，由于阀前后压力差 Δp 的变化，引起通过节流阀的流量发生变化的情况。流量变化越小，节流阀的刚性越大；反之，则其刚性越小。如果以 T 表示节流阀的刚度，则有：

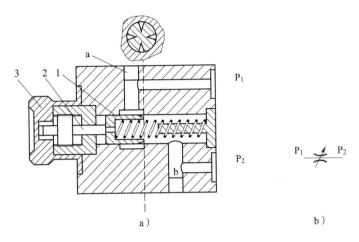

图 11—48 普通节流阀

a) 结构图   b) 职能符号图

1—阀芯   2—推杆   3—手柄

$$T = \frac{\mathrm{d}\Delta p}{\mathrm{d}q} \tag{11—19}$$

由式 $q = KA\Delta p^{m}$，可得：

$$T = \Delta p^{m-1} KAm \tag{11—20}$$

从节流阀特性曲线图 11—49 可以发现，节流阀的刚度 T 相当于流量曲线上某点的切线与横坐标夹角 β 的余切，即

$$T = \cos\beta \tag{11—21}$$

由图 11—49 和式（11—20）可以得出如下结论：

①同一节流阀，阀前后压力差 Δp 相同，节流开口小时，刚度大。

②同一节流阀，在节流开口一定时，阀前后压力差 Δp 越小，刚度越低。为了保证节流阀具有足够的刚度，节流阀只能在某一最低压力差 Δp 的条件下才能正常工作，但提高 Δp 将引起压力损失的增加。

③取小的指数 m 可以提高节流阀的刚度，因

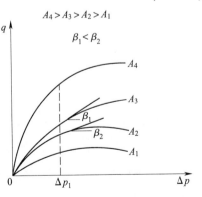

图 11—49 不同开口时节流阀的

流量特性曲线

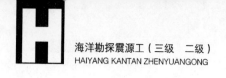

此在实际使用中多希望采用薄壁小孔式节流口，即 $m = 0.5$ 的节流口。

（3）调速阀和温度补偿调速阀。普通节流阀由于刚性差，在节流开口一定的条件下通过它的工作流量受工作负载（亦即其出口压力）变化的影响，不能保持执行元件运动速度的稳定，因此只适用于工作负载变化不大和速度稳定性要求不高的场合。由于工作负载的变化很难避免，为了改善调速系统的性能，通常是对节流阀进行补偿，即采取措施使节流阀前后压力差在负载变化时始终保持不变。由 $q = KA\Delta p^m$ 可知，当 Δp 基本不变时，通过节流阀的流量只由其开口量大小来决定。使 Δp 基本保持不变的方式有两种：一种是将定压差式减压阀与节流阀并联起来构成调速阀，另一种是将稳压溢流阀与节流阀并联起来构成溢流节流阀。这两种阀是利用流量的变化所引起的油路压力的变化，通过阀芯的负反馈动作来自动调节节流部分的压力差，使其保持不变。

1）调速阀。图 11—50 所示为调速阀的工作原理。从结构上来看，调速阀是在节流阀 2 前面串接一个定差减压阀 1 组合而成。液压泵的出口（即调速阀的进口）压力 p_1 由溢流阀调整基本不变，而调速阀的出口压力 p_3 则由液压缸负载 F 决定。油液先经减压阀产生一次压力降，将压力降到 p_2，p_2 经通道 e、f 作用到减压阀的 d 腔和 c 腔；节流阀的出口压力 p_3 又经反馈通道 a 作用到减压阀的上腔 b，当减压阀的阀芯在弹簧力 F_s、油液压力 p_2 和 p_3 作用下处于某一平衡位置时（忽略摩擦力和液体流动动力等），则有：

$$p_2 A_1 + p_2 A_2 = p_3 A + F_s \qquad (11—22)$$

式中，A、A_1 和 A_2 分别为 b 腔、c 腔和 d 腔内压力油作用于阀芯的有效面积，且 $A = A_1 + A_2$。故

$$p_2 - p_3 = \Delta p = F_s / A \qquad (11—23)$$

因为弹簧刚度较低，且工作过程中减压阀阀芯位移很小，可以认为 F_s 基本保持不变，故节流阀两端压力差 $p_2 - p_3$ 也基本保持不变，这就保证了通过节流阀的流量稳定。

2）温度补偿调速阀。普通调速阀的流量虽然已能基本上不受外部负载变化的影响，但是当流量较小时，节流口的通流面积较小，这时节流口的长度与通流截面水力直径的比值相对地增大，因而油液的黏度变化对流量的影响也增大，所以当油温升高后油的黏度变小时，流量仍会增大。为了减小温度对流量的影响，可以采用温度补偿调速阀（见图 11—51）。

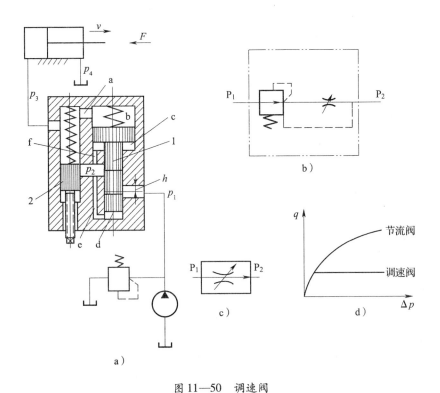

图 11—50　调速阀

a）工作原理　b）职能符号　c）简化职能符号　d）特性曲线

1—减压阀　2—节流阀

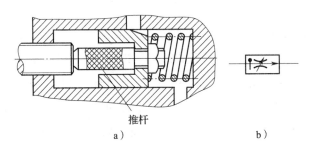

推杆

a）　　　　　　　　　　　b）

图 11—51　温度补偿调速阀

a）温度补偿原理图　b）职能符号图

　　温度补偿调速阀的压力补偿原理部分与普通调速阀相同，由 $q = KA\Delta p^{m}$ 可知，当 Δp 不变时，由于黏度下降，K 值（$m \neq 0.5$ 的孔口）上升，此时只有适当减小节流阀的开口面积，方能保证 q 不变。图 11—51a 所示为温度补偿调速阀的温度补偿原理，在节流阀阀芯和调节螺钉之间放置一个温度膨胀系数较大的聚氯乙烯推杆，当油温升高使流量增加时，温度补偿杆伸长使节流口变小，从而补偿了油温对流量的影响［在20～60℃温度范围内，流量的变化率超过10%时，最小稳定流量可达20 mL/min（3.3×10^{-7} m^3/s）］。

（4）溢流节流阀（旁通型调速阀）。溢流节流阀也是一种压力补偿型节流阀，图11—52所示为其工作原理及职能符号。

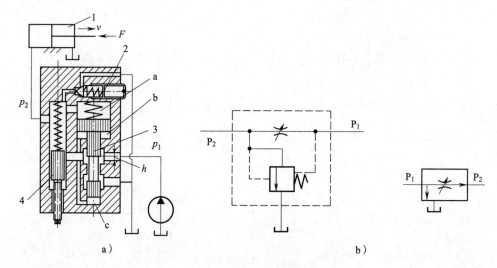

图11—52　溢流节流阀

a）工作原理图　b）职能符号图

1—液压缸　2—安全阀　3—溢流阀阀芯　4—节流阀

从液压泵输出的油液一部分从节流阀4进入液压缸左腔推动活塞向右运动，另一部分经溢流阀的溢流口流回油箱。溢流阀阀芯3的上端a腔与节流阀4上腔相通，其压力为p_2；b腔和下端c腔与溢流阀阀芯3前的油液相通，其压力即为泵的压力p_1。当液压缸活塞上的负载力F增大时，压力p_2升高，a腔的压力也升高，使阀芯3下移，关小溢流口，这样就使液压泵的供油压力p_1增加，从而使节流阀4的前、后压力差（p_1-p_2）基本保持不变。这种溢流阀一般附带一个安全阀2，以避免系统过载。

溢流节流阀与调速阀虽都具有压力补偿的作用，但其组成调速系统时是有区别的。调速阀无论在执行元件的进油路上或回油路上，执行元件上负载变化时，泵出口处压力都由溢流阀保持不变。而溢流节流阀是通过p_1随p_2（负载的压力）的变化来使流量基本上保持恒定的，因而溢流节流阀具有功率损耗低、发热量小的优点。但是，溢流节流阀中流过的流量比调速阀大（一般是系统的全部流量），阀芯运动时阻力较大，弹簧较硬，其结果使节流阀前后压差 Δp 加大（需达到 $0.3 \sim 0.5$ MPa），因此它的稳定性稍差。

5. 开式系统与闭式系统

（1）开式系统。如图 11—53 所示，开式系统是指液压泵 1 从油箱 5 吸油，通过换向阀 2 给液压缸 3（或液压马达）供油以驱动工作机构，液压缸 3（或液压马达）的回油再经换向阀回油箱。在泵出口处装溢流阀 6。这种系统结构较为简单。由于系统工作完的油液回油箱，因此可以发挥油箱的散热、沉淀杂质的作用。但因油液常与空气接触，使空气易于渗入系统，导致油路上需设置背压阀，这将引起附加的能量损失，使油温升高。

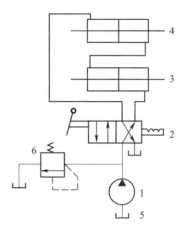

图 11—53　开式系统

1—液压泵　2—换向阀　3、4—油缸

5—油箱　6—溢流阀

在开式系统中，采用的液压泵为定量泵或单向变量泵。考虑到泵的自吸能力和避免产生吸空现象，对自吸能力差的液压泵，通常将其工作转速限制在额定转速的 75% 以内，或增设一个辅助泵进行灌注。工作机构的换向则借助于换向阀。换向阀换向时，除了产生液压冲击外，运动部件的惯性能将转变为热能，而使液压油的温度升高。但由于开式系统结构简单，仍被大多数起重机所采用。

开式液压系统的特点如下：

1）一般采用双泵或三泵供油，先导油由单独的先导泵提供。有些液压执行元件所需功率大需要合流供油，合流有以下两种方式。

①阀内合流。一般由双泵合流供给一个阀杆，再由该阀杆控制供油给所需合流的液压执行元件。该合流方式的阀杆孔径设计需要考虑多泵供油所需的流通面积。

②阀外合流。双泵分别向各自阀杆供油，通过两阀联动操纵，在阀杆外合流供油给所需合流的液压执行元件。虽然操纵结构相对复杂、体积较大，但由于流经阀杆的油是单泵流量，阀杆孔径相对较小，而且有可能与其他阀杆通用。

2）多路阀常进行分块且分泵供油，每一阀组根据实际需要可利用直通供油道和并联供油道两种油道。前者可实现优先供油，即上游阀杆动作时，压力油优先供给该阀杆操纵的液压元件，而下游阀杆操纵的液压元件不能动作；后者可实现并联供油。

3）为满足多种作业工况及复合动作要求，一般采用简单的通断型二位二通阀和插装阀，把油从某一油路直接引到另一油路，并采用单向阀防止油回流，构成单向通道。通断阀操纵有以下两种方式。

①采用先导操纵油联动操纵，先导操纵油在控制操纵阀杆移动的同时，联动操纵通断阀。

②在操纵阀中增加一条油道作为控制通断阀的油道，这样在操纵操纵阀的同时，也操纵了通断阀的开闭。

开式油路的缺点是：当一个泵供多个执行器同时动作时，因液压油首先向负载轻的执行器流动，导致高负载的执行器动作困难，因此，需要对负载轻的执行器控制阀杆进行节流。

（2）闭式系统。如图11—54所示，在闭式系统中，液压泵的进油管直接与执行元件的回油管相连，工作液体在系统的管路中进行封闭循环。闭式系统结构较为紧凑，与空气接触机会较少，空气不易渗入系统，故传动的平稳性好。工作机构的变速和换向靠调节泵或马达的变量机构实现，避免了在开式系统换向过程中所出现的液压冲击和能量损失。但闭式系统较开式系统复杂，且由于闭式系统工作完的油液不回油箱，油液的散热和过滤的条件较开式系统差。为了补偿系统中的泄漏，通常需要一个小容量的补油泵进行补油和散热，因此这种系统实际上是一个半闭式系统。

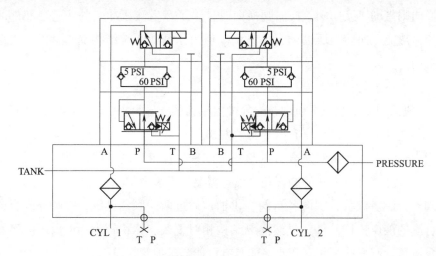

图11—54 闭式系统

一般情况下，闭式系统中的执行元件若采用双作用单活塞杆液压缸时，由于大小腔流量不等，在工作过程中会使功率利用率下降，所以闭式系统中的执行元件一般为液压马达。

闭式液压系统的特点如下：

1）目前闭式系统变量泵均为集成式构造，补油泵及补油、溢流、压力控制等功效阀组集成于液压泵上，使管路衔接变得简略，不仅缩小了安装空间，而且减少了由管路衔接造成的泄漏和管道振动，提高了体系的可靠性，简化了操作进程。

2）补油系统不仅能在主泵的排量产生变化时保证容积式传动的响应，提高系统的动作频率，而且还能增大主泵进油口处压力，防止大流量时产生气蚀，可有效提高泵的转速和防止泵吸空，提高工作寿命；补油系统中装有过滤器，能提高传动装置的可靠性和应用寿命；另外，补油泵还能便利地为一些低压辅助机构供给动力。

3）由于仅有少量油液吸自油箱，减少了油的损耗。

（3）开式系统和闭式系统的应用。工程机械液压传动系统，有开式系统和闭式系统。国内小吨位汽车起重机通常采用由换向阀控制的开式系统，实现履行机构正、反方向及制动。中、大吨位起重机大多采用闭式系统，通过双向变量液压泵改变主油路中液压油的流量和方向，来实现履行机构的变速和换向，这种方法可以充足体现液压传动的长处。

重型机械厂中、大吨位起重机液压工作装置，通常采用斜盘式轴向柱塞变量泵和定量马达组成的闭式系统。斜盘式变量柱塞泵的流量与驱动转速及排量成正比，并且可无级变量。闭式回路中变量泵的出油口和马达的进油口相连，马达的出油口和泵的进油口相连，组成一个封闭的液压油路，无需换向阀，通过调节变量泵斜盘的角度来转变泵的流量及压力油的方向，从而改变马达的转速和旋转方向。变量泵的流量随斜盘摆角变化，可从零增添到最大值。当斜盘摆过中位，可以平稳地改变液体的流动方向，因此微动性好，且工作安稳。

闭式液压系统在工作中不断有油液泄漏（连续的高压油内泄是元件设计的固有产物），为了弥补这些泄漏，保持闭式系统正常工作，必须给闭式体系及时补充油液。闭式系统主泵上通轴附设一个小排量补油泵，由于补油泵的排量和压力相对主泵均很小，所以其附加功率通常仅为传动装置总功率的 1%～2%，可以忽略不计。在闭式系统液压工作装置中，设有补油溢流阀和补油单向阀，补油溢流阀限制最高补油压力，补油单向阀依据两侧管路液压油压力的高低选择补油方向，向主油路低压侧补油，以补偿由于泵、马达容积丧失所泄漏的流量；主泵的两侧设有两个高压溢流阀，斜盘快速摆动时呈现的压力峰值及最大压力由高压溢流阀控制，防止泵和马达超载。该液压装置中还设有压力切断阀，压力切断阀相当于一种压力调节阀，当达到设定的压力时，将油泵的排量回调到为零的状态。另外，在补油泵出口处还设有过滤器，对液压系统工

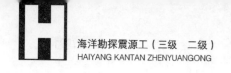

作介质进行过滤。

11.4　液压系统常见故障的诊断及排除方法

11.4.1　常见故障的诊断方法

液压设备是由机械、液压、电气等装置组合而成的，故出现的故障也是多种多样的。某一种故障现象可能是由许多因素影响后造成的，因此分析液压故障必须能看懂液压系统原理图，对原理图中各个元件的作用有一个大体的了解，然后根据故障现象进行分析、判断。针对多种因素引起的故障原因需逐一分析，抓住主要矛盾，才能较好地解决问题。液压系统中工作液在元件和管路中的流动情况，外界是很难了解到的，所以给分析、诊断带来了较多的困难，因此要求人们必须具备较强的分析判断故障的能力，在机械、液压、电气诸多复杂的关系中找出故障原因和部位并及时、准确加以排除。

1. 简易故障诊断法

简易故障诊断法是目前普遍采用的方法，它是靠维修人员凭个人的经验，利用简单仪表，根据液压系统出现的故障，采用问、看、听、摸、闻等方法了解系统工作情况，进行分析、诊断，确定产生故障的原因和部位。具体做法如下：

（1）询问设备操作者，了解设备运行状况。了解的内容包括：液压系统工作是否正常；液压泵有无异常现象；液压油检测清洁度的时间及结果；滤芯清洗和更换情况；发生故障前是否对液压元件进行了调节，是否更换过密封元件；故障前后液压系统出现过哪些不正常现象；过去该系统出现过什么故障，是如何排除的等。

（2）看液压系统的实际工作状况，观察系统压力、速度、油液、泄漏、振动等是否存在问题。

（3）听液压系统的声音，如冲击声、泵的噪声及异常声等，判断液压系统工作是否正常。

（4）摸温升、振动、爬行及连接处的松紧程度，判断运动部件工作状态是否正常。

总之，简易故障诊断法只是对故障做简易的定性分析，对快速判断和排除故障具有较广泛的实用性。

2. 液压系统原理图分析法

根据液压系统原理图分析液压传动系统出现的故障，找出故障产生的部位及原因，并提出排除故障的方法。液压系统原理图分析法是目前工程技术人员应用最为普遍的方法，它要求人们对液压知识具有一定基础并能看懂液压系统图，掌握各图形符号所代表元件的名称、功能，对元件的原理、结构及性能也应有一定的了解。有了这样的基础，结合动作循环表，分析、判断故障就很容易了。所以认真学习液压基础知识，掌握液压原理图，既是故障诊断与排除最有力的助手，也是其他故障分析法的基础。

3. 其他分析法

液压系统发生故障时，往往不能立即找出故障发生的部位和根源，为了避免盲目性，人们必须根据液压系统原理进行逻辑分析或采用因果分析等方法逐一排除，最后找出发生故障的部位，这就是用逻辑分析的方法查找故障原因。为了便于应用，故障诊断专家设计了逻辑流程图或其他图表对故障进行逻辑判断，为故障诊断提供了方便。

11.4.2 系统噪声、振动大故障的排除方法（见表11—4）

表11—4　　　　　　　　　系统噪声、振动大故障的排除方法

故障现象	排除方法	故障现象	排除方法
泵噪声、振动大，引起管路、油箱共振	1. 在泵的进、出油口用软管连接 2. 泵不要装在油箱上，应将电动机和泵单独装在底座上，和油箱分开 3. 加大液压泵，降低电动机转速 4. 在泵的底座和油箱下面塞进防振材料 5. 选择低噪声泵；采用立式电动机，将液压泵浸在油液中	管道内油流激烈流动的噪声	1. 加粗管道，使流速控制在允许范围内 2. 少用弯头，多采用曲率小的弯管 3. 采用胶管 4. 油流紊乱处不采用直角弯头或三通 5. 采用消声器、蓄能器等
阀弹簧引起系统共振	1. 改变弹簧的安装位置 2. 改变弹簧的刚度 3. 把溢流阀改成外部泄油形式 4. 采用遥控的溢流阀 5. 完全排出回路中的空气 6. 改变管道的长短、粗细、材质、厚度等 7. 增加管夹使管道不致振动 8. 在管道的某一部位装上节流阀	油箱有共鸣声	1. 增厚箱板 2. 在侧板、底板上增设筋板 3. 改变回油管末端的形状或位置
		阀换向产生冲击噪声	1. 降低电液阀换向的控制压力 2. 在控制管路或回油管路上增设节流阀 3. 选用带先导卸荷功能的元件 4. 采用电气控制方法，使两个以上的阀不能同时换向

续表

故障现象	排除方法	故障现象	排除方法
空气进入液压缸引起振动	1. 很好地排出空气 2. 对液压缸活塞、密封衬垫涂上二硫化钼润滑脂	溢流阀、卸荷阀、液控单向阀、平衡阀等工作不良，引起管道振动和噪声	1. 在适当处装上节流阀 2. 改变外泄形式 3. 对回路进行改造 4. 增设管夹

11.4.3 系统压力不正常故障的排除方法（见表11—5）

表11—5　　　　　　系统压力不正常故障的排除方法

故障现象及原因		排除方法
压力不足	溢流阀旁通阀损坏	修理或更换
	减压阀设定值太低	重新设定
	集成通道块设计有误	重新设计
	减压阀损坏	修理或更换
	泵、马达或缸损坏、内泄大	修理或更换
压力不稳定	油中混有空气	堵漏、加油、排气
	溢流阀磨损、弹簧刚性差	修理或更换
	油液污染、堵塞阀阻尼孔	清洗、换油
	蓄能器或充气阀失效	修理或更换
	泵、马达或缸磨损	修理或更换
压力过高	减压阀、溢流阀或卸荷阀设定值不对	重新设定
	变量机构不工作	修理或更换
	减压阀、溢流阀或卸荷阀堵塞或损坏	清洗或更换

11.4.4 系统动作不正常故障的排除方法（见表11—6）

表11—6 系统动作不正常故障的排除方法

故障现象及原因		排除方法
系统压力正常，执行元件无动作	电磁阀中的电磁铁有故障	排除或更换
	限位或顺序装置（机械式、电气式或液动式）不工作或调得不对	调整、修复或更换
	机械故障	排除
	没有指令信号	查找、修复
	放大器不工作或调得不对	调整、修复或更换
	阀不工作	调整、修复或更换
	缸或马达损坏	修复或更换
执行元件动作太慢	泵输出流量不足或系统泄漏太大	检查、修复或更换
	油液黏度太高或太低	检查、调整或更换
	阀的控制压力不够或阀内阻尼孔堵塞	清洗、调整
	外负载过大	检查、调整
	放大器失灵或调得不对	调整、修复或更换
	阀芯卡涩	清洗、过滤或换油
	缸或马达磨损严重	修理或更换
动作不规则	压力不正常	见11.4.3节
	油中混有空气	加油、排气
	指令信号不稳定	查找、修复
	放大器失灵或调得不对	调整、修复或更换
	传感器反馈失灵	修理或更换
	阀芯卡涩	清洗、滤油
	缸或马达磨损或损坏	修理或更换

11.4.5　系统液压冲击大故障的排除方法（见表11—7）

表11—7　　　　　　　　　　系统液压冲击大故障的排除方法

现象及原因		排除方法
换向时产生冲击	换向时瞬时关闭、开启，造成动能或势能相互转换时产生的液压冲击	1. 延长换向时间 2. 设计带缓冲的阀芯 3. 加粗管径、缩短管路
液压缸在运动中突然被制动所产生的液压冲击	液压缸运动时，具有很大的动量和惯性，突然被制动，引起较大的压力增值，故产生液压冲击	1. 液压缸进、出油口处分别设置反应快、灵敏度高的小型安全阀 2. 在满足驱动力的条件下尽量减小系统工作压力，或适当提高系统背压 3. 液压缸附近安装囊式蓄能器
液压缸到达终点时产生的液压冲击	液压缸运动时产生动量和惯性，与缸体发生碰撞引起的冲击	1. 在液压缸两端设缓冲装置 2. 液压缸进、出油口处分别设置反应快、灵敏度高的小型溢流阀 3. 设置行程（开关）阀

11.4.6　系统油温过高故障的排除方法（见表11—8）

表11—8　　　　　　　　　　系统油温过高故障的排除方法

故障现象及原因	排除方法
设定压力过高	适当调整压力
溢流阀、卸荷阀、压力继电器等卸荷回路的元件工作不良	改正各元件工作不正常状况
卸荷回路的元件调定值不适当，卸压时间短	重新调定，延长卸压时间
阀的漏损大，卸荷时间短	修理漏损大的阀，考虑不采用大规格阀
高压小流量、低压大流量时不要由溢流阀溢流	变更回路，采用卸荷阀、变量泵
因黏度低或泵有故障，增大了泵的内泄漏量，使泵壳温度升高	换油，修理、更换液压泵
油箱内油量不足	加油，加大油箱

续表

故障现象及原因	排除方法
油箱结构不合理	改进结构，使油箱周围温升均匀
蓄能器容量不足或有故障	换大蓄能器，修理蓄能器
未安装冷却器，冷却器容量不足，冷却器有故障；进水阀门工作不良，水量不足；油温自动调节装置有故障	安装冷却器，加大冷却器，修理冷却器的故障；修理阀门，增加水量；修理调温装置
溢流阀遥控口节流过量，卸荷的剩余压力高	进行适当调整
管路的阻力大	采用适当的管径
附近热源影响，辐射热大	采用隔热材料反射板或变更布置场所，设置通风、冷却装置等，选用合适的工作油液

11.5　海洋地震勘探液压设备管理

11.5.1　安全

安装、操作和维护海洋地震勘探液压设备的所有人员具有责任和义务充分了解有关的安全措施，减少或消除危害。工作人员在开始执行操作之前，必须熟悉操作或维修设备的相关安全知识。在设备应用方面有一般安全要求，而在安装、操作和维护期间还应遵守某些特殊安全要求。

1. 综述

所涉及的所有人员应遵守现场安全规则以及有关安全须知，例如：

（1）消防和紧急程序。

（2）人员职责。

（3）个人防护装备（PPE），如安全帽、耳罩、防护眼镜、防护鞋、工作服、高空作业安全绳等的使用要求。

（4）涉及安全隐患的装备，如高压下的液压管，运动和旋转着的部件，以及设备的起重和吊装操作等。

2. 安装

设备安装期间，现场的安全管理要求应涵盖以下内容：

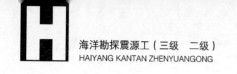
安装之前、期间和之后，该设备应用防火篷布或类似防护材料防护，防止外部焊接或切割作业时损坏设备。

机械装置完成吊装和安装之前，所有相关人员应被告知即将进行的行动。任何危险的操作过程必须在极端警戒下进行。吊装应根据图样和说明书的要求进行。只有经过认证的起重设备才能在吊装过程中使用，在使用前和使用后应进行查验。

对于液压装置，只有经过授权的人员才能进行液压操作以及使用。当在有压力的设备上操作时，必须采取适当的预防措施以防止高压危险。在液压管系的拆装之前确保系统没有压力。加压前必须通知所有人员，并拉起警戒线。

对于电气装置，只允许经授权的人员使用。当在带电设备上操作时，必须采取适当的预防措施防止电击危险。在电缆接线或断开的时候确保不要带电操作。在接通电源之前，所有相关人员务必清楚。安装设备后，应确保设备安全地附着在甲板上或其他准备的船只结构接口上，确保没有任何松动的部件或工作区周围没有杂物，并告知有关即将进行操作的所有工作人员。

3．操作

在起重或任何操作之前，操作者应确保所有起重机械没有损害并能正确使用。

操作人员必须经公司或相关政府部门认可的机构按照一定的要求培训。应熟悉用户手册和系统的能力和限制，注意及按照消息和警报控制系统的行为；能够明白操作区域注意事项、担负的职责以及如何与其他人员进行协调；要确保绞车上电缆缠绕正确。经过认证的在保养和维护周期内设备才能够被使用。

4．维护

维护保养工作必须由有资格和技术熟练的专业人员进行。应根据设备的工作状态，按照工艺规程，遵循操作说明进行维护保养工作。在维护期间，应遵循说明书的安全要求，至少包括以下内容：确保是原厂的备件；工作许可制度；如果有必要的话，在相关维护活动区域内设隔离带并告知相关的人员；当设备在维护状态下不能启动时，应采取适当的防护措施，如通过一个挂锁锁住紧急停止按钮或采取类似措施。对于电力工作，只允许经授权的人员进行。在带电设备上工作时，必须遵守正常的预防措施，防止电击危险；在开始任何电缆连接或断开连接之前，始终确保电缆未连接或断开；开关合上之前所有人员必须被告知。对于液压工作，只有经过授权的人员才可以进行。当在加压设备上工作时，必须采取适当的预防措施防止加压危险。执行任何液压连接或断开连接之前，始终确保系统没有压力。如果仍有压力，应调整或释放压力。系统加压前，必须通知所有人员。零件在拆卸后应加以保护防止损坏，防止来自其他地方的焊接或其他工作造成的垃圾灰尘靠近设备。在断开连接前确保重型设备和部件适当固定。只有被认证的起重设备，并在维护周期内才能被使用。维护工作期间，设备和周边地区须保持清洁无杂物。

11.5.2 仓储和保存

本节提供 ODIM 产品和 ODIM 备件存储和准备工作之前一般性质的信息。在设备交付后依据手册和说明书的要求进行储存和保管使用。

1. 开箱

接收货物，检查包装的完整性，确认没有损害。如果有问题，应在收到货物后 8 天内以书面形式通知 ODIM AS。

在相同的储存条件下打开设备和备件的外包装（如果不另行商定）。

包装应小心地拆除，以避免损坏设备。在和外部设备连接和安装之前不要去除设备的接口保护，以免受污染。仪器和电气设备的保护物不要拆除。去除包装物之前应注意防腐和防潮。

2. 短时间储存

（1）储存要求

1）小于两个月的储存时间。

2）存储温度范围：−20~40℃。

3）存储温度波动应在 ±5℃ 范围内。

4）相对湿度不应超过 80%。包装并不是在存储过程中去除。

5）备品配件、液压动力单元液压泵、马达、液压块和类似备件，应存放在室内干燥和清洁、封闭、通风的地方。

（2）包装和保存的说明

1）检查设备、软管、管道、组件和连接。

2）关闭所有手动操作阀。

3）在断开连接后密封电缆两端及打开的密封压盖。

4）所有电气盒里面安装 Contec mat，Contec Electric Coor VpCI−238 或类似的垫子。产品电气箱必须水密，避免水分从外面进入。如有必要，用防水胶带密封包装盒、垫片插头或类似的部件。应考虑到存储时间、目的地和运输的类型。

5）检查齿轮油液位，根据需要补充。

6）所有润滑点添加润滑脂。

7）清洁并封住管口，打开配件及其他液压连接块以及检修口等。必须用至少两个螺栓紧固所有盲板法兰并在法兰和金属盖之间加装垫片。所有的盖板和盲板法兰仅用于保护目的，不能加压。

8）用电气胶布或类似产品保护所有非耐酸联轴器，所有线缆插头、密封盖板和传感器等，防止直接暴露在空气中。

9）用淡水冲洗设备。

10）所有未经处理的外表面，可能腐蚀的必须擦拭干净，然后涂上 Chesterton 740 或类似效用的防护层。

11）所有轴颈、耦合器、手动阀轴颈和其他加工曲面，可能腐蚀，必须擦拭干净，然后涂上 Chesterton 740 或类似效用的防护层。

12）处理表面损伤，修复并涂上防护层。

13）设备干燥后，用篷布或蠕变塑料覆盖，确保有空气自由流通。较小的零件，如松散的备件、液压块等，用 0.2 mm 聚乙烯薄膜或耐水胶带缠绕。

14）如果存储在室外或在潮湿的环境中，安装的地方必须保持干燥。

15）用防火篷布或类似防护布覆盖设备的暴露区域，防止焊接、打磨以及外来的灰尘损坏设备。

每月检查包装物的损坏情况，有损坏修复。

3. 长期储存

（1）储存要求

1）长时间存储是指存储时间超过两个月。

2）存储温度范围：－20～40℃。

3）存储温度波动应在 ±5℃范围内。

4）相对湿度不应超过80%。

5）包装并不是在存储短于三个月期间拆除。

6）备品配件，液压动力单元液压泵、马达、液压块和类似零件，在室内应存放在干燥、清洁、封闭、通风的地方。

（2）包装和储存说明

1）检查设备、软管、管道、组件和连接。

2）关闭所有手动操作阀。

3）在断开连接后密封电缆两端及打开的密封压盖。

4）所有电气盒里面安装 Contec mat，Contec Electric Coor VpCI－238 或类似的垫

子。产品电气箱必须水密，避免水分从外面进入。如有必要，用防水胶带密封包装盒、垫片插头或类似的部件。应考虑到存储时间、目的地和运输的类型。

5）检查齿轮油液位，根据需要补充。

6）所有润滑点添加润滑脂。

7）所有非耐酸联轴器，所有线缆插头、密封盖板、传感器和类似暴露在湿气中的零件，需要用电气胶带防潮保护。

8）放空和清洁液压集油柜。

9）排放冷却水。

10）清洁液压管、开放式接头以及液压连接器、液压模块、检修孔，并密封液压管的两端，所有的盖板或盲板必须安装垫片并用至少两个螺栓紧固。

所有盖板和盲板法兰仅用于保护目的，不得加压。

11）用淡水冲洗设备。

12）未经处理的外表面，可能引起腐蚀，必须擦拭干净，并用 Chesterton 740 或类似的产品进行防腐处理。

13）所有轴颈、联轴器、手动阀轴颈等机加工表面，可能会腐蚀，必须擦拭干净，并用 Chesterton 740 或类似的产品进行防腐处理。

14）损坏的表面需要进行处理并用油漆修补。

15）设备经过干燥，盖上防水布或蠕变塑料。确保设备周围有足够的空间。较小的零件，如液压块，用 0.2 mm 聚乙烯薄膜或耐水胶带缠绕。

16）如果存放在室外或潮湿的条件下，安装必须在干燥地方进行。

17）暴露的区域用防火防水布进行保护，以防止外部焊接或打磨造成损坏。

设备储存维护周期表见表 11—9。

表 11—9　　　　　　　　　　设备储存维护周期表

维护周期	维护项目
每月	检查包装，如有损坏及时修理
每三个月	小心地取出包装并按照要求检查保温材料
每三个月	活络各手动阀门
每三个月	盘车，用手转动马达和泵
每三个月	检查油漆表面的状况，修复
每三个月	检查所有加工表面，并清除任何腐蚀和腐蚀粒子。所有清理过的表面用卓德 740、康捷 VpCI368 或同等的保护

续表

维护周期	维护项目
每三个月	检查该产品接收和存储的一般条件，对可能出现的偏差或损失拍照并记录
每三个月	检查包装的损坏情况
每三个月	重新安装所有取下的包装和保温材料
每三个月	建立存储检查维护记录。该记录应包括日期、名称、检查间隔（每月或每三个月）和设备状态。任何违规行为应报告

11.5.3 使用前的准备

这里介绍的是液压辅助设备在使用之前的一些常规的技术要求和注意事项。每个设备在使用之前，设备操作维护和管理人员务必查看该设备的详细手册，熟悉其特殊的操作和管理规定，并遵照执行。

1. 首次启动

首次启动设备之前，应该进行认真的评估，以确保设备安全和持久使用。

在安装和首次运行装置的时候，强烈建议在设备服务工程师的监督下进行。

（1）根据项目的具体安装步骤，验证安装已完成。

（2）机械安装的一般检查。

（3）液压安装的一般检查。

（4）电气安装的一般检查。

2. 试车

在运营的最初几个小时，需要进行有针对性的全方位专业检查，以确保设备安全和持久使用。试车期间的检查内容见表11—10。

表11—10 试车期间检查表

运行时间（h）	所做工作	运行时间（h）	所做工作
200	拧紧连接螺栓	0～200	检查机械装置
200	更换中间齿轮油	0～200	检查液压装置
200	更换环形齿轮油	0～200	检查电气装置

3. 使用前和使用后

在设备使用之前或之后，操作者应确保该设备正确的使用用途。设备使用后，操作人员应确保设备完好无损，并准备下一次操作。对于经常使用的设备，务必进行经常性的维护。

常规检查是指设备在运行或在拆检时，通过观察、听声音、触摸来判断设备的状态。检查项目包括：

（1）异常噪声。

（2）运行不平稳。

（3）物理损坏迹象。

（4）腐蚀的迹象和表面处理损伤。

（5）焊接区裂纹。

（6）液压和润滑系统的泄漏。

（7）检查制动带。

（8）润滑油液位、润滑（润滑点和自动加脂盒）、油路和润滑剂路的状态。

（9）防护罩的正确装配。

（10）电气设备的状态及防尘、防潮、耐寒保护。

（11）检查螺栓连接。

11.5.4　预防性维护

本节介绍了有关的所有 ODIM 产品常规的维护信息。

维护工作开始前，务必查看项目的具体手册。

1.　维护项目表

在用户手册，以下维护符号被用于识别特别重要的维护点。这些相关的符号，至少应包括下列表中的检验任务（见表11—11）。

表 11—11　　　　　　　　　　　　维护项目表

符号	检查项目	说明
	裂纹： 检查是否有腐蚀 检查结构是否有裂纹和变形 检查表面损坏	如果在结构上发现裂纹，为保护设备，立即通知 ODIM 并等待进一步的通知 如果发现结构有任何损坏，需要向 ODIM 咨询

续表

符号	检查项目	说明
	异常杂音： 听辨新的、不寻常的或意外的声音	如果发现有任何不寻常的声音，请联系 ODIM 作进一步的说明
	高温： 检查是否有不正常的温度 如果有几个相同组件，检查温度是否大致相同	如果发现相同的组件有不同温度，请与 ODIM 作进一步的说明 如果温度过高，请联系 ODIM
	间隙： 检查制动衬片或滑垫厚度 检查执行器的行程距离	更换磨损的刹车片 更换破旧的滑垫 测量制动缸的行程
	螺栓连接： 检查螺栓是否松动 检查螺栓是否生锈 检查螺栓是否缺失	根据 ODIM 扭力表拧紧松动的螺栓 更换锈蚀或变形的螺栓
	链条： 检查链条的松弛 检查链条的腐蚀 检查链条任何类型的损害 检查链条是否正确润滑 检查链条是否有过度磨损	收紧松弛链条。确保该链轮与所述链条线收紧之后 如果链锈蚀或无润滑，根据 ODIM 油润滑图表添加润滑 如果发现任何损坏，更换损坏的部件或整个链条
	放油口： 检查泄漏	换油或取油样

续表

符号	检查项目	说明
	润滑油: 检查润滑油液位 检查机油的颜色	检查润滑油液位, 如果需要则及时补充
	加油点	根据要求和 ODIM 润滑油图表补充
	润滑点	更换损坏的油嘴 根据要求和 ODIM 润滑油品润滑图表补充
	润滑表面: 检查润滑表面 检查润滑表面无灰尘和颗粒	根据需要润滑。根据要求和 ODIM 润滑油品润滑图表 如果有过多的润滑剂和/或污物, 应清洁和重新润滑
	电气控制箱: 检查柜里面的水/湿气 检查密封和轴套上的柜损坏 检查箱体是否正确关闭	除去水/湿气 找到并修复任何泄漏 如果周围的门封条损坏, 应订购 ODIM 备件
	电线电缆: 检查电缆的外层破损 检查电缆硬弯 检查电缆是否磨损 检查轴套是否拧紧	在磨损处套上热缩管, 烘干 如果发现电缆绝缘有问题, 应更换电缆 更换损坏的套管 如果发现线头套管松动, 应拧紧并检查柜中的水分潮气情况

续表

符号	检查项目	说明
	电插头： 检查插头盖子是否松动 检查是否损坏和腐蚀	如果插头盖子松动，应烘干触点，加填非酸凡士林，并拧紧 更换损坏的插头 用电气胶带包扎保护
	电传感器： 检查传感器是否松动 检查传感器是否损坏	拧紧传感器 如果发现传感器损坏，请联系 ODIM 作进一步的说明
	压力： 检查压力表读数。根据管道图，采用固定式或便携式压力表 如果有几个相同组件，检查压力是否大致相同	如果压力与标准有所差异请联系 ODIM 蓄能器充气压力可以按照程序手册进行调整
	管路或接头： 检查管材、管件、接头和夹具是否有泄漏、损坏和腐蚀	上紧松弛的管道、管件和夹具 更换严重腐蚀的管材、管件和夹具 擦去表面腐蚀和油漆 用电气胶带包扎
	软管： 检查软管是否有裂纹、损坏和磨损 检查是否有扭曲的软管 检查液压软管腐蚀情况	更换损坏的软管 如果有扭曲的软管，应松开接头并伸直 如果磨损损坏，评估后更换
	过滤器： 检查过滤器运行指示器是否在正常流量和温度范围内	根据时间表和程序更换滤芯

续表

符号	检查项目	说明
	能源链： 检查链条的表面损伤 检查软管和电缆的扭曲或损坏 检查分离器是否正确安装	替换能源链中受损的元件 理顺扭曲的电缆和软管 更换损坏的软管或电缆

2．维护时间表

定期按照设备厂商以及设备的使用情况进行有效的维护和保养是非常重要的，设备的管理和操作人员必须在规定的维护周期内对设备进行检查和保养。本节罗列各种维护任务的时间间隔以及基本的要求，具体维护项目要求应随时查阅相关设备手册以及说明书。

（1）每周

1）液压装置的常规检查。

2）机械装置的常规检查。

3）电气装置的常规检查。

（2）每月

1）测试应急停止按钮。

2）测试应急操纵面板。

（3）每六个月

1）回转支承滚道轴承润滑。

2）液压油取样。

（4）每年（见表11—12）

表11—12　　　　　　　　　　年度维护时间表

运行时间	要做的事情	运行时间	要做的事情
250 h	重新拧紧连接螺栓	1 000 h	更换环形齿轮油
250 h	功能测试	1 000 h	更换盘式刹车油
1 000 h	负载测试	2 000 h	更换液压油
1 000 h	更换中间齿轮油	5 000 h	更换电动机轴承

3. 检查

（1）机械安装的一般检查（见表 11—13）。

表 11—13　　　　　　　　　　机械安装一般检查表

项目	检查项目
常规	机械损坏的迹象 损坏的表面 腐蚀迹象 防护罩正确安装
焊接区	裂纹或变形 表面处理损坏
吊耳	裂纹或变形 表面处理损坏
润滑表面	物理损坏的迹象 足够的润滑
环形齿轮和中间齿轮	在没有旋转时检查玻璃孔的油位 执行油的目视检查
螺栓连接	螺栓预紧力
带式制动器摩擦片	最小制动摩擦片厚度 5 mm

注意：

水平安装的中间减速器的油位应在齿轮轴中心线。以目视检查油位，应位于液面视镜的中部或拧开位于中心线上方的闷头。

垂直安装的中间齿轮装置应完全侵入油液，在齿轮上方应安装带有液面视镜的膨胀箱。

中间齿轮箱由一个水平和一个垂直的腔室构成，这些腔室应分别进行检查。

当绞车处于静止状态，环形齿轮的油位应达到油位液面视镜的 3/4。

如果确定有松动螺栓，应检查并拧紧，并应适当增加频次。

（2）液压安装常规检查。常规检查的内容见表 11—14。

表11—14 液压安装常规检查表

项目	检查项
常规	检查是否有异常噪声
	检查是否有泄漏
	检查管道和部件的异常高温
	清洁单元和用于容易地检测到泄漏的周围区域
液压管路	检查管道和软管是否有损坏
	检查管道紧固
液压元件	检查各部件的紧固
液压油箱	检查油位
	执行油的目视检查
蓄能器	检查充气压力
过滤器	检查过滤器指示器是否有损坏
	同时运行检查过滤器状态指示器（红：堵塞；绿：好的）

注意：在液压系统没有压力，即液压动力单元没有运行时，进行蓄能器充气压力常规检查。务必依据项目的具体液压图样。

（3）电气装置常规检查。电力系统的常规检查和维护包括防尘、防潮、耐寒、耐热防护设备以及线路。注意不要离开机壳和打开的面板门。

对下列设备（见表11—15），主要进行破损、受潮和进水的目视检查。

表11—15 电气装置常规检查表

项目	检查内容
电缆和电缆布线	检查是否有腐蚀迹象
	检查电缆和电缆桥架的固定所造成的伤害，检查是否移动
	检查所有电缆接头
	检查所有电缆插头
	检查所有电缆、插头阀和指标
接线盒	检查是否有腐蚀迹象
	检查湿度和水的侵入
	检查接线盒固定
	检查电缆接头

续表

项目	检查内容
接点和控制柜	检查是否有腐蚀迹象
	检查湿度和水侵入的迹象
	查紧固件
	检查所有电缆接头
	检查所有电缆插头
	检查所有电缆、插头阀和指标
	检查继电器和接触器是否损坏

11.5.5 故障排除

查找故障的主要目的是分析不良现象的原因，确立具体的物理位置以及故障区域。精确的描述对 ODIM 提供高效率的服务至关重要。

此处的信息主要用于已投入的设备，因此不会有安装调试后经常遇到的问题。

设备的正确使用和操作需要经过专门培训的人员，从而具有设备操作的基本知识，如启用的控制站，操作操纵杆和操纵杆增益调整。项目的具体手册、图样和其他形式的文档应该是可供使用和学习的。

这部分被分成三个内容：首先建立对产品或系统指定的操作的基本要求，其次分析涉及的系统和部件最常见的故障症现象，最后提供了最常用零部件和系统的故障排除步骤。

相关的定义：

一个组件被定义为能够执行单个任务的最小单个安装单元。这适用于组件如绞盘、后台设备和处理框架。

一个执行机构被定义为提供了创建一个有限的运动所需的转矩或力的一部分，这适用于零件如液压缸。电动机提供了创建一个连续运动所需要的扭矩或力，这适用于零件如液压和电动马达。

一个功能被定义为一个组件或系统的基本任务。这适用于例如滚筒或绳轮的旋转，或机械部件的运动。

1. 基本要求

对设备进行操作的所有基本要求必须满足，以完成所有组件的详细的故障排除。

在不同程度上，一些故障排除可以在不满足某些基本要求的情况下来完成。

通常情况下，持续的错误和警告提供了必要的信息，可以避免发生故障（见表 11—16）。

表 11—16　　　　　　　　　　　　　设备检查表

基本要求	意见和纠正措施
所有箱体控制电源（UPS）有效	设备连接已经失去了控制电源柜，可以不通过控制系统进行操作 故障排除是要按照一般程序本手册内进行
应急停止系统完整	几乎没有任何例外，没有任何设备可以在没有一个完整的紧急停车系统的情况下进行操作 故障排除是要按照一般程序本手册内进行
主控制器（PLC）运行	如果没有操作的主控制器，没有设备可以通过控制系统运行
总线通信建立所有节点	通信总线提供与主控制器和各节点的通信，通过该控制系统以方便操作 故障排除是要按照一般程序本手册内进行
用电供电系统和部件电源有效	没有系统可以在没有有效电力的情况下进行任何显著的持续时间的操作 故障排除是要按照一般程序本手册内进行

（1）控制电源（UPS）。核实船舶供电以及使用项目特定的电路图来验证所有机柜身份。控制电源通常来自船舶和分配电箱。在一些情况下，专用的 UPS 装在船电和电源分布之间（见表 11—17）。

表 11—17　　　　　　　　　　　　控制电源故障检查表

症状	原因	矫正措施	意见和进一步检查
无控制电源	船舶没有供电	检查船电	
	主要箱体输入电源断路器	在接通电源之前确定跳闸或断开断路器的原因	
	UPS 损坏	检查 UPS 的状态，参考 UPS 项目的具体用户手册	一个单独的 UPS 备用
	主箱体输出断路器	在接通电源之前确定跳闸或断开断路器的原因	
	分配给用户的电缆线断	检查用户的输入电缆	用户电缆线图
	用户输入电源断路器	在接通电源之前确定跳闸或断开断路器的原因	
	用户内部失败	找出失败的原因	

（2）紧急停车系统

1）急停继电器（见图11—55）。

2）输入电路。通过按钮提供输入信号给急停继电器。

3）输出电路。通过急停继电器信号去控制执行机构。

4）复位电路。正确进行监控关机之前重置。急停继电器的状态二极管应正常，工作条件下应被点亮。

5）当按下紧急停止按钮，输入电路被触发，二极管1和2将熄灭。当释放紧急停止按钮时，这两个二极管将被点亮。

图11—55 急停继电器

6）如果没有电源继电器指示将熄灭。

7）紧急停止情况下输出1和输出2将熄灭。复位紧急停止系统两个二极管将被点亮。

注意：复位电路之前应查明紧急停止的原因并排除故障（见表11—18）。

表11—18　　　　　　　　　紧急停止故障检查

故障现象	原因	故障排除措施	意见和进一步检查
误动作	紧急停止按钮无电	检查电源继电器，更换故障继电器	二极管不亮
	输入回路错误	检查所有紧急停止按钮是否被释放 使用项目特定的电气图上的电路1和/或电路2进行故障排除	二极管亮，然而1或2二极管不亮 大多数情况下，1和2两个二极管中有一个不亮，原因是各自的输入回路错误
不能复位	两个输入回路没有触发	使用项目特定的电气图上的电路1或电路2进行故障排除	二极管点亮，并且1和2中的二极管点亮 在1或2中的二极管会在这种情况下不能因紧急停止熄灭。解除紧急停止将导致两个输入1和2中被点亮，但该中继会记住这两个电路中的一个没有被触发，并因此拒绝紧急停止系统的复位
	复位电路错误	使用项目特定电气图进行故障排除	输出1和/或输出2二极管不亮

2．部件和系统故障处理

对于以下所有程序，在继续进行详细的查找和排除故障之前，先要检查是否满足了基本的要求，或已充分检查过。

（1）无功能。这种故障模式适用于当一个元件或系统完全没有执行主控制站操作者命令的功能的情况（见表 11—19）。

表 11—19　　　　　　　　　　部件和系统故障处理——无功能

故障现象	原因	故障排除措施	意见和进一步检查
无功能	功能障碍	检查组件的功能障碍	
	机械故障	检查制动器、传输线路、轴承损坏引起的功能障碍	
	软件互锁	研究项目的具体文件，以确定可能的联锁软件	软件联锁控制系统可根据项目的具体标准防止某些功能。覆盖 GUI 或执行紧急操作等功能应谨慎进行
	控制站或线路故障	尝试次要控制站（如果可用）	
	阀和执行机构动力无效	使用液压管路图或电缆接线图确定故障位置，通过测量或观察确定故障原因	初级能量理解为液压元件的压力流量和电气元件的电压和电流
	控制系统的硬件或接线失效	尝试来自阀上电路板、按钮、杠杆、把手的应急操作（控制系统之外）	使用液压管路图和电缆接线图作进一步检查
	电力驱动阀或执行机构失灵	找出关键阀门和执行器，并根据程序排除电磁阀和执行器故障	
	仪器失灵	根据程序排除故障	
	阀或执行机构的机械故障	检查和更换	

（2）速度不足。这种故障模式适用于当一个组件或系统的功能不能按指定速度执行的情况（见表 11—20）。

表 11—20　　　　　　部件和系统故障处理速度不足

故障现象	原因	故障排除措施	意见和进一步检查
速度不足	软件缺陷	研究项目的具体文件，以确定由软件设置的可能的限制	控制系统软件可能会根据项目的具体标准限制速度。重要的如 GUI 功能或执行应急操作时需慎重　　通过 GUI 在某些情况下可读出阀和执行机构速度设定点参数
	指令不足	研究项目的具体文件，以确定由控制站如操纵杆位置及类似的激活机制设置的可能限制	通过 GUI 在某些情况下可读出阀和执行机构速度设定点参数
	主动力供应不足	使用液压管路图或电缆接线图，应可通过测量或观察验证以确定动力不足到什么程度	
	电驱动比例阀失灵	依据电动操纵阀故障排除程序排除故障	
		控制系统中调整阀的设定值	
		更换阀	由于阀门性能的变化，更换原有比例控制阀可能会导致速度的变化
	仪器故障		在某些情况下，从仪器如编码器的反馈所使用的控制系统来控制速度

（3）不正确的运行。这种故障模式适用于当一个组件或系统的功能运行时超出正常工作范围的情况（见表11—21）。

表 11—21　　　　　　部件和系统故障处理——不正确的运行

故障现象	原因	故障排除措施	意见和进一步检查
不正确的运行	机械故障	恢复机械限位等	
	软件缺陷	研究项目的具体文件，以确定由软件设置的可能的限制	控制系统软件可能会根据项目的具体标准限制运行。重要的如 GUI 功能或执行应急操作时需慎重　通过 GUI 在某些情况下可读出阀和执行机构速度设定点参数
	仪器故障		在某些情况下，从仪器如编码器的反馈所使用的控制系统来控制运行

（4）力或力矩不足。这种故障模式适用于当一个组件或系统的功能不能用指定的力或扭矩执行一个功能的情况。这可能会导致执行功能的组件或系统局部的完全失败（见表 11—22）。

表 11—22　　　　　　　　　　　　　力或力矩不足

故障现象	原因	故障排除措施	意见和进一步检查
力或力矩不足	软件缺陷	研究项目的具体文件，以确定由软件设置的可能的限制	控制系统软件可能会根据项目的具体标准限制力或力矩。重要的如 GUI 功能或执行应急操作时需慎重 通过 GUI 在某些情况下可读出阀和执行机构速度设定点参数
	润滑不足	根据项目的具体文件来进行润滑	变速箱润滑油或润滑脂
	机械卡阻	检查执行机构、传动机构、轴承有无损坏	
	组成构件能力不足	按照设计特定用户手册检查	依据用户手册确定执行机构的驱动是否关闭
		确认所有执行机构是否有效	
	主动力供应不足	使用液压管路图或电缆接线图，应可通过测量或观察验证以确定动力不足到什么程度	
	阀液压力不足	测量进入执行机构的油液压力	比例控制阀具有单独的或集成的压力补偿器、压力限制器，从而不提供给执行机构充分的压力
	泄压阀压力限制	根据液压管路图上的溢流阀调整压力设定值	
	执行机构泄漏	更换漏油组件	在大多数情况下，这是内部泄漏，会产生独特的噪声

（5）不稳。这种故障模式适用于当一个组件或系统的功能具有不均匀运动的情况。这可能会导致在局部充分不履行的功能的组件或系统。然而，在以下情况下，不均匀的运动难以纠正：

1）高负载设计执行机构在低速低负荷时。

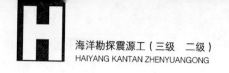
2）低速操控，如长杠杆臂等。

3）执行机构中的大部分功率用于克服内耗，很少执行的功能（爬行现象）。

表 11—23　　　　　　　　　　　　　　　不　稳

故障现象	原因	故障排除措施	意见和进一步检查
不稳	润滑不足	润滑应根据项目的具体文件来进行	齿轮箱的油位和润滑情况
	机械咬粘	检查执行机构、传动机构、轴承有无损坏	
	电动比例阀	根据程序进行电控阀故障排除	
		调节控制系统阀设定值	由于阀门性能的变化，更换原有比例控制阀可能会导致速度的变化
		更换阀	
	负载控制阀失灵	调节负载控制阀	
		更换负载控制阀	
	组件的效能不足	依据项目特定手册检查	
		重新设计	

（6）噪声过大。这种故障模式适用于当一个组件或系统与一个不寻常的或不正常的噪声相关联的情况（见表 11—24）。

表 11—24　　　　　　　　　　　　　　　噪　声　过　大

症状	原因	矫正措施	意见和进一步检查
在停止状态下噪声过大	失压	根据液压管路图调整稳压泵的压力设定值 根据液压管路图调整溢流阀的压力设定值	
	内漏	修理或更换泄漏部件	
	部件松动	检查零部件，如箱体、阀门、管道等，有松动应紧固	
在运行时噪声过大	润滑不足	润滑应根据项目的具体文件来进行	
	机械故障	检查执行机构、传动机构、轴承磨损、功能	
	内漏	修理或更换泄漏部件	
	组件能力不足	项目特定用户手册验证操作	
	失压	根据液压管路图调整溢流阀压力设定值	
	部件松动	检查零部件，如箱体、阀门、管道等，有松动应紧固	

（7）液压泵站。该液压泵站包含一个与其他组件明显不同的独立单元，并且可以提供液压动力到多个组件。排除故障依据设备的技术说明书和资料中的电缆接线图、液压管路图等（见表11—25）。

表11—25 液压泵站故障检查表

故障现象	原因	故障排除措施	意见和进一步检查
无油压或泵不转	互锁	核实启动程序	冷却泵或增压泵，启动主泵
	启动时泵不能卸载	对于压力补偿泵，按照程序检查电控卸荷阀	
	电动马达超载	核实真实的油压 检查马达启动器	
压力过高	泵压力设定值高	调节泵压力调节器设定值	
	溢流阀设定值高	重新设定溢流阀值	
压力过低	泵压力设定值低	调节泵压力调节器设定值	
	溢流阀设定值低	重新设定溢流阀值	
	泵卸载	压力补偿泵，按照程序检查电控卸荷阀	
	容量不足	按照用户手册核实操作	
压力波动	泵补偿器缺陷	更换泵补偿器	
	溢流阀故障	更换溢流阀	通常，释放压力时溢流阀会发出截然不同的声音
油温过低	过度冷却	按照用户手册在 GUI 中核实冷却器设定值	
		检查温度传感器	
		检查通过冷却器的冷却液流量和与机油相关的电磁阀和泵的状态	
	油加温系统失效	检查加热元件及其电源和加热回路中的泵或阀	
油温过高	冷却系统失效	检查冷却回路温度传感器	
		检查冷却剂的流量	
		检查通过冷却器的冷却液流量和与机油相关的电磁阀和泵的状态	

续表

故障现象	原因	故障排除措施	意见和进一步检查
油温过高	过多的热量产生	根据液压管路图检查稳压泵的压力设定值	
		根据液压管路图校验溢流阀的压力设定值	驱动系统其他溢流阀
	油加热系统失效	检查加热元件及其电源和加热回路中的泵	
	冷却能力不足	通过降低速度分量的数量或在使用中减少液压系统的负载	用户手册核实操作
噪声过大	泵或马达损坏	停止运行，进行维护	

3．零部件故障处理

排除故障应依据项目的具体文件，尤其是电缆接线图、液压管路图等。

（1）电动阀门、执行机构和马达（见表11—26）。原则上，一个功能阀有以下三点必须是确定的：

1）命令必须从操作或控制系统发出。

2）命令必须是可用于阀门。

3）阀门必须按照命令执行。

表11—26　　　　　　　　　　电动阀门、执行机构和马达故障处理

故障现象	原因	故障排除措施	意见和进一步检查
在指令下发不动作	没有信号给阀	在 GUI 检查指令或状态	如果信号正确，检查下一步原因
		测量阀柱塞信号	
		检查阀与节点之间的接线	
		检查模块以及节点组件	
		检查控制箱模块	
		检查控制箱和激活机制（操作柄和按钮）之间的接线	GUI 激活不了
		检查激活机制（操作手柄、按钮、触摸屏）	
	电磁阀失灵	测量或更换	如果电磁阀完好，则进行下一步
	机械故障	修理或更换	

（2）仪器故障。仪器故障通常是没有显示或显示明显错误的值。在两种情况下，故障诊断可以根据同样的步骤进行（见表11—27）。

表11—27 仪器故障处理

故障现象	原因	故障排除措施	意见和进一步检查
没有或错误的反馈	阀无信号	检查 GUI 反馈状态	
		测量仪器信号	
		检查仪器和节点之间的接线	
		检查节点 I/O 模块和其他组件之间的接线	
		检查控制箱 I/O 模块和其他组件之间的接线	
		检查控制箱和激活机制（操作柄和按钮）之间的接线	GUI 激活不了
		检查激活机制（操作手柄、按钮、触摸屏）	
	机械故障	修理或更换	

（3）模拟和数字 I/O 模块。ODIM 设备 I/O 模块的故障处理见表11—28。注意应始终依据项目特定电气图。

表11—28 模拟和数字 I/O 模块故障处理

症状	采取措施
模拟输出错误	测量 4~20 mA 信号或电压信号 检查接在机柜和/或仪器上的电缆端 检查电缆屏蔽和终端 如果故障涉及仪器，电缆或与 I/O 卡有关，连接毫安发生器到信号线检查。毫安发电机可连接现场仪表或节点柜的端子 检查 24 V 和 0 V 到 I/O 卡 检查测量范围模块被正确安装 更换 A/I 卡 检查底板总线连接

续表

症状	采取措施
模拟输入错误	测量 4 ~ 20 mA 信号或电压信号 检查接在机柜和/或仪器上的电缆端 检查电缆屏蔽和终端 检查 24 V 和 0 V 到 I/O 卡 更换 A/O 卡 更换阀门/组件/升压器 检查底板总线连接 通过毫安发生器发出一个模拟信号给阀/组件（须确保这不会产生危险的情况，包括人员伤害或设备损坏）
数字输入错误	测量输入信号 检查输入卡上的 LED 状态 检查接在机柜和/或仪器上的电缆端 检查电缆屏蔽和终端 通过短路或类似方法模拟输入端输入 检查 24 V 和 0 V 到 I/O 卡 更换 D/I 卡 更换阀门/组件/继电器 检查底板总线连接
数字输出错误	测量输出信号 检查输出卡上的 LED 状态 检查接在机柜和/或仪器上的电缆端 检查电缆屏蔽和终端 检查 24 V 和 0 V 到 I/O 卡 更换 D/O 卡 更换阀门/组件/继电器 检查底板总线连接

11.5.6 液压设备螺栓预紧力与润滑油选用

1. 螺栓预紧力

如果没有另外指定，螺栓应根据表 11—29 中的预紧力拧紧。

表 11—29 螺栓预紧力

螺纹规格（mm）M	螺距（mm）P	按照螺栓等级预紧力（N·m）		
		A4－80	8.8	10.9
6	1	9.3	9.8	14
8	1.25	22	24	33
10	1.5	44	47	65
12	1.75	76	81	114
16	2	187	197	277
20	2.5	364	385	541
24	3	629	665	935
27	3	909	961	1 350

注：在螺栓、螺母的头部和螺纹上涂敷 Chesterton 785 Parting Lubricant 润滑脂（或类似防咬死润滑剂）。

2．ODIM 润滑油和油表

ODIM 的所有产品通常使用壳牌润滑油。如果特殊要求，目前其他润滑油和齿轮油如 Klüber 和 INTERFLON 也被正常使用。

经常检查相关组件用户手册规定的油或润滑剂的特定类型是否需要为当前应用程序。如果没有特定的类型是必需的，也可以使用列出的产品。其他供应商的润滑油和润滑脂也可以使用，只要它们符合或超过所引用的规范和推荐产品的性能。

不要混合使用不同类型的油，即使是来自同一制造商。

（1）液压油。一种用于液压系统的液压油的黏度范围为 16～100 厘泡，通常被认为是可接受的。最佳范围通常被认为是在此范围的较低部分。ODIM 液压系统一般设计为 50℃ 的名义油温。因此，采用 ISO VG 32（DIN 51519）矿物油将适用于大多数系统。

但是选用其他黏度时，应考虑环境温度可能导致在系统的各个部分出现非常高或非常低的油温。特别是对北极的状况，考虑到该油通过管道长，并在系统停止冷却是非常重要的。对于这样的系统中，有必要用较低的黏度和高的黏度指数，如 HVLP 22 油（DIN 51502），见标准 DIN 51524－3。

如果选用低/高黏度的油，建议考虑工作温度超过/低于 50℃ 的情况。

液压油应在任何情况下，满足或超过以下工业规格：符合 DIN 51524－2 压力流体 HLP 液压油的最低要求；符合 DIN 51524－3 压力流体 HVLP 液压油的最低要求。

盘式制动器通常是充有相同的液压油的液压装置。在特殊的应用中，在盘式制动器的润滑腔室可填充特殊的润滑剂。

（2）润滑脂（见表11—30）

表11—30　　　　　　　　　　润滑脂选用表

用途	多用途油	开放齿轮油	静态负荷齿轮油	复合轴承油
Shell	Alvania EP2	Malleus HDX	Malleus HDX	Alvania EP2
INTERFLON	Fin Lube EP Plus/LS2	Fine Grease OG	Fine Grease LS2/OG	Fin Lube EP Plus/LS2
KLÜBER LUBRICATION	Klüberplex EM 31 – 102	Klüberplex AG – 11 – 462 Klüberfluid C – F 3 Ultra	Klüberplex AG – 11 – 462	Klüberplex EM 31 – 102

（3）齿轮油（见表11—31）

表11—31　　　　　　　　　　齿轮油选用表

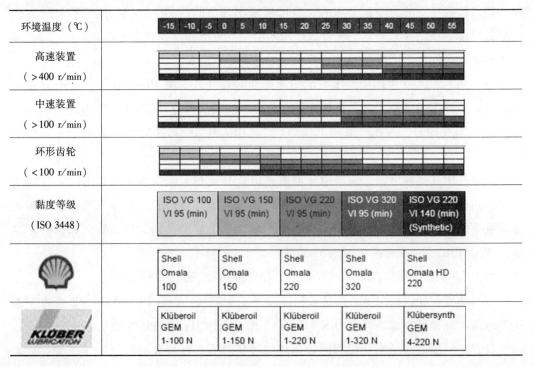

环境温度（℃）	-15 -10 -5 0 5 10 15 20 25 30 35 40 45 50 55				
高速装置 （>400 r/min）					
中速装置 （>100 r/min）					
环形齿轮 （<100 r/min）					
黏度等级 （ISO 3448）	ISO VG 100 VI 95 (min)	ISO VG 150 VI 95 (min)	ISO VG 220 VI 95 (min)	ISO VG 320 VI 95 (min)	ISO VG 220 VI 140 (min) (Synthetic)
Shell	Shell Omala 100	Shell Omala 150	Shell Omala 220	Shell Omala 320	Shell Omala HD 220
KLÜBER LUBRICATION	Klüberoil GEM 1-100 N	Klüberoil GEM 1-150 N	Klüberoil GEM 1-220 N	Klüberoil GEM 1-320 N	Klübersynth GEM 4-220 N

技能要求

重新拧紧连接螺栓

操作步骤

按照以下步骤重新拧紧螺栓：

步骤1　依据项目特定手册和图样，检查螺栓连接。

如果有特殊螺栓预紧，依据相关图样要求预紧。如果不是，螺栓预紧应当按照手册中的螺栓预紧表。

步骤2　检查是否有裂纹和变形。

步骤3　在螺栓螺纹处涂上 Chesterton 785（或类似润滑脂）防止螺纹卡死。

步骤4　使用扭矩扳手交叉拧紧螺栓达到规定扭矩的50%。交叉紧固应均匀，并以180°间隔。

步骤5　用相同的程序，交叉拧紧螺栓到规定扭矩的100%，完成螺栓上紧。

注意事项

1. 磨合期后，应检查所有连接螺栓。

2. 所有与螺栓相关的部件按照项目具体说明手册要求应每年进行检查。

3. 各连接螺栓应每年检查。

4. 如果已经确定其中有螺栓松动，应更频繁地检查螺栓连接。

5. 当由于某种原因更换螺栓或螺母时，新的螺栓和螺母应符合 DIN／ISO 相应的标准。

调节带式刹车

操作步骤

调节带式刹车（见图11—56）程序：

步骤1　关闭液压系统，泄放液压压力。

步骤2　打开安全卡箍。

步骤3　松开锁紧螺母。

步骤4　旋转调节螺母拧紧/松开制动带：

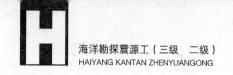

1. 逆时针转动调节螺母将收紧制动带。

2. 顺时针转动调节螺母将松开制动带。

步骤5　尽可能将制动器调整到正确的位置，用标准扳手拧紧调节螺母。

步骤6　调节螺母应用润滑脂很好润滑，并擦去润滑后多余的油脂。

步骤7　启动液压系统，操作绞盘以释放制动器。

步骤8　拧紧调节螺母半圈，这将使制动器的正确的最终调整。

步骤9　拧紧埋头螺母。

步骤10　重新装上安全卡箍。

步骤11　当绞车运行时候，确认制动带与绞车的制动表面是完全松开的。

步骤12　根据规范检查制动力。

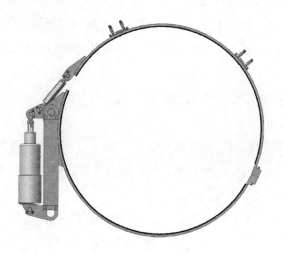

图 11—56　带式刹车

润滑脂添加

操作步骤

依据下面的要求检查与操作：

步骤1　使用项目特定手册和图样，以确定油嘴和通风孔（如果有的话）。

如果必须要用特殊的润滑剂，应依据相关图样或部件手册选用。如果不是这样，则选用手册中的润滑剂表提供的多用途润滑脂。

步骤2　泵油脂进入油嘴，直到新鲜的油脂由通风孔或疏散密封唇渗出。

步骤3　用油脂覆盖所有外部密封唇。

步骤4　擦拭的旧油脂残留物应清洁干净并检查是否有如沙子、金属颗粒等污染物。

注意事项：

复合型轴承/滑动垫通常不是必须润滑的，但建议对金属计数器表面涂抹薄薄的润滑脂，以防止腐蚀和氧化。含二硫化钼或硅的润滑脂并不适用于复合轴承，因为这类润滑脂可能导致复合材料的损害。

对于回转支承轴承滚道的润滑，请参阅下面的程序。

润滑回转支承滚道

操作步骤

润滑回转支承滚道程序：

步骤1　将油脂枪设备连接到第一个润滑孔。

步骤2　打开两个相邻的润滑孔的通风。

步骤3　注射 4 ~ 5 罐油脂。

步骤4　重复步骤对所有润滑孔注油脂。

步骤5　在重新加脂后关闭所有润滑孔，擦去旧油脂残留物并进行检查。

步骤6　用油脂覆盖所有外部密封唇。

油脂量的计算：

最低油脂量可以通过下面的公式确定：

$$Q = 0.0017DH$$

式中　　Q——最低油脂量，cm^3；

　　　　D——回转支承滚道直径，mm；

　　　　H——回转支承的高度，mm。

注意事项

1. 润滑点径向或表面的位置，取决于回转支承的设计，润滑点螺纹一般为 M10 × 1，并配有注油嘴（如果油嘴没有安装，可能是塑料盖或 HC 螺栓）。

2. 滚动体注油口塞的一个螺纹盲孔，不是一个润滑点。

3. 按照程序的要求，回转支承滚道的润滑应始终在最低每分钟两转低速旋转过程中，通过所有润滑孔进行的。

4. 要小心操作，以免损坏回转支承密封。润滑脂注入一个润滑孔时，相邻的两个润滑孔应该是开放的，允许多余的油脂疏散。注油脂压力不得超过 4.0 bar。

5. 旋转部件具有危险性，建议在回转支承润滑孔安装软管连接到一个安全地点进行操作。

6. 长期闲置情况下，每半年加一次润滑脂。

润滑开式齿轮

操作步骤

开式齿轮润滑（也适用于油脂交替润滑的闭合齿轮）依据以下要求：

步骤 1　将开式齿轮元件（齿圈、小齿轮、螺栓等）擦拭干净。检查是否有金属颗粒，并检查有无异常磨损和损坏。在任何情况下，如果发现这样的问题，应拍照并联系 ODIM 作进一步的说明。

步骤 2　通过刷涂、喷涂或类似的方法，在开放齿轮以及所有接触面涂上薄的润滑油膜。

注意事项

对于静态负载的齿轮（如传动丝杠/螺母持续暴露于加载和频繁启动和停止环境下），建议使用含有固体物质（如石墨或聚四氟乙烯）的润滑脂，以防止润滑脂被挤出后润滑失效。一般不建议在海洋环境中使用二硫化钼，因为硫含量可能会增加腐蚀速率。

钢丝绳润滑

操作步骤

根据以下要求润滑钢丝绳：

步骤 1　彻底清洁绳子表面，检查钢丝绳的磨损和损坏。在任何情况下，如果发现这样的问题，请根据钢丝绳制造商的程序执行，以确定是否需要进行彻底的检查或更换钢丝绳。进一步检查与绳索接触的滑轮以及其他零件，沟痕或磨损可能导致绳子损坏。

步骤 2　应用适合于该应用程序和环境的绳索润滑剂，通过刷涂、喷涂或特殊的绳润滑装置（例如 Masto）润滑钢丝绳。

推荐使用高压润滑设计产品（特别是压紧绳），或具有极强的穿透性能的喷雾润滑剂（如 Interflon Fin Lube EP Plus）。

目视检查液压油和齿轮油

操作步骤

步骤1　齿轮和液压油的目视检查。油的颜色深可能表明过热或严重污染。

步骤2　检查油冷却器以及循环水情况。

步骤3　发现较大的颗粒（大于 25 μm）表示过度磨损，需要进一步检查（如解体齿轮单元）。

步骤4　油的乳化通常是因冷却水的污染而造成的。检查油冷却回路腐蚀等情况，进一步确认其完整性。

更换中间齿轮机油

操作步骤

中间齿轮油更换程序：

步骤1　齿轮和齿轮油有一定的油温，以确保油和油泥沉积并容易排放。

步骤2　从齿轮油回路上的最低点沥干油。

步骤3　执行沥干油时目视检查。

步骤4　如果有需要则冲洗系统。

步骤5　如有过滤器，应更换滤芯。

步骤6　根据油表重新加注合适牌号的润滑油。

注意事项

水平安装的齿轮单元油位必须加到齿轮轴的中心线。以目视检查油位，找到一个水平的玻璃液位视镜或拧开位于中心线正上方的闷头。

垂直安装齿轮应完全加满，带有液位观察玻璃的油箱安装在齿轮的上方。

中间齿轮可以被划分成一个水平和一个垂直安装的腔室。这些腔室应该分别沥干并检查。

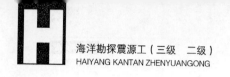
更换环形齿轮机油

操作步骤

环形齿轮油更换程序：

步骤1 在停止使用后较短的时间里执行这项操作，使得齿轮和齿轮油有一定的油温，以确保油和油泥沉积并能容易排放。

步骤2 卸下并清洗注油塞。

步骤3 卸下并清洗放油塞。

步骤4 排放并沥干油。

步骤5 沥干油时进行目视检查。

步骤6 如果需要则冲洗系统。

步骤7 重新安装放油塞并拧紧。

步骤8 如有过滤器应更换滤芯。

步骤9 根据油表添加合适牌号的润滑油。

一般来说，当绞车处于静止状态时，变速箱油位必须加到油位玻璃的3/4处。

步骤10 重新安装注油闷头并拧紧。

注意事项

有条件的话，可以依据被更换单元应用润滑油供应商推荐的低黏度油冲洗。

更换盘式制动器机油

操作步骤

盘式制动器机油更换程序：

步骤1 保持油温，以确保油和油泥沉积并能容易排放。

步骤2 卸下并清洗注油塞。

步骤3 卸下并清洗放油塞。

步骤4 排放并沥干油。

步骤5 沥干油时进行目视检查。

步骤6 如果需要则冲洗系统。

步骤7 重新安装放油塞并拧紧。

步骤8　如有过滤器应更换滤芯。

步骤9　根据油表添加合适牌号的润滑油。

液压油取样

操作步骤

油品取样程序：

步骤1　在取油样之前，运行系统（在正常温度下）至少30 min。

步骤2　在油箱附近从回油管路中取油样。

步骤3　放掉前1 000 mL油液冲洗掉杂质后，采取样品。

步骤4　通过船上或岸上设备定期分析和目测检查油品。

步骤5　检查污染等级。

液压油在管路系统的清洁度：根据ISO 4406、NAS 1638或17/15/12，每次冲洗后应达到NAS 6级；根据ISO 4406、NAS 1638或18/16/13，运行时应达到NAS7级。

液压系统可靠和持久的运行需要优质清洁的液压油。液压元件的使用寿命取决于许多变量，并不能准确地预测。油样检测的结果通常被用作更换液压油和液压元件失效前决策的依据。

换油间隔取决于液压油在储存和管道系统中的许多因素，如油液的污染、水分以及高温等因素将降低其润滑性能。

注意事项

1. 绝不将已经泄漏出去的油再加回到系统中。

2. 油品的存储补给依据供应商的建议。

3. 更换液压油时应更换过滤器。

4. 在加新油前，应清洗油箱。

5. 加油时候需要使用清洁过滤设备进行过滤，然后注入油箱。

蓄能器充气

操作步骤

蓄能器充气程序：

步骤 1　关闭液压系统以释放液压。

步骤 2　确认系统没有压力。

步骤 3　按照项目具体管路图连接套件充气至规定的压力。

更换液压滤芯

操作步骤

更换齿轮油过滤器程序：

步骤 1　如果提供排放口，先放油。

步骤 2　逆时针旋转碗式滤器盒并拆下。

步骤 3　从壳体中拆除滤芯并丢弃。

步骤 4　清洁碗式滤器盒的内部。

步骤 5　将新的过滤器元件放置在壳体中。

步骤 6　检查 O 形密封圈，如果需要则更换。

步骤 7　润滑所有的密封件。

步骤 8　安装并顺时针旋转拧紧碗式滤器盒。

注意事项

当更换齿轮油回路滤油器元件后，齿轮油也应更换。

紧急停止系统功能测试

操作步骤

测试紧急制动系统程序：

步骤 1　监测急停继电器，并核实所有的二极管都点亮。

步骤 2　按一次紧急停止按钮。

步骤 3　验证以下二极管熄灭：

1. 输入 1 和 2。

2. 输出 1 和 2。

步骤 4　释放紧急停止按钮。

步骤 5　验证以下二极管保持熄灭：输出 1 和输出 2。

步骤 6　复位紧急停止系统。

步骤 7　确认所有的二极管都点亮。

步骤 8　重复所有紧急停止。

步骤 9　重复测试系统和部件中大多数活跃的紧急停止。

急停继电器上有 5 状态二极管，正常工作条件下所有二极管应被点亮。按下紧急停止按钮，输入电路被触发，1 和 2 将熄灭；释放紧急停止按钮，这两个二极管将被点亮。

如果没有电，继电器将熄灭。如果紧急停车系统不复位，输出 1 和输出 2 将熄灭。

注意事项

在复位电路之前，必须弄清紧急停止的原因并排除故障。

相关链接

PVG 32 比例阀（见图 11—57）

1. 概述

（1）阀组系统。PVG 32 是一种负载敏感液压阀，它有多种规格，从简单的负载敏感方向阀到先进的电控比例阀，能适应各种不同的需求。PVG 32 的模块化设计使得通过建立一个阀组准确实现客户的需求成为可能。无论您选择的功能怎么变化，阀组的尺寸始终不变，保持结构紧凑。

（2）PVG 32 属性

- 与负载无关的流量控制

——各工作模块的流量与其负载压力无关

——某一工作模块的流量与其他模块的负载压力无关

- 良好的调速特性

- 节能

- 每个阀组可安装多达 10 个 PVB 32 工作模块

- 带有多种连接接头

- 重量轻

（3）PVP——泵侧模块

- 内置溢流阀

- 系统压力可达 350 bar（5 075 psi）

- 可接压力表
- 类型：

——开芯，用于定量泵系统

——闭芯，用于变量泵系统

——内置电控模块的先导油源

——多种电控 LS 卸荷阀 PVPX

（4）PVB——工作模块

- 阀芯可互换
- 根据需求，工作模块可配置以下部件：

——在通道 P 内集成压力补偿器

——通道 P 内的单向阀

——缓冲/补油阀

——可对 A/B 口分别进行调节的 LS 压力限制器

——不同规格的阀芯

（5）驱动模块。工作模块一般都会连接有机械驱动 PVM，根据需求也可以连接以下驱动模块：

- 电驱动（11～32 V）

——PVES——比例，超高性能

——PVEH——比例，高性能

——PVEA——比例，低迟滞

——PVEM——比例，中等性能

——PVEO——开/关

- PVMD，机械驱动盖板
- PVMR，机械定位盖板
- PVMF，机械浮动盖板
- PVH，液压驱动盖板

（6）遥控单元

- 电遥控单元

——PVRE，PVRET

——PVREL

——PVRES

——Prof 1

——Prof 1 CIP

● 液压遥控单元

——PVRHH

（7）电子附件

● EHF，流量调节单元

● EHR，斜坡发生器

● EHS，速度控制

● EHSC，闭环速度控制

● EHA，报警逻辑

● EHC，闭环位置控制

● PVG CIP

● CIP 配置工具

2. 功能

（1）PVG 32 阀组带开芯 PVP（PVB 带流量控制阀芯）。如图 11—57 所示，当泵启动时，各工作模块的主阀芯 11 均在中位，液压油从泵流出，经过油口 P 和压力调节阀芯 6 回到油箱。液压油流经压力调节阀芯的流量就决定了泵压（待压）。当一个或多个主阀芯启动时，最高负载压力通过梭阀回路 10 反馈至压力调节阀芯 6 后面的弹簧腔，进而完全或部分地关闭回油油口。泵压是施加于压力调节阀芯 6 的右侧的，一旦负载压力超过设定值，溢流阀就会开启，让一部分泵流量直接回油箱。在一个带压力补偿的工作模块中，无论是负载变化还是具有更高负载压力的模块被驱动，压力补偿器都能够维持主阀芯的压降不变。在一个不带压力补偿的工作模块中，P 通道内集成一个单向阀 18 来防止液压油回流。工作模块在外部有平衡阀的情况下，其 P 通道内可以不带单向阀。A/B 口处的缓冲阀 13（具有固定设定值）和补油阀 17 用于在过载和/或产生气隙时保护各工作部件。带压力补偿的工作模块的 A/B 口可内置一个可调的 LS 限压阀 12，用于限制各个工作油路的压力。

LS 限压阀 12 相对于缓冲阀 PVLP 更加节能：

● 使用缓冲阀 PVLP 时，如果压力超过设定值，工作油路的所有流量都将通过缓冲/补油组合阀流回油箱。

● 使用 LS 限压阀时，如果压力超过设定值，只有大约 2 L/min 的流量经过 LS 限压阀流回油箱。

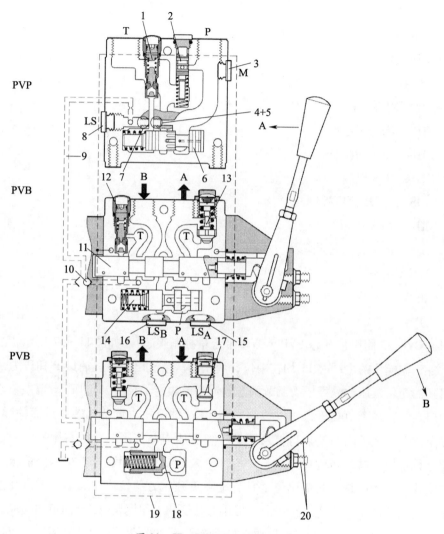

图 11—57 PVG32 比例阀剖视图

1—溢流阀 2—先导减压阀 3—压力表连接口 4—堵头，开芯 5—节流口，闭芯 6—压力调节阀芯
7—堵头，闭芯 8—LS 连接口 9—LS 信号 10—梭阀 11—主阀芯 12—LS 限压阀 13—缓冲阀，PVLP
14—压力补偿器 15—LS 连接，A 口 16—LS 连接，B 口 17—补油阀，PVLA 18—压力口单向截止阀
19—PVE 的先导油源 20—A/B 口最大流量值的调节螺钉

（2）PVG 32 阀组带闭芯 PVP（PVB 带流量控制阀芯）。在闭芯 PVP 中，节流口 5
和堵头 7 代替了堵头 4。这表示，当 P 口压力超过溢流阀 1 的设定值时；压力调节阀芯
6 才会开启回油箱的油口。

在负载敏感系统中，负载压力通过 LS 油口 8 进入泵的调节装置。

在中位时，通过设置泵的排量补偿系统的渗漏，进而维持系统的待机压力。

当一个主阀芯被驱动时，泵的排量调节阀会通过调整排量来维持 P 口和 LS 口的设定压差。

PVP 中的溢流阀 1 设定压力应该高于系统压力约 30 bar（系统压力在泵或外部溢流阀处设定）。

（3）PVPC，外部先导油源堵头

1）PVPC 带单向阀，用于开芯 PVP。带单向阀的 PVPC 用于需要通过电气遥控而无须泵流量来控制 PVG32 的系统。当外部电磁阀打开时，从油缸压力侧流出的液压油经 PVPC 和减压阀后的流量用作电气驱动的先导油源。这意味着，无须启动泵，仅通过遥控手柄就可以使负载下降。内置的单向阀（见图 11—58）可以阻止液压油经过压力调节阀芯流回油箱。当泵功能正常时，关闭外部电磁阀来保证负载不会下降，所需的先导油源流量约为 1 L/min（0.25 US gal/min）。PVG32 比例阀外部先导油源堵头带单向阀原理如图 11—59 所示。

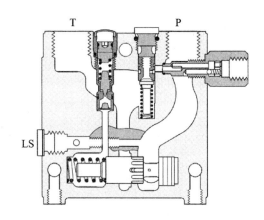

图 11—58　PVG32 比例阀外部先导油源堵头带单向阀

2）PVPC 不带单向阀，用于开芯或闭芯 PVP（见图 11—60）。不带单向阀的 PVPC 用于需要通过手动应急泵为 PVG32 阀提供油源，而没有直接先导油源的系统，油耗大约为 1 L/min（0.25 US gal/min）。当主泵正常工作时，液压油直接通过 PVPC 堵头，经过减压阀进入电气驱动部分。当主泵发生故障时，外部梭阀保证通过手动应急泵提供的液压油能作为先导油源来开启平衡阀，进而使负载下降。此时，只能通过 PVG 32 的机械操作手柄使其下降。PVG32 比例阀外部先导油源堵头不带单向阀原理图如图 11—61 所示。

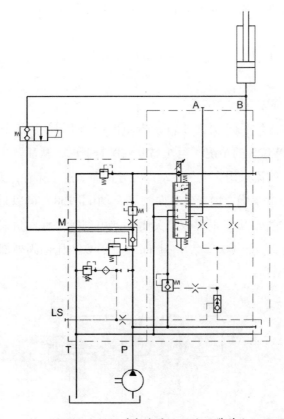

图 11—59　PVG32 比例阀外部先导油源堵头带单向阀原理图

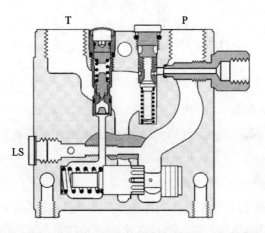

图 11—60　PVG32 比例阀外部先导油源堵头不带单向阀

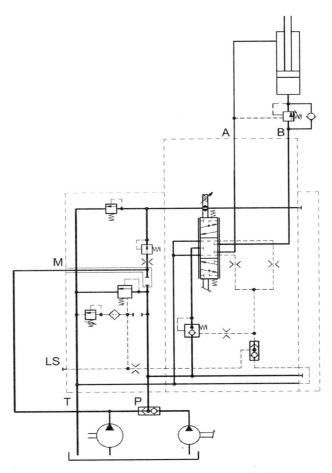

图 11—61　PVG32 比例阀外部先导油源堵头不带单向阀原理图

（4）PVMR，摩擦定位（见图 11—62）。PVMR
摩擦定位可使方向阀保持在任何位置上，实现无级变
化的、可逆的、压力补偿的流量，同时阀的位置可以
保持而不需要长时间握持机械手柄。

请注意：PVMR 只能用于带压力补偿器的 PVB 工
作模块。

（5）PVMF，机械浮动位置锁定（见图 11—63）。
该装置保证放开机械手柄后，浮动阀芯仍能停留在浮
动位置。

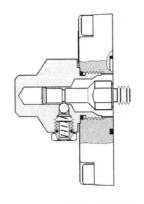

图 11—62　PVMR 摩擦定位

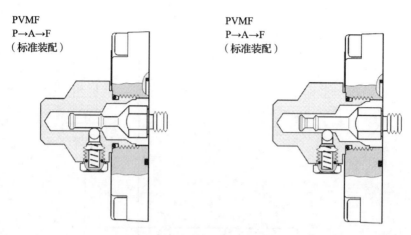

图 11—63　PVMF 机械浮动位置锁定

（6）PVBS，流量控制主阀芯（标准）。当使用标准的流量控制主阀芯时，泵压由最大负载压力决定（这是通过开芯 PVP（定量泵）的压力调节阀芯或泵排量调节阀（变量泵）来实现的），这样泵的压力总是和负载压力与压力调节阀芯（或泵排量调节阀）的待机压力之和相对应。这将为主阀芯的流量提供优化和稳定的调节。

（7）PVBS，流量控制主阀芯（线性特性）。具有线性特性的 PVBS 主阀芯具有比标准阀芯更小的死区，而且它在死区范围外控制信号和流量具有完全的比例关系。这种阀芯不能和 PVEM 电气驱动一起使用。阀芯的小死区和 PVEM 驱动的 20% 迟滞相互影响，可能会在中位建立一个 LS 压力。

（8）PVBS，压力控制主阀芯（见图 11—64）。在有些系统中，负载敏感泵的压力会引起流量不稳定和系统不规则波动，这可能是工作部件的惯性过大或平衡阀的工作特性引起的。在这些系统中选择压力控制主阀芯具有很大的优势。该阀芯的设计基于泵的压力由阀芯行程控制。在工作部件启动前，主阀芯必须移动到泵的压力刚好超过负载的压力。如果主阀芯固定在一个位置上，则泵的压力即使在负载变化的情况下也保持稳定，这样系统也能保持稳定。

使用压力控制主阀芯也意味着：

- 流量和负载相关
- 死区和负载相关
- 泵的压力可以远远超过负载压力

基于上面这些因素，我们推荐，仅当确定系统中会出现或是已经出现稳定性问题时，才选用压力控制主阀芯。

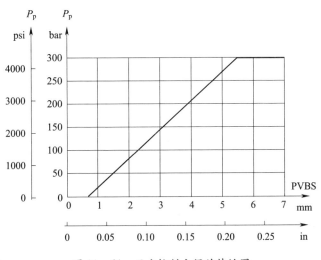

图 11—64　压力控制主阀芯特性图

（9）PVPX，电控 LS 卸荷阀（见图 11—65）。PVPX 是一种 LS 电磁卸荷阀。PVPX 适用于泵侧模块，能够在 LS 信号和回油路之间建立连接。这样，LS 信号就能通过电信号来控制是否通油箱。

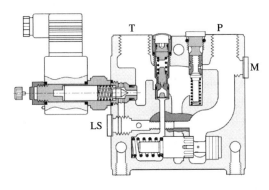

图 11—65　LS 电磁卸荷阀

对一个开芯的 PVP 泵侧模块来说，LS 信号通油箱就表示系统压力将会降至出油箱背压和泵侧模块无负载时的压力之和。

对一个闭芯的 PVP 泵侧模块来说，LS 信号通油箱就表示系统压力将会降至出油箱背压和泵的待机压力之和。

3. 电气驱动

Sauer - Danfoss 的电液驱动模块（PVE）（见图 11—66），将电子元件、传感器和驱动器集成为一个独立单元，然后直接和比例阀的阀体相连。

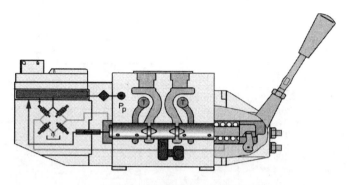

图 11—66　电气驱动比例阀

（1）闭环控制（见图 11—67）。所有的比例驱动模块都配有集成的反馈传感器，反馈传感器通过检测阀芯的运动产生反馈信号。根据反馈信号和输入信号对比所得的偏差，执行机构通过一个电磁阀桥来控制主阀芯的运动方向、速度和位置。集成式电子元件，可以补偿阀芯压力、内部泄漏、油液黏度变化、先导压力等所带来的影响，这样可以保证系统的低迟滞和高精度。同时这些电子元件也为系统提供了内置的安全装置，如故障监控装置、方向指示灯和 LED 显示灯。

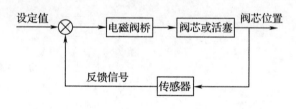

图 11—67　闭环控制框图

（2）工作原理。输入信号（设定值）决定了推动主阀芯的先导压力等级。LVDT 传感器检测主阀芯的位置，产生一个电控模块可以识别的反馈信号。电控系统通过输入信号和反馈信号之间的偏差来驱动电磁阀，进而改变先导压力，驱动主阀芯到正确的位置。

（3）电感传感器，LVDT（Linear Variable Differential Transformer）。当主阀芯移动时，LVDT 上产生的感应电压和阀芯位置成比例关系。利用 LVDT 可以对主阀芯位置进行自由监控，这样能延长阀的工作寿命同时其应用也不受液压油种类的限制。此外，LVDT 还可以提供高精度和高分辨率的位置信号。

（4）集成脉宽调制。PVEA/PVEH/PVES 对主阀芯位置基于脉宽调制原理来控制。一旦主阀芯到达所需位置，调制停止，阀芯位置被锁定。

（5）开关驱动（见图 11—68）。得电情况下，主阀芯可以通过开/关驱动，从中位运动到最大行程位。

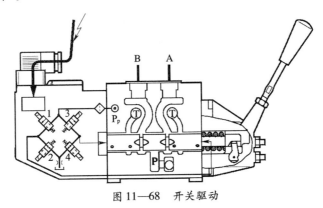

图 11—68　开关驱动

1）PVEO。开/关。PVEO 的主要特性：

- 结构紧凑
- 操作可靠
- 带 Hirschmann 或 AMP 接头
- 低功耗

2）PVEO – R，开/关。液压斜坡触发，基本特征类似于 PVEO，用于响应时间更长的系统中。

（6）比例驱动。通过电比例控制，主阀芯的位置可以调整到和电信号（如来自一个远程控制单元的信号）一致 。

1）PVEM，中等比例控制性能（见图 11—69）。PVEM 推荐用于一般精度的比例控制和对响应时间及迟滞要求不大的场合。

PVEM 的主要特性：

- 开/关调制
- 电感传感器
- 中等迟滞
- 仅带 Hirschmann 接头
- 低功耗
- 使用前无须标定

2）PVEA，优良比例控制性能（见图 11—70）。PVEA 推荐用于需要故障监控、低迟滞、高分辨率但是对响应时间要求不高的场合。

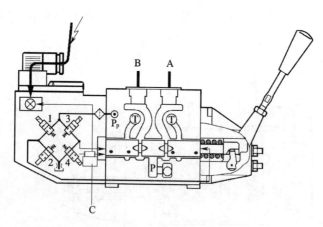

图 11—69　中等比例控制性能

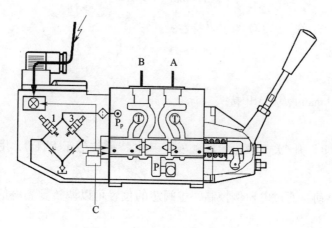

图 11—70　优良比例控制性能

PVEA 的主要特性：

- 电感传感器
- 集成脉宽调制
- 仅带 AMP 接头
- 可选择方向指示器（DI）
- 带指示灯的故障监控
- 低功耗
- 使用前无须标定

3）PVEH，高比例控制性能（见图 11—71）。性能和 PVEA 一样，但是具有更快的响应时间。

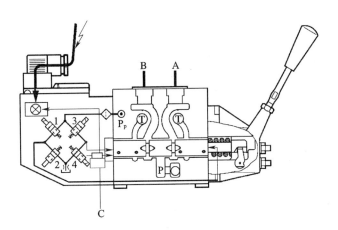

图 11—71　高比例控制性能

PVEH 的主要特性:

- 电感传感器
- 集成脉宽调制
- 低迟滞
- 响应速度快
- 可选 Hirschmann 或 AMP 接头
- 可选择方向指示器（DI）
- 带指示灯的故障监控
- 低功耗
- 使用前无须标定

4）PVES，超级比例控制性能。PVES 推荐用于对迟滞和精度要求非常高的控制系统。

更多的技术参数请参考 PVEH。

- 可选 Hirschmann 或 AMP 接头

4. 故障监控系统

所有的 PVEA、PVEH 和 PVES 模块中都带有故障监控系统。该系统有以下两种工作模式:

（1）主动故障监控。发出报警信号，断开电磁阀，阀芯回到中位。

1）在任何指令执行前都会有 500 ms 延迟（PVEA 为 750 ms）。

2）电磁阀桥失效，所有电磁阀复位。

3）通过指定的针脚发出报警信号。

4）该状态被记录直到系统重置（关闭电源）。

（2）被动故障监控。仅发出报警信号。

1）在任何指令执行前都会有 250 ms 延迟（PVEA 为 750 ms）。

2）电磁阀桥仍在工作状态，继续控制主阀芯位置。

3）通过指定的针脚发出报警信号。

4）该状态不被记录。当故障状态消失后，报警信号将再次转入被动状态。但是一旦被触发，报警信号将维持至少 100 ms。

（3）上述两种模式仅在下列三类事件发生时被触发：

1）输入信号监控。输入电压信号一直处于监控之中，允许的波动范围为电源电压的 15% ~ 85%，一旦超过这个范围，系统将切换到出错状态。

2）传感器监控。如果 LVDT 的任一线路损坏或者短路，系统将切换到出错状态。

3）闭环控制监控。阀芯的实际位置必须总是与指令所要求的位置（输入信号）保持一致。如果实际位置和要求的阀芯位置偏差过大（大于 12%，PVEA 大于 25%），系统将检测到该错误并同时切换到出错状态。另一种情况是，当实际位置比要求位置更加靠近中位时，将不会引发错误。此类情况认为是"受控状态"。当进入主动出错状态时，故障监控逻辑将被触发。

（4）为了防止电控模块进入一个不确定状态，PVEA、PVEH 和 PVES 均设有对电源和内部时钟频率的监控功能，该功能不会触发故障监控系统。

1）输入电压过高。当电源电压超过 36 V 时，电磁阀失效，主阀芯复位/保持中位。

2）输入电压过低。当电源电压低于 8.5 V 时，电磁阀失效，主阀芯复位/保持中位。

3）内部时钟。当内部时钟频率失常时，电磁阀失效，主阀芯复位/保持中位。

测 试 题

一、判断题（将判断结果填入括号中，正确的填"√"，错误的填"×"）

1. 液压系统中工作液在元件和管路中的流动情况，外界很难了解到，所以故障诊断是比较容易的。　　　　　　　　　　　　　　　　　　　　　　　　　　（　　）

2. 液压泵不吸油的原因可能是油箱油位过低，也可能是吸油过滤器堵塞。（　　）

3. 溢流阀的作用广泛，有定压溢流、安全保护、作卸荷阀用、作顺序阀用，还可以串在回油路上用于产生背压。 （　　）

4. 液压控制系统与液压传动系统的区别在于前者要求其液压执行机构的运动能够高精度地跟踪随机的控制信号的变化。 （　　）

5. 设备安装之前、期间和之后，该设备应用防火篷布或类似防护材料防护，防止外部焊接或切割损坏设备。 （　　）

6. 只有经过认证的起重设备才能在吊装过程中使用，在使用前和使用后应进行查验。 （　　）

7. 维护保养工作必须由有资格和技术熟练的专业人员进行。应根据设备的工作状态，按照工艺规程，遵循操作说明进行维护保养工作。 （　　）

二、单项选择题（选择一个正确的答案，将相应的字母填入题内的括号中）

1. 当液压系统发生故障，进行常规诊断时，下列做法正确的是（　　）。

A. 用问、看、听、摸、闻了解情况

B. 观察系统压力、速度、油液等是否正常

C. 听液压系统的声音是否正常

D. 以上都对

2. 发现液压油箱有共鸣声，错误的处理方法是（　　）。

A. 放低液压油箱油位 　　　　 B. 在侧板、底板上增设筋板

C. 改变回油管末端的形状 　　　　 D. 增厚液压油箱箱板

3. （　　）会引起液压系统压力偏低。

A. 继电器没有指令信号 　　　　 B. 减压阀设定值太低

C. 减压阀不工作 　　　　 D. 换向阀损坏

4. 换向阀换向时瞬时关闭、开启，造成动能或势能相互转换时产生的液压冲击过大，（　　）是错误的维修方法。

A. 缩短换向时间 　　　　 B. 设计带缓冲的阀芯

C. 加粗管径、缩短管路 　　　　 D. 设缓冲装置

5. 下列说法不会造成液压系统油温过高的是（　　）。

A. 设定压力过高 　　　　 B. 卸荷元件工作不良

C. 管路阻力小 　　　　 D. 附近热源影响

6. 可能引起液压泵吸空现象的原因是（　　）。

A. 过滤器堵塞 　　　　　　　　 B. 油箱液位太低

C. 油的黏度过高

D. 以上都是

7. 液压系统的吸油管与回油管要隔开一定距离，回油管口要插入油面以下的目的是（　　）。

A. 防止漏油

B. 防止泵反转

C. 防止吸入气泡

D. 防止滤器堵塞

8. 发现液压泵出油量不足、容积效率低，正确的做法是（　　）。

A. 研磨配油盘端面

B. 拆开清洗，修理

C. 更换轴承并修理

D. 以上都是

9. 液压系统的泄油孔被堵后，泄油压力增加，造成密封唇口变形太大，接触面增加，引起（　　）。

A. 吸空

B. 漏油

C. 泵反转

D. 泵容积效率低

10. 液压系统中，通过调节（　　）可以改变执行机构的运动速度。

A. 进入执行机构的流量

B. 进入执行机构的压力

C. 进入执行机构的方向

D. 泵的压力

11. （　　）进行应急按钮测试，操纵板测试，检查刹车制动衬片厚度。

A. 每月　　　　B. 每周　　　　C. 每季度　　　　D. 每年

12. （　　）进行异常噪声、泄漏、管路以及装置的温升、油位、油压检查。

A. 每月　　　　　B. 每周　　　　C. 每季度　　　　　D. 每年

13. （　　）进行油品取样检查。

A. 每月　　　　　B. 每周　　　　C. 每半年　　　　　D. 每年

参 考 答 案

一、判断题

1. ×　　2. √　　3. √　　4. √　　5. √　　6. √　　7. √

二、单项选择题

1. D　　2. A　　3. B　　4. A　　5. C　　6. D　　7. C　　8. D　　9. B

10. A　　11. A　　12. B　　13. C

第12章

安全生产管理知识

完成本章的学习后，您能够：

- ☑ 了解安全生产基础知识
- ☑ 掌握高压气枪阵列的安全收放
- ☑ 掌握职业健康的重要性
- ☑ 掌握压力容器、压力管道的安全操作技术

知识要求

12.1　安全评价、职业健康安全管理体系和健康安全环境管理体系

12.1.1　安全评价

安全评价是以实现安全为目的，应用安全系统工程原理和方法，辨识与分析工程、系统、生产经营活动中的危险、有害因素，预测发生事故造成职业危害的可能性及其严重程度，提出科学、合理、可行的安全对策措施建议，作出评价结论的活动。安全评价可针对一个特定的对象，也可针对一定的区域范围。

1. 安全评价的目的和效果

安全评价的目的是查找、分析和预测工程、系统中存在的危险、有害因素及可能导致的危险、危害后果和程度，提出合理可行的安全对策措施，指导危险源监控和事故预防，以达到最低事故率、最少损失和最优的安全投资效益。

通过安全评价，对工程或系统的设计、建设、运行等过程中存在的事故和事故隐患进行系统分析，针对事故和事故隐患发生的各种可能原因事件和条件，提出消除危险的最佳技术措施方案。特别是从设计上采取相应措施，设置多种安全屏障，实现生产过程的本质安全化，做到即使发生误操作或设备故障时，系统存在的危险因素也不会导致重大事故发生。

在系统设计前进行安全评价，可以避免选用不安全的工艺流程和危险的原材料以

及不合适的设备、设施，避免安全设施不符合要求或存在缺陷，并提出降低或消除危险的有效方法。系统设计后进行安全评价，可查出设计中的缺陷和不足，及早采取改进和预防措施。系统建成后进行安全评价，可了解系统的现实危险性，为进一步采取降低危险性的措施提供依据。

通过安全评价，可确定系统存在的危险源的分布部位、数目，事故的概率和事故的严重程度，预测和提出应采取的安全对策措施等，决策者可以根据评价结果选择系统安全最优方案和进行管理决策。

通过对设备、设施或系统在生产过程中的安全性是否符合有关技术标准、规范的评价，对照技术标准、规范找出存在的问题和不足，为实现安全技术和安全管理的标准化、科学化创造条件。

2. 安全预评价

安全预评价是在建设项目可行性研究阶段、工业园区规划阶段或生产经营活动组织实施之前，根据相关的基础资料，辨识与分析建设项目、工业园区、生产经营活动潜在的危险、有害因素，预测发生事故的可能性及其严重程度，提出科学、合理、可行的安全对策措施建议，作出安全评价结论的活动。

安全预评价实际上就是在项目建设前应用安全系统工程的原理和方法对系统中存在的危险性、有害因素及其危害性进行预测性评价。

安全预评价是一种有目的的行为，它是在研究事故和危害为什么会发生、是怎样发生的和如何防止这些问题发生的基础上，回答建设项目依据设计方案建成后的安全性如何，是否能达到安全标准以及如何达到安全标准，安全保障体系的可靠性如何等至关重要的问题。

安全预评价的核心是对系统存在的危险、有害因素进行定性、定量分析，即针对特定的系统范围，对发生事故、危害的可能性及其危险、危害的严重程度进行评价。采用哪些优化的技术、管理措施，使各子系统及建设项目整体达到安全标准的要求，是安全预评价的最终目的。

3. 安全验收评价

安全验收评价是在建设项目竣工后、正式生产运营前，或工业园区建设完成后，通过检查建设项目安全设施与主体工程同时设计、同时施工、同时投入生产和使用的情况，检查安全生产管理措施到位情况，检查安全生产规章制度健全情况，检查事故应急救援预案建立情况，审查项目建设、工业园区建设满足安全生产法律法规、规章、标准、规范要求的符合性，从整体上确定建设项目、工业园区的运行状况，作出安全验收评价结论的活动。

安全验收评价是运用系统安全工程的原理和方法，在项目建成、试生产正常运行后，在正式投产前进行的一种检查性安全评价。它通过对系统存在的危险和有害因素进行定性和定量的检查，判断系统在安全上的符合性和配套安全设施的有效性，从而作出评价结论并提出补救或补偿措施，以保证系统安全。

安全验收评价是为安全验收进行的技术准备，最终形成的安全验收评价报告将作为建设单位向政府安全生产监督管理机构申请建设项目安全验收审批的依据。通过安全验收还可以检查生产经营单位的安全生产保障情况。

4. 安全现状评价

安全现状评价是针对生产经营活动中、工业园区内的事故风险、安全管理等情况，辨识与分析存在的风险、有害因素，审查确定其与安全生产法律法规、规章、标准、规范要求的符合性，预测发生事故或造成职业危害的可能性及其严重程度，提出科学、合理、可行的安全对策措施建议，作出安全现状评价结论的活动。

安全现状评价既适用于对一个生产经营单位或一个工业园区的评价，也适合用于对某一特定的生产方式、生产工艺、生产装置或作业场所的评价。

全面收集评价所需的信息资料，采用合适的系统安全分析方法进行危险因素的辨识，给出量化的安全状态参数值。对于可能造成重大后果的事故隐患，采用相应的评价数学模型进行事故的模拟，预测极端情况下的影响范围，分析事故的最大损失以及发生事故的概率。对于发现的事故隐患，分别提出治理措施，并按照危险程度的大小及整改的优先度进行排序后，提出整改措施与建议。

12.1.2 职业健康安全管理体系（OHSMS）

1. 职业健康安全管理体系的由来

随着科学技术的发展速度日新月异，许多发展中国家的职业健康安全问题，如工伤事故和职业病的统计数字呈上升趋势。据有关资料表明，与工伤事故和职业病有关的经济损失估计占全球国民经济总产值的4%，这一严峻的问题已经逐渐成为国际社会日益敏感的话题，很多国家和国际组织已经把职业健康安全和贸易联系起来，并以此为借口设置非关税贸易壁垒。

国际标准化组织（ISO）在继20世纪90年代初通过质量管理体系（ISO 9001系列）和环境管理体系（ISO 14001系列）之后，于1996年以职业健康安全管理体系（OHSMS）标准化为主题召开了国际研讨会，商议制定OSHMS的ISO标准工作的可能性。但是，会议得出的意见认为 ISO 应暂停其有关工作，而国际劳工组织（ILO）较适合制定及推行 OHSMS，并颁发国际性的指导文件。ILO 和国际职业卫生组织（IOHA）从 1998 年开始发掘职业健康安全管理体系要素。2001 年 1 月 ILO 编制的《职业健康安全管理体系导则》文件定稿并提交 ILO 成员审议，2001 年 6 月 ILO 理事会审议通过并批准印发。

《职业安全健康管理体系导则》（ILO – OSH2001）提供了一个独有的国际模式，可与其他管理体系和环境管理体系的标准及导则兼容，它们均遵循国际认可的"戴明原理"。ILO – OSH2001 给出了两个层面，即国家和生产经营单位推行职业安全健康管理体系的引导，各国可依据 ILO – OSH2001 导则来制定本国的相应导则，各生产经营单位可依此制定内部的职业安全健康管理体系。

2. 职业健康安全管理体系的标准

我国是 ILO 的成员国，从 1996 年起国家有关职能管理部门就开始参与 OSHMS 导则的相关会议及讨论，并积极着手启动我国的 OHSMS 相关文件编制工作，原国家经贸委于 1999 年发布了《职业安全卫生管理体系试行标准》，一些生产经营单位自愿建立 OHSMS 并通过了第三方认证。国家经贸委于 2001 年 12 月 20 日发布了《职业安全健康管理体系指导意见》和《职业健康安全管理体系审核规范》，2002 年 4 月发布了《职业安全健康管理体系实施细则》。2001 年 12 月国家技术监督总局于 2001 年 11 月发布了 GB/T 28001—2001《职业健康安全管理体系规范》，2011 年 12 月发布了 GB/T 28001—2011《职业健康安全管理体系 要求》。在自愿原则的前提下，我国各行业已有众多生产经营单位依照上述规范建立起管理体系，加强安全生产管理工作。根据有关文件规定，《职业安全健康管理体系审核规范》已经于 2004 年停止执行。

职业健康安全管理体系是一个开放式系统，突出要求建立体系的生产经营单位必须在职业健康安全管理体系方针中，承诺遵守现行适用的职业健康安全法律、法规和其他要求，承诺持续改进和事故预防、保护员工健康安全。职业健康安全管理体系共分五大部分，包括 17 个要素。

生产经营单位要建立一个体系一般要经过以下步骤：领导决策；成立工作组；人员培训；初始评审；体系策划与设计；体系文件编制；体系试运行；内部审核；管理评审。其中"初始评审"尤其重要，生产经营单位根据实际情况，通过实施"初始评审"对职业健康安全现状及相关管理制度进行评价。

根据生产经营单位活动的性质，适用于"初始评审"的方法包括检查表、面谈、直接检查和测量等，以及对以往管理体系审核或其他评审结果的分析。"初始评审"工作应由专职人员进行，必要时与员工代表进行协商交流。"初始评审"的结果应该形成文件，并作为建立职业健康安全管理体系的基础。

3. 推行职业健康安全管理体系的意义与作用

推行职业健康安全管理体系，是提高生产经营单位安全生产管理水平和预防事故的有效途径，是安全生产管理从传统经验型管理向现代化管理转变的具体体现，是培养、锻炼和提高安全管理队伍业务技能和综合素质的具体措施。它能在生产经营单位内部形成一个系统化、结构化的职业健康安全自我管理、自我完善机制。体系的各要素都是围绕"危险源辨识、风险评价和风险控制"工作的，体系建成后，将原来分散的设备安全检查、作业环境安全检查和人的不安全行为检查纳入统一的安全评估体系，从运行机制上有效预防事故和职业危害的发生。

推行职业健康安全管理体系有利于社会监督，如果生产经营单位取得体系认证，这有利于加大政府及社会对生产经营单位安全生产状况的监督，改变原来由政府单一对生产经营单位监督的局面。职业健康安全管理体系是现代生产经营单位实施科学管理的基础工作之一，是生产经营单位做到包括安全生产和职业健康安全管理在内的所有生产经营活动科学化、标准化和法制化所需的关键内容，是现代生产经营单位的标志和象征之一。它的有效运行能为组织带来很多好处，使生产经营单位获得极大的经济效益和社会效益。

建立职业健康安全管理体系的主要作用体现在以下几个方面：

（1）建立和实施 OHSMS 将有助于推动职业健康安全法律、法规和制度的贯彻执行，能够促使生产经营单位主动、积极地遵守各项职业健康安全法律、法规和制度。

（2）建立和实施 OHSMS 将有助于国家可持续发展战略目标的实现。为了贯彻执行国家的可持续发展战略，促进生产经营单位的发展，做到有章可循，就必须建立和实施 OHSMS，有效地规范生产经营单位的生产活动、产品服务，对生产经营单位实施全员、全方位、全过程的职业健康安全管理的控制，以实现安全第一、预防为主。

（3）建立和实施 OHSMS 将有助于生产经营单位积极参与国际市场竞争。随着在世界范围内，人们对职业健康安全条件的要求日益提高，采用先进、科学的 OHSMS 来管理职业健康安全工作，已逐渐成为生产经营单位进入国际市场的基本要求或通行证。

（4）建立和实施 OHSMS 将有助于生产经营单位有效地减少各类事故的发生。对生产经营单位而言，可以有效地降低成本，提高经济效益。

（5）建立和实施 OHSMS 将有助于生产经营单位提高安全生产管理水平。通过引进新模式、新方法，健全安全生产管理机制，改进安全管理质量，提高运营效益，建立

起全新的经营战略和一体化管理体系，达到国际先进水平。

4. 建立职业健康安全管理体系后应注意的问题

生产经营单位应重视和加大人员培训力度。当最高管理者决定建立职业健康安全管理体系后，应该成立一个贯彻标准的工作组，该工作组的任务就是建立职业健康安全管理体系，成员来自各部门。工作组在开展工作前，应接受职业健康安全管理体系标准及相关的知识培训，熟悉体系的内容和建立步骤，同时，体系运行需要的内审员也必须同步培训。

生产经营单位建立职业健康安全管理体系要与其他管理体系相结合。职业健康安全管理体系与质量管理体系和环境管理体系的标准及导则兼容，已经建立质量管理体系或者环境管理体系的生产经营单位，在建立职业健康安全管理体系时，可以借鉴建立上述体系的思路，包括体系文件的兼容。同时，环境管理体系和职业健康安全管理体系在内容上有更多的交叉和兼容，要注意二者的有机结合，避免出现矛盾和盲区。

当生产经营单位认为已经具备或符合相关的认证条件，并决定对体系进行第三方认证时，则需选择经国家认证认可监督管理委员会（CNCA）和中国认证机构国家认可委员会（CNAB）批准和认可的具有资质的认证机构实施认证活动。生产经营单位一旦通过认证获得认证证书，就必须认真履行相应的权利与义务。

12.1.3 健康安全环境管理体系

1. 健康安全环境管理体系概述

健康安全环境管理体系（HSEMS）的形成和发展，是石油勘探开发（EP）和炼化生产多年工作经验积累的成果，体现了完整地一体化管理。

1995 年，壳牌石油公司将石油作业公司的经验和危害管理技术集于一体，采用与ISO900 和英国标准（BP）5750 质量保证体系相一致的原则，充实了健康、安全、环境这三项内容，形成了完整的一体化 HSE 管理体系（HSEMS）EP95。这一标准的制订和执行在一些西方公司中发展很快，国际标准化组织 TC67 分委会随之也在一些成员国着手从事这项工作。ISO/TC67 是负责石油天然气工业材料、设备和海上结构标准化的技术委员会，中国是该委员会的成员国。1996 年 1 月，ISO/TC67 的 SC6 分委会发布了《石油和天然气工业健康、安全与环境（HSE）管理体系》（ISO/CD 14690 标准草案），虽然该标准目前尚未由国际标准化组织正式公布，但已经得到了世界各主要石油公司的认可，成为石油和石化工业公司进入国际化市场的入场券。

为了从本质上提高生产经营单位健康安全环境管理水平，有效预防控制伤亡事故与职业危害，建立与市场经济相适应的健康、安全与环境管理体制，在多年与国外石油公司交往合作的基础之上，中国石油天然气集团公司（简称中油集团，CNPC）从1997 年开始，遵循等同采用的原则，转换了国际石油界认可的 ISO/CD14690 标准草案，形成 SY/TV 6276—1997《石油天然气工业安全、健康与环境管理体系》。SY/T 6276—1997 是一项关于组织内部健康、安全与环境管理体系的建立、实施与审核的通用标准。健康、安全与环境管理体系（HSEMS）主要用于各种生产经营单位通过经常化和规范化的管理活动，实现健康、安全与环境管理的方针目标。健康、安全与环境管理体系把 HSE 方针、目标分解到基层单位，把识别与削减风险的措施责任逐级落实到岗位人员，真正使 HSE 管理体系从上到下规范运作，指导生产经营单位建立和维护一个符合要求的健康、安全与环境管理体系。在通过不断的评价、评审和体系审核活动，推动体系的有效运行，体现"以人为本、预防为主，全员参与、体系管理，控制风险、持续改进"的管理理念和工作要求，为生产经营单位从业人员创造一个良好的健康安全环境。

中油集团所属生产经营单位基层管理的特点，认真总结参与国际化市场竞争的体会，广泛借鉴国际石油公司 HSE 管理的成功经验，初步总结并形成了一整套具有CNPC 特色的《HSE 作业指导书》《HSE 作业计划书》和《HSE 检查表》（以下简称"两书一表"）的做法，确定了基层组织 HSE 管理的基本模式，成为各生产经营单位基层 HSE 体系管理的重要组成部分。

2. "两书一表"的主要内容

"两书一表"是指《HSE 作业指导书》《HSE 作业计划书》和《HSE 检查表》。它是基层组织 HSE 管理的基本模式，是 HSE 管理体系在基层文件化的表现，是适应国内外市场需要、建立现代化经营单位制度、增强队伍整体竞争力的重要组成部分。《HSE 作业指导书》重点解决 HSE 管理体系在基层落实时的"人、机"问题；《HSE 作业计划书》重点解决 HSE 管理体系在基层落实时的"环"（环境变化）问题；《HSE 检查表》则根据《HSE 作业指导书》《HSE 作业计划书》的要求规范现场 HSE 检查，使HSE 管理体系在基层得到落实。

《HSE 作业指导书》是基层执行作业时的 HSE 行为准则，由基层生产经营单位按照 HSE 管理体系的要求自行组织开发，是基层生产经营单位 HSE 管理体系的文件化表现。《HSE 作业计划书》是项目执行过程中的 HSE 管理文件，影随作业项目的改变而改变，在文件内容上必须针对《HSE 作业指导书》有关风险管理、应急预案等内容，结合具体作业项目作出细化和补充。所以对作业来说，《HSE 作业指导书》是《HSE 作业计划书》的支持文件。生产作业场所固定、经初始风险评价变化不大的基层组织，可将《HSE 作业指导书》和《HSE 作业计划书》合并编写，即在《HSE 作业指导书》基础上加以补充说明即可。

"两书一表"是根据 SY/T 6276—1997《石油天然气工业健康、安全与环境管理体系》的要求提出的，因此，必须符合 SY/T 6276—1997 标准，必须与标准要求相一致。它是对具体项目、活动或服务有很强指导意义的可操作性文件，是 HSE 管理在现场的具体化。它可以帮助或指导作业指挥者、操作者按照 HSE 管理体系的要求做好具体工作，是基层生产经营单位实施 HSE 管理体系的指南，其最终目的就是识别风险、减低危险、避免事故的发生。

3. 生产安全事故报告和调查处理及应急救援

事故，是指人们在进行生产经营活动过程中，发生违背人们意愿的突发性事件的总称。事故通常会使正常的生产活动中断，同时造成人员伤亡或财产损失。

生产安全事故报告和调查处理，是生产经营单位搞好安全生产工作的重要环节，也是安全生产监督管理体系中的一项重要工作。

国务院历来对生产安全事故报告和调查处理工作高度重视。早在 1956 年，国务院就颁布了《工人职员伤亡事故报告规程》（"三大规程"之一）；1989 年 2 月 22 日，国务院颁布了《特别重大事故调查程序暂行规定》（即 34 号令）；1991 年 3 月 1 日，国务院又颁布了《企业职工伤亡事故报告和处理规定》（即 75 号令）。这些行政法规，在伤亡事故报告和调查处理工作中发挥了很大的作用。

随着经济的发展、国家机构改革的深化以及企业多元化的形成，原有的一些法律法规已经不适应经济改革的需要。为了进一步规范生产安全事故报告和调查处理，落实生产安全和健康，避免经济损失，根据《安全生产法》和有关法律法规，国务院于 2007 年 4 月 9 日颁布了《生产安全事故报告和调查处理条例》（493 号令），并于 2007 年 6 月 1 日起施行，《特别重大事故调查处理程序暂行规定》和《企业职工伤亡事故报告和处理规定》同时废止。

《生产安全事故报告和调查处理条例》（以下简称《条例》）明确规定：生产安全事故，是指在生产经营活动中发生的造成人员伤亡（包括急性工业中毒）或者直接经济损失的事故。

关于轻伤，是指造成职工肢体伤害或某些器官功能性或器质性轻度损伤，表现为劳动能力轻度或暂时丧失的伤害。一般指受伤职工歇工一个工作日以上的（含一个工作日），但够不上重伤者。

关于重伤，依照《企业职工伤亡事故分类标准》（GB 6441—1986）和《事故伤害损失工作日标准》（GB/T 15449—1995），是指能造成职工肢体残缺或视觉、听觉等器官受到严重损伤，一般能引起人体长期存在功能障碍，或劳动能力有重大损失的伤害。具体是指损失工作日等于和超过 105 天的失能伤害。

关于急性工业中毒，依照《劳动部办公厅企业职工伤亡事故报告统计问题解答》（1993 年 9 月 17 日），是指人体因接触国家规定的工业性毒物、有害气体，一次或短期内吸入大量工业有毒物质，使人体在短时间内发生病变，导致人员立即中断工作、入院治疗的事故。

关于直接经济损失，依照《企业职工伤亡事故经济损失统计标准》（GB 6721—1986），是指生产经营活动中因事故造成的人身伤亡、善后处理、事故救援、事故处理所支出的费用和财产损失价值等的合计。

根据事故造成的人员伤亡或者直接经济损失的严重程度，《条例》规定事故分为一般事故、较大事故、重大事故、特别重大事故四个等级，见表 12—1。

表 12—1 事 故 分 类

事故等级	事故损失
一般事故	造成 1~2 人死亡，或者 1~9 人重伤（包括急性工业中毒，下同），或者 1 000 万元以下直接经济损失的事故
较大事故	造成 3~9 人死亡，或者 10~49 人重伤，或者 1 000 万元以上 5 000 万元以下直接经济损失的事故
重大事故	造成 10~29 人死亡，或者 50~99 人重伤，或者 5 000 万元以上 1 亿元以下直接经济损失的事故
特别重大事故	造成 30 人以上死亡，或者 100 人以上重伤，或者 1 亿元以上直接经济损失的事故

生产经营单位发生事故后，当事人或事故现场有关人员应当及时采取自救、互救措施，减少人员伤亡或财产损失，保护事故现场。生产经营单位发生事故后，事故现场的有关人员应当立即向本单位负责人报告；单位负责人接到报告后，应当于一小时内到达事故发生地。

12.2 海洋地震勘探震源设备操作规程

12.2.1 震源阵列收放操作规程

收放气枪对于气枪震源操作工来说虽然是最基本的操作，但也是一项危险很高的工作。在开展收放气枪阵列之前，必须遵循 HSE 的有关标准，熟悉安全操作规章制度，掌握收放气枪的技巧和顺序。收放气枪之前一定要召开安全会议，并做好会议记录。按照《职业健康安全管理条例》和 HSE "两书一表"要求，高危操作之前要进行风险评估，风险评估系数过高要立即停止操作。

针对不同工作环境，我们制定了收放高压气枪所必需的《震源工收放气枪操作规程》。

1. 人员职责

（1）船队经理全权负责人员和设备的安全。

（2）值班驾驶员根据导航组长的指令负责船的速度和路线，对因为交通或渔业活动等对于船的路线和速度的改变给出建议。

（3）震源组长或者领班要确保以安全和可控的方式进行操作，确保人员都受过足够的培训并能胜任操作，确保人员遵守特定的规程。因任何原因停止操作，应及时通知值班驾驶员和船队经理。

（4）船队导航员在放气枪之前要对放枪后枪与电缆之间的距离保持高度警惕，预防气枪下水后与电缆相互交叉。如果气枪与电缆可能交叉，要及时通知震源组长或者领班停止气枪的收放，并认真做好记录。

2. 气枪释放操作规程

（1）在震源值班室里召开工作准备会议，所有相关人员参加。会议讨论接下来的操作，以及已知的潜在危险。必须自始至终牢固树立"安全第一"思想，坚决杜绝责任性安全事故的发生。

（2）每位操作人员都应清楚自己的工作范围和职责，并且都完整、正确佩戴 PPE（处于特殊操作岗位的人需佩戴特殊的 PPE）。

（3）检查液压系统，包括油箱油位、各类操作阀的位置、配电系统、冷却系统等，确认启动之前一切正常。

（4）检查枪阵起吊装置，包括起吊横梁、伸缩液压缸、辅助绞车、滑轮、液压驱动单元等，确认各部位正常。

（5）检查绞车以及缆绳导轮，确认其完好。

（6）检查各个快速接头，检查气枪绞车万向节。

（7）确保液压系统启动并且工作正常。

（8）检查所有的通信线路，备用的无线电要带着放到后甲板。

（9）检查并保证气枪阵列和固定装置已经全部脱开。

（10）震源组长或领班要和导航员以及值班驾驶台人员确认操作即将开始。

（11）确保黄色警示灯打开，并通知无关人员撤离现场。

（12）气枪下水前进行充气，确保充气压力不得超过 500 psi。

（13）放枪串顺序是：先放外侧，再放内侧。

（14）操作起吊装置，将气枪串吊起后，移动到船尾。注意绳索、绞车受力符合起吊装置安全规定。

（15）所有气枪串到位后，通知仪器室。

（16）清洁整理甲板。

3. 气枪回收操作规程

（1）在震源值班室里召开工作准备会议，所有相关人员参加。会议讨论接下来的操作，以及已知的潜在危险。必须自始至终牢固树立"安全第一"思想，坚决杜绝责任性安全事故的发生。

（2）每位操作人员都应清楚自己的工作范围和职责，并且都完整、正确佩戴 PPE（处于特殊操作岗位的人需佩戴特殊的 PPE）。

（3）检查液压系统，包括油箱油位、各类操作阀的位置、配电系统、冷却系统等，确认启动之前一切正常。

（4）震源组长或领班要和导航员以及值班驾驶台人员确认操作即将开始。

（5）确保黄色警示灯打开，并通知无关人员撤离现场。

（6）收枪串顺序是：先收内侧，再收外侧。

（7）一边操作炮缆绞车，一边将气枪阵收到船尾。

（8）连接起吊绳索。

（9）操作起吊横梁，将气枪阵吊起。

（10）操作炮缆绞车，同时配合起吊横梁将枪阵收到合适位置。

（11）对气枪阵进行固定。

（12）通知导航员气枪回收结束。

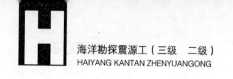
12.2.2 扩展器收放操作

物探船上所配备的扩展器由弧度叶子板组合以及浮筒组成，下水后，依靠船舶通过主拖绳对它的拉力，水流对叶子板的作用力，形成向外扩展的装置。大多数物探船上的扩展器都具有体积庞大、重量大、收放困难的特点，这都与大海上的不确定天气因素和水下暗流有关。这就要求扩展器的操作人员操作设备的技能绝对熟练。如果在生产作业中扩展器出现事故，对物探船上的拖带设备是致命的破坏。

根据国际物探船上的具体经验，以某单位 12 缆船为例子，制定释放和回收扩展器的操作规程。

1. 人员职责

（1）船队经理全权负责人员和设备的安全。

（2）驾驶台人员根据导航组长的指令负责船的速度和路线，对因为交通或者渔业活动等对于船的路线和速度的改变给出建议。

（3）震源组长要确保以安全和可控的方式进行操作，确保人员都受过足够的培训并能胜任操作，确保人员遵守特定的规程，确保每位操作人员都完整、正确配备 PPE。因任何原因终止操作，应及时通知船队经理。

（4）导航人员指挥航线和速度，对纵向或横向的尾标间距及电缆间距保持高度警惕。如果电缆可能交叉，应通知经理和组长，并准确记录时间和事件。

2. 扩展器释放和回收操作规程

（1）在仪器室里召开工作准备会议，所有相关人员参加。会议讨论接下来的操作，以及已知的潜在危险。

（2）每位操作人员都应清楚自己的工作范围的和职责，并且都完整、正确佩戴PPE［处于特殊操作岗位的人需佩戴特殊的 PPE（如安全带）］。

（3）所有无关的人员都被清离现场。

（4）确保液压泵启动，并且运行正常。

（5）确保导航安装在扩展器上的闪灯工作正常。

（6）船速降至3.5节或者所需船速。

（7）确保扩展器拉绳导向轮能自由转动。

（8）后甲板工具箱、无线电等要准备好。

（9）检查所有的通信线路，备用的无线电要带着放到后甲板。

（10）检查并保证绞车固定装置都已经脱开。

（11）所有的遥控绞车装置状态都是良好可用的。

（12）震源组长要和经理、导航人员以及驾驶台值班人员确认操作即将开始。

3．释放操作步骤

（1）在操作之前再次通知导航组长和当班驾驶员。

（2）打开扩展器上的闪灯。

（3）理顺扩展器上连接的所有绳子。

（4）慢慢滑动扩展器释放/回收架，直至释放/回收架滑到预定位置。

（5）慢慢竖起扩展器释放/回收架，关注扩展器，避免扩展器大幅度晃动与绞车相撞。

（6）慢慢释放扩展器起吊绳，尽量保证两根同步释放，确保扩展器平稳下降。

（7）扩展器下降至船舷边由扩展器拉绳拉住后，继续释放扩展器起吊绳。

（8）脱开扩展器起吊绳，固定在扩展器拉绳上。

4．回收操作步骤

（1）继续慢慢收紧扩展器拉绳，直至扩展器贴住船体、停止晃动。

（2）将扩展器释放/回收架滑出，缓慢竖起释放/回收架。

（3）将扩展器的两根起吊绳分别从引绳上脱开，连接至扩展器释放/回收架卷扬机。

（4）小心操作扩展器释放/回收架的卷扬机，起吊扩展器。

（5）时刻关注扩展器姿态，避免扩展器大幅度与船体相撞造成损坏。

（6）扩展器起吊到位后，将释放/回收架平稳放下至水平状态。

（7）慢慢将扩展器释放/回收架滑到预定位置。

（8）固定扩展器，理顺相关绳子，关闭扩展器上的闪灯。

（9）通知导航人员和当班驾驶员扩展器已收好，恢复船舶预定航向和速度。

（10）扩展器回收完毕后，清理甲板工作现场。

12.2.3　气枪维护保养安全操作规程

有规律地对气枪进行维护保养，有利于延长气枪的使用寿命，提高工作的可靠性。气枪经过一定时间的使用，其易磨损部件，如减磨环、密封圈以及运动部件等，将会产生磨损以致超过规定的精度范围，所以要定期进行维护保养，保证气枪的正常使用。减磨环、密封圈等易损部件如不定期的更换，将威胁到被保护的刚体部件，造成更大的损坏。

海洋气枪的种类大致分为套筒枪、BOLT 枪和 G 枪。因为各种气枪的外形、构造和工作原理不同，所以维护和保养操作的侧重点不同，但大致的操作规程是统一的。

气枪的保养操作规程如下：

1. 所有与气枪有关的工作都应在震源组长或领班的直接监督下进行。当气枪在甲板上处于充气状态时，所有进入后甲板的入口都应亮红色警示灯。未得到值班人员许可，任何人不得进入现场。

2. 气枪的保养也会导致危险，因此保养工作应按照说明书进行。所有震源操作人员应熟知手册中的安全须知。

3. 在维修、保养、拆卸气枪时，应确认枪里的气已完全放掉，所有的绿灯亮。

4. 不可将手放在排气口上。尽量避免在甲板上试枪。如果必须在甲板上试枪，应确认四周无人，并采取了适当的安全措施。

5. 气枪维修人员应该是有经验的，并且对系统和操作步骤非常熟悉。未得到震源组长或领班的许可，任何人不得开始作业。未经培训的人员不得参与气枪维修工作。

6. 工作区域没有障碍物和绊倒的危险。

7. 所需要的工具已经准备完毕。

8. 所有相关人员参加准备工作会议。

9. 所有人员根据指派的具体任务必须明确各自的职责范围和需要的个人防护用品。

10. 确保气枪开关关闭。

11. 相关位置"高压危险"警示牌已经挂起。

12. 确保高压警告灯已经打开。

13. 检查并确保低压空气正常。

14. 在整个修理过程中必须注意，不得使用任何带酸性的清洁剂，不得使用带有溶解性的油擦枪，不得使用砂纸磨枪部件，不得使用带有荧光粉的纸去擦枪，不得敲击和使用锉刀修理金属部件。

15. 气枪部件检查清洁到位后，用淡水冲洗所有部件，然后用低压气吹去水分。

16. 最后把O形圈涂上4号凡士林，把部件依次装到枪上。

12.2.4　电焊、气割安全操作规程

1. 电焊、气割安全规程

船上动用电焊、气割都要填写动火单，办理审批手续，保证备案。

（1）电焊、气割操作人员必须持证上岗。无证人员学习操作，必须征得经理同意，并有熟练操作工在场。

（2）电焊、气割操作时必须穿防护衣、工作鞋，戴好防护面罩或防护眼镜。

（3）明火作业必须准备消防器材，安排看火人员，方可操作。

（4）未经检查处理过的各类油桶、油箱、油管及各种受压容器，不要盲目进行焊接操作，以免发生爆炸事故。

（5）严禁在电缆周围进行电焊、气割操作，迫不得已时，要有严格的消防措施，例如启动消防泵待命。

（6）动用气割前，必须对气瓶的各种安全装置进行检查，使用压力不得超过 $1.5 \, kgf/cm^2$。气割现场禁止一切有火星飞溅的其他操作，防止气割枪突然点火发生人身伤害。

（7）正确使用电焊机，工作完毕应及时切断电源。

2. 使用氧气、乙炔注意事项

（1）为保证安全，气瓶应存放在指定的地方（干燥、通风条件良好）。应避免不正常的振动和高温。不要在舷门和有重物可能碰倒的地方存放。除非移动，钢瓶应放在牢固的架子上，并用绳子固定好，防止移动。

（2）不要将钢瓶放在机械下方或可能有油滴落到钢瓶上的地方。

（3）钢瓶存放的地方应悬挂"严禁吸烟、严禁明火"等标示牌。

（4）存放钢瓶应有秩序，空钢瓶与有气的钢瓶应分开存放，贴上标签以防止弄混。

（5）存放在甲板上的钢瓶，应防止雨水和海水的腐蚀，避免冰雪堆积和阳光直射。尤其是在热带地区更应注意。

（6）所有的钢瓶和不使用的钢瓶，应关闭阀门、带上保护帽。

（7）当钢瓶移动时，应避免不必要的振动和撞击，否则可能导致钢瓶损坏。严禁钢瓶间的碰撞。

（8）严禁将充气钢瓶用于其他用途。即使是空钢瓶中的残留气体也是很危险的。

（9）当吊运钢瓶时，使用吊篮比使用吊索好，应尽量避免机械振动和摩擦，尽可能保持平稳。

（10）当用手动工具移动钢瓶时，应将钢瓶位置放好并系牢。用卡车运送钢瓶时应避免平放。

（11）移动钢瓶时，应关闭阀门并带上保护帽。

（12）在将水平放置的钢瓶竖直时，应确保戴上保护帽并拧紧。不要用拉保护帽的办法将钢瓶从一个地方移到另一个地方。

（13）在使用氧气瓶前确保手上、手套、阀门、仪表等上面没有油和油脂。

（14）使用时，拿开阀门上的保护帽后，缓慢释放阀门将阀门口处的异物吹走。阀

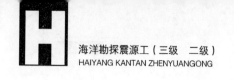
门口应避免对准人体和任何火源。

（15）管路连接好后站在仪表的前面，缓慢打开阀门防止压力急剧增加。

（16）不要用力旋转阀门，更不要用锤子敲打来打开或关闭阀门。

（17）在使用完后，保护帽和阀门应用金属刷刷干净以后再装上。

（18）使用完气割装备后，应关闭阀门防止里面的气体泄漏。

（19）氧气瓶和乙炔瓶的固定位置应分开，两者距离应超过 5 m。

12.3　特种设备安全知识

国家《特种设备安全监察条例》规定，特种设备是指涉及生命安全、危险性较大的锅炉、压力容器（含气瓶，下同）、压力管道、电梯、起重机械、客运索道、大型游乐设施和场（厂）内专用机动车辆等。在我国，特种设备的使用面广量大，稍有不慎，极易引发事故，给人民群众的生命和财产安全带来威胁。因此，重视与加强对特种设备的安全管理就变得十分重要。本节就特种设备的安全技术知识作一些简单的介绍。

12.3.1　压力容器和压力管道

1. 压力容器

（1）压力容器的基本概念。盛装气体或液体，承载一定压力的密闭设备称作压力容器。《压力容器安全技术监察规程》将监察的范围规定为：最高工作压力大于或者等于 0.1 MPa（表压），且压力与容积的乘积大于或者等于 2.5 MPa·L 的气体、液化气体以及最高工作温度高于或者等于其标准沸点的液体固定式压力容器和移动压力容器。

（2）固定式压力容器的基本常识及分类

1）压力容器的四个压力等级。低压：$0.1 \text{ MPa} \leq P < 1.6 \text{ MPa}$；中压：$1.6 \text{ MPa} \leq P < 10 \text{ MPa}$；高压：$10 \text{ MPa} \leq P < 100 \text{ MPa}$；超高压：$P \geq 100 \text{ MPa}$。

2）压力容器使用介质的毒性等级。综合考虑急性毒性、最高容许浓度和职业性慢性危害等因素。极度危害最高容许浓度小于 0.1 mg/m^3；高度危害最高容许浓度 $0.1 \sim 1.0 \text{ mg/m}^3$；中度危害最高容许浓度 $1.0 \sim 10.0 \text{ mg/m}^3$；轻度危害最高容许浓度大于或者等于 10.0 mg/m^3。

3）压力容器易爆介质。指气体或者液体的蒸气、薄雾与空气混合形成的爆炸混合物，并且其爆炸下限小于10%，或者爆炸上限和爆炸下限的差值大于或者等于20%的介质。

4）压力容器的容积，以立方米和升为计量单位。

（3）按照在生产工艺过程中的作用原理，划分为反应压力容器、换热压力容器、分离压力容器、储存压力容器。具体划分如下：

1）反应压力容器（代号R），主要是用于完成介质的物理、化学反应的压力容器，例如各种反应器、反应釜、聚合釜、合成塔、变换炉、煤气发生炉等。

2）换热压力容器（代号E），主要是用于完成介质的热量交换的压力容器，例如各种热交换器、冷却器、冷凝器、蒸发器等。

3）分离压力容器（代号S），主要是用于完成介质的流体压力平衡缓冲和气体净化分离的压力容器，例如各种分离器、过滤器、集油器、吸收塔、铜洗塔、干燥塔、汽提塔、分汽缸、除氧器等。

4）储存压力容器（代号C，其中球罐代号B），主要是用于储存、盛装气体、液体、液化气体等介质的压力容器，例如各种形式的储罐、缓冲罐、消毒锅、印染机、烘缸、蒸锅等。

（4）压力容器类别划分方法

1）基本划分。压力容器类别的划分应当根据介质特性，按照以下要求选择划分图，再根据设计压力 p（单位 MPa）和容积 V（单位 L），标出坐标点，确定压力容器类别。第一组介质，压力容器类别的划分见图12—1；第二组介质，压力容器类别的划分见图12—2。

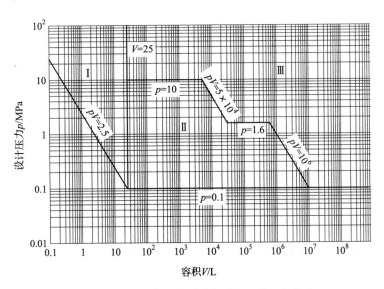

图12—1　压力容器类别划分图——第一组介质

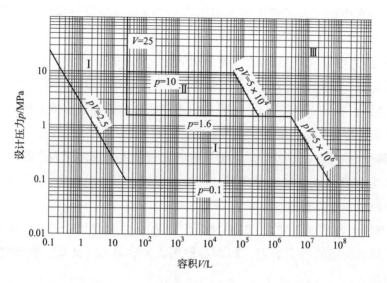

图 12—2　压力容器类别划分图——第二组介质

2）多腔压力容器类别划分。多腔压力容器（如换热器的管程和壳程、夹套容器等）按照类别高的压力腔作为该容器的类别并且按该类别进行使用管理。但应当按照每个压力腔各自的类别分别提出设计、制造技术要求。对各压力腔进行类别划定时，设计压力取本压力腔的设计压力，容积取本压力腔的几何容积。

3）同腔多种介质压力容器类别划分。一个压力腔内有多种介质时，按照组别高的介质划分类别。

4）介质含量极小的压力容器类别划分。当某一危害性物质在介质中含量极小时，应当根据其危害程度及其含量综合考虑，按照压力容器设计单位决定的介质组别划分类别。

5）特殊情况类别划分

①坐标点位于图 12—1 或者图 12—2 的分类线上时，按照较高的类别划分其类别。

②《固定式压力容器安全技术监察规程》1.4 条范围内的压力容器统一划分为第 Ⅰ 类压力容器。

（5）压力容器的设计与制造

1）压力容器的设计。压力容器的设计单位应当经国务院特种设备安全监督管理部门许可，方可从事压力容器设计活动。

压力容器的设计不当，影响缱绻的主要因素有：一是容器不具有必需的壁厚，二是材料不适合，三是结构不合理。

国家标准 GB 150《钢制压力容器》对压力容器设计作了明确规定。

2）压力容器的制造。压力容器的制造单位，应当经国务院特种设备安全监督管理部门许可，方可从事相应的活动；制造过程中还应当接受检验检测机构的监督，确保产品的安全性能。

（6）压力容器的使用。压力容器在使用前30天内一定要办好使用登记，取得安全监督管理部门颁发的使用登记证后方可投入使用，无证不得使用。

压力容器的操作人员必须经过培训、考核，取得专业操作证书后，方可操作压力容器。

压力容器的管理人员应具备压力容器的专业知识和安全操作能力，并能管理和教育操作人员按照正确的操作规程使用设备，所以必须持有特种设备安全管理员证。

（7）压力容器的检验。由于压力容器不可能没有任何缺陷，而压力容器是在有一定压力、一定温度而且是在有一定腐蚀性介质的条件下工作，因此，在压力容器内这些原本并不超标的缺陷经过一段时间的运行后可能会逐渐长大，变成超标缺陷。而且在腐蚀性介质的作用下也可能形成新的缺陷。故压力容器在运行一定时间后要进行定期检验，以及时发现和消除这些缺陷。

在用压力容器的定期检验分为外部检验和内部检验两种。

1）压力容器的外部检查。由压力容器使用单位经过培训的专业人员在压力容器运行中的定期在线检查，每年至少一次。外部检查应以宏观检查为主，必要时可进行测厚、壁温检查和腐蚀介质含量测定等。

2）压力容器的内部检验。是指专业检验人员在压力容器停机时的检验，其期限分别为：安全状况等级为1~2级的，每隔六年至少一次；安全状况等级为3级的，每隔三年至少一次。

内外部检验应以宏观检查、壁厚测定为主，必要时可采用无损探伤、理化检验和耐压试验。内外部检验必须由经过安全监督管理部门考核取得资格证书的检验人员进行，并在检验周期内进行，保障安全使用。

内外部检验的周期有一年、两年、三年、四年、五年、六年等，由检验师根据所检验容器的制造质量、介质特性、使用状况、安全管理等各方面情况，综合评定后在检验报告中提出，具有法律效应。

用户应该在该设备的有效期满 30 日前向检验机构提出检验要求，保证该设备不会逾期使用。压力容器的安全附件必须定期校验，保证其有效，不然会失去其安全保护的作用，对此不可以掉以轻心。压力容器经过移动或修理后必须进行内外部检验，才能够保证它的安全使用。

3）耐压试验。任何设备都不可能没有丝毫缺陷，所谓合格的设备，只能说在经过现有规范标准规定的检验方法检查后，没发现存在超过规范标准允许的缺陷。但肯定存在现有规范标准允许范围内的缺陷。而且，任何检验方法都不可能百分百地将所有超标缺陷都发现出来，肯定还存在漏网之鱼。而耐压试验就是最后一道防线，主要目的就是检验容器或其他设备上的受压部件的结构强度，验证其是否具有在设计压力下安全运行所需的承压能力。并且可以检验焊缝和密封面及设备本体的密封性。因此，压力容器、压力管道和阀门在制造完成后和检修后都要按照规范标准的要求进行耐压试验。

耐压试验是用水或其他适宜的液体作为加压介质（极少数情况用气体作为加压介质），对容器、管道和阀门进行强度和密封性的综合检验。虽然在试验时也曾发生过设备破裂事故，但在这种情况下破裂所造成的危害和损失将比使用过程中发生破裂爆炸事故要小得多。从这个含义出发，也可以把耐压试验看作预防性试验。

由于气体的渗透能力比液体强，在容器耐压试验后，以气体作为加压介质并用低于耐压试验的压力值对容器的严密性加以验证，称为气密试验。气密试验是检验容器致密性的重要手段，液体的耐压试验不能代替气密试验。但已做过气压强度试验并合格的容器，可不必再做气密性试验。

压力容器的耐压试验压力数值的确定要考虑两个因素。一方面是根据容器受压部件的结构强度，验证它能否在设计压力（或最高工作压力）下安全运行，并加入了一定的安全裕度，即试验压力必须高于设计压力（或最高工作压力）一定数值。但另一方面，耐压试验对超压程度不允许太大，耐压试验时器壁薄膜应力不能达到材料的屈服极限，以免试压时发生整体屈服，即要求器壁一次膜应力在试验时不超过材料屈服极限的 90%。气压试验时器壁一次薄膜应力应低于材料屈服极限的80%。

一般规定，常温下使用的固定式压力容器耐压试验压力不低于设计压力的 1.25倍，且应符合图样要求，详见表 12—2。但压力很低的容器壁厚计算不是按强度确定，而是按刚性失稳条件确定时，试验压力可适当提高到设计压力的 1.5 倍。

表12—2   压力试验的试验压力

压力容器名称	压力等级	耐压试验压力 P_T（MPa）		气密性试验压力（MPa）
		液（水）压	气压	
钢和有色金属制压力容器	低压	1.25P	1.15P	1.00P
	中压	1.25P	1.15P	1.00P
	高压	1.25P		1.00P
铸铁		2.00P		1.00P
搪玻璃		1.25P	2.00P	1.00P

对于使用中压力容器耐压试验压力数值的确定，也按表12—2选取。但如果容器实际使用的最高工作压力低于设计压力或容器降压使用，P值改取为容器安全泄压装置的开启压力。钢制低压压力容器耐压试验压力取1.25P和P+0.1二者中较大值。

压力容器耐压试验在常温下进行。高温容器要通过常温下试验考核其在高温下使用的承压能力，必须将耐压试验压力提高。设计温度大于等于200℃的容器，耐压试验压力为表12—2中数值再乘以试验温度（常温）下材料许用应力与在设计使用温度下的许用应力值之比。

$$P'_T = P_T [\sigma]/[\sigma]^t$$

式中 P'_T——设计温度≥200℃的容器耐压试验压力，MPa；

P_T——常温下的耐压试验压力，MPa；

$[\sigma]$——试验温度（常温）下材料的许用应力，MPa；

$[\sigma]^t$——设计温度下材料的许用应力，MPa。

在决定高温容器耐压试验压力时，当$[\sigma]/[\sigma]^t$的比值大于1.8时取1.8。这样，既可通过常温时的耐压试验考核容器高温使用时的结构强度，又能保证常温试验时容器壁的薄膜应力不超过材料屈服极限的0.9倍。

4）气密性试验。对于剧毒介质、易燃介质和不允许有介质微量泄漏的容器，除进行耐压试验外，还应在安全装置、阀门、仪表等安装齐全后进行总体致密性试验，致密性试验包括气密试验和其他一些渗透检漏试验。

气密试验应在耐压试验合格后进行。气密试验压力为设计压力的1.0倍或最高工作压力。用作气密试验的气体应是干燥洁净的空气、氮气或其他没有危险性的气体。试验时用发泡剂等涂于被检查部位以检查其是否严密，或采用更先进的探测检漏方法。对小容量容器也可在气密试验压力下浸没于水中检漏。

气密试验的程序是缓慢升压到试验压力后保压 10 min，再降到设计压力或最高工作压力，对焊缝和连接部位作泄漏检查。

利用气体或渗透性强的液体的渗透特性检查焊缝或材料组织是否气密，常用的方法有以下几种：

①煤油检漏。试验时将焊缝能够检查的表面清理干净，涂以白粉浆，待晾干后在焊缝的背面涂以煤油。由于煤油的表面张力很小，具有穿透极小孔隙的能力。如果焊缝不致密或钢材内部有疏松、夹层、夹灰时，煤油将渗透到钢材或焊缝的另一面上并在白粉上显出印渍。为准确地确定缺陷位置，避免印渍扩散，在涂上煤油后稍停片刻即进行观察，最初出现印渍处即为缺陷位置。为了保证煤油有足够的浸润渗透时间，以持续半小时以上不出现印渍为合格。

②氨渗漏检验。在焊缝上贴一条比焊缝宽约 2 cm、用 5% 硝酸汞或酚酞溶液浸过的纸条，然后将压缩空气中加入体积含量约为 1% 的氯气，将容器加压到规定的氨渗漏试验压力下保持 5 min，纸条上未出现黑色（硝酸汞浸渍）或红色（酚酞纸）斑点为合格。

目前，还出现了更为灵敏的多种渗透检验方法，如卤素气密性检漏、氨质谱检漏等。

2. 压力管道

压力管道是指利用一定的压力，用于输送气体或者液体的管状设备。

压力管道作为一种特种设备，广泛用于石油、化工、冶金、电力及城市燃气和供热行业。压力管道作为连接锅炉、压力容器等生产设备的动脉，大多数输送高温、高压、易燃、易爆、剧毒和腐蚀性介质，其工作的可靠性对整个生产、生活系统的安全至关重要。世界上主要先进国家都把压力管道与锅炉压力容器并列为特种设备，实行国家监管。

（1）压力管道的概念。压力管道是指在生产、生活中使用的可能引起燃爆或中毒等危险性较大的特种设备。压力管道按其用途可划分为工业管道、公用管道和长输管道三类。

根据《压力管道安全管理与监察规定》，具备下列条件之一的管道及其附属设施在其监管范围之内：

1）输送 GB 5044《职业性接触毒物危害程度分级》中规定的毒性程度为极度危害介质的管道。

2）输送 GB 50160《石油化工企业设计防火规范》及 GBJ 16《建筑防火规范》中

规定的火灾危险性为甲类、乙类介质的管道。

3）最高工作压力大于等于 0.1 MPa（表压，下同），输送介质为气（汽）体、液化气体的管道。

4）最高工作压力大于等于 0.1 MPa，输送介质为可燃、易燃、有毒、有腐蚀性的或最高工作温度高于等于标准沸点的液体的管道。

5）前四项规定的管道的附属设施及安全保护装置等。

（2）在用工业管道的分级

1）符合下列条件之一的工业管道为 GC1 级：

①输送现行国家标准 GB 5044《职业接触毒物危害程度分级》中规定的毒性程度为极度危害介质的管道。

②输送现行国家标准 GB 50160《石油化工企业设计防火规范》及 GBJ 16《建筑防火规范》中规定的火灾危险性为甲、乙类可燃气体或甲类可燃液体，并且设计压力大于等于 4.0 MPa 的管道。

③输送可燃流体介质、有毒流体介质，设计压力大于等于 4.0 MPa，并且设计温度高于等于 400℃的管道。

④输送流体介质并且设计压力大于等于 10.0 MPa 的管道。

2）符合下列条件之一的工业管道为 GC2 级：

①输送现行国家标准 GB 50160《石油化工企业设计防火规范》及 GBJ 16《建筑防火规范》中规定的火灾危险性为甲、乙类可燃气体或甲类可燃液体，并且设计压力小于 4.0 MPa 的管道。

②输送可燃流体介质、有毒流体介质，设计压力小于 4.0 MPa，并且设计温度高于等于 400℃的管道。

③输送非可燃流体介质、无毒流体介质，设计压力小于 10.0 MPa，并且设计温度高于等于 400℃的管道。

④输送流体介质，设计压力小于 10.0 MPa，并且设计温度低于 400℃的管道。

3）符合下列条件之一的 GC2 级工业管道划分为 GC3 级：

①输送可燃流体介质、有毒流体介质，设计压力小于 1.0 MPa，并且设计温度低于 400℃的管道。

②输送非可燃流体介质、无毒流体介质，设计压力小于 4.0 MPa，并且设计温度低于 400℃的管道。

（3）工业管道安全状况等级。工业管道的安全状况，用安全状况等级来表示。安

全状况等级划分为 1 级、2 级、3 级和 4 级四个等级，其代号分别为 1、2、3、4。

1）1 级。安装资料齐全，设计、制造、安装质量符合有关法规和标准要求，在设计条件下能安全使用的工业管道。

2）2 级。安装资料不全，但设计、制造、安装质量基本符合有关法规和标准要求的下述工业管道：

①新建、扩建的工业管道，存在某些不危及安全但难以纠正的缺陷，且取得设计、使用单位同意，经检验单位监督检验，出具证书，在设计条件下能安全使用。

②在用工业管道，材质、强度、结构基本符合有关法规和标准要求，存在某些不符合有关规范和标准的问题和缺陷，经检验单位检验，报告结论为三至六年的检验周期内和规定的使用条件下能安全使用。

3）3 级。存在材质与介质不相容，设计、安装、使用不符合有关法规和标准要求及其他严重缺陷等问题，但使用单位采取有效措施，经检验单位检验，可在一至三年检验周期内在限定的条件下使用的工业管道。

4）4 级。缺陷严重，难于或无法修复；无修复价值或修复后仍难于保证安全使用；检验报告为判废的工业管道。

（4）压力管道的安全管理

1）压力管道的设计、制造和安装单位必须取得许可证后，方可从事相应的工作。

2）新建、扩建和改建的压力管道工程，其安装单位应到质量技术监督部门特种设备监察机构办理开工告知，其安装质量应由有资格的检验单位进行监督检验，工程竣工后应向质量技术监督部门办理使用登记手续。

3）在用压力管道，全面检验应由有资格的检验单位进行定期检验；在线检验由使用单位进行，也可委托给具有资格的检验单位进行检验。

4）压力管道使用单位必须认真搞好安全管理工作：

①建立、健全本单位的压力管道安全管理制度。

②应由专职或兼职专业技术人员负责压力管道安全管理工作。

③建立技术档案。

④对压力管道操作人员和检查人员进行安全技术培训。

⑤制订压力管道定期检验计划，安排附属仪器、仪表、安全保护装置、测量调控装置的校验和维修工作。

⑥对输送可燃、易爆或有毒介质的压力管道，应建立巡线检查制度，制订应急措施和救援方案，根据需要建立抢险队伍并定期训练。

⑦建立事故报告制度。

（5）压力管道的定期检验。在用工业管道定期检验分为在线检验和全面检验。

1）在线检验。在线检验是在运行条件下对在用工业管道进行的检验。在线检验每年至少一次。

在线检验工作由使用单位进行，使用单位也可将在线检验工作委托给具有压力管道检验资格的单位。使用单位应制订在线检验管理制度，从事在线检验工作的检验人员须经专业培训，并报省级或其授权的地（市）级质量技术监督部门备案。

在线检验一般以宏观检查和安全保护装置检验为主，必要时进行测厚和电阻值测量。

2）全面检验。全面检验是按一定的检验周期在在用工业管道停车期间进行的较为全面的检验。安全状况等级为1级和2级的在用工业管道，其检验周期一般不超过六年；安全状况等级为3级的在用工业管道，其检验周期一般不超过三年。

12.3.2　起重机械安全技术

起重机械作为高效率的物料搬运机械，其使用数量和种类在迅速增加，使用范围不断扩大，随之而来的起重机械安全问题日益突出。据不完全统计，2002年全国发生特种设备事故中，起重机事故所占比例高达58%，必须引起高度重视。

1.　概述

起重机械是指用于垂直升降或者垂直升降并能水平移动重物的机电设备。

起重机械被广泛地应用于各种物料的起重、运输、装卸、安装等作业中，它不仅减轻了体力劳动强度，提高了生产率，而且有些起重机械还能在生产过程中进行某些特殊的工艺操作，使生产过程实现了机械化和自动化。

从安全技术角度分析，起重机械的工作特点可概括如下：

（1）起重机械本体的特点。起重机械为了承载具有一定重量的物料，并能将其迅速移动到指定地点，一般都具有庞大的金属结构和比较复杂的传动机构。例如：桥式起重机有起升机构、小车运行机构和大车运行机构；门座式起重机有起升机构、变幅机构、回转机构和大车运行机构。

（2）吊运物料的特点。起重机吊运货物的重量有时达几百吨乃至上千吨，形状各异，有固态的形式也有液态。

（3）作业范围和环境的特点。大多数起重机械需要在较大的范围内运行，活动空间大，一旦发生事故影响范围较大。

（4）起重机械使用上的特点。起重机械使用中常常需要多人配合，要求指挥、捆扎、驾驶等作业人员熟练配合、动作协调，并具有一定的应变能力，其中任何一个环节的失误都有可能酿成事故。

综上所述，起重机械是一种危险性较大的设备。为了保证起重机械的安全运行，国家将其列入特种设备予以管理。

2. 起重机械的分类及技术参数

（1）起重机械的分类。起重机械的分类方法很多，通常把起重机械分成轻小型起重设备、起重机和升降机三类。

轻小型起重设备是指构造紧凑，动作简单，作业范围投影以点、线为主的轻便起重机械。

起重机是指用于垂直升降或者垂直升降并且水平移动物品的起重机械。

升降机种类较多，通常按构造特征分为桥架起重机和臂架起重机。

（2）起重机械的主要技术参数。起重机械的主要技术参数包括起重量、起重力矩、起升范围、跨度、轨距或轮距、幅度和工作速度等。

1）起重量。起重机正常工作时允许一次起升的最大质量称为起重机的额定起重量。

2）重力矩。额定起重量随幅度变化而变化的臂架型起重机，用起重力矩表示其起重能力。额定起重力矩等于额定起重量与对应的幅度的乘积。

3）起升范围。起升范围是指取物装置空载，其最高和最低工作位置的垂直距离。

4）跨度。桥架型起重机支承中心线之间的水平距离。

5）轨距或轮距。臂架型起重机或起重小型轨道中心线，或起重机行走轮踏面中心线之间的水平距离。

3. 起重机工作级别

起重机工作级别是考虑起重量和时间的利用程度以及工作循环次数的工作特征。

划分起重机的工作级别，是为了对起重机金属结构和机构设计提供合理的基础，也为用户和到达厂家进行协商时提供一个参考范围。

4. 起重机的安全装置

为了确保起重机的安全作业，提高生产率，要求各种起重机机构都应安装各类可靠灵敏的安全装置，并在使用中经常检查和维护，保证正常工作性能。如果发生异常，应立即进行修理或者更换。下面对主要安全装置作一简单介绍。

（1）起重量限制器和起重力矩限制器

对只具有起升机构的起重机械要求装设重量限制器，主要是用来防止起重量超过起重机的负载能力，避免钢丝绳断裂、起重机设备损坏而造成事故。

对于起重载荷随幅度变化的臂架型起重机，则要求装置起重力矩限制器和起重量限制器。

（2）升降和运行限制器。必须保证当吊具起升到极限位置时，自动切断起升的动力源。在吊具可能低于下极限位置的工作条件下，应保证吊具下降到极限位置时，能自动切断下降的动力源，以保证钢丝绳在卷筒上的缠绕不少于规定的安全圈数。

（3）缓冲器。缓冲器是用来吸收起重机运行到终点与轨端挡板相碰时的能量，达到减缓冲击的目的。起重机上常用的缓冲器有橡胶缓冲器、弹簧缓冲器、液压缓冲器等，其中，弹簧缓冲器使用较多。

（4）接地。起重机的金属结构及所有电气设备的金属外壳，都必须可靠地接地。其目的是，当设备外壳带电时，可以防止人身触电。

5．升降机

施工升降机是一种用吊笼承载施工人员和载物，沿导轨上下运输的施工机械，主要应用于建筑工程施工与维修，也可以作为仓库、码头、船坞等长期使用的垂直运输机械。

施工升降机按其传动形式分为齿轮齿条传动（SC型）、钢丝绳传动（SS型）和混合式传动（SH型）三种。其安全装置主要有防坠安全器、围栏门机电连锁装置、吊笼门联锁装置、上下限位紧停开关等。

12.4 机械安全知识

机械是现代化生活中各行各业不可缺少的生产设备。不仅工业生产要用到各种机械，其他行业也在不同程度上用到各种机械。总之，机械已经成为各行各业解放劳动力、提高生产力的有力工具。

所谓"机械"，是机器、机构的泛指，是指任何类型和大小的"技术实体"，即包括工具、机械和控制操纵系统。从机械的发展历史来看，机械用来代替人的劳动，目前已经从简单的工具发展到完全自动化的机械。在生产的人机环境中，机械与人相比，具有许多人所不可能具备的优点。

机械在给人们带来高效、快捷和方便的同时，也带来了不安全因素。频频发生的

机械伤害事故，不仅给受害人及其家属带来痛苦，同时也造成了经济损失。随着生活质量的提高，人们对安全的要求越来越高，对机械的安全问题也越来越重视。

机械安全是指从人的安全需要出发，在使用机械全过程的各种状态下，达到使人的身心免受外界因素危害的存在状态和保障条件。机械安全是由组成机械的各部分及整机的安全状态、使用机械的人的安全行为以及由机械和人的和谐关系来保障的。解决机械安全问题要用安全系统的观点和方法。

机械的安全状态是实现机械系统安全的基本前提和物质基础。

12.4.1　机械安全概述

1. 机械的组成

机械是由若干相互联系的零部件按一定规律装配组成、能够完成一定功能的整体，其中至少有一部分对其他组成部分之间具有相对运动。机械除了泛指一般机器产品外，还包括为了同一应用目的而将若干台机器组合在一起，使它们像一台完整机器那样发挥其功能的机组或大型成套设备。

机械的种类繁多，形状各异，应用目的各不相同。但从机械最基本的特征入手，可掌握机械的一般组成规律。

（1）原动机。原动机是提供机械工作运动的动力源。常用的原动机有电动机、内燃机、人力或畜力等。

（2）执行机构。执行机构是通过刀具或者其他器具与物料的相对运动或直接作用来改变物料的形状、尺寸、状态或位置的机构。机械的应用目的主要通过执行机构来实现。机械种类不同，其执行机构的结构和工作原理就不同。

（3）传动机构。传动机构是用来将原动机和工作机构联系起来，传递运动和力或改变运动形式的机构。一般情况是将原动机的高转速、小扭矩，转换成执行机构需要的低转速和较大力矩。常见的传动机构有齿轮传动、带传动、链传动、曲柄连杆机构等。传动机构包括执行机构以外的绝大多数可运动零部件。

（4）控制操纵系统。操纵控制系统是用来操纵机械的启动、制动、换向、调速等运动，控制机械的压力、温度、速度等工作状态的机构系统。它包括各种操纵器和显示器。人通过操纵器来控制机械；显示器可以把机械的运行情况适时反馈给人，以便及时、准确地控制和调整机械的状态，保证作业任务的顺利进行并防止事故发生。控制操纵系统是人机接口，安全人机学要求在这里得到集中体现。

（5）支承装置。支承装置是用来连接、支承机械各个组成部分，承受工作外载荷和整个机械重量的装置。它是机械的基础部分，分为固定式和移动式两类。支承装置的变形、振动和稳定性不仅影响加工质量，而且直接关系到作业的安全。

2．机械的危险与有害因素

（1）静止的危险。设备处于静止状态时存在的危险，是指当人接触或与静止设备做相对运动时可能引起的危险。

（2）直线运动的危险。指做直线运动的机械所引起的危险，又可分为接近式的危险和经过式的危险。

（3）旋转运动的危险。指人体或衣服卷进旋转机械部位引起的危险。

（4）振动部件夹住的危险。机械的一些振动部件机构，如振动体的振动引起被振动体部件夹住的危险。

（5）飞出物击伤的危险。包括飞出的刀具或机械部件，飞出的切屑和工件。

上述危险会造成的伤害形式，主要有夹挤、碾压、剪切、切割、缠绕或卷入、戳扎或刺伤、摩擦或磨损、飞出打击、高压流体喷射、碰撞或跌落等。

3．非机械的危险与有害因素

（1）电击伤。指采用电气设备作为动力的机械的触电危险，以及机械本身在加工过程产生的静电引起的危险。

（2）灼烫和冷危害。如在热加工作业中被高温金属体和加工件灼烫的危险，在深冷处理时或与低温金属表面接触时被冻伤的危险。

（3）振动危害。指在机械加工过程中使用振动工具或机械本身产生的振动所引起的危害。按振动作用于人体的方式，可分为局部振动和全身振动。

（4）噪声危害。指机械加工过程或机械运转过程所产生的噪声而引起的危害。机械引起的噪声包括机械性噪声、流体动力性噪声和电磁性噪声等。

（5）电离辐射危害。指设备内放射性物质、X射线装置、γ射线装置等超出国家标准允许剂量的电离辐射危害。

（6）非电离辐射危害。非电离辐射是指紫外线、可见光、红外线、激光和射频辐射。

（7）化学危害。机械设备在加工过程中使用材料、物资或产生各种化学物质所引起的危害。包括：工业毒物的危害，酸碱等化学物质的腐蚀性危害，易燃易爆物质的灼伤、火灾和爆炸危险。

（8）粉尘危害。指机械设备在生产过程中产生的各种粉尘引起的危害。

（9）生产环境。指异常的生产环境的影响。如气温、湿度、气流、照明等。

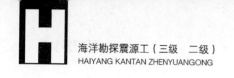
4．机械事故防范

根据机械存在的危险与有害因素，可以了解到哪些机械危险性较大，哪些机械危险性较小。危险性大的机械，也并不是整个机械都有危险，应该具体分析并掌握机械中的危险部位以及可能对人体造成的伤害。危险性大的机械的危险部位是安全工作的重点。下面就机械的危险与有害因素造成的危害（简称机械危险）作一简单的介绍。

（1）危险性大的机械。根据事故统计，我国规定危险性比较大、事故率比较高的机械有压力泵、冲床、剪床、压延机、压印机、木工刨床、木工锯床、木工造型机、塑料注塑成型机、炼胶机、压砖机、农用脱粒机、纸页压光机、起重机械等。

（2）机械的危险部位。操作人员易于接近的各种可动零部件都是机械的危险部位，机械的加工区也是危险部位。

（3）机械各种状态下的危险与危害。机械在规定的使用条件下执行其功能的过程中，以及在运输、安装、调整、维修、拆卸和处理时，可能对人员造成损伤或对健康造成危害，这种危害在机械使用的任何阶段和各种状态下都有可能发生。

1）正常工作状态。机械在完成预定功能的正常工作状态下，存在着不可避免但却是执行预定功能所必须具备的运动要素，有可能产生危害后果。例如，大量零部件的相对运动，刀具的运转，机械运转的噪声、振动等，使机械在正常工作状态下存在碰撞、切割、环境恶化等对人员安全不利的危险因素。

2）非正常工作状态。非正常工作状态是指在机械运转过程中，由于各种原因引起的意外状态，包括故障状态和检修保养状态。设备的故障，不仅可能造成局部或整机停转，还可能对人员构成危险。如电气开关故障，会产生机械不能停机的危险；砂轮片破损，会导致砂轮飞出造成物体打击；速度或压力控制系统出现故障，会导致速度或压力失控危险等。机械的检修保养一般都是在停机状态下进行，但其作业的特殊性往往迫使检修人员采用一些非常规的做法，例如攀高、进入狭小或几乎密闭的空间、将安全装置短路、进入正常操作不允许进入的危险区等，使维护或修理过程中容易出现正常操作时不存在的危险。

3）非工作状态。机械停止运转处于静止状态时，在正常情况下，机械基本是安全的，但不排除发生事故的可能性。如由于环境照度不够，导致人员发生碰撞事故；室外机械在风力作用下的滑移或倾翻、结构垮塌等。

12.4.2　机械安全通用技术

要保证机械设备安全，首先应考虑其全寿命的各个阶段，包括设计、制造、安装、调整、使用、维修、拆卸、报废等阶段；同时，还应考虑机械的各种状态。决定机械安全性能的关键是在设计阶段考虑、采用完备的安全措施，在此基础上还要通过在使用阶段应用有效的安全措施，最大限度地减小风险。

1. 设计与制造的本质安全措施

通过设计减小风险，是指在机械设计阶段，从零部件的材料到合理形状和相对位置，从限制操纵力、运动件的质量和速度，减小噪声和振动考虑，采用本质安全技术与动力源，选用合适的机械作用原理，结合人机工程学原则，通过选用适当的设计结构，采取人机隔离等多项措施，尽可能避免或减小危险；也可以通过提高设备的可靠性、操作机械化或自动化以及实行在危险区之外的调整、维修等措施减小风险。

（1）选用适当的设计结构，避免或减小风险。

1）采用本质安全技术。本质安全技术是指利用该技术进行机械预定功能的设计和制造，不需要采用其他安全防护措施，就可以在预定条件下执行机械的预定功能时满足机械自身的安全要求。

①避免锐边、尖角和凸出部分。在不影响预定使用功能的前提下，机械设备及其零部件应尽量使锐边或尖角倒钝、折边修圆；可能引起刮伤的开口端应包覆，避免凹凸不平的表面和较凸出的部分。

②安全距离原则。利用安全距离防止人体触及危险部位或进入危险区，这是减小或消除机械风险的一种方法。在规定安全距离时，必须考虑两类距离要求：一是机械组成部分的有形障碍物与危险区的最小距离，用来限制人体或人体某部位的运动范围；二是避免受挤压或剪切危险的安全距离。可以增大运动部件间的最小距离，使人体可以安全地进入或通过；也可以减小运动部件间的最小距离，使人的身体部位不能进入，从而避免危险。

③限制有关因素的物理量。在不影响使用功能的情况下，根据各类机械的不同特点，限制某些可能引起危险的物理量值来减小危险或危害。

2）限制机械应力。机械选用的材料性能数据、设计规程、计算方法和试验规则，都应该符合机械设计与制造的专业标准或者规范的要求，使零部件的机械应力不超过许用值，保证安全系数，以防止由于零部件应力过大而被破坏或者失效，从而避免故障或事故的发生。同时，通过控制连接受力和运动状态来限制应力。

3）材料和物质的安全性。用以制造机械的材料、燃料和加工材料，在使用期间不得危及人员的安全或者健康。材料的力学特性应满足执行预定功能的载荷作用要求，同时，应避免采用有毒的材料或物质，应避免机体本身产生的气体、液体、粉尘、蒸

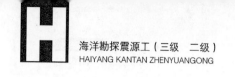
气或其他物质造成的火灾、爆炸危险和对其他人的伤害。

4）履行安全人机工程学原则。在机械设计中，通过在合理分配人机功能、适应人体特征、人机界面设计、作业空间布置等方面履行安全人机工程学原则，提高机械设备的操作性和可靠性，使操作者的体力消耗和心理压力降到最低，从而减小操作差错。

5）设计控制系统的安全原则。机械在使用过程中，有很多典型危险工况，控制系统的设计应该考虑各种作业的操作模式或采用故障显示装置，使操作者可以安全地采取措施。

6）防止气动装置和液压系统的危险。采用气动、液压、热能等装置的机械，必须通过设计来避免由于这些能量意外释放而带来的各种潜在危害。

7）预防电的危害。用电安全是机械安全的重要组成部分，机械中的电气部分应符合有关电气安全标准的要求。预防电危害应注意防止电击、短路、过载或者静电。

（2）减少或限制操作者的涉入危险区的需要。

1）设备的可靠性。可靠性是指机械或者零件在规定的使用条件下，执行规定的功能不出现故障的能力。可靠性应作为安全功能完备性的基础，这一原则适用于机械的零部件及机械各组成部分。提高机械的可靠性可以降低危险故障率，减少需要查找事故和检修的次数，不因为失效使机械产生危险的误动作，从而可以减少操作者面临的危险概率。

2）采用机械化和自动化技术。机械化和自动化技术可以使人的操作岗位远离危险或有害现场，从而减少工伤事故，防止职业危害。

3）调整、维修的安全。在设计机械时，应尽量考虑采取以下措施：一些易损而需经常更换的零部件设计应便于拆装或更换；提供安全接近或站立措施；锁定切断的动力；机械的调整、润滑、一般维修等操作点设置在危险区外。这样可以减小操作者面临的危险概率。

2. 安全防护措施

安全防护是通过采用安全装置、防护装置或其他手段，对一些机械危险性进行预防的安全措施，其目的是防止机械在运行时产生各种对人员的接触伤害。防护装置和安全装置有时也统称为安全防护装置。安全防护的重点是机械传动部分、操作区、高空作业区、机械的其他运动部分，要采取特殊的防护。无论采用何种方法，都应对具体机械进行风险评价以避免带来新的风险。

安全防护常常采用防护装置、安全装置和其他安全措施。防护装置是指通过设置物体障碍的方式将人与危险隔离的专门安全防护的装置。

安全防护装置在人与危险之间构成安全保护屏障，在减轻操作者精神压力的同时，也容易使操作者形成心理依赖，一旦安全防护装置失效，会增加损伤或危害健康的风险。为此，安全防护装置必须满足与其保护功能相适应的安全技术要求。其基本安全要求有：结构形式和布局设计合理，具有切实的保护功能；结构要坚固耐用，不易损坏；安装可靠，不易拆卸；装置表面应光滑、无尖棱锐角，不增加任何附加风险，不应成为新的危险源。

采取的安全措施必须不影响机械的预定使用功能，而且使用方便，否则就可能出现为了追求机械的最大效用而导致避开安全措施的行为。

12.4.3 金属切削机械安全技术

1. 金属切削机床的工作特点

金属切削机床是用切削的方法将金属毛坯加工成机械零件的设备。切削加工是利用切削刀具从工件上切除多余材料的加工方法。金属切削机床进行切削加工的过程是：将被加工的工件和切削刀具固定在机床上，机床的动力源通过传动系统将运动、动力传给工件和刀具，使两者产生旋转或直线运动。在两者的相对运动过程中，切削刀具将工件表面多余的材料切去，将工件加工成为达到设计要求的尺寸和精度的零件。由于切削的对象是金属，因此旋转速度快，切削刀具锋利，其加工精度和安全性不仅影响产品质量和加工效率，而且关系到操作者的安全。

2. 金属切削机床的基本运动形式

（1）机床的运动形式。机床的运动主要是为了完成切削刀具和工件之间相对运动，可分为主运动和进给运动。主运动是切削金属最基本的运动，它促使刀具和工件之间产生相对运动，从而使刀具前面接近工件；进给运动使刀具与工件之间产生附加的相对运动，加上主运动即可连续地切削，并得出具有所需几何特性的加工表面。机床种类不同，切削方式、工件和刀具的运动形式就不同，对安全的要求也不同，应针对不同的运动形式采取安全措施。

（2）切削方式

1）车削。工件旋转做主运动，车刀做进给运动。

2）铣削。铣刀旋转做主运动，工件或铣刀做进给运动。

3）刨削。刨刀对工件作水平相对直线往复运动。如牛头刨床滑枕带动刀具做主运动，工作台带动工件作间歇的进给运动。

4）钻削。钻头或扩孔钻在工件上加工，一般是钻头做主运动及进给运动，工件

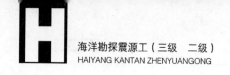

不动。

5）铰削。用铰刀从工件孔壁上切除微量金属层，以提高其尺寸精度和表面质量。铰刀旋转做主运动，工件或铰刀做进给运动。

6）磨削。用磨具如砂轮以较高线速度对工件表面进行加工，磨具旋转做主运动，工作做进给运动。

3. 切削加工中的危险和有害因素

机床上的危险部位是高速运动的执行部件以及传动部件，如车床上的主轴、卡盘和工件，磨床上的砂轮等。

机床的危险部分包括：静止状态的刀具、刀架；直线运动时，龙门刨床的工作台、滑枕；飞出的刀具、工件或切削时飞出的碎片；组合运动时的传动带、带轮等。

金属切削安全操作要求：

（1）穿戴合身的工作服，将袖口扣紧；不要穿过于肥大的服装和敞领衬衫。留长发或有辫子时，要戴护发帽。

（2）操作者应佩戴符合 GB/T 5890—1986《防冲击眼护具》要求的防异物伤害护目镜。

（3）开动机床前，应仔细检查机床上危险部位的安全装置是否安全可靠，润滑系统是否畅通，并做空载试验。

（4）工作时，工作地点应保持清洁、有条不紊，待加工和已加工零件应分别摆放。不得将材料或者工件摆放在通道上。

（5）工件及刀具要夹紧装牢，防止工件或刀具从夹具中脱落或飞出。

（6）机床运转时，禁止用手调整机床或者测量工件。禁止把手支撑在机床上。禁止用手触摸机床的旋转部件。

（7）操作中不可戴手套，防止运动部件绞缠手套以至人体。

（8）工作结束后，应关闭机床，切断电源，清理切削垃圾，并仔细擦拭机床。

4. 金属切削安全操作要求

磨削加工是与其他切削加工方式完全不同的一种加工方式。磨削加工是工件与旋转的砂轮或砂轮盘等磨具接触，使工件磨削成形。磨削方法包括平面磨削、外圆磨削、内圆磨削和无心磨削等。此外，抛光、研磨等也属磨削加工。

（1）磨削加工的危险和有害因素

1）高速旋转的砂轮破碎，碎片崩出可能造成严重的伤害事故。

2）磨削时磨屑飞入眼内。

3）磨削时产生的金属磨屑、脱落的磨料及黏合剂等形成的微细粒状粉尘。

4）与高速旋转的砂轮或磨床的其他运动部件相接触而造成磨伤、碰伤。

5）工件夹固不牢、电磁吸盘失灵等原因造成工件飞出。

6）磨削时产生的噪声最高可达 100 dB 以上，会影响操作者健康。

7）磨削时产生的火花对操作者造成灼伤。

（2）磨削加工的安全操作。磨削加工中发生的事故多数是违反操作规程所引起的。在进行磨削加工时，操作者应做到：工作时，操作者应穿好工作服、戴护发帽，磨床上方应有吸尘装置，干磨时应戴防尘口罩，修理砂轮及磨削时应戴防异物伤害护目镜；砂轮在使用前必须经使用者目测检查或音响检查无破裂或损伤；砂轮的安装应严格遵守有关安全技术要求；磨削细长工件的外圆时应装中心支架；在寒冷的工作场所，砂轮开始工作时应逐渐增加负荷直到满足使用要求，保证砂轮温度逐渐升高，防止砂轮破损；磨削前必须仔细检查刀具装夹是否正确、紧固是否牢靠，检查磁性吸盘是否失灵；用磁性吸盘吸高而窄的工件时，在工作前后应放置挡铁块，以防工件飞出。

测　试　题

一、单项选择题（选择一个正确的答案，将相应的字母填入题内的括号中）

1. 从方法论角度考虑，事故应急预案属于（　　　）。

A. 事前预防　　　　B. 事中应急　　　　C. 事后教训　　　　D. 全程

2. 企业安全教育中的"三级教育"是指（　　　）。

A. 法规教育、生产教育、技术教育

B. 学徒教育、上岗教育、带班教育

C. 安全生产的厂级教育、车间教育、班组教育

D. 班组教育、现场教育、公司级教育

3. 安全技术措施计划的编制工作应由（　　　）具体负责组织。

A. 企业安全工作专职机构（或专职人员）

B. 企业财务计划部门

C. 企业生产部门

D. 企业第一领导者

4. 对劳动者不良的主要物理环境因素有（　　　）。

A. 异常温度和湿度、光照不良、噪声与振动等

B. 粉尘

C. 毒气

D. 雾滴

5. 安全评价的目的之一是（　　　）。

A. 提高企业经济效益 　　　　　　　B. 落实预防为主的方针

C. 改进生产技术工艺 　　　　　　　D. 提高社会效益

6. 安全评价最基本的理论基础是（　　　）。

A. 数学理论和方法

B. 人机环境因素

C. 危险事件发生可能性和后果严重程度

D. 系统理论

7. 用 LEC 法进行作业环境危险性评价时，所依据的因素是（　　　）。

A. 污染面积和污染量 　　　　　　　B. 危险概率、后果严重性和暴露频率

C. 事故损失和事故伤亡程度 　　　　D. 危险概率

8. 对于一项新的工程，需要进行（　　　）。

A. 安全预评价　　　B. 安全现状评价　　　C. 安全验收评价　　　D. 安全后评价

9. 对于企业现有的生产系统，如果需要进行安全评价，一般采用（　　　）。

A. 安全预评价　　　B. 安全现状评价　　　C. 安全验收评价　　　D. 安全后评价

10. 要对一项工程进行"三同时"验收，需要采用（　　　）。

A. 安全预评价　　　B. 安全现状评价　　　C. 安全验收评价　　　D. 安全后评价

二、多项选择题（选择一个以上正确的答案，将相应的字母填入题内的括号中）

1. 应急救援行动的优先原则是（　　　）。

A. 员工和应急救援人员的安全优先 　　　B. 防止事故扩展优先

C. 保护环境优先 　　　　　　　　　　　D. 防止或减少损失优先

2. 发展安全文化的基本要求是要体现（　　　）。

A、社会性　　　B. 大众性　　　C. 科学性　　　D、实践性

3. 安全行为科学的研究对象是以安全为内涵的（　　　）。

A. 个体行为　　　B. 群众行为　　　C. 群体行为　　　D、领导行为

4. 职业危害因素是指（　　　）。

A. 职业中毒　　　B. 职业伤亡　　　C. 工业粉尘　　　D. 生产噪声

5. 如下安全评价分析方法属于定性分析或半定量评价方法的是（　　　）。

A. 作业条件危险性评价的 LEC 法　　　B. FTA 故障树分析法

C. 预先危险性分析法　　　D. 安全检查表法

6. 下列属于定量分析方法的是（　　）。

A. 预先危险性分析法　　　B. 安全检查表法

C. 日本六阶段安全评价法　　　D. 美国道化学公司的火灾、爆炸指数法

7. 下列属于定性分析方法的是（　　）。

A. 检查表法　　　B. 预先危险性分析法

C. 日本六阶段安全评价法　　　D. 美国道化学公司的火灾、爆炸指数法

8. 辨识危险源的方法有（　　）。

A. 事故案例法　　　B. 系统科学分析法

C. 打分法　　　D. 规范反馈法

9. 安全评价的一般过程有（　　）。

A. 辨识危险性　　　B. 评价风险　　　C 采取措施　　　D. 达到安全指标

参 考 答 案

一、单项选择题

1. B　　2. C　　3. A　　4. A　　5. B　　6. C　　7. B　　8. A

9. B　　10. C

二、多项选择题

1. ABC　　2. ABCD　　3. ACD　　4. ACD　　5. ACD　　6. CD　　7. AB

8. ABD　　9. ABCD

理论知识考试模拟试卷及答案

海洋勘探震源工（三级）理论知识试卷

注 意 事 项

1. 考试时间：90 min。

2. 请首先按要求在试卷的标封处填写您的姓名、准考证号和所在单位的名称。

3. 请仔细阅读各种题目的回答要求，在规定的位置填写您的答案。

4. 不要在试卷上乱写乱画，不要在标封区填写无关的内容。

	一	二	总 分
得 分			

得 分	
评分人	

一、判断题（第 1 题～第 20 题。将判断结果填入括号中。正确的填"√"，错误的填"×"。每题 1 分，满分 20 分）

1. 机械传动不具备改变运动速度的性质。 （ ）

2. 牛头刨床的动力部分是电动机，输入的运动形式是回转运动，经过带传动和齿轮传动后仍为回转运动，但经过曲柄滑块机构（由偏心销、滑块、导杆组成）后，牛头刨床的滑枕却变成了直线往复运动。 （ ）

3. 直流电和交流电都有变换周期和频率。 （ ）

4. 采用气枪震源模型设计模拟气枪阵列的主要流程中的第一步是创建、读取、编辑子阵列及阵列的几何图形和枪参数。 （ ）

5. 由于沉放深度变浅后可以使气泡振幅变小、气泡比增大，这意味着气枪沉放深

度变浅后气枪的性能提高了。 （　　）

6. 国内在气枪领域的研究理论和所创建的模型都是参照了美国人 J. B. Keller 和 I. I. Kolodner 的"自由气泡震荡"这一基础理论。 （　　）

7. 由于螺杆压缩机中不存在影响机器效率的易损件，进行压缩的一对转子由于自身结构的特点不会出现磨损，因此螺杆压缩机不需要保养。 （　　）

8. 活塞压缩机主要由三级缸头、三级缸、二级缸、十字头箱体、活塞杆、盘根、曲柄连杆、曲轴箱体等组成。 （　　）

9. 在三面视图形成的过程中，可以归纳出三面视图的位置关系、投影关系和方位关系。 （　　）

10. 在压力容器内，一些原本并不超标的缺陷经过一段时间的运行后可能会逐渐长大，变成超标缺陷。 （　　）

11. 气压传动与液压传动相比，具有污染小、维护简单、使用相对安全等特点。

（　　）

12. 液压技术正向高压、高速、大功率、高效、低噪声、高性能、高度集成化、模块化、智能化的方向发展。 （　　）

13. 除油器的工作原理是：空气进入除油器后产生流向和速度的急剧变化，再依靠惯性作用将油滴和水滴分离。 （　　）

14. 气动执行元件是将压缩空气的压力能转化为机械能的元件。 （　　）

15. GunLink4000 系统主计算机是在 LINUX 操作系统下运行，提供主系统控制和显示功能。 （　　）

16. 套筒气枪能获得更有效的声响脉冲，是由于这种气枪活塞是外运动套以致产生 360°的释放口。 （　　）

17. 有规律地对气枪进行维护保养，有利于提高气枪的使用寿命，提高工作的可靠性，提高气枪的使用质量，保证震源的效率。 （　　）

18. 气枪经过一定时间的使用，其易磨损的部件，如减磨环、密封圈以及运动部件等，将会产生磨损以致超过规定的精度范围，所以要定期维护保养。 （　　）

19. 为保证气枪的正常使用，减磨环、密封圈等易损部件不需要定期更换，在发生损坏时及时更换。 （　　）

20. 在开式系统中，采用的液压泵为定量泵。考虑到泵的自吸能力和避免产生吸空现象，通常将其工作转速限制在额定转速的 75% 以内。 （　　）

得　分	
评分人	

二、单项选择题（第1题~第140题。选择一个正确的答案，将相应的字母填入题内的括号中。每题0.5分，满分70分）

1. 我国工业上使用的正弦交流电的频率为（　　）Hz，习惯上称为工频。

A. 50　　　　　　B. 100　　　　　　C. 60　　　　　　D. 120

2. 交流电每交变一次所需的时间叫作周期，时间单位一般用（　　）。

A. 光年　　　　　B. 小时　　　　　C. 分钟　　　　　D. 秒

3. 每秒内交流电交变的周期数或次数叫作（　　）。

A. 频效　　　　　B. 功率　　　　　C. 频率　　　　　D. 赫兹

4. 对于常规地震勘探来说，气枪的同步误差在（　　）ms。如果任何一只气枪的激发时间在此范围之外就算不合格。

A. -1~1　　　　　B. 0~1　　　　　C. -1~2　　　　　D. -2~2

5. 米制中采用的长度是经过巴黎的子午线自北极到赤道这段弧长的（　　）。

A. 万分之一　　　B. 十万分之一　　C. 百万分之一　　D. 千万分之一

6. 对于阵列缺枪问题有严格的规定。为确保激发的质量，关掉某只或某几只枪后，峰峰值不小于额定容量峰峰值的（　　）。

A. 90%~95%　　B. 85%~90%　　C. 80%~85%　　D. 75%~80%

7. 下列关于仪器因素对气枪组合技术指标的影响说法错误的是（　　）。

A. 高切滤波越小，峰峰值越小　　　　B. 高切滤波越小，气泡比越小

C. 低切滤波越大，峰峰值越大　　　　D. 低切滤波越大，气泡比越小

8. 气枪震源和炸药比较，气枪震源的优点是（　　）。

A. 成本低　　　　　　　　　　　　　B. 不具有危险性

C. 炸药违禁购买困难　　　　　　　　D. 气枪震源性能稳定及自动化程度高

9. 1 kg 炸药激发输出几乎是容量为 180 in³ 气枪阵列的（　　）倍。

A. 5　　　　　　　B. 4　　　　　　　C. 3　　　　　　　D. 2

10. LMF 公司生产的空压机由安装在公用底座上的柴油发动机、螺杆压缩机和活塞式压缩机组成，一般（　　）不安装在这个底座上。

A. 润滑系统　　　B. 动力传动系统　　C. 冷却系统　　　D. 启动控制系统

11. 三视图包括哪几种投影（　　）。

A. 正面投影，水平投影，侧面投影　　　B. 正面投影，垂直投影，侧面投影

C. 正面投影，水平投影，反面投影　　　D. 背面投影，水平投影，侧面投影

12. 压力容器零件钢材选择，下面（　　）不属于综合考虑的因素。

A. 压力容器的使用条件　　　　　　　　B. 零件的功能和制造工艺

C. 材料认知度　　　　　　　　　　　　D. 材料价格以及材料规范标准

13. 选用设备和管道材料应以装置正常操作条件下原油（料）中的含硫量和（　　）对材料的影响。

A. 钾　　　　　　B. 钠　　　　　　C. 酸　　　　　　D. 镁

14. 压力容器材料设计寿命按 10~20 年考虑时，腐蚀余量不得超过（　　）。

A. 6.0 cm　　　B. 6.0 mm　　　C. 3.2 mm　　　D. 3.2 cm

15. 压力容器是指盛装气体或者液体，承载一定压力的密闭设备。其范围规定为最高工作压力大于或者等于（　　）MPa。

A. 0.1　　　　　B. 0.2　　　　　C. 1　　　　　　D. 2

16. 《特种设备安全监察条例》中规定中的特种设备不包括（　　）。

A. 锅炉　　　　　B. 高炉　　　　　C. 压力管道　　　D. 客运索道

17. 液压系统油箱没有（　　）系统通道。

A. 供油　　　　　B. 放油　　　　　C. 调压　　　　　D. 回油

18. 曲面上液压作用力在某一方向上的分力等于液体静压力和曲面在该方向的垂直面内投影面积之（　　）。

A. 和　　　　　　B. 乘积　　　　　C. 差　　　　　　D. 商

19. 为了防止空气进入液压系统，下列做法错误的是（　　）。

A. 吸油管要半密封　　　　　　　　　　B. 吸油管口不能离开液面太近

C. 回油管应浸入油液中　　　　　　　　D. 吸油管口与回油管口不能靠得太近

20. 下列所述气动执行元件的气缸类型，不是按气缸的结构特征分类的是（　　）。

A. 活塞式气缸　　　　　　　　　　　　B. 薄膜式气缸

C. 双作用气缸　　　　　　　　　　　　D. 伸缩式气缸

21. （　　）缸体可以围绕一固定轴作一定角度的摆动。

A. 固定式气缸　　　B. 轴销式气缸　　　C. 嵌入式气缸　　　D. 缓冲气缸

22. 研究表明，当两枪气泡距离较小，接近于气泡半径的（　　）倍时，两个气泡相切产生抑制作用，从而达到压制气泡效应的目的，同时子波又可以得到相干加强。

A. 1　　　　　　B. 2　　　　　　C. 3　　　　　　D. 4

23. 气枪高压空气进入海水中，迅速形成一个"球形"气泡，当气泡处于临界状态时，内外压力关系为（　　）。

A. $P_内 > P_外$

B. $P_内 < P_外$

C. $P_内 = P_外$

D. 以上都有可能

24. 主要用于静密封和往复运动密封的是（　　）。

A. V 形密封圈

B. O 形密封圈

C. Y 形密封圈

D. 矩形密封圈

25. 当液压系统发生故障，进行常规诊断时，下列做法正确的是（　　）。

A. 用问、看、听、摸、闻了解情况

B. 观察系统压力、速度、油液等是否正常

C. 听液压系统的声音是否正常

D. 以上都对

26. 发现液压油箱有共鸣声，错误的处理方法是（　　）。

A. 放低液压油箱油位

B. 在侧板、底板上增设筋板

C. 改变回油管末端的形状

D. 增厚液压油箱箱板

27. （　　）故障会引起液压系统压力偏低。

A. 继电器没有指令信号

B. 减压阀设定值太低

C. 减压阀不工作

D. 换向阀损坏

28. 换向阀换向时瞬时关闭、开启，造成动能或势能相互转换时产生的液压冲击过大，下列（　　）是错误的维修方法。

A. 缩短换向时间

B. 设计带缓冲的阀芯

C. 加粗管径、缩短管路

D. 设缓冲装置

29. 下列说法不会造成液压系统油温过高的是（　　）。

A. 设定压力过高

B. 卸荷元件工作不良

C. 管路阻力小

D. 附近热源影响

30. 除明文规定外，任何后甲板作业必须位于栏杆或其他保护装置的（　　）。

A. 外侧　　　　B. 内侧　　　　C. 左侧　　　　D. 右侧

31. 氧气瓶和乙炔瓶的固定位置应分开，两者距离应超过（　　）m。

A. 3　　　　　　B. 5　　　　　　C. 10　　　　　D. 15

32. 明火作业必须严格执行"工作许可制度"，经过（　　）批准后方可执行。

A. 经理　　　　　B. 客户　　　　　C. 值班驾驶员　　D. 船长

33. 在每次焊接过程中，应至少有（　　）名船员在场。

A. 1　　　　　　B. 2　　　　　　C. 3　　　　　　D. 4

34. 当后甲板所有水下设备已被保护好，人员撤离后必须通知（　　　）。

A. 经理　　　　　B. 客户　　　　　C. 定位组长　　　D. 驾驶台

35. 在冰区，低温使得气枪减磨环的润滑条件变差，为了（　　）阻尼，可以选择黏度相对（　　）的压缩机油。

A. 减小　较低　　B. 减小　较高　　C. 增大　较低　　D. 增大　较高

36. 无论是 SV－2 型电磁阀还是 ISV 型电磁阀，在极地环境下，冰塞的现象都比较严重，主要是因为枪的（　　　）。

A. 气压限值　　　B. 气道狭小　　　C. 润滑不好　　　D. 电磁阀电流太小

37. 在冰区工作，为了提高作业质量和效率，保证气枪的正常使用，下列做法正确的是（　　　）。

A. 科学地维护保养气枪　　　　　　B. 安装空气干燥系统或油水分离系统

C. 适当提高电磁阀的激发电压　　　D. 以上都可行

38. 科学合理地操作和（　　　）是减轻劳动强度和提高施工效率的基础。

A. 责任意识　　　B. 足够的睡眠　　C. 每天加班　　　D. 快速施工

39. HSE 管理体系是三位一体管理体系，HSE 中的 H 的是指（　　　）。

A. 健康　　　　　B. 安全　　　　　C. 环境　　　　　D. 管理

40. 安全生产"三不伤害"原则不包括（　　　）。

A. 不伤害自己　　B. 不被他人伤害　C. 不伤害他人　　D. 不伤害同事

41. 开始放水下作业设备之前，应询问（　　　）当时的环境是否允许。

A. 值班驾驶员　　B. 导航领班　　　C. 客户　　　　　D. 经理

42. 如果气枪位于甲板上，且处于充气状态，则所有进入气枪甲板的入口处应亮（　　　）。

A. 节能灯　　　　B. 红色警示灯　　C. 蓝色警示灯　　D. 白炽灯

43. 黏附性是润滑油膜抵抗离心力及（　　　）的能力。

A. 外力　　　　　B. 压力　　　　　C. 重力　　　　　D. 应力

44. 绝大多数润滑油是由（　　　）与添加剂调制而成。

A. 原油　　　　　B. 重油　　　　　C. 基础油　　　　D. 合成油

45. 将原油进行蒸馏—汽化—冷凝，在 200～300℃时得到的馏分是（　　　）。

A. 汽油　　　　　　B. 煤油　　　　　C. 柴油　　　　　D. 重油

46. 液压系统中，通过调节（　　）可以改变执行机构的运动速度。

A. 进入执行机构的流量　　　　　　B. 进入执行机构的压力

C. 进入执行机构的方向　　　　D. 泵的压力

47. （　　）应进行急按钮、操纵板测试，检查刹车制动衬片厚度。

A. 每月　　　　　　B. 每周　　　　　C. 每季度　　　　D. 每年

48. （　　）进行异常噪声、泄漏、管路以及装置的温升、油位、油压检查。

A. 每月　　　　　　B. 每周　　　　　C. 每季度　　　　D. 每年

49. （　　）进行油品取样检查。

A. 每月　　　　　　B. 每周　　　　　C. 每半年　　　　D. 每年

50. 液压泵的作用是提供一定流量的（　　）油液。

A. 重量　　　　　　B. 质量　　　　　C. 压力　　　　　D. 压强

51. 液压马达是将液压能转换为（　　）的一种能量转换装置。

A. 热能　　　　　　B. 机械能　　　　C. 电能　　　　　D. 核能

52. 气压传动的缺点是工作压力低，一般为（　　）MPa。

A. 0.3～0.5　　　　　　　　　　B. 0.3～0.8

C. 0.3～1　　　　　　　　　　　D. 0.3～1.5

53. 油箱内壁材料或涂料不应成为油液的污染源。液压控制系统的油箱材料最好采用（　　）。

A. 铁板　　　　　　B. 塑料板　　　　C. 不锈钢板　　　　D. 聚乙烯材料

54. 液压控制系统应采用高精度的过滤器，根据电液伺服阀对过滤精度的要求，一般为（　　）μm。

A. 5～10　　　　　B. 15～25　　　　C. 20～35　　　　D. 30～100

55. 循环冲洗液压油箱及管路系统的注意事项，说法错误的是（　　）。

A. 冲洗前液压系统应在最大负荷

B. 提取油样进行污染测定并记录

C. 冲洗过程中过滤器阻塞较快，应及时检查和更换

D. 注入合格的液压油

56. 液压泵的安装注意事项，说法错误的是（　　）。

A. 各元件相互结合面上必须无锈无油漆

B. 泵与电动机两轴之间的同轴度应符合规定

C. 泵支架的支口中心应比电动机的中心低

D. 支架应有定位销定位

57. 液压控制系统控制信号输入后执行元件不动作，可能的原因是（　　）。

1. 执行元件有卡锁现象　　　　　　　　B. 溢流阀不工作

C. 输出电信号不正常　　　　　　　　　D. 以上都是

58. 油缸装配时活塞与活塞杆的同轴度误差应小于（　　）mm。

A. 0.01　　　　　　B. 0.02　　　　　　C. 0.03　　　　　　D. 0.04

59. 主阀为锥阀的溢流阀压力调不高时，不可能的原因是（　　）。

A. 主阀芯锥面封闭性差　　　　　　　　B. 主阀芯锥面磨损或不圆

C. 主阀芯锥面与阀座锥面同心　　　　　D. 锥面处有脏物

60. （　　）会使减压阀不起作用。

A. 回油背压太小　　　　　　　　　　　B. 回油背压太大

C. 泄油管阻力太小　　　　　　　　　　D. 油路吸入空气

61. 顺序阀滑阀卡死，移动困难，下列做法正确的是（　　）。

A. 检查配合间隙　　B. 检查过滤装置　　C. 更换油液　　　　D. 以上都是

62. 下面说法中，会导致执行元件运动速度不稳定的是（　　）。

A. 负载小　　　　　　　　　　　　　　B. 压力补偿阀故障

C. 供油系统故障　　　　　　　　　　　D. 油液过脏

63. 液压系统的吸油管与回油管要隔开一定距离，回油管口要插入油面以下的目的是（　　）。

A. 防止漏油　　　　　　　　　　　　　B. 防止泵反转

C. 防止吸入气泡　　　　　　　　　　　D. 防止滤油器堵塞

64. 发现液压泵的出油量不足，容积效率低，正确的做法是（　　）。

A. 研磨配油盘端面　　　　　　　　　　B. 拆开清洗，修理

C. 更换轴承并修理　　　　　　　　　　D. 以上都是

65. 液压系统的泄油孔被堵后，泄油压力增加，造成密封唇口变形太大，接触面增加，引起（　　）。

A. 吸空　　　　　　B. 漏油　　　　　　C. 泵反转　　　　　D. 泵容积效率低

66. 液压系统中，闭式系统具有（　　）优点。

A. 系统可靠，操作简单　　　　　　　　B. 可靠性好和使用寿命长

C. 较少损耗　　　　　　　　　　　　　D. 以上都是

67. 在闭式系统液压工作装置中设有补油溢流阀和补油单向阀，补油溢流阀限制（ ）补油压力。

A. 最低 　　　　B. 最高 　　　　C. 中位 　　　　D. 任意

68. 一般流量控制阀的最小稳定流量为（ ）L/min。

A. 0.05 　　　　B. 0.10 　　　　C. 0.15 　　　　D. 0.20

69. 在液压传动系统中节流元件与溢流阀（ ）于液泵的出口，可构成恒压油源，使泵出口的压力恒定。

A. 串联 　　　　B. 并联 　　　　C. 混联 　　　　D. 以上都可以

70. 液压传动系统对流量控制阀的要求说法错误的是（ ）。

A. 较大的流量调节范围，且流量调节要均匀

B. 油温变化对通过阀的流量影响要小

C. 当阀口关闭时，阀的泄漏量要大

D. 液流通过全开阀时的压力损失要小

71. 节流阀的刚度 T 相当于流量曲线上某点的切线与横坐标夹角 β 的（ ）。

A. 正弦 　　　　B. 余弦 　　　　C. 正切 　　　　D. 余切

72. 溢流节流阀也是一种压力补偿型（ ）。

A. 节流阀 　　　　B. 方向阀 　　　　C. 过载阀 　　　　D. 顺序阀

73. 理想的减压阀在进口压力、流量发生变化或出口负载增加时，其出口压力总是（ ）。

A. 保持最低 　　　B. 保持最高 　　　C. 恒定不变 　　　D. 逐渐变大

74. （ ）的导阀的弹簧腔和泄漏油可通过阀体上的通道和出油口相通，所以不必单独外接油箱。

A. 溢流阀 　　　　B. 方向阀 　　　　C. 过载阀 　　　　D. 顺序阀

75. （ ）用来控制液压系统中各执行元件动作的先后顺序。

A. 溢流阀 　　　　B. 方向阀 　　　　C. 过载阀 　　　　D. 顺序阀

76. 压力继电器是一种将油液的压力信号转换成（ ）的电液控制元件。

A. 电信号 　　　　B. 光信号 　　　　C. 光纤信号 　　　　D. 脉冲信号

77. 用于过载保护的溢流阀一般称为（ ）。

A. 过载阀 　　　　B. 安全阀 　　　　C. 最小压力阀 　　　　D. 方向阀

78. 压力控制阀的共同点是利用作用在阀芯上的液压力与（ ）相平衡的原理工作的。

A. 重力　　　　　　B. 弹簧力　　　　　C. 摩擦力　　　　　D. 电磁力

79. 液压系统对溢流阀的性能要求是（　　　）。

A. 定压精度高　　　B. 灵敏度要高　　　C. 工作要平稳　　　D. 以上都是

80. （　　　）是利用被控压力作为信号来改变弹簧的压缩量，从而改变阀口的通流面积和系统的溢流量来达到定压目的的。

A. 过载阀　　　　　B. 溢流阀　　　　　C. 最小压力阀　　　D. 方向阀

81. 远程调压阀所能调节的（　　　）压力不得超过溢流阀本身导阀的调整压力。

A. 最低　　　　　　B. 最高　　　　　　C. 绝对　　　　　　D. 以上都有可能

82. 下列哪种不是按操作方法分类的液压阀。（　　　）

A. 手动阀　　　　　B. 机动阀　　　　　C. 电动阀　　　　　D. 滑阀

83. 下面图形代表（　　　）阀。

$$P_1 \longrightarrow\!\!\diamondsuit\!\!\longleftarrow P_2$$

A. 溢流　　　　　　B. 单向　　　　　　C. 电动　　　　　　D. 手动

84. 液压换向阀应满足（　　　）。

A. 压力损失要小　　B. 泄漏要小　　　　C. 换向要平稳　　　D. 以上都是

85. 换向阀利用阀芯相对于阀体的（　　　），使油路接通、关断，或变换油流的方向。

A. 相对运动　　　　B. 曲线运动　　　　C. 匀速运动　　　　D. 匀加速运动

86. 液压泵与液压马达的相同点是（　　　）。

A. 基本结构要素相同　　　　　　　　　B. 内部结构全是对称结构

C. 都有自吸能力　　　　　　　　　　　D. 都能正反转

87. 液压马达是将液压能转换为（　　　）的一种能量转换装置。

A. 电能　　　　　　B. 热能　　　　　　C. 机械能　　　　　D. 光能

88. 具有滚子的马达能提供较高的启动与运行扭矩，滚子减少了（　　　），因而提高了效率。

A. 润滑　　　　　　B. 动摩擦　　　　　C. 静摩擦　　　　　D. 啮合齿轮重量

89. 一般粒半径在（　　　）以下的污染物对液压泵的影响不太明显。

A. 10 μm　　　　　B. 10 mm　　　　　C. 40 μm　　　　　D. 40 mm

90. 在同等输出功率下，液压传动装置体积小、（　　　）轻，运动惯性小，动态性能好。

A. 质量　　　　　　B. 重量　　　　　　C. 压力　　　　　　D. 压强

91. 液压油泵安装时与原动机的倾斜角不大于（　　　）。

A. 1°　　　　　　　B. 2°　　　　　　　C. 3°　　　　　　　D. 4°

92. 液压泵的功能是把动力机（如电动机或内燃机等）的机械能转换成液体的（　　　）。

A. 电能　　　　　B. 光能　　　　　C. 压强能　　　　D. 压力能

93. 叶片泵每转一周，每个密封容腔完成两次吸、压油过程，这种泵称为（　　　）。

A. 单作用叶片泵　　　　　　　　　B. 双作用叶片泵

C. 单周叶片泵　　　　　　　　　　D. 双联叶片泵

94. LMF31－138D 空气压缩机系统的一级压力压缩采用的是（　　　）压缩，

A. 螺杆式空气压缩机　　　　　　　B. 活塞式空气压缩机

C. 离心式空气压缩机　　　　　　　D. 喷射式空气压缩机

95. 下列关于 LMF31－138D 空气压缩机系统螺杆系统压缩机，说法正确的是（　　　）。

A. 旁通过滤器减少润滑油的更换周期

B. 轴承的使用寿命在 300 000 h 以上

C. 几乎没有零件磨损

D. 实现自动控制螺杆机油的温度

96. 螺杆压缩机结构不包括（　　　）。

A. 主动螺杆　　　　B. 传动曲轴　　　　C. 从动螺杆　　　　D. 轴承

97. 螺杆压缩机的工作原理是油和气在（　　　）间组成 V 形压缩室，压缩室轴向移动，空气容积减小，吸入的空气被压缩。

A. 壳体与螺杆　　　　　　　　　　B. 壳体与叶瓣

C. 从动螺杆与主动螺杆　　　　　　D. 轴承与壳体

98. 气体膨胀式温度开关的工作原理是：它有一个测温包，内充（　　　），当被测温度达到规定值时，测温包内的充气压力使压力开关动作。

A. 氢气　　　　　B. 氧气　　　　　C. 氮气　　　　　D. 活性气体

99. 螺杆压缩机为保证油柜内的气体压力，采取的方法是安装（　　　）。

A. 安全阀　　　　B. 油气分离器　　　C. 最小压力阀　　　D. 卸载阀

100. 复式空压机相比于传统纯活塞式压缩机组合所具有的优势不包括（　　　）。

A. 排量大　　　　B. 排气压力高　　　C. 重量大　　　D. 尺寸小

101. 大型复式空压机的构成主要是（　　　）

A. 一台活塞压缩机和一台螺杆压缩机

B. 一台螺杆压缩机和一台发电机

C. 一台柴油发动机，螺杆压缩机和活塞压缩

D. 一台活塞压缩机和一台柴油发动机

102. 理想状态考虑，压缩机在压缩过程中，向上推动活塞的功为（　　）。

A. 正功　　　　　　B. 负功　　　　　　C. 有用功　　　　　D. 反重力功

103. 在理想的情况下，压缩气体所耗的热量传出缸外，气体的温度在压缩过程中（　　）。

A. 升高　　　　　　B. 降低　　　　　　C. 保持不变　　　　D. 以上都有可能

104. 影响压缩机循环总功的主要因素是压缩机气缸的冷却，冷却越（　　），越接近等温压缩，所耗循环总功（　　）。

A. 好，越少　　　　B. 好，越多　　　　C. 差，越少　　　　D. 差，不变

105. 活塞压缩机容积效率即为有效吸气容积与气缸排量之（　　）。

A. 和　　　　　　　B. 差　　　　　　　C. 积　　　　　　　D. 比

106. 尽管压缩机的工作原理和结构不同，但是从热力学的观点来看，都是消耗（　　）后由较低的压力压缩到较高的压力。

A. 电功　　　　　　B. 机械功　　　　　C. 压力传动动能　　D. 液压能

107. 单级活塞式压缩机的结构中不包括（　　）。

A. 活塞　　　　　　B. 气缸　　　　　　C. 蝶阀　　　　　　D. 空气滤清器

108. 单级活塞式压缩机活塞自其下止点往上移动时，是压缩机的（　　）工作过程（　　）。

A. 吸气　　　　　　B. 压缩　　　　　　C. 膨胀　　　　　　D. 排气

109. 下列（　　）是 GunLink4000 系统中主机提供的功能。

A. 运行主系统操作软件　　　　　　B. 计时控制单元接口

C. 地震导航系统接口　　　　　　　D. 以上都是

110. GunLink4000 系统的操作控制台不包括（　　）部分。

A. 一个监控　　　　B. 一套扬声器　　　C. 一个键盘　　　　D. 一个鼠标

111. TCU 产生系统计时信号，与地震记录和导航系统相互作用，确保整个系统组成的同步精度在（　　）μs 内。

A. 2　　　　　　　　B. 4　　　　　　　　C. 6.25　　　　　　D. 8

112. "发现 6 号"的吊枪板与传统吊枪板相比，最大的不同是（　　）。

A. 有电线保护管　　　　　　　　　B. 有水听器固定支架

C. 有测深固定支架 　　　　　　　　D. 有数字集成模块

113. "发现6号"展开器收放前需要做的准备工作，说法错误的是（　　）。

A. 所有高级船员全部在场 　　　　　B. 船速降至3.5节或者所需船速

C. 遥控绞车装置状态都良好 　　　　D. 保持通信畅通

114. 关于"发现6号"气枪阵列的释放操作步骤中，错误的是（　　）。

A. 对气枪进行充气 　　　　　　　　B. 检查充气部位是否漏气

C. 先放内侧，再放外侧 　　　　　　D. 正确穿戴PPE

115. "发现6号"海洋物探船由劳斯莱斯设计，上海船厂建造，平常最大拖带缆数可达14缆，双震源（　　）串硬式浮筒枪阵。

A. 4 　　　　　　B. 6 　　　　　　C. 8 　　　　　　D. 12

116. 硬式浮筒枪阵和柔性浮筒枪阵相比较，其优点是（　　）。

A. 不变形 　　　B. 收放空间小 　　C. 投资小 　　　D. 浮力小

117. 柔性浮筒枪阵和硬式浮筒枪阵炮缆的连接方式也是不同的，硬式浮筒炮缆总头是连接在（　　）。

A. 浮筒的后面 　　B. 枪阵的首部 　　C. 枪阵的尾部 　　D. 以上都可以

118. 气枪的控制激发以及信号传输随着炮缆长度的增加产生衰减，为了保证合适的激发电压，下列正确的做法是（　　）。

A. 导线变细 　　　　　　　　　　　B. 导线加粗

C. 减小初始电压 　　　　　　　　　D. 改用阻值大的导线材料

119. GFSM有监视气枪的电流以及电压脉冲的功能，如果某一组导线出现故障，GFSM将（　　）。

A. 自动关闭回路 　　B. 自动预警 　　C. 更换导线 　　　D. 修复导线

120. 炮缆一般缠绕在炮缆绞车上，当炮缆放入水中后，下列做法正确的是（　　）。

A. 保持液压泵常开以保持绞车动力

B. 炮缆绞车安全销不需要插

C. 炮缆与船舷两侧接触点隔离或者包扎减磨垫

D. 不用安全巡视

121. "发现号"用JDR公司生产的炮缆最小破断载荷为（　　）kN。

A. 200 　　　　　　B. 230 　　　　　　C. 330 　　　　　　D. 500

122. 气枪阵列的基本结构不包括（　　）。

A. 气枪枪架　　　　B. 连接链条　　　　C. 气枪　　　　　D. 电缆

123. "发现号"气枪阵列上的牵引链条和钢丝绳，上面的钢丝绳要比下面的链条紧的目的是（　　　）。

A. 节约材料　　　　　　　　　　B. 使受力方式适合

C. 气枪枪架强度要求限制　　　　D. 钢丝绳强度高

124. 相干枪根据不同容量的气枪选择支撑杆长短的依据是（　　　）。

A. 区分枪的大小　　　　　　　　B. 公司规定

C. 气泡半径　　　　　　　　　　D. 地震勘探要求

125. 当两枪气泡距离较小时，根据经验，两枪距离接近气泡半径的（　　　）倍，气泡比提高到最大，两个气泡相切，产生抑制作用，延长气泡周期，也就因此制约了气泡的震荡，从而达到压制气泡效应的目的，同时子波又可以得到相干加强。

A. 2. 35　　　　B. 2　　　　　C. 3　　　　　D. 4

126. 引起 BOLT 枪提前激发的说法错误的是（　　　）。

A. 工作密封有损坏　　　　　　　B. 电磁阀不工作

C. 排气嘴堵塞　　　　　　　　　D. 电路故障

127. 活塞杆盘根磨损过度易造成（　　　）。

A. 不响炮　　　　B. 不稳　　　　C. 自动放炮　　　　D. 提前激发

128. 水密插头漏电易造成（　　　）。

A. 不响炮　　　　B. 不稳　　　　C. 自动放炮　　　　D. 提前激发

129. BOLT 枪在收到甲板上以后，要对其进行维修，下列说法正确的是（　　　）。

A. 未排尽气体前就可以维修

B. 活塞杆安装螺帽不需要扭力

C. 对气枪进行拆卸维修时要清洁场地

D. 500psi 时在气枪任何位置都是安全的

130. 上枪头激发孔堵塞易造成（　　　）。

A. 不响炮　　　　B. 不稳　　　　C. 自动放炮　　　　D. 提前激发

131. 电磁阀被黏住易造成（　　　）。

A. 不响炮　　　　B. 不稳　　　　C. 自动放炮　　　　D. 提前激发

132. G 枪本体 Item 1（P/N：621 – 101）最小极限数据为（　　　）。

A. 0. 570 5 in　　　　　　　　　B. 11. 95 mm

C. 11. 05 mm　　　　　　　　　D. 12. 95 mm

133. 套筒 Item 2（P/N：621－102）内径最大尺寸数据为（　　）mm。

A. 90.19　　　　　　B. 91.19　　　　　　C. 92.19　　　　　　D. 93.19

134. 在进行 G 枪装配时，抱箍与本体的配合应该是比较紧密的，如果手感很松，这就意味着抱箍或本体有较大的磨损，需要测量抱箍和本体的磨损程度。一般抱箍被允许的磨损极限尺寸为（　　）mm。

A. 25.09　　　　　　　　　　　B. 26.09

C. 23.09　　　　　　　　　　　D. 24.09

135. 关于枪所需空气量的计算公式，已知空压机排量与放炮间隔时间成反比，那么下列说法正确的是（　　）。

A. 放炮间隔时间越短，空压机排量就越大

B. 枪阵放炮间隔时间完全由压缩机排量决定

C. 压缩机排量恒定，绝对不可调

D. 空压机排量恒定，放炮间隔时间越长，余气越多

136. G 枪检波器是通过一个线圈磁铁组成的（　　）开关来检测气枪释放的信号。

A. 电阻式　　　　　　　　　　　B. 电磁式

C. 电压式　　　　　　　　　　　D. 压敏式

137. 为了减小气枪的板眼被金属零件磨损，下列说法错误的是（　　）。

A. 设计特殊材料的衬套　　　　　B. 选择合适的吊枪卸扣

C. 减小吊枪螺栓的强度　　　　　D. 按时更换

138. G 枪与套筒枪相比较，最突出的优点是（　　）。

A. 成本低　　　　　　　　　　　B. 维护保养便捷

C. 保养周期长　　　　　　　　　D. 工作原理简单

139. 运动的密封圈的螺旋型损坏主要是由于（　　）造成的。

A. 放炮频率快　　　　　　　　　B. 密封圈上有杂质

C. 缺少润滑　　　　　　　　　　D. 密封圈材料不好

140. 以下不属于 BOLT 公司长命枪与传统气枪主要区别的是（　　）。

A. 枪体的喉管面积以及梭阀的运动速度都有所增加

B. 单位时间充气量更加快速

C. 获得比传统的 BOLT 枪更高的峰峰值和气泡比

D. 提高了气枪的输出能量与信噪比

得　分	
评分人	

三、多项选择题（第 1 题～第 5 题。选择正确的答案，将相应的字母填入题内的括号中。每题 2 分，满分 10 分，漏选或错选均不得分）

1. 国家有关部门要求在中低压空压机的使用上逐步淘汰活塞式空压机，用螺杆压缩机取而代之的原因是（　　）。

　A. 活塞压缩机可靠性差　　　　　　B. 增加经济效益

　C. 活塞压缩机供气品质低　　　　　D. 以上都是

2. 在设计气枪阵列时，对气枪阵列方向性进行模拟的作用是（　　）。

　A. 方向性校正进行振幅恢复

　B. 设计出方向性较好的阵列

　C. 根据模拟结果选出是圆形阵列还是方形阵列

　D. 以上全是

3. 在实际生产中，气枪阵列中的一只或多只枪出现故障时，能否继续生产的理论条件是（　　）。

　A. 根据气枪实际使用情况　　　　　B. 甲方客户代表要求

　C. 气泡比是否还能满足要求　　　　D. 子波的能量是否还能满足要求

4. 全系统响应模拟想获得全响应的子波分析所包含的因素有（　　）。

　A. 气枪阵列本身模拟　　　　　　　B. 滤波模拟

　C. 电缆间距，深度模拟　　　　　　D. 枪间距

5. 吊枪板上安装的 GFSM 模块包括（　　）。

　A. 检波器信号　　B. 主气管　　　　C. 水听器　　　　D. 深度传感器

海洋勘探震源工（三级）理论知识试卷

一、判断题（第1题~第20题。将判断结果填入括号中。正确的填"√"，错误的填"×"。每题1分，满分20分）

1. ×　　2. √　　3. ×　　4. √　　5. ×　　6. √　　7. ×　　8. √

9. √　　10. √　　11. √　　12. √　　13. √　　14. √　　15. √　　16. √

17. √　　18. √　　19. ×　　20. √

二、单项选择题（第1题~第140题。选择一个正确的答案，将相应的字母填入题内的括号中。每题0.5分，满分70分）

1. A　　2. D　　3. C　　4. A　　5. D　　6. B　　7. C　　8. D

9. A　　10. D　　11. A　　12. C　　13. C　　14. B　　15. A　　16. B

17. C　　18. B　　19. A　　20. C　　21. B　　22. B　　23. B　　24. B

25. D　　26. A　　27. B　　28. A　　29. C　　30. B　　31. B　　32. D

33. B　　34. D　　35. A　　36. B　　37. D　　38. A　　39. A　　40. D

41. A　　42. B　　43. C　　44. C　　45. C　　46. A　　47. A　　48. B

49. C　　50. D　　51. B　　52. C　　53. C　　54. A　　55. A　　56. C

57. D　　58. A　　59. C　　60. B　　61. B　　62. B　　63. C　　64. D

65. B　　66. D　　67. B　　68. A　　69. B　　70. C　　71. D　　72. A

73. C　　74. A　　75. D　　76. A　　77. B　　78. B　　79. D　　80. B

81. B　　82. D　　83. B　　84. D　　85. A　　86. A　　87. C　　88. B

89. A　　90. B　　91. A　　92. D　　93. B　　94. A　　95. C　　96. B

97. B　　98. C　　99. C　　100. C　　101. C　　102. B　　103. C　　104. A

105. D　　106. B　　107. C　　108. B　　109. D　　110. A　　111. C　　112. D

113. A　　114. C　　115. B　　116. A　　117. A　　118. B　　119. A　　120. C

121. B　　122. D　　123. B　　124. C　　125. A　　126. B　　127. D　　128. B

129. C　　130. A　　131. A　　132. B　　133. C　　134. D　　135. D　　136. B

137. C　　138. B　　139. C　　140. B

三、多项选择题（第1题~第5题。选择正确的答案，将相应的字母填入题内的括号中。每题2分，满分10分，漏选或错选均不得分）

1. ABC　2. AB　　3. BCD　4. ABC　5. ACD

操作技能考核模拟试卷

注 意 事 项

1. 考生根据操作技能考核通知单中所列的试题做好考核准备。

2. 请考生仔细阅读试题单中具体考核内容和要求，并按要求完成操作或进行笔答或口答，若有笔答请考生在答题卷上完成。

3. 操作技能考核时要遵守考场纪律，服从考场管理人员指挥，以保证考核安全顺利进行。

注：操作技能鉴定试题评分表及答案是考评员对考生考核过程及考核结果的评分记录表，也是评分依据。

国家职业资格鉴定
海洋勘探震源工（三级）操作技能考核通知单

姓名：

准考证号：

考核日期：

试题1

试题代码：1.1.1。

试题名称：LMF31－183D空压机启动操作。

考核时间：15 min。

配分：10分。

试题2

试题代码：1.2.1。

试题名称：绘制零件图（三视图）。

考核时间：45 min。

配分：10 分。

试题 3

试题代码：2.1.1。

试题名称：G 枪的拆装。

考核时间：40 min。

配分：30 分。

试题 4

试题代码：3.1.1。

试题名称：气枪阵列集成。

考核时间：30 min。

配分：30 分。

试题 5

试题代码：4.1.1。

试题名称：阵列起吊行车操作。

考核时间：20 min。

配分：20 分。

海洋勘探震源工（三级）操作技能鉴定试题单（操作类）

试题代码：1.1.1。

试题名称：LMF31-183D 空压机启动操作。

考核时间：15 min。

1. 操作条件

（1）准备好一台 LMF 型空压机。

（2）准备好常用的活动扳手和开口扳手。

（3）准备好一个电筒和少些破布。

2. 操作内容

（1）开车前的水位、油位等检查工作。

（2）冷凝水检查与排放。

（3）各手动释放阀检查，是否位于开启位置。

（4）观察柴油机运转时滑油压力、冷却水压等运转技术参数。电动空压机检查电动机的各参数。

3. 操作要求

（1）操作人员穿戴符合此操作要求的 PPE。

（2）全面检查各液位是否符合启动要求。

（3）检查压缩机冷凝液量以及相关操作符合操作规程的要求。

（4）各手动释放阀处于正确的位置。

（5）启动柴油机时观察机器运转情况，各参数是否符合说明书的要求。电动空压机检查电动机的各参数符合要求。

（6）在规定时间内全部完成。每个过程超时 1 min 扣 5 分，总超时 3 min，停止操作。

海洋勘探震源工（三级）操作技能鉴定
试题评分表及答案

考生姓名： 准考证号：

1. 评分表

试题代码及名称		1.1.1 LMF31-138D 空压机启动操作			考核时间（min）				15
评价要素	配分	等级	评分细则	评定等级					得分
				A	B	C	D	E	
1 穿戴好劳防用品	1	A	戴头盔，穿劳防服和钢头鞋						
		B	漏穿不给分						
		C							
		D							
		E							
2 检查燃油油量、滑油油位、冷却水位、压缩空气压力、管路泄漏	2	A	检查滑油和冷却水位及气压，检查管路泄漏						
		B							
		C	检查滑油和水位及气压						
		D	未检查滑油和水位						
		E	未答题						
3 检查冷凝水量	2	A	检查冷凝水量，放残水，盘车启动						
		B	放残水，盘车启动						
		C	盘车启动						
		D	未盘车就启动						
		E	未答题						
4 检查滑油压力、冷却水压等运转技术参数。逐级关阀操作	5	A	检查滑油压力和冷却水压等运转技术参数，逐级关闭释放阀						
		B	检查油、水位及压力，逐级关闭释放阀						
		C							

续表

试题代码及名称		1.1.1　LMF31-138D空压机启动操作			考核时间（min）				15
评价要素		配分	等级	评分细则	评定等级					得分
					A	B	C	D	E	
4	检查滑油压力、冷却水压等运转技术参数。逐级关阀操作	5	D	未检查油、水位及压力，逐级关闭释放阀						
			E	未答题						
合计配分		10		合计得分						

考评员（签名）：

等级	A（优）	B（良）	C（及格）	D（较差）	E（未答题）
比值	1.0	0.8	0.6	0.2	0

2．参考答案

（1）穿戴好劳防用品。

（2）检查燃油油量、滑油油位、冷却水位、压缩空气压力、管路泄漏。

（3）检查冷凝水量。

（4）检查滑油压力、冷却水压等运转技术参数。逐级关阀操作。

海洋勘探震源工（三级）操作技能鉴定试题单（笔试类）

试题代码：1.2.1。

试题名称：绘制零件图（三视图）。

考核时间：45 min。

1. 操作条件

（1）准备一张 A3 图纸。

（2）准备好 2B 铅笔、橡皮、尺等绘图工具。

2. 操作内容

（1）尺量零件的尺寸。

（2）按照零件三视图的要求绘制零件三视图。

（3）正确标注零件尺寸。

3. 操作要求

（1）按照要求尺量零件的尺寸，确定零件图比例系数。

（2）按照零件三视图的要求绘制零件三视图。

（3）正确标注零件尺寸。

（4）标注零件的技术要求，写清楚明细表各要素。

海洋勘探震源工（三级）操作技能鉴定
试题评分表及答案

考生姓名：　　　　　　　　　　准考证号：

1. 评分表

试题代码及名称			1.2.1　绘制零件图（三视图）		考核时间（min）				45
评价要素		配分	等级	评分细则	评定等级				得分
					A	B	C	D	E	

	评价要素	配分	等级	评分细则	A	B	C	D	E	得分
1	正确使用量具	2	A	正确使用量具，读数正确						
			B							
			C							
			D							
			E	使用错误						
2	按照零件图的标准绘制零件图	3	A	正确使用各线型						
			B	一种线型使用错误						
			C	两种线型使用错误						
			D							
			E	三种以上错误						
3	尺寸以及公差标注	2	A	正确标注零件的尺寸以及公差						
			B	有一处错误						
			C	有两处错误						
			D	有三处错误						
			E	有四处以上错误						
4	正确填写标题栏以及技术要求	3	A	字体正确，填写准确，技术要求恰当						
			B	字体错误						
			C							
			D							
			E	未答题						
合计配分		10		合计得分						

考评员（签名）：

等级	A（优）	B（良）	C（及格）	D（差）	E（未答题）
比值	1.0	0.8	0.6	0.2	0

2. 参考答案

（1）正确使用量具。

（2）按照零件图的标准绘制零件图。

（3）尺寸以及公差标注。

（4）正确填写标题栏以及技术要求。

海洋勘探震源工（三级）操作技能鉴定
试题单（操作类）

试题代码：2.1.1。

试题名称：G 枪的拆装。

考核时间：40 min。

1. 操作条件

（1）准备一把 G 枪。

（2）准备好常用的活动扳手、开口扳手以及专用工具。

（3）准备好一些破布。

（4）准备好低压空气。

2. 操作内容

（1）安全注意事项。

（2）拆解前检查准备工作。

（3）G 枪解体。

（4）G 枪装配。

3. 操作要求

（1）穿戴合适的 PPE。

（2）检查准备时间 5 min。

（3）解体 15 min。

（3）装配 20 min。

（4）在规定时间内全部完成。每个过程超时 1 min 扣 5 分，总超时 3 min，停止操作。

海洋勘探震源工（三级）操作技能鉴定
试题评分表及答案

考生姓名：　　　　　　　　　准考证号：

1. 评分表

试题代码及名称			2.1.1　G枪的拆装		考核时间（min）			40	
评价要素	配分	等级	评分细则	评定等级					得分
				A	B	C	D	E	
1　穿戴好劳防用品	2	A	戴头盔，穿劳防服和钢头鞋						
		B							
		C							
		D							
		E	少穿或没有穿						
2　安全注意事项	3	A	检查有无高压空气，确认释放阀开启状态，关闭枪控电源						
		B							
		C							
		D							
		E	不全或未答题						
3　气枪解体	10	A	正确使用各种工具，按照气枪解体步骤解体						
		B	有一种工具使用不正确						
		C	有一个步骤错误						
		D							
		E	未答题						
4　气枪装配	15	A	正确使用各种工具，按照气枪装配步骤装配						
		B	有一种工具使用不正确						
		C	有一个步骤错误						
		D	不知道使用专用工具						
		E	未答题						
合计配分	30		合计得分						

考评员（签名）：

等级	A（优）	B（良）	C（及格）	D（差）	E（未答题）
比值	1.0	0.8	0.6	0.2	0

2. 参考答案

（1）穿戴好 PPE。

（2）安全注意事项，检查有无高压空气，确认释放阀开启状态，关闭枪控电源。

（3）正确使用各种工具，按照气枪解体步骤解体。

（4）正确使用各种工具，按照气枪装配步骤装配。

海洋勘探震源工（三级）操作技能鉴定
试题单（笔试类）

试题代码：3.1.1。

试题名称：气枪阵列集成。

考核时间：30 min。

1. 操作条件

（1）笔试。

（2）准备笔和答题纸。

2. 操作内容

（1）按照气枪阵列设计容量图，设计气枪阵列布置施工方案。

（2）阵列组成有哪些?

（3）阵列要求有哪些?

3. 操作要求

（1）按照气枪阵列设计容量图，设计气枪阵列布置施工方案。

（2）阵列组成有哪些?

（3）阵列要求有哪些?

（4）绘制阵列布置图。

海洋勘探震源工（三级）操作技能鉴定
试题评分表及答案

考生姓名： 准考证号：

1. 评分表

试题代码及名称				3.1.1 气枪阵列集成			考核时间（min）			30
评价要素		配分	等级	评分细则	评定等级					得分
					A	B	C	D	E	
1	按照气枪阵列设计容量图，设计气枪阵列布置施工方案	10	A	方案包括气枪数量，各种备件，物料，工具，人员，施工周期，阵列距离调节方法						
			B	缺人员方案，施工周期估算不准						
			C	物料不完整						
			D							
			E	气枪数量错误不给分						
2	绘制阵列安装图	6	A	阵列草图						
			B							
			C							
			D							
			E	未答题						
3	阵列组成	7	A	浮筒，枪架，气枪，附件，loom						
			B	浮筒，枪架，气枪，loom						
			C							
			D	浮筒，枪架						
			E	未答题						

| 评价要素 | 配分 | 等级 | 评分细则 | 评定等级 | | | | | 得分 |
				A	B	C	D	E	
4　阵列安装要求	7	A	浮体的橡胶管里面务必充足气体，确保一定的浮力和刚度 牵引绳子需要进行正确调节，以确保各节浮筒受力均匀，以及浮筒在水中的导向性能 气枪的悬挂链条节数要符合要求 枪间必须严格按照施工技术要求布置 牵引链条或钢丝绳，需要注意的是，上面的钢丝绳要比下面的链条紧，这样受力方式每个枪架一致，千万不要有的上面紧，有的下面紧						
		B	浮体的橡胶管里面务必充足气体，确保一定的浮力和刚度 牵引绳子需要进行正确调节，以确保各节浮筒受力均匀，以及浮筒在水中的能 气枪的悬挂链条节数要导向性符合要求 枪间必须严格按照施工技术要求布置						
		C	浮体的橡胶管里面务必充足气体，确保一定的浮力和刚度 牵引绳子需要进行正确调节，以确保各节浮筒受力均匀，以及浮筒在水中的导向性能 气枪的悬挂链条节数要符合要求						

续表

评价要素		配分	等级	评分细则	评定等级					得分
					A	B	C	D	E	
4	阵列安装要求	7	D	浮体的橡胶管里面务必充足气体，确保一定的浮力和刚度 牵引绳子需要进行正确调节，以确保各节浮筒受力均匀，以及浮筒在水中的导向性能						
			E	未答题						
合计配分		30		合计得分						

考评员（签名）：

等级	A（优）	B（良）	C（及格）	D（差）	E（未答题）
比值	1.0	0.8	0.6	0.2	0

2. 参考答案

（1）按照气枪阵列设计容量图，设计气枪阵列布置施工方案。方案包括气枪数量、各种备件、物料、工具、人员、施工周期、阵列距离调节方法。

（2）绘制阵列安装图。

（3）阵列安装注意事项。浮体的橡胶管里面务必充足气体，确保一定的浮力和刚性；牵引绳子需要进行正确调节以确保各节浮筒受力均匀，以及浮筒在水中的导向性能；气枪的悬挂链条节数要符合要求；枪间必须严格按照施工技术要求布置；牵引链条或钢丝绳，需要注意的是，上面的钢丝绳要比下面的链条紧，这样受力方式每个枪架一致，千万不要有的上面紧，有的下面紧。

海洋勘探震源工（三级）操作技能鉴定
试题单（操作类）

试题代码：4.1.1。

试题名称：阵列起吊行车操作。

考核时间：20 min。

1. 操作条件

（1）物探船现场。

（2）准备好常用工具如扳手等。

（3）两个熟练震源工配合。

2. 操作内容

（1）启动液压系统前的检查工作。

（2）启动液压系统。

（3）气枪充气。

（4）操作行车和炮缆绞车。

（5）将气枪阵列放到规定位置。

3. 操作要求

（1）正确穿戴劳防用品。

（2）启动液压系统前的检查工作。

（3）启动液压系统。

（4）气枪充气。

（5）操作行车和炮缆绞车。

（6）将气枪阵列放到规定位置。

海洋勘探震源工（三级）操作技能鉴定试题评分表及答案

考生姓名：　　　　　　　　准考证号：

1. 评分表

试题代码及名称			4.1.1　阵列起吊行车操作	考核时间（min）				20	
评价要素	配分	等级	评分细则	评定等级					得分
				A	B	C	D	E	
1　穿戴好劳防用品	2	A	戴头盔，穿劳防服和钢头鞋						
		B							
		C							
		D							
		E	少穿不给分						
2　检查液压油箱油位、冷却水、管路泄漏	2	A	检查油和冷却水，检查管路泄漏						
		B	检查油和冷却水						
		C							
		D							
		E	未答题						
3　启动液压泵	2	A	启动液压泵，检查各参数指标						
		B							
		C	看压力不看温度						
		D							
		E	未答题						
4　操作液压绞车等辅助设备	4	A	操作绞车，观察绞车正反转以及受力情况；起吊操作正确						
		B	没有放到指定位置						
		C							
		D							
		E	未答题						
合计配分	10		合计得分						

考评员（签名）：

等级	A（优）	B（良）	C（及格）	D（差）	E（未答题）
比值	1.0	0.8	0.6	0.2	0

2. 参考答案

（1）穿戴好劳防用品。

（2）检查液压油箱油位、冷却水、管路泄漏。

（3）启动液压泵，检查各参数指标。

（4）操作绞车，观察绞车正反转以及受力情况；起吊操作正确。

参 考 文 献

1. 杨可桢，程光蕴，李仲生. 机械设计基础 ［M］. 北京：高等教育出版社，2006.

2. 中石油人事服务中心. 可控震源操作工 ［M］. 北京：石油工业出版社，2005.

3. 张福臣. 液压与气压传动 ［M］. 北京：机械工业出版社，2011.

4. 左健民. 液压与气压传动 ［M］. 北京：机械工业出版社，2008.

5. 李凤林. 电工基础知识 ［M］. 北京：中国劳动社会保障出版社，2006.

6. 富贵根，费千. 船舶辅机 ［M］. 大连：大连海事大学出版社，2010.

7. 陈浩林，全海燕，於国平，等. 气枪震源理论与技术综述（上）［J］. 物探装备，2008，18（4）：211－217.

8. 陈浩林，全海燕，於国平，等. 气枪震源理论与技术综述（下）［J］. 物探装备，2008，18（5）：300－312.

9. 周宝华，刘威北. 气枪震源的发展与使用分析（上）［J］. 物探装备，1998，8（1）：1－6.

10. 周宝华，刘威北. 气枪震源的发展与使用分析（下）［J］. 物探装备，1998，8（2）：1－6.

11. 何汉漪. 海上高分辨率地震技术及其应用 ［M］. 北京：地质出版社，2001.

12. 陈宪战，刘吴，傅德莲，等. 气枪震源结构的初步研究 ［J］. 物探装备，2009，19（增刊）：7－10.

13. 钱慧石，丁乐俊. 常用气枪工作原理介绍 ［J］. 物探装备，2008，18（2）：94－96.

14. 王立明. 范氏气体下气枪激发子波信号模拟研究 ［D］. 西安：长安大学，2010.

15. 狄帮让，唐博文，陈浩林. 气枪震源的理论子波研究 ［J］. 石油大学学报（自然科学版），2003，27（5）：32－35.

16. 陈浩林，宁书年，熊金良，等. 气枪阵列子波数值模拟 ［J］. 石油地球物理勘探，2003，38（4）：363－368.

17. 陈浩林, 於国平. 气枪震源单枪子波计算机模拟 [J]. 物探装备, 2002, 12 (4): 241 - 244.

18. 李绪宣, 温书亮, 顾汉明, 等. 海上气枪阵列震源子波数值模拟研究 [J]. 中国海上油气, 2009, 21 (4): 215 - 220.

19. 刘兵. 气枪震源子波数值模拟及其应用 [D]. 青岛: 中国海洋大学, 2005.

20. 林松. 深水环境地震波激发技术研究 [D]. 武汉: 中国地质大学, 2010.

21. 翟鲁飞. 论地震生产中气枪震源的沉放深度 [J]. 石油天然气学报 (江汉石油学院学报), 2006, 8 (4): 246 - 248.

22. 赵秀鹏. 海洋气枪震源组合及子波模拟 [J]. 油气地质与采收率, 2004, 11 (4): 36 - 38.

23. 朱书阶. 气枪震源子波特征及应用研究 [J]. 勘探地球物理进展, 2008, 31 (4): 265 - 269.

24. 王立明, 罗文造, 陆敬安, 等. 海洋地震勘探中的震源布局分析研究 [J]. 海洋技术, 2009, 28 (4): 89 - 93.

25. 罗桂纯, 葛洪魁, 王宝善, 等. 气枪震源激发模式及应用 [J]. 中国地震, 2007, 23 (3): 225 - 232.

26. 王云峰. 高分辨率空气枪阵列及子波研究 [J]. 中国海上油气 (地质), 1996, 10 (6): 395 - 401.

27. 赵明辉, 丘学林, 夏少红, 等. 大容量气枪震源及其波形特征 [J]. 地球物理学报, 2008, 51 (2): 558 - 565.

28. 杨志国, 张建峰, 高祁, 等. 空气枪震源子阵间距变化的形成与影响 [J]. 勘探地球物理进展, 2010, 33 (2): 93 - 111.

29. 罗桂纯, 王宝善, 葛洪魁, 等. 气枪震源在地球深部结构探测中的应用研究进展 [J]. 地球物理学进展, 2006, 21 (2): 400 - 407.

30. 全海燕, 陈小宏, 韦秀波, 等. 气枪阵列延迟激发技术探讨 [J]. 石油地球物理勘探, 2011, 46 (4): 513 - 516.

31. 陈浩林, 全海燕, 刘军, 等. 基于近场测量的气枪阵列模拟远场子波 [J]. 石油地球物理勘探, 2005, 40 (6): 703 - 707.

32. 李庆忠. 走向精确勘探的道路 [M]. 北京: 石油工业出版社, 1994.

33. 杨怀春, 高生军. 海洋地震勘探中空气枪震源激发特性研究 [J]. 石油物探, 2004, 43 (4): 323 - 326.

34. 於国平，魏学进. 海洋地震空气枪系统子波测试标准及方法［J］. 物探装备，2001，11（1）：21-26.

35. 周宝华. 国产震源船空压机总排量及气枪阵列的确定方法［J］. 石油物探装备，1995，5（2）：33-34.

36. 吴忠良，赵庆献，胡家赋. 海上地震系统低频响应与电缆噪音［J］. 海洋技术，2002，21（1）：42-45.

37. 於国平，姜海. 2000psi和6000psi空气枪工作性能的比较［J］. 物探装备，2001，11（4）：257-262.

38. 张胜业，潘玉玲. 应用地球物理学原理［M］. 武汉：中国地质大学出版社，2004.

39. Jones E J W. 海洋地球物理［M］. 金翔龙等译. 北京：海洋出版社，2009.

40. 钱荣钧，王尚旭. 石油地球物理勘探技术进展［M］. 北京：石油工业出版社，2006.

41. 云美厚，丁伟. 地震子波频率浅析［J］. 石油物探，2005，44（6）：578-581.

42. 李志国，邵立新，孙江宏. 机械设计与装配案例教程［M］. 北京：清华大学出版社，2009.

43. 潘建农. 金属材料与热处理［M］. 长沙：湖南大学出版社，2009.

44. 张水潮. 装配钳工［M］. 北京：机械工业出版社，2013.